中國近代建築史料匯編（第二輯）

第十册

中國近代建築史料匯編編委會 編

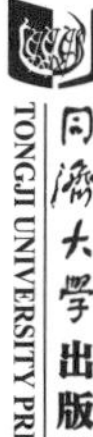

同濟大學出版社
TONGJI UNIVERSITY PRESS

第十册目録

中國近代建築史料匯編（第一輯）

中國建築

第一卷　第六期

中國建築

中國建築師學會出版

上海市政府特刊

THE CHINESE ARCHITECT

VOL. 1 No. 6

第一卷 第六期

盡是鋼精(ALUMINIUM)製成

百樂門內部檻桿，樓梯及窗架完全用鋼精裝成；既美觀又持久。

詳細情節請接洽

鋁業有限公司

ALUMINIUM UNION LIMITED.

上海北京路二號　電話11758號

中國建築雜誌社徵求著作簡章

本社徵求關於建築學說,藝術,及計劃之一切著作;暫訂簡章於后:

一、應徵之著作,一律須爲國文. 文言語體不拘,但須注有新式標點. 由外國文轉譯之深奧專門名辭,得將原文寫出;但須置於括弧記號中,附於譯名之下.

二、應徵之著作,撰著譯著均可. 如係譯著,須將原文所載之書名,出版時日,及著者姓名寫明.

三、應徵之著作,分爲短篇長篇兩種:字數在一千以上,五千以下者爲短篇;字數在五千以上者,均爲長篇.

四、應徵之著作,一經選用,除在本刊發表外,均另酌贈酬金. 不願受酬者,請於應徵時聲明,當贈本刊半年或全年.

五、應徵著作之中選者,其酬金以篇數計:短篇者,每篇由五元起至五十元;長篇者每篇由十元起至二百元. 在本刊發表後,當以專函通知酬金數目,版權即爲本社所有,應徵者不得再在其他任何出版品上登載.

六、應徵著作之未中選者,概不保存及發還. 但預先聲明寄還者,須於應徵時附有足數之遞回郵資.

七、應徵著作之選用與否,及贈酬若干,均由本社審查價值,全權判定. 本社並有增删修改一切應徵著作之權.

八、應徵者須將著作用楷書繕寫清楚,不得汚損模糊;並須鈐蓋本人圖章,以便領酬時核對. 信封上須將姓名及詳細住址寫明,由郵直接寄至本社編輯部,不得寄交私人轉投.

中國建築

第一卷　　第六期

民國二十二年十二月出版

目　次

著　述

插　圖

卷頭弁語

本刊發行以來，蒙愛護者熱心提倡；建築師積極協助，已感日就同將。敝社同人敢不朝乾夕惕，以期在中國建築界放一異彩！近來定閱諸君，多有以上海市政府新厦見問者，敝社爲謀大衆明瞭全部計劃起見，特請於董大酉建築師，將新厦全部圖樣，供給敝社，以餉讀者。蒙董師不棄，慨然允諾，並願額外贊助。是以全部設計，無論其爲平立斷面，不計其爲大樣詳圖，應有盡有，擇優刊載無遺。董師之惠敝刊，實深且鉅。特誌卷頭，以申謝意。

本刊編製，以時間之迫切，亟力謀提早發行；時耐新年之慄，聖誕之假，均值本期內，印刷不免躭擱。兼以製版所第一次所作鋅版稍嫌模糊不清，敝社爲讀者詳明起見，不惜資本，重行製作，時間更形延遲，良深抱歉。深希讀者諸君格外原諒，是所感幸。

現代建築，聲之關係綦重。房屋之結構，材料之選擇，均須視聲之支配而後定奪。措置失當，卽生聲浪不清之弊，其影響於建築之合用也甚大。故業建築者，對於房屋聲學莫不深加注意。本刊爰於上期（第五期）登載房屋聲學譯著一篇，無如原文甚長，一期未能盡數刊出，本期特再賡續，以後每期可繼續登載。此著頗合建築實用，足爲讀者諸君作一參考資料也。

歲月不居，蟾圓屢易。本刊出版以來，倏焉半載。此期與讀者相見，蓋爲第六期矣。本刊規定月出一册爲一期，本半年共出六期作爲一卷，則此期已稱末期，當此殘年時盡歲序更新之時，本刊亦可告一段落。至於宏大之發展，須待來年；此後尙須愛護本刊諸君特別襄助，積腋成裘，以期發揚廣大於無限。玆本刊自始卽蒙讀者深致愛護，又承中國建築師學會懇懃資助，本社同人除表無量謝忱外，謹於本卷付印之頃，掬其至誠，恭賀新禧，並祝進步。

編者謹識二十二年十二月二十五日

中國建築上海市政府特刊

中國建築

民國廿二年十二月 第一卷第六期

上海市政府新屋建築經過

工務局沈局長報告市政府新屋，自奠基以迄落成，凡一年又三個月，際此舉行盛大典禮之日，對於建築經過，允宜有所報告。 茲謹撮舉厓略，分述如次：(一)本府於十七年九月卽有建築市政府籌備委員會之設立。 十八年七月，公布市中心區域計劃，同時並成立市中心區域建設委員會，二十年七月七日，舉行新屋奠基典禮，隨卽正式開工，進行頗稱順利，無何「一二八」事變猝起，市中心淪爲戰區，工程停頓，將及半載，迨戰事停止，不旋踵卽予復工，時在廿一年六月一日，距停戰才數星期耳。 蓋本府同人，自市長以下，咸抱有一種決心。 以爲丁此國難嚴重之際，我人但能肩起責任，事事脚踏實地做去；矢之以恆心，持之以毅力。 安知當前之挫折，非他日復興之左劵，市中心區建設計劃，旣爲本府多年之決策，其爲大上海計劃之初步；又久爲社會所公認，倘經此頓挫卽一蹶不振，非特無以對政府付托之重，與市民期望之殷，抑且貽國家民族無窮之羞，故環境縱十分困難，進行仍不敢稍懈。 復工以來，除致力於新屋工程外，而於各領地區域之道路，溝渠，橋樑，公園，等……亦莫不着着進行，今者第一次領地區內道路，大部份已告完成，溝渠亦排築過半，國和路及府右南路橋樑，均已築成，公園，運動場，已粗具規模，水電及電話設備，亦已開始裝設。 其第二次招領地及職員領地區路基土方亦已告竣，各幹道之完工者，則有三民路，淞滬路，翔殷路，其美路，黃興路，軍工路，等……縱橫穿錯，交通已臻便利，前途發展，正方興未艾也。 (二)此次新屋工程，所有設計及監工等事，悉由本國建築師與工程師所主持，絕未假手於外人，不但房屋外觀，完全採用吾國固有之建築式樣，即建築材料，亦無不盡量採用國貨，（如啓新洋灰公司之水泥，廣州裕華陶業公司之玻璃瓦等，……）此應鄭重聲明者也。 (三)房屋本身標價為五十四萬八千元，衛生設備六萬七千餘元，電話五萬一千餘元，電梯二萬三千餘元，電線電縱一萬八千元，電鐘四千九百餘元連同其他零星各項，總計造價共約七十五萬元，方之本埠一般公共建築，造價動輒數百萬元，固不逮遠甚，第外界不察，以為此項建築，未免過於富麗堂皇，非所宜於今日；不知本府於計劃之初，亦嘗再三考慮，結果，認為際此民生凋敝之秋，原不應踵事增華。 惟本市為我國最大商埠，市政府又為本市最高行政機關，徵特觀瞻所繫，抑亦體制宜崇；况建築市府新屋，為開發市中心區之肇始，亦即實行大上海計劃之開端，使無相當規模，何以樹風聲而堅社會之信仰，此與尋常建築官舍性質迥殊，而未可疑為豪奢之舉也。

(四)大凡一事之成，必賴多數人心思才力與充分時日，怡備員市府，已逾六載，今日得觀此新屋之落成，首先不得不感念歷任市長之指導。 蓋自黃前市長，張伯璇，張岳軍，二前市長，以至現任吳市長，無不秉一貫之主張，赴同一之目的，努力追求大上海計劃之實現，此巍巍之大廈，由前市長張岳軍先生奠其基礎，而由今吳市長完成其建築，詎不大可紀念。 其次當感謝市府各處局及市中心區建設委員會諸同仁之協助，而建築師董大酉君不辭勞苦，主持設計及監造，卒能成此大功，尤為我人欽感不置。 復次則擔任設計鋼骨水泥之徐鑫堂君，與監工汪和笙君，其功亦不可沒，又承造此項新屋之朱森記營造廠，自廠主以至衆工人，暨供給各項設備之廠家，如華通電器公司，西門子安美等洋行，及其職工，對於此屋完成，莫不有鉅大之幫助，亦當感謝，而本局各同人之贊襄斯舉，尤多足稱。 此外社會各界，無論間接直接，凡增予我人以援助者，皆願趁此機會，併致感謝之忱，市政府新屋既告落成，本府各局，行將於本年年底遷入辦公，即此謂市中心計劃已告完成，未免失之過早。 本府職責所在，本當既定方針，逐步求其實現，但茲事體大，端賴羣策羣力，深冀各界人士，瞭然於市中心計劃意義之重大，人人引為己責，隨時協助，是則我人於茲屋落成之際，尤不勝其馨香拜禱者也。

· 中國建築上海市政府特集 ·

· 中國建築上海市政府特集 ·

上海市中心區域

世界都市之中心區域，泰多隨各該都市之自然發展而形成，其位置以利于四週發展爲前提.上海市之地位，就本國言，稱爲最大之商埠，以世界言，商務上亦佔有相當之位置，惟其間因有租界存在，市政向不統一，且事前既無預定計劃，以後發展，自無一定趨向，是故欲求上海發展，有從新擇定地位之必要，地位既定，然後劃分市區，使各種用途之建築物，以類相聚。各得其所，作發展市政之初步。

欲謀上海市之發展，自當以收囘租界爲根本辦法，但收囘之後，現在之租界，是否可以爲將來上海之中心區，殊屬疑問。 蓋本市地處要衝，區域遼闊，擘劃經營，自宜統籌全局，按年來本市海舶之噸位日增，原有黃浦江沿租界及其附近一帶碼頭之地位與設備，已不敷用，將來商務發達，非另建大規模之港灣，不足以應需要；故欲繼續增進上海港口之地位，則吳淞開港，勢在必行。 綜計市中心區域擇定之理由有四：該處地勢適中，四周有寶山城胡家莊大場眞茹閘北租界及浦東等環拱，隱然有控制全市之勢，名實相符，一也。 淞滬相隔僅十餘公里，將來市面，由市中心起，向南北方逐漸擬展，定可使兩地合而爲一，二也。 該區地勢平坦，村落希少，可收平地建設之功，無改造舊市之煩.費用省而收效宏，三也。 該匿濱接黃浦，並連近已有相當發展之租界，水陸交通，均極便利，四也。 市政府當局有鑒於此，爰劃定翔殷路以北，閘殷路以南，淞滬路以東，及假定路線以西，約七千餘畝之地，爲市中心區域。

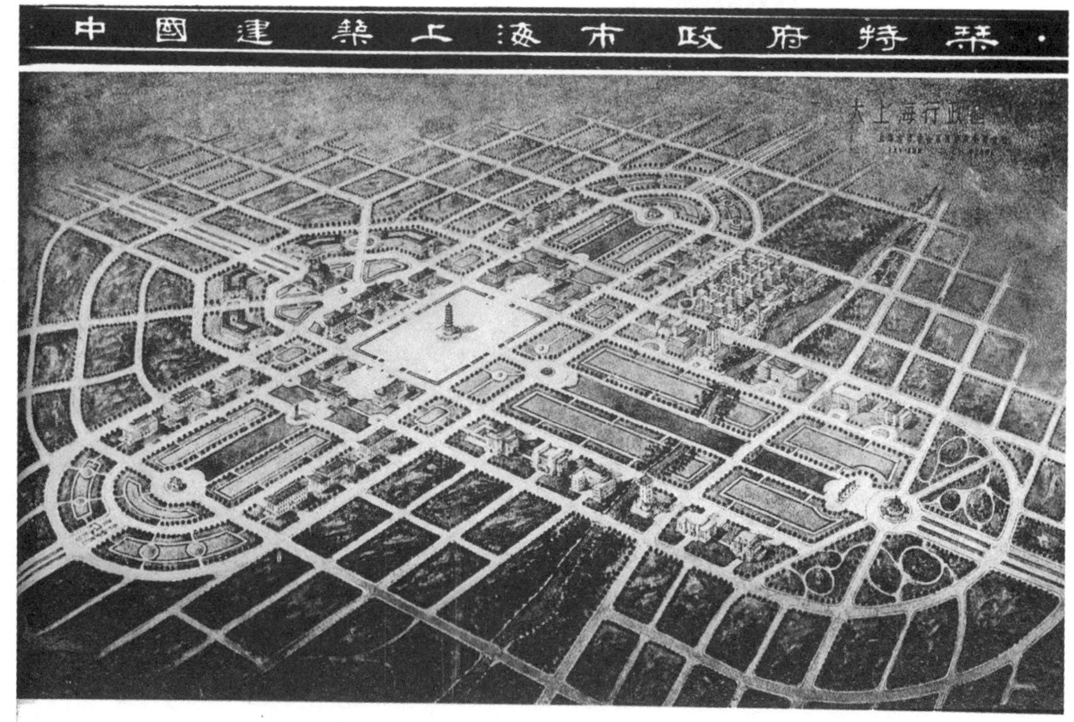

中國建築上海市政府特刊·
大上海行政區

上海市行政區計劃簡略說明

歐美各大城市多集公共機關於一處，名爲「行政區域」，非特辦事上便利，而聚各大建築物於一處，可使全市精華集中，增益觀瞻，上海市行政區計劃，卽本此旨，行政區取十字形，位置在南北東西二大道之交點，占地約五百畝，市政府房屋居中，八局房屋左右分列，中山大禮堂圖書館博物院等及其他公共建築，散佈此十字形內，有河池橋拱等點綴其間，成爲全市模範區域，市政府之南，闢一廣場，占地約百二十畝，可容數萬人，爲閱兵或市民大會之用，南北軸線（大同路及世界路）與東西軸線（三民路及五權路）之交叉處建高塔一座，代表上海市中心點，登塔環顧，全市在目，從四路大道遙望可見，高塔矗立雲際，廣場之內爲長方池，引用現有河水，池之南端，建立五重牌樓，代表行政區域南門，池之兩旁，爲博物院圖書館及其他關於文化之公共建築地位，市政府之東西兩端，有較小之長方池，池之極端，建立門樓，代表行政區域東西門，池之兩旁，爲地方及中央政府建築地位。

市政府及各局房屋，從南面望，全部在目，射影池中，增加景色，從北望之，亦成正面，從東西望之，亦成整個團結物，平面佈置，除市政府外，可陸續添造，極合分期建築辦法，市政府之北，爲中山紀念堂，與市政遙對，爲公衆聚會場所，四週留空地，既免交通擁擠，又可望見紀念堂全部，中山紀念堂之前建立總理銅像，在各局房屋未完成之前，建造臨時辦公處四座，位置在中山紀念堂之北，式樣簡略，將來市政府全部完成時，可改作他用。

·中國建築 上海市政府特刊

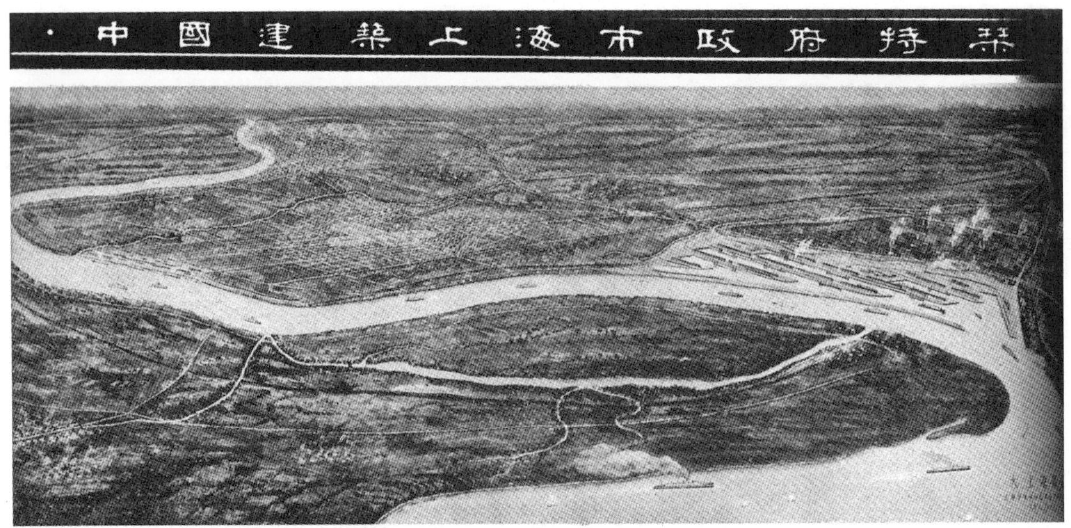

建築深水碼頭

近年船舶噸位逐年加大，吃水深度已達十公尺以上，現時上海所有碼頭之地位與設備，均不足應付此項巨輪之停泊。 長此以往，上海航務設不迅謀改良，另闢新港與碼頭，勢必日趨衰落，可以斷言。 除吳淞方面，江水既深，岸線亦長，業已定爲新商港地位外，尚有虬江口一帶，水勢較深，堪以建築碼頭。在吳淞商港計劃未實現以前擬在該處先行建築新式碼頭，以應急需。

·中國建築 上海市政府特刊

改變現有之鐵道線

欲謀市中心之發達，勢非改變現有上海之鐵道線不可，茲假定由眞如附近築一支線，北經大場，胡家莊之東，折東沿蘊藻浜南岸，至吳淞 帶，與商港及虬江碼頭相啣接，更由眞如築一支線，經彭浦而抵江灣，爲未來之上海總站，則旅客及輕便貨物，可直接輸入市中心。北站之地位，仍可保存。滬杭甬之路線，亦如舊；惟自南站起，將路線延長，築橋渡浦，沿浦岸向北，直達高橋沙；則浦東方面之運輸，亦可因此更爲便利。

· 中國建築上海市政府特刊 ·

上海市政府新屋之概略

市政府新屋之設計，根據市中心區域建設委員會議決之籌備，又建市政府先決問題案如左。

一　立體式樣應採用中國式。

二　平面佈置應各局分立。

立體式樣應採用中國式之理由。

一　市政府為全市行政機關，中外觀瞻所繫，其建築格式，應代表中國文化，苟採用他國建築，何以崇國家之體制，而興僑旅之觀感。

二　建築式樣為一國文化精神之所寄，故各國建築，皆有表示其國民性之特點，近來中國建築，僅有歐美之趨勢。應力加矯正，以盡提倡本國文化之責任，市政府建築，採用中國格式，足示市民以矜式，

三　世界偉大之公共建築物，奚啻萬千，建築用費，以億兆計者，不知凡幾，卽在本市亦不乏偉大之建築物，今以有限之經費，建築全市觀瞻所繫之市政府，苟不別樹一幟，殊難與本市建築物共立。

平面式樣應各局分立之理由。

一　中國建築，例都平矮，普通不過一二層，平面鋪張，亦有限大，若過於高度，頓失中國建築格式，市政府及各局所需面積甚大，若併為一處，未免過於高大。

二　新闢行政區域，係一遍空野，亟應多建房屋，以資點綴。與在繁華市中建造政府房屋情形不同，故各機關不宜合併，與其極高大之建築孤立空地，不若多數較小建築，聯絡一處，合成一莊嚴偉大之府第。

三　際此經費支絀之時，市政府全部建築，非一朝一夕可實現，不得不逐步建築，各局分立極合分期建築辦法，每次添增建築，不致牽動已成部分，根據上列原則，從事計劃，茲將市政府新屋計劃略述如左。

市政府房屋，居各局之首，為全部主要建築物，自應較其他各局高大，然以辦事人數比較，則適相反，補救方法，將市政府公用之大禮堂圖書室大食堂等。併入市政府房屋內，使成為全部最高大之建築物。

高度　　中國建築，例皆平矮，過高卽失其特點，且行政區地價尙廉，無上升高聳之必要，然亦不能過低而失其尊嚴，茲定為四層，自外觀之第一層為平台。平台之上建二層，宮殿式之房屋最上層，係利用屋頂，第一層及第三層為辦公地位，第二層為大禮堂圖書室及會議室，第四層係利用屋頂空處，作為儲藏居住之用，全屋分中部及兩翼，中部較高大，因大禮堂平頂較高，將全部提高，且市長高級職員辦公室均在中部，亦所以示中部之重要也。

長度　　中國建築，因屋頂關係，平面不能過大，遇必要時，祇能將數屋連接一處，今市政府新屋地盤甚大，為遵守中國建築定例，將全部分為三段，屋面亦分三部，房屋總長度定為九十三公尺。

寬度　　中國建築，例為長方形，其寬度約長度之半，市政府新屋長達九十三公尺，應由相當之寬度，惟欲得充分光線，則寬度又不宜過二公尺，照此比例，房屋過似狹長，欲救此弊，惟有將全屋分為三段，中部寬度，定為二十五公尺，兩翼寬度，定為二十公尺。

外表　　梁柱式為建築中之最古式，埃及希臘均以梁柱式為主體，而中國建築亦然，中國梁柱式之特點，在運用各種顏色裝飾梁柱等部，市政府外表卽採用此式。第一層為平台，圍以闌干，其上為梁柱結構。屋頂蓋以綠色璃琉瓦，全部

屋基九十餘公尺，未免太長，故將中部增高，使屋頂亦分三節，有巨梯自地面直達大禮堂。其下爲正門，車馬直達門前，前梯之兩旁，有巨獅坐守。

內部佈置　因經費限制，內部佈置注重實用，不事鋪張，入口設在一層，有前後及東西四門，有十字形之穿堂，聯接扶梯電梯各兩處，直達第四層。各層均備有廁所二處，第一層包括食堂廚房侍候室衣帽室保險庫及與外界有接觸之辦公室，第二層爲大禮堂圖書室及會議室等，與辦公完全隔離。由地面有巨梯自外面直達大禮堂，旣屬便利，又壯瞻觀。第三層中部爲市長及高級職員辦公室，兩翼爲各科辦公室。四層係利用屋頂空隙，光線不甚充足，作爲公役儲藏檔案及電話機室之用，全屋分配如左。

地　層　鍋爐間煤間伙夫間。

第一層　大門傳達處，警衛處，收發處，衣帽室，侍候室，會計處，保險庫，庶務處，第一科辦公室，大食堂，廚房，電表室，公共電話室等。

第二層　大禮堂圖書室大小會議室等。

第三層　市長室秘書參事技正等室，會計室及第二三四五科辦公室等。

第四層　檔案室，儲藏室，電話機室，臥室，僕役室等。

主要內部裝飾概照中國式樣，梁柱概漆顏色彩花，其餘諸室概從簡略。

電氣設備　市政府爲行政機關，電氣設備至爲複雜，玆分舉如後。

一　電燈　全部電線均藏鋅鍍之無縫鋼管中，所有管子均置牆內，總計電燈四五五只，電燈插座百另一只，電燈開關三二一只。

二　電扇　電扇分牆風扇與吊風扇兩種，總計牆風扇一八只，吊風扇三一只，風扇開關一一九隻，廚房及備菜室裝有抽氣風扇各一。

三　電鈴　電鈴位置須依寫字台而定，目前僅備出線頭，依牆而行裝在踏脚板內。

四　電鐘　主要室中及穿堂裝置電鐘共有三十六只，由母鐘主動。

五　電話　全部電話設備完全由市政府自行設備，僅向上電海話局借用，對外中斷線十條，內部設三百號，自動交換機一座，備有電話出線頭八十根，所有設備均係德國最新式出品。

六　電梯　爲上下便利起見，備有電梯三只，電梯內部計四尺六寸，長三尺七寸寬，載重九百二十五磅（可容六七人），速度每分鐘行百五十尺。

熱汽管之設備　裝置熱汽管，費用頗巨，惟冬日禦寒，不能不有設備，現時市政府及各局用煤爐及電爐兩種，每年耗費甚鉅，爲求久節省計，似應裝置熱汽管，且其清潔與便利，尤非與煤爐所可同日而語，爲免耗費起見，採用單管下降式，設鍋爐於地層，熱汽管面積爲九千方尺，屋內熱度在戶外氣候三十度時，可熱至七十度。

衛生設備　衛生設備，包括大小便所，洗濯盆及冷熱水，所有器具，均爲最新式者，屋頂內武儲水箱，其容積爲一千五百加崙，地室內廂熱水箱，其容積爲四百加崙，全屋抽水馬桶，凡三十四隻，小便池二十五隻，洗面盆三十一隻，洗濯盆三十五隻，浴盆一隻，冷熱水龍頭九十一只。

救火設備　每層扶梯附近務救火龍頭一只，共計八只，牆上設備有七十五尺長三寸直徑之蛇管。

中國建築·上海市政府特栞

中國建築·上海市政府特栞

·中國建築上海市政府特刊·

·中國建築上海市政府特刊·

·中國建築上海市政府特刊

·中國建築上海市政府特刊

·中國建築上海市政府特刊·
·中國建築上海市政府特刊·

中國建築上海市政府特刊

帝制顛覆以前，皇宮例爲禁地，平民下賤，未嘗敢越雷池一步。邇來雖大開宮禁，而江南同胞，尚多有未能先睹爲快。茲我上海市政府新屋落成，輝煌壯麗，不減於皇宮，特誌本刊，以餉讀者。

——麟炳誌——

中國建築上海市政府特刊

中國建築上海市政府特輯·

樓不在崇，調和則名；室不在華，合用則靈。上海市府，遐邇知名。中國色彩厚，式樣仿皇宮；材料皆上選，雕琢費苦功。可以延賓客，待使臣。無虎狗之不稱，無鵝鷺之不形。百樂門飯店，南京總理陵，識者云，何貶之有？

——麟炳誌——

中國建築上海市政府特輯·

山節藻梲，夫子以爲奢；非鄙其材，蓋卑其職責之不稱也。上海市政府，爲中外人士觀瞻所繫，故不厭其刻棟雕榱。非敢踵事增華，欲堅社會之信仰也。

——麟炳誌——

中國建築上海市政府特刊

國事推唐民力艱
增華尚麗亦何巢
雕樑劃棟逞雙誇
要與洋人作樣看
麟炳誌

中國建築上海市政府特刊

建築之美觀在乎形，"禮堂之適用在乎聲。　華棟，朱柱，其形尚矣；材料合度，其聲優矣。"能當此者，惟有上海市政府新屋禮堂耳。

——鯖炯志——

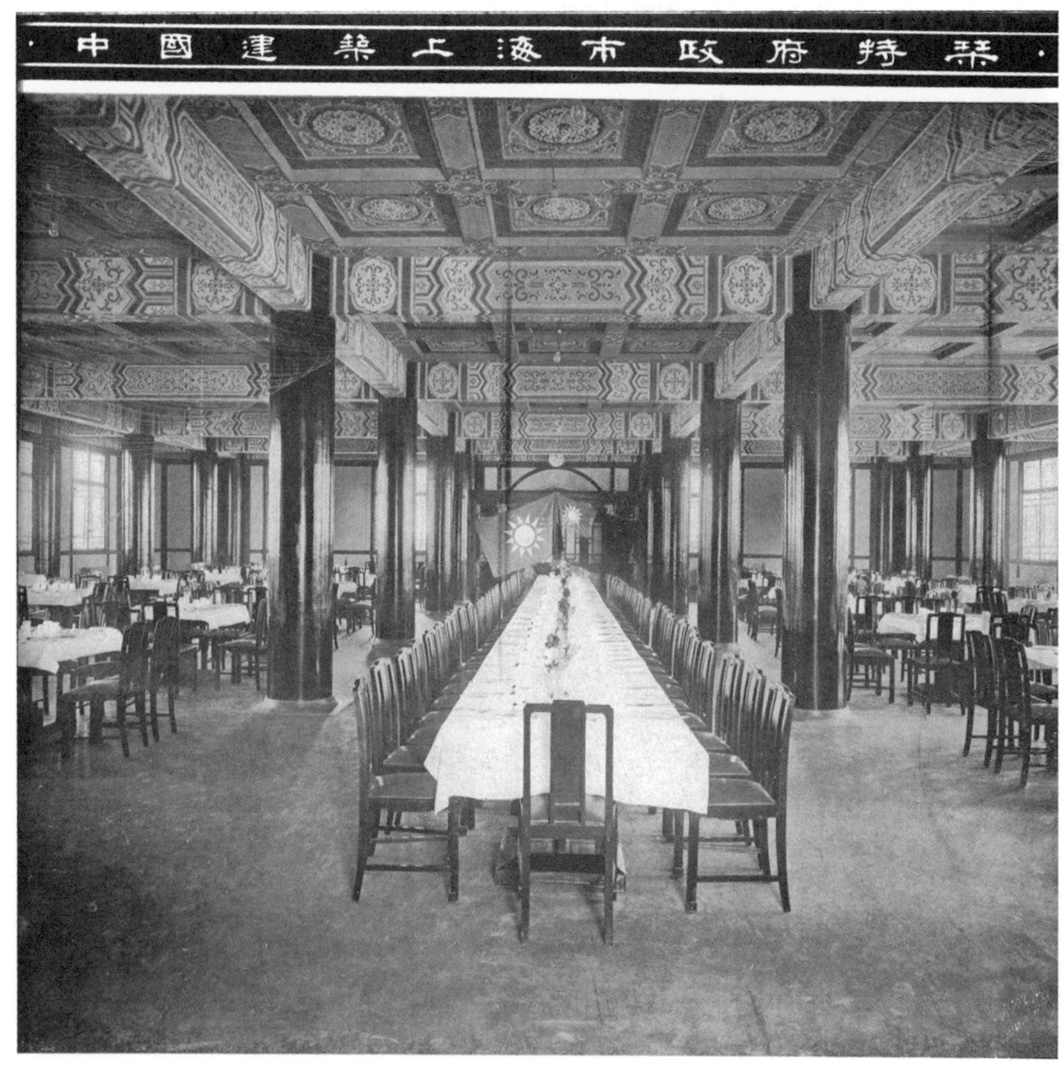

翻來覆去，盡是華樑；
慢嚥重復，請細嚼嘗；
滋味濃厚，歷久不忘；
朱柱相映，更顯風光。
——駱炳 誌——

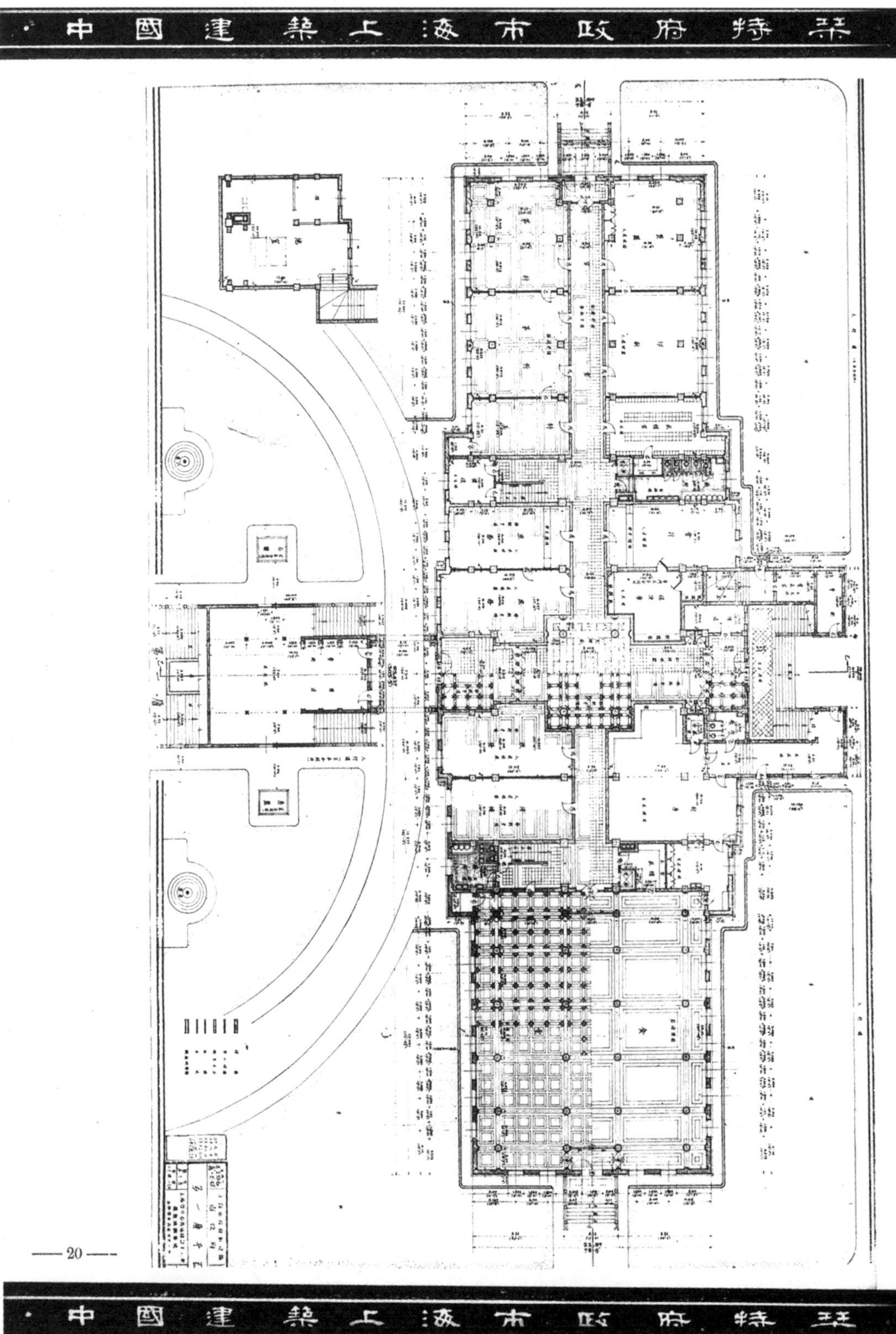

·中國建築 上海市政府特刊

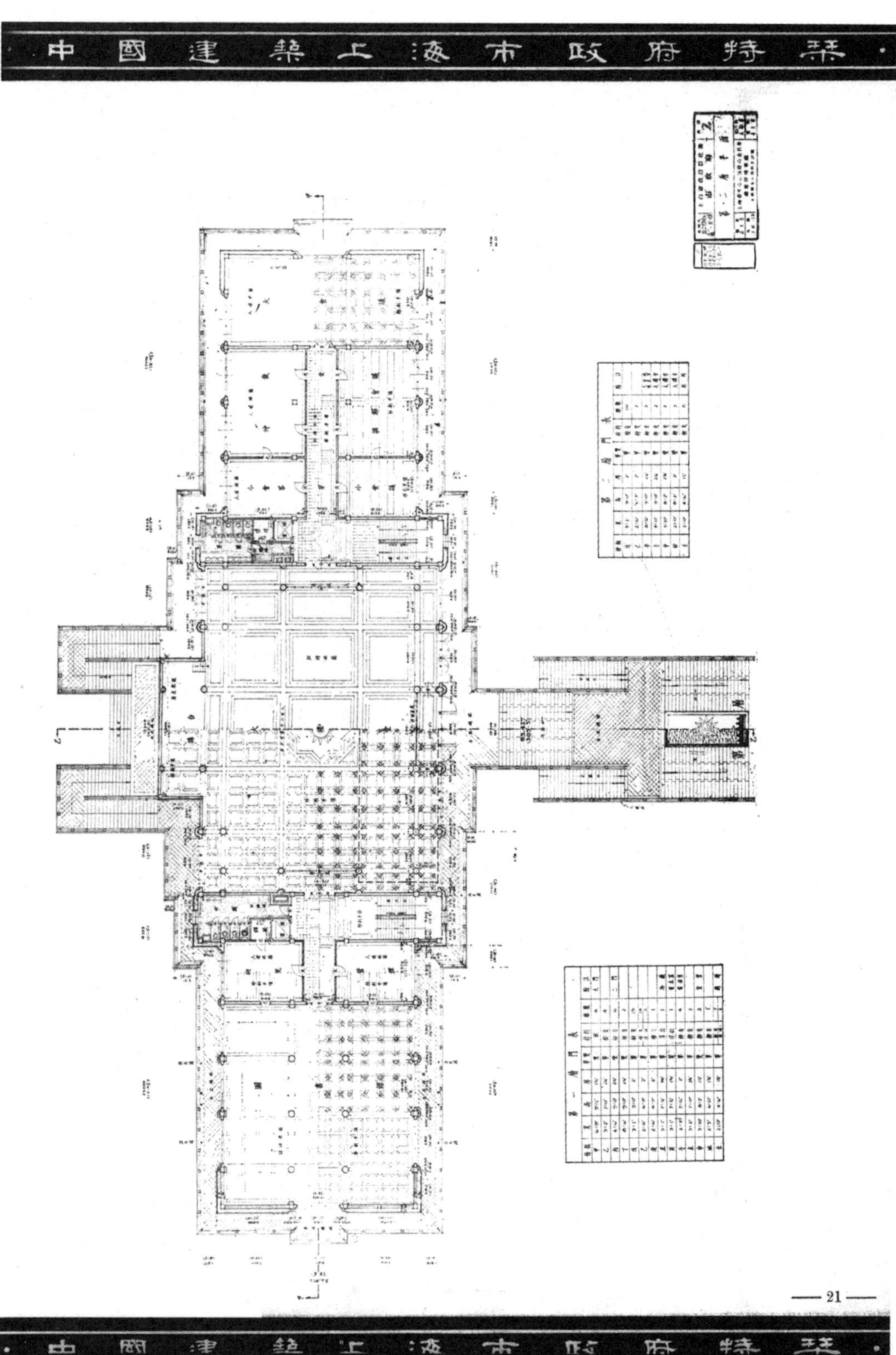

中國建築上海市政府特輯

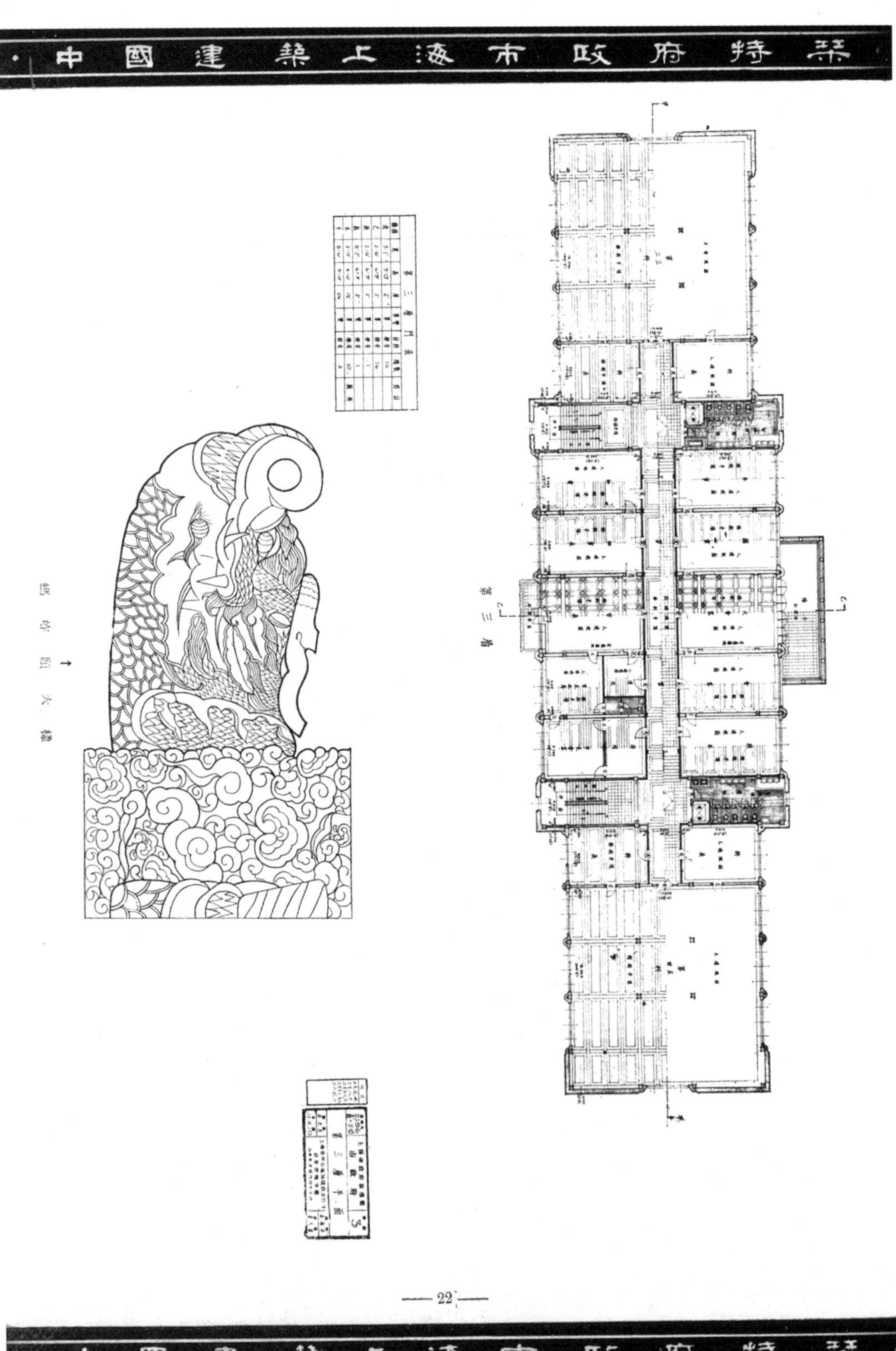

中國建築上海市政府特刊

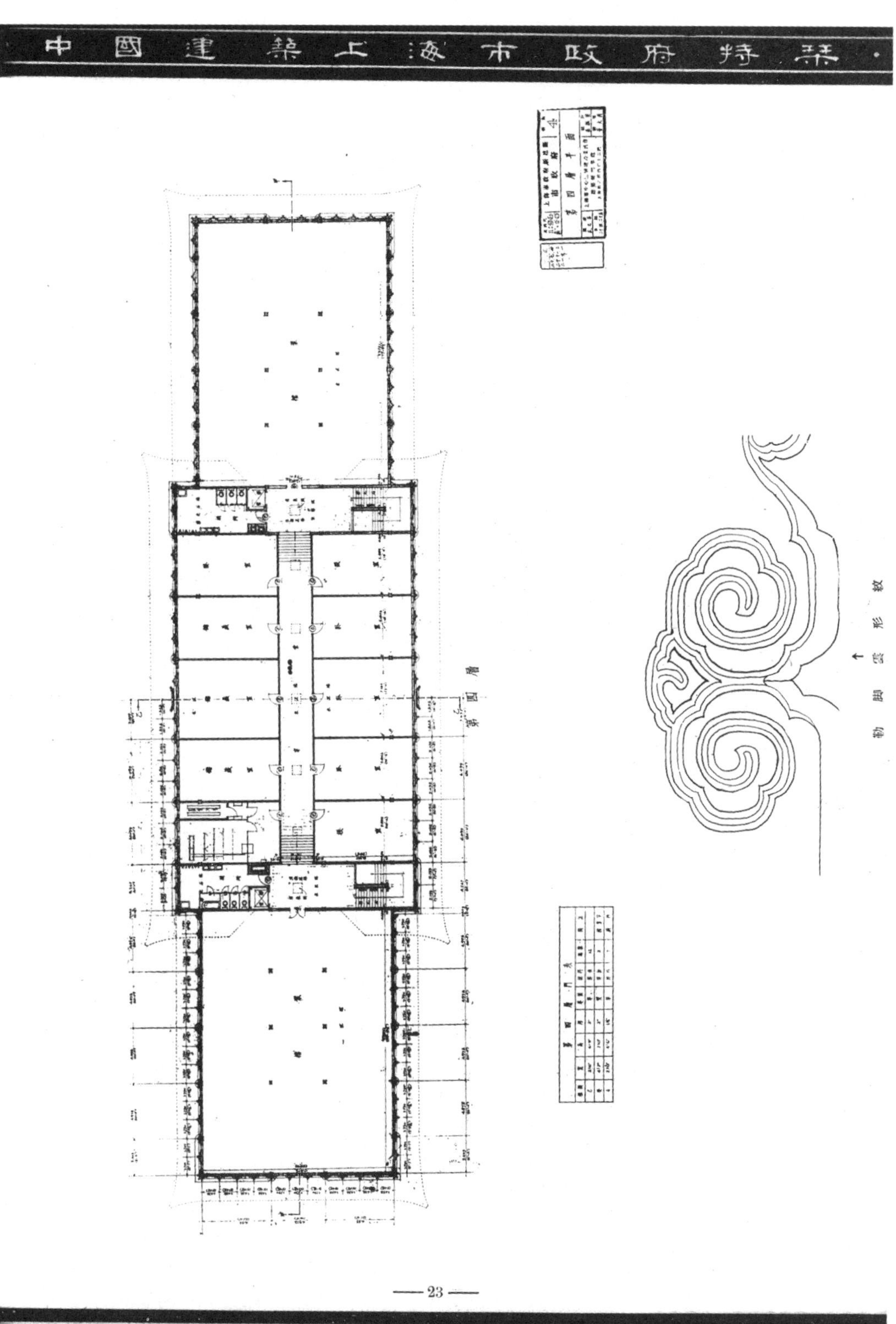

中國建築上海市政府特刊

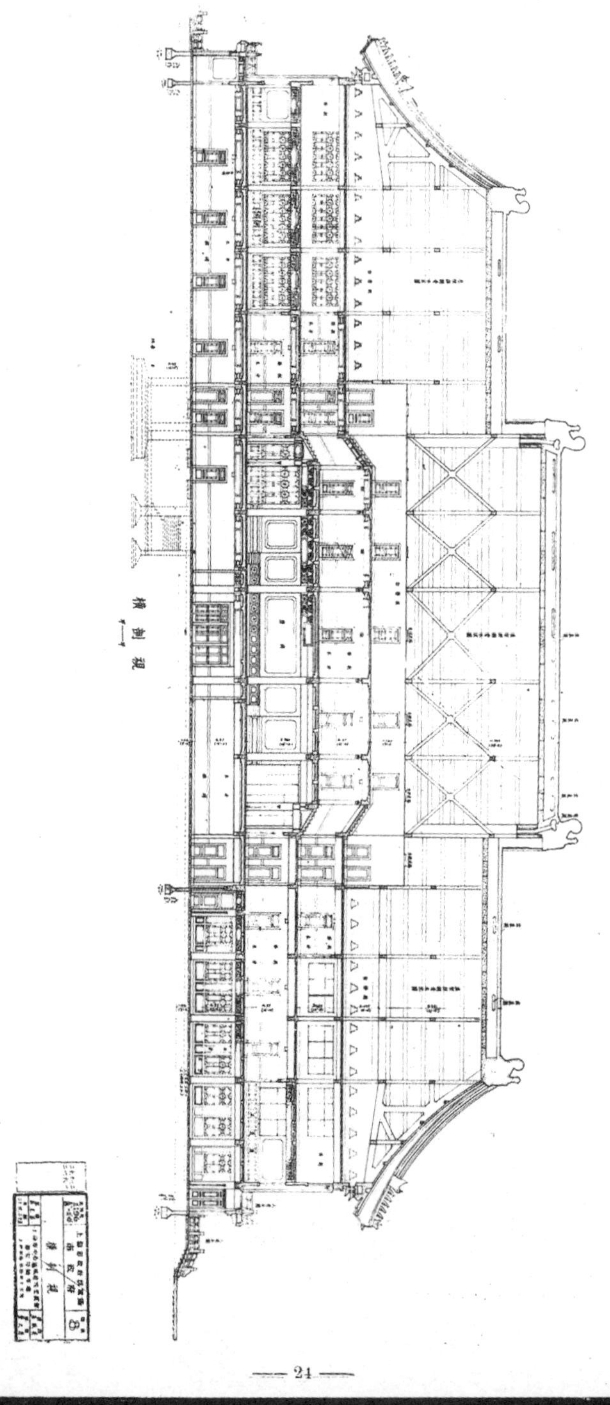

中國建築上海市政府特栞

中國建築上海市政府特攝 ·

· 中國建築上海市政府特攝 ·

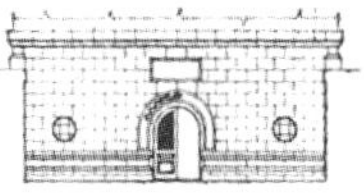

後門

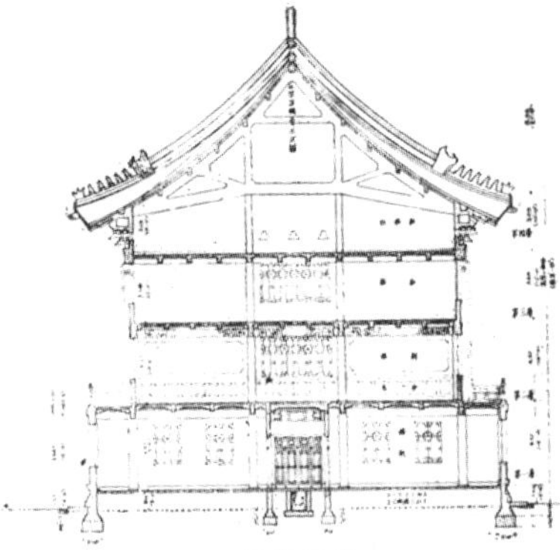

兩翼剖視

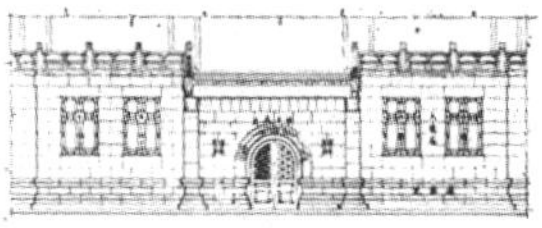

前門

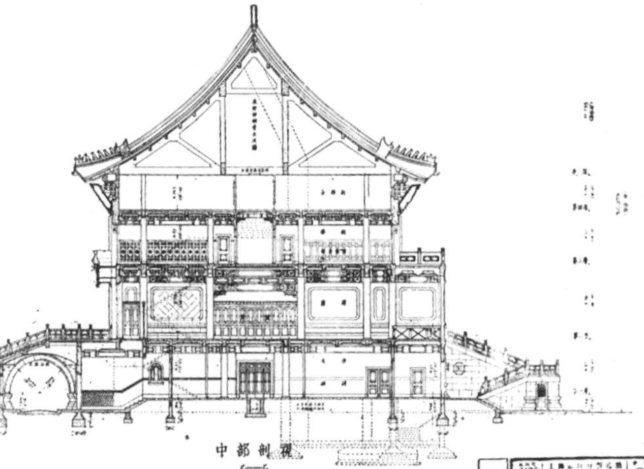

中部剖視

石欄頭大樣

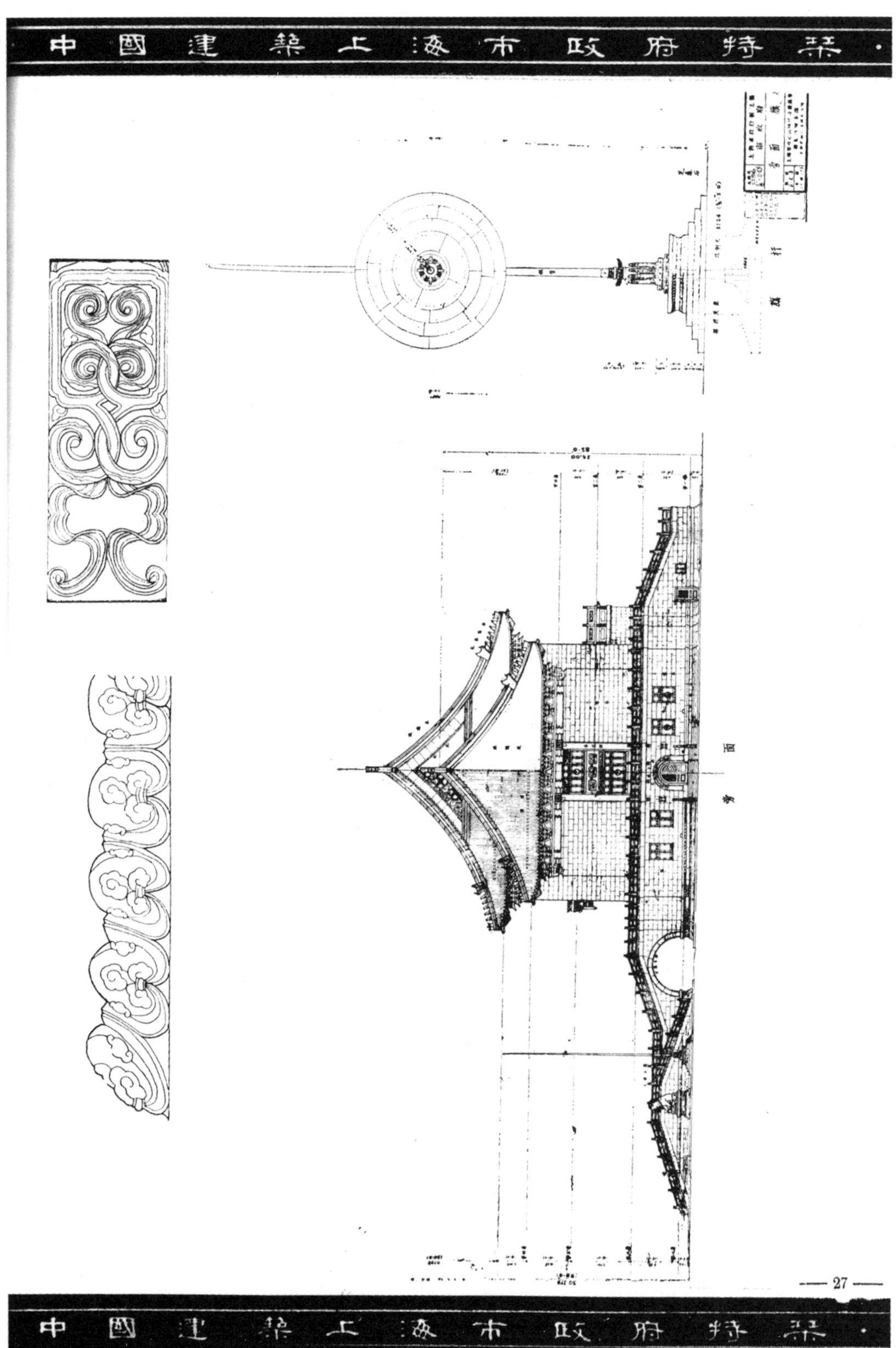
中國建築上海市政府特集·
中國建築上海市政府特集·

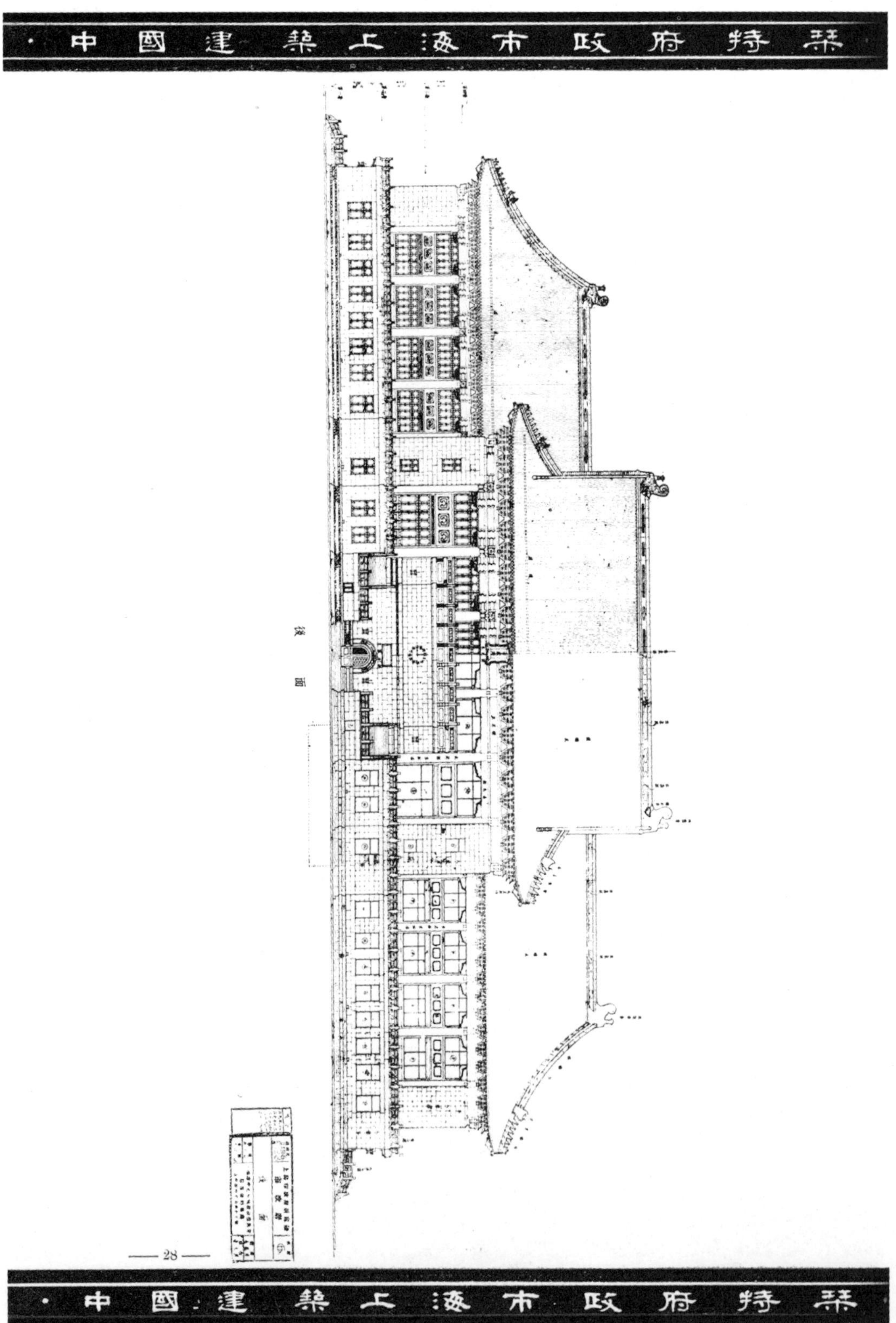

中國建築上海市政府特栞

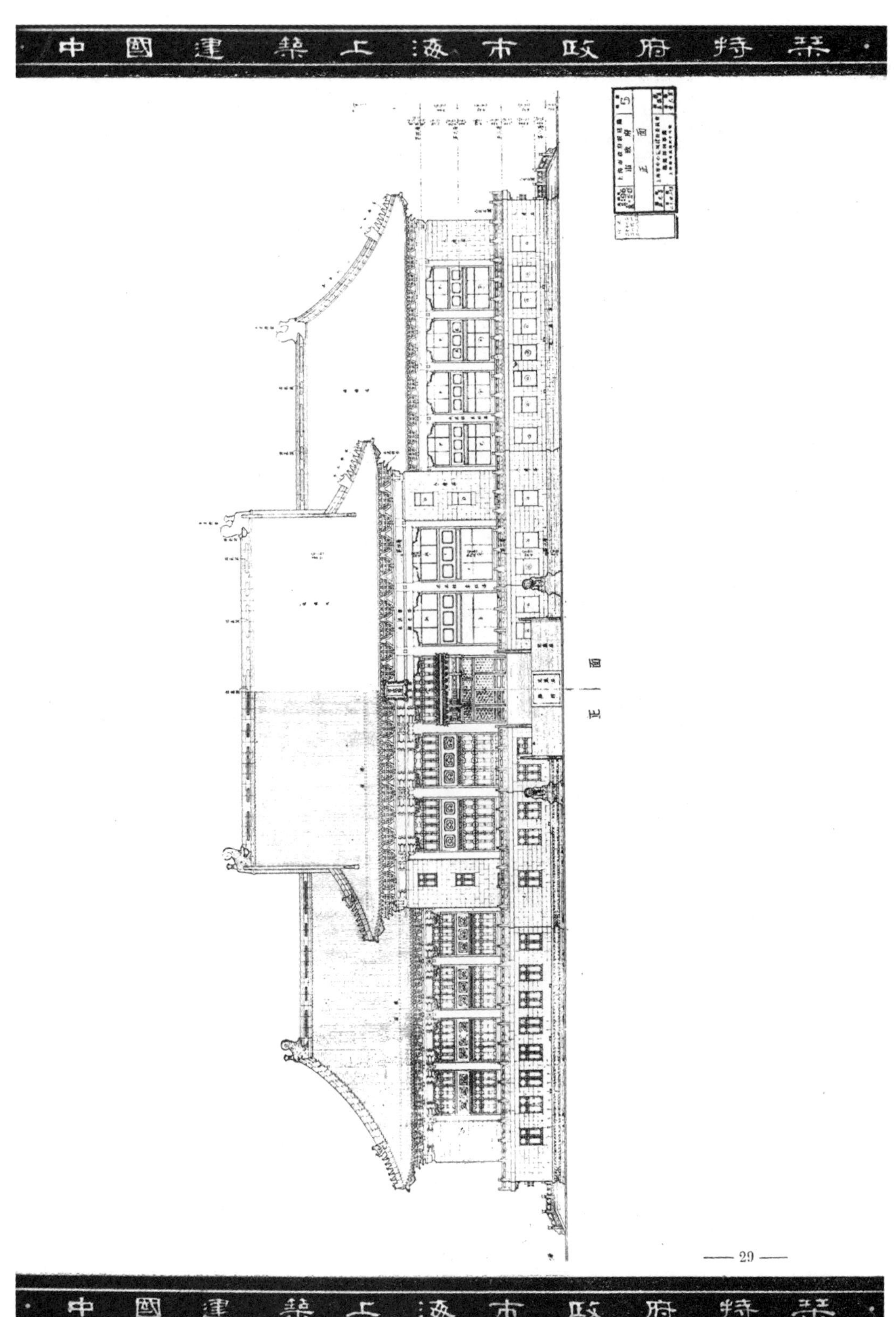

·中國建築 上海市政府特刊·

· 中國建築上海市政府特刊 ·

——圖書館——

中國建築 上海市政府特刊

· 中國建築上海市政府特栞 ·

—過　道—

· 中國建築上海市政府特栞 ·

中國建築上海市政府特刊

——會議室（一）——

中國建築上海市政府特刊

——會議室(二)——

·中國建築上海市政府特刊·

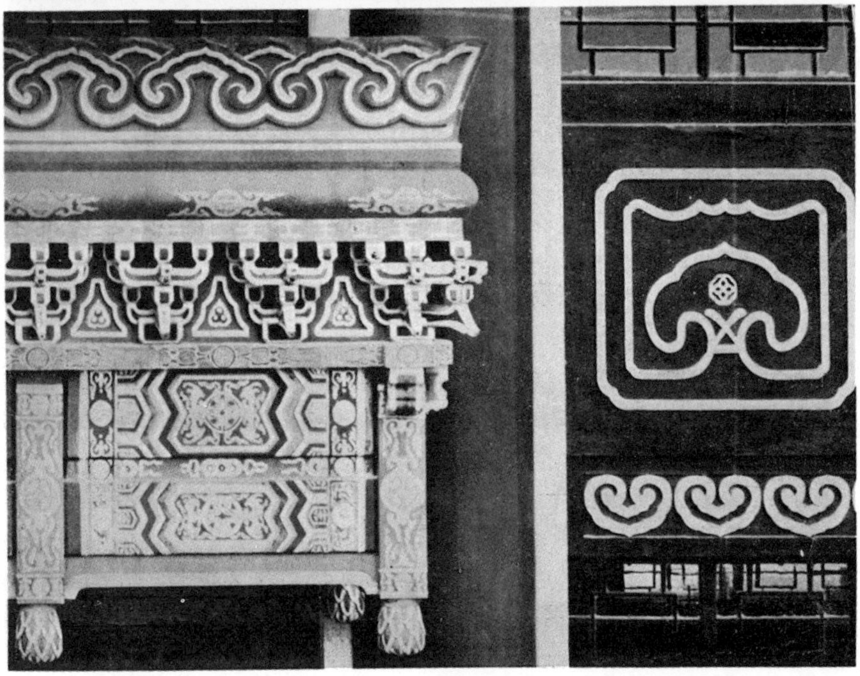

上海市政府電氣設備

市政府及各局電燈電力設備概要

市政府新屋內電燈電力線，全部用暗管裝置此項暗管，均爲內外鍍鋅之無縫鋼管，管內電線，一律用六百萬歐姆之頭號黑橡皮線，所有一切分綫箱，燈頭箱，開關箱，插座箱，接綫盒分線等。各種箱盒，及接頭開關插座等件之質料裝置，亦均屬上選。

市政府新屋內電燈電力線路之系統——市政府新屋後面石階下之小室，爲總開關室，亦卽裝置電表之處。室內裝有電燈，配電板及電力配電板各一副。

電力分線，計分三路：第一第二兩路，自電力配電板起，分達東西兩電梯之電動機室爲止。第三路分線，自電力配電板起，至電話充電室之開關爲止。

電燈中繼線之分佈——第一層之東西兩側，各有分綫箱一具，第二層之東西兩側及禮堂內，各有分線箱一具，又第三層及第四層之東西兩側，均各有分線箱一具，故合計分線箱九具。除第三層及第四層之東部分線箱，合用中繼線一路，又第三層及第四層之西部分線箱，亦合用中繼線一路外，其餘每一分線箱，各用中繼線一路，故合計七路。此項中繼線，均直達電燈配電板。是爲電燈配電板與各分線箱間之連絡系統。

更自每分線箱分出電燈分線若干路，其每路所接之電燈出線頭，至多以十個爲限。

至各局臨時房屋內之電燈設備，則各局各成一系統，電線均爲鉛皮包線。一切設備之質料，裝置亦均甚優良。

市政府及各局電話設備概要

市政府新屋及各局臨時房屋內部電話設備，完全由市政府自行置備，僅向交通部上海電話局租用中繼線，以供對外之用。其全部設備，計有自動兼手接式三百門交換機全副，話機二百具，及其他最新式之特種設備，及一切附屬設備。總價計銀伍萬餘元。茲將設備情形，略述如下：—

市政府新屋內部之電話設備——全部電話纜及電話線均用暗管裝置，此項暗管均爲內外鍍鋅之無縫鋼管，隱藏於牆壁及幔頂之內。

交換機設在第四層西北角之一室內，爲市政府及各局全部電話總匯之處。所有外來中繼電纜及自交換機通至各局之電纜，均匯集於此。至市政府內部之電話，則分東西兩系統，卽自交換機起，在第四層之幔頂內安

市政府新屋電話系統計劃圖

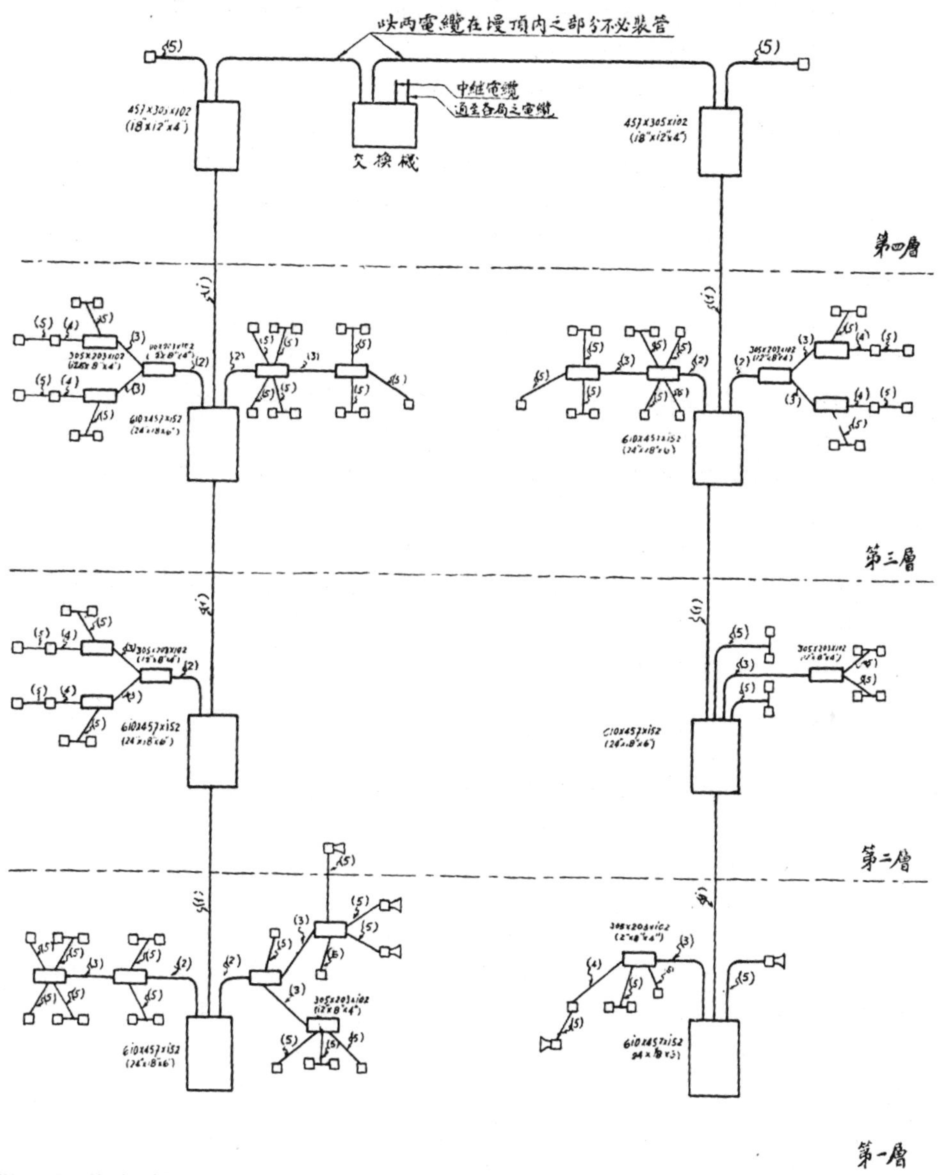

符號說明 總分綫箱 分綫箱 電話出綫匣 墻機

(1)＝内徑 50.8 公厘(2")管　(4)＝内徑 25.4 公厘(1")
(2)＝〃 〃 38.1 〃 〃(1½")〃　(5)＝ 〃 19.0 〃 〃(¾")
(3)＝〃 〃 31.7 〃 〃(1¼")〃

上海市公用局製
民國廿年九月

782/電-13-III

放電話纜二路：一向東南行，一向西南行。 更在屋之東西兩部之牆壁內，設置垂總管二路，直向下行，經過第四第三第二各層之總分線箱，以達第一層之線分線箱。

自各層總分線箱起，在牆壁及幔頂內埋設分管，直達各出線盒或經過小分線箱後，再達出線盒。 所有各屋內之電話機，即自此項出線盒接出。

市政府新屋與各局臨時房屋間之聯絡——自市政府房屋後面起，埋設一層，對地下電話纜兩路：一向西北行，達社會，教育，衛生三局之臨時房屋。 一向東北行，達工務，土地兩局之臨時房屋。

各局臨時房屋內之電話系統——各局房屋又各分東西兩系統，每一系統各設垂直鋼管一道，以接通第一層及第二層之分線箱，自各層之分線箱起，用明線直達各室之電話機。

最新式之特種電話設備——市政府新屋及各局臨時房屋內電話，除普通通話設備外，尚有特種設備數種，茲舉要如下：

一　問話　此項設備供某職員對外通話時遇有必要與內部其他職員通話之用

二　旁聽　此項設備供長官抽聽其所寓職員對外通話情形之用

三　超接　此項設備供長官遇緊要事務須用電話而中繼線或他種線適為他人佔用不能通話時可使用其超接機件佔用天線路之用

四　會議　此項設備供重要職員可不離坐位即在中會議之用

五　尋人　此項設備供重要職員不在其辦公室時適有外來電話其所屬職員可發一種信號使其聞見信號即可取用隨處之話機與其所屬職員或外來電話接洽之用

六　火警　此項設備供火警管理人員亦可立刻確知發生火警之地點為應急處置之用

市政市及各局電氣標準鐘設備概要

市政府新屋及各局臨時房屋內之電氣標準鐘設備，計有母鐘一具，子鐘五十二具。 其方式為並列式線路。電壓為二十四伏而脫，即以電話設備之蓄電池為電源。 母鐘設在市政府房屋第三層大會客室內，統轄子部鐘。

市政府屋內之標準鐘——所有標準鐘電綫均用暗管裝置，其分佈系統在西首電梯之附近之牆壁內，敷設垂直總管一路，連接各層內之分線箱。 自此項分線箱起，在各層之幔頂及牆壁內，裝設管子，以達各該層。 各該室內之子鐘，所有各層之標準鐘線，均自各該層之分線箱接出。 子鐘數計，第一層十三具，第二層九具，第三層十四具，共計三十六具。

各局內之標準鐘——自母鐘起敷設電綫達電話交換機室，再自該室起利用通至各局房屋之地下電話纜中之若干對，作為通至各局之標準鐘線，至各局臨時房屋內部之標準鐘綫，則用明線裝置，其子鐘數計十六具。

民國廿二年十一月份上海市建築房屋請照會記實

十一月份建築請照件數，較去年同月及今年十月份略少，惟建築估價總數及面積則較增加，以此足見建築物之體積加大而材料選優，乃建築進步之預兆也。

公共租界請照表

建築種類	請照日期	請照人	建築地點	區域	地冊
中式市房三幢中式 住宅六幢及門樓間	十一月	H.H.Chen	白克路	西區	310
汽油機一所	十一月	亞細亞火油公司	桂陽路	東區	W.6506
中式住宅二十幢及門樓間	十一月	Y.K.Chang	周家嘴路	東區	1332
西式市房六幢 中式住宅八幢	十一月	亞細亞火油公司	福煦路	西區	2325
工場三十三所 中式住宅八幢	十一月	Davies, Brooke & Gran	遂陽路	東區	3612
圍牆一道及大門一所	十一月	Chao Sze Chuen	馬霍路	西區	1454
水塔一座	十一月	The Liew-Ne Co.	成都路	西區	743
中式住宅一座	十一月	Wu Tei Chow	匯山路	東區	W.3871
中式住宅四座	十一月	Tehming Hsu	成都路	西區	W.1771
中式市房二幢	十一月	Chang Ping Sung	普陀路	西區	E.5585
天棚一架	十一月	M. L. Yeh	周家嘴路	東區	E.1530

法租界請照表

建築種類	請照日期	請照人	建築地點	地冊	估價
住宅一座雙幢住房一幢 三層單幢市房三十九幢 市房三幢汽車間二所及 園丁住房一幢	十一月二日	Crédit Asiatique	拉都路	9570A/0B	
三層市房二十四幢 二層市房十七幢 中式市房二幢	十一月三日	湯秀記	皮少耐路	207	十萬元
三層歐式住房二 幢及汽車間一所	十一月四日	Dang Yue Shing		9881	二萬元
三層中式住房九幢 二層中式住房四幢 二層當店房屋一幢	十一月四日	Pé Se Gui	聖母院路 巨籟達路	3614	二萬八千元
十四間公寓房屋一座 汽車間十四所及圍牆一道	十一月七日	Davies, Brooke & Gran	愛麥虞限路	7108H	九萬五千元
中式住房二十三 幢及圍牆二道	十一月十三日	Mission de Kiang-Dan	海格路	2510	三萬元
二層中式住房二十八幢	十一月十五日	Crédit Foncier d'Extreme-Orient	麥祁路	2542/4/5	四萬元
汽車間十一所 及守衛室一間	十一月十七日	National Commercial Bank	福煦路	8150/0A	五千元
假三層中式住房三十二幢 汽車間七所	十一月二十日	Chang Yuen Construction	蒲石路	10593—8	十四萬元
二層市房五幢	十一月廿七日	Brothers Construction Co.	麥祁路	12073D	六千元

工務局請照表

建築種類	領照日期	請照人	地點	區域	面積	估價
三層樓市房六幢 住宅十幢	十一月	辛泰銀行	大境路	滬南區	九百平方公尺	七萬元
四層樓棧房及辦公室等	十一月	上海合衆碼 頭倉庫公司	外馬路	滬南區	二千一百 平方公尺	二十一萬元
三層樓市房十三幢 二幢樓市房二十七幢 二層樓住宅八十八幢	十一月	祥茂洋行	北浙江路	閘北區	四千六百餘 平方公尺	二十二萬元
鋼骨水泥平廠房一所	十一月	綸昌漂染 印花公司	浦東香煙路	洋涇區	二萬三千餘 平方公尺	一百六十萬元

各區請領執照件數統計表

准或否＼區域	閘北	滬南	洋涇	吳淞	引翔	江灣	蒲淞	法華	漕涇	殷行	陸行	高橋	碼頭	總計
已准件數	197	284	55	20	81	20	10	46	1	2	2	3	2	723
未准件數	20	27	1	2	1	1	0	1	0	0	0	0	0	53
總計	217	311	56	22	82	21	10	47	1	2	2	3	2	776

各區新屋用途分類一覽表

房屋用途＼區域	閘北	滬南	洋涇	吳淞	引翔	江灣	蒲淞	法華	漕涇	殷行	陸行	高橋	總計
住宅	56	43	16	11	27	14	8	31	1	2	2	3	214
市房	16	13	1	4	1		1	3					39
工廠	1	2	2					2					7
棧房	2	1											3
辦公室	2	1											3
學校		1											1
醫院		1											1
其他	5	5		1	1	1	1	10					24
總計	82	67	19	16	29	15	10	46	1	2	2	3	292

各區營造面積估價統計表

房屋種類＼區域		閘北	滬南	洋涇	吳淞	引翔	江灣	蒲淞	法華	漕涇	殷行	陸行	高橋	總計
平房	面積(平方公尺)	7,930	8,010	1,250	960	2,520	660	1,030	1,570	200	570		340	25,040
	估價(元)	118,050	125,040	19,260	12,610	38,390	8,480	12,150	26,840	3,060	10,700		4,100	378,680
樓房	面積(平方公尺)	13,320	8,820	200	100	310	540	240	4,530			160		28,220
	估價(元)	601,090	404,990	6,000	3,400	17,600	20,700	9,450	250,150			5,100		1,318,540
廠房	面積(平方公尺)	2,100	3,560	23,540					480					29,680
	估價(元)	27,560	257,830	1,170,200					18,000					1,453,590
其他	面積(平方公尺)	420	260				160		340					1,180
	估價(元)	8,180	6,100		600	1,200	3,200	660	20,810					40,750
總計	面積(平方公尺)	23,770	20,650	24,990	1,060	2,830	1,360	1,270	6,920	200	570	160	340	84,120
	估價(元)	754,880	773,960	1,195,460	16,610	57,250	32,380	22,260	315,800	3,060	10,700	5,100	4,100	3,191,560

答　問　欄

張秀華君問

(1)余不敏初學建築製圖時，每感從何處着手之苦，不知如何能免此種困難，如何研究，方能成繪圖員，倘蒙示知則感激無涯矣。

(2)何謂 UNITY, MASS, CONTRAST, HARMONY, 請一一詳細解釋及舉例之。

(3)大樣對於小樣可任意更動否。

(4)古典式建築共有幾種，作風與時間有何關係。

(5)請介紹建築設計及 DETAIL 名著。

童　寯建築師答

(1)欲成繪圖員，當然以入大學建築科爲正軌。否則擇一建築事務所入爲學徒，大約兩年之後，可製淺近圖樣，幷可支薪水，稱爲繪圖員矣。

(2) UNITY 卽統一之意，建築物大小幷列，或散漫複雜，卽不統一。故馬路上諸房屋，欲其成爲一家，則無 UNITY 之可言矣。

MASS 卽房屋外體參差錯落之致。其中必須有一最主要部分，猶之羣山之有高峯也。

CONTRAST 卽反稱，如一高門下置小門，而愈顯高門之高；或大房間房置小房間。

HARMONY 卽諧和之意。如西式房屋，忽加少許中國式雕飾則不諧和。房屋之顏色，如冷色配冷色暖色配暖色則成 HARMONY。

(3)小樣爲估價之標準。大樣務須於既定質量範圍內發展。不可任意改變。

(4)西洋古典式作風派別甚繁，大致分希臘，羅馬，意大利及法蘭西文藝復興等派。希臘派爲最古(西元前五世(紀)最末期之古典派當推十九世紀初葉之新希臘派。

(5)建築設計一書似以 THE STUDY OF ARCHITECTURAL DESIGN By John Harbeson 爲可用。建築詳圖則 Philip G. Knoblock 所著之 GOOD PRACTICE IN CONSTRUCTION 爲詳明。

徐龢蓀君問

敬啟者鄙人現讀土木結構系意欲利用課餘自修建築未知尙須補讀何種必須課程？又該各課程之課本書名如何？何處出版？(無論中文英文課本均可)請詳爲答復。再外國有何物步建築雜誌請介紹數種並其定價及出版書局亦請注明爲盼。

童　寯建築師答

習學建築之必須預備各科，除數學力學外，有幾何畫，透視畫，投影畫，然後可習 AMERICAN VIGNOL。美國有一種淺近雜誌名 A Pencial Poinks, 每年美金洋約三元。可向上海南京路中美圖書公司託其代訂。

房屋聲學（續）

唐　璞譯

會堂中聲之適當情形——在會堂中，若有一均聲能傳合宜之聲強於各部，而無回聲或使原聲不正，且卽時消滅而不與繼發之聲起干涉時，卽得聲之適當情形．　惟此種理想情形，在會堂中殊不易得．　蓋聲由牆面反射，能使室內各部發生擾亂及不等之聲強，如非特殊情形，勢難得一合宜之聲強及適當之回聲時間，使能同時保持理想情形．　所幸對於平均聽者，尙無妨礙．　故普通尺寸及形狀之會堂，於聲學上殊可滿意也．

在理論及實驗上，將室內回聲，加以研究爲達到聲學上滿意之要件．　故在研究之先，首須討論幾種有關係之現象：聲強，共振，干涉，回聲．　凡此皆與聲學相關，設計會堂時，不可不一一注意及之．　此外通風，正聲線，及聲板，對於聲學上之效應，亦屬重要．　玆特分別略述之於后：

會堂中之聲強——第二及第三圖所示振動，乃聲之特殊情形；因較在會堂中所常遇者，歷時爲短．　例如簡單樂音，含有成組之聲之振動，作不規則而連續之互相追逐．　演講亦如樂音，但較樂音尤不規則，爲時亦更短．

第四圖表示一簡單樂音在會堂中之情形，其波係由水波照成．　法取薄金屬片，作成一會堂之輪廓，放於淺水箱之玻璃底上，如在水面將空氣吹動，則生有向外推進之圓形水波，且由金屬壁上反射之．　此時耀之以光，水波之影卽經玻璃底而射於幕上，同時並可照相．　此水波之作用，與聲波極同，藉之可得一研究會堂中建築形狀對於聲學上效應之方法，俾在最後平面未完成前，得以修改構造上之妨礙部分，此種水波可攝以活動電影，以詳示其進行及反射．

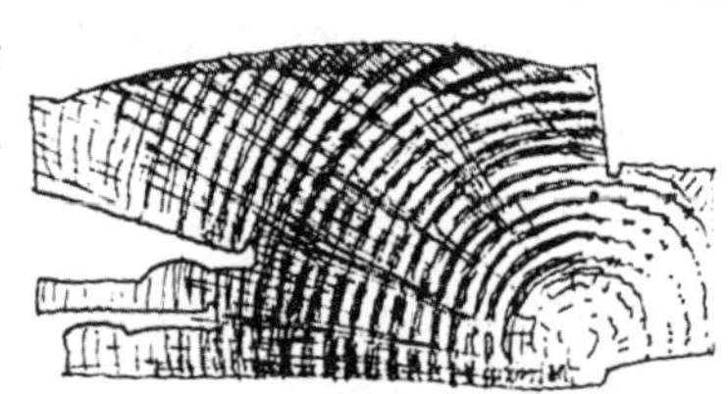

第四圖　聲波在會堂內之動作

聲強之圖示——玆就在會堂中停留之樂音情形觀察之，如前所述，聲波擴展於室之各部極速，並將容積之各分子充滿．　此時一部分聲能在反射時，被吸收，由牆傳道，並由通風孔及窗口逃逸而損失．　移時聲能幾盡，速率漸等，遂達一平衡狀態，而聲強，或每立方呎之能，至於最大．　見第五圖左方曲線．　聲強初起甚速，繼則漸緩，以達於平衡，若在此時停止發聲，則聲強立卽低減甚速，繼則漸緩以至於消滅．　見第五圖右方曲線．

第六圖乃由樂器發生聲強之一組紀錄，其中雖有叠聲之處然無妨於樂也．

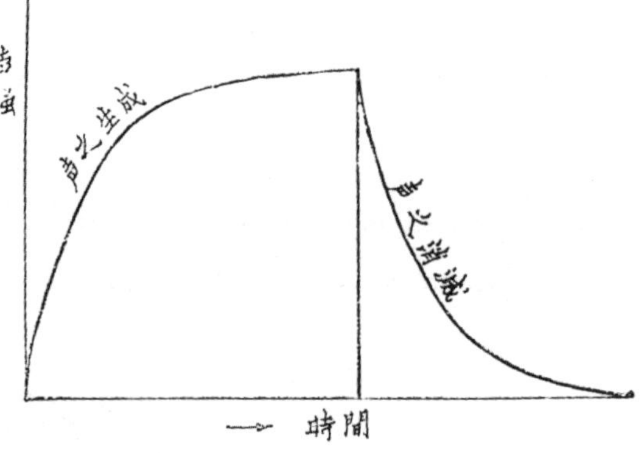

第五圖　聲在室內生成及消滅之圖示

第七圖乃演講之聲，假定其人每秒鐘吐二字，連續字間有$\frac{1}{2}$秒之停止，其叠聲之處，足使聽者發生混亂．　演講人知此，可慢講，每吐一字，在次字前必稍停．　如

此則每一聲至相當聲強，卽從容消滅，不與次發之聲起干涉．此種演講殊甚勉強，不常見也．若用吸聲材料，各聲均可清晰分開．

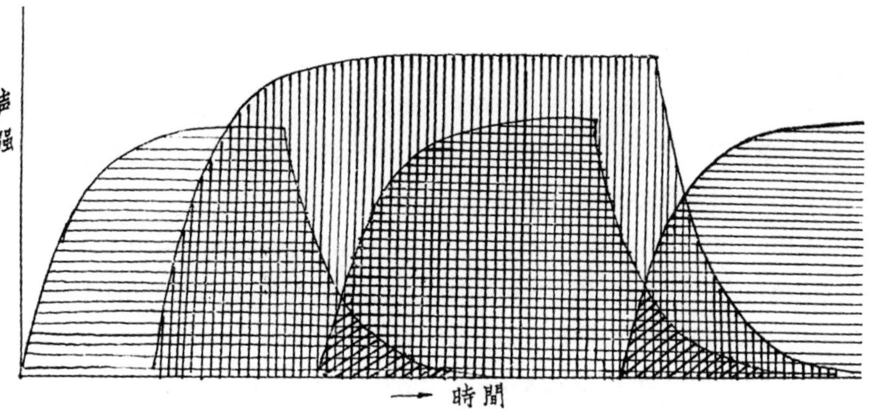

第六圖　一組樂音之聲強圖示

如第八圖每聲皆能分開，聽之自可清晰，而無干涉．此時聲強雖由材料之吸收，而損失，苟不過甚，不爲主要缺點，蓋耳官對於聲強變化之感覺甚靈敏耳．此非言聲低之演講爲佳．聲音宏亮者自使聽者滿意也．

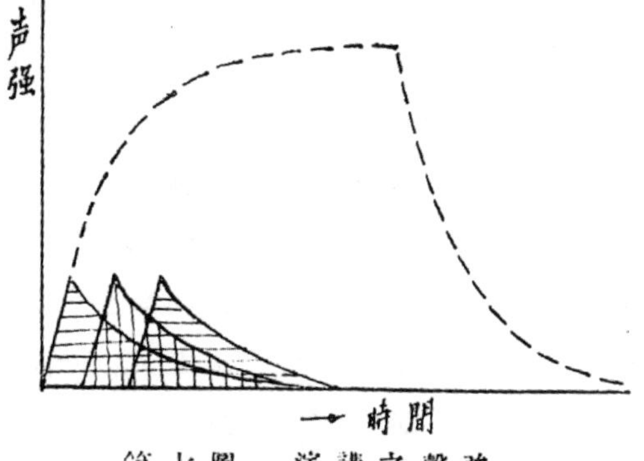

第七圖　演講之聲強

前曾數舉實例，欲得一適當聲強，聲原與會堂容積須有合作之關係．因用低聲演講，其聲能不能充滿一大會堂，以使聽者清晰．反之，一音樂隊在小室內奏樂，其聲強卽過大．是以中平聲調之演講者，宜在容積較小之室中；而宏壯之樂音，須在大廳中方有佳效也．

共振——假想聲波遇一不甚堅硬，或帶有彈性之牆．若聲波恰當其時使牆發生同調之振動，乃將原聲加強．（此理與連續敲鐘之現象同）如音樂隊奏於室中，某調加強，而他調未加強時，則原聲卽不正．此作用與演講同，如其人發聲繁複，聲到牆面，而僅某部分之聲加強時，則聲之性質卽改變．此種共振作用亦可由室內所包之空氣發生．各室有一定之對應聲調（Pitch）容積較小者其對應調較高．大會堂對應低音鼓之最低調．而小室或凹室則對應（Response）恆生於高調之聲．可鳴各種不同之音階至得到共振時知之．室內木板牆及鑲板（Paneling）之有共振作用，因彈力爲聲所激發也．教堂中奏風琴時，其坐位及地板均發生同樣之振動，因吸能之故，足以減其聲，而使之不能存留．

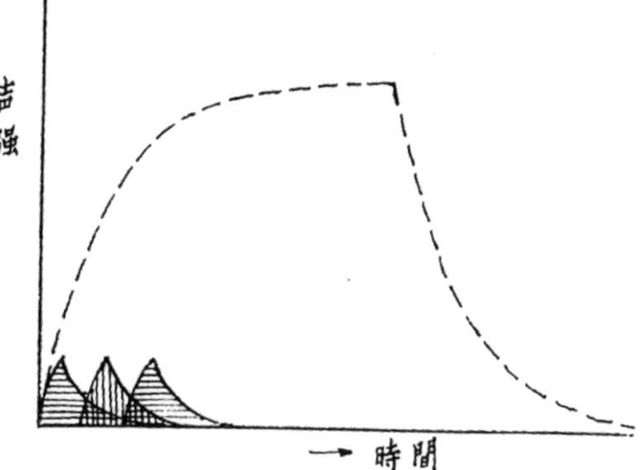

第八圖　圖示演講之聲乃已用吸聲材料之矯正

干涉——聲在室內進行時，由牆反射之聲波與進行之聲波相遇，將在某一位置相合而集中，但在他處則感聲之欠缺．此種位置係依聲之波長而定，如聽音樂者耳邊每覺某調特強，而他調甚弱．此種現像在演講時，不易使人注意．因講話之聲，爲時甚短，耳官無暇發覺也．

回聲——回聲由反射之壁而發．若有人立於相當距離之峭壁前，擊其掌或呼之，卽聞有回聲自峭壁返．故在會堂中，近演講人之聽者，初聞聲發於演講人，繼則聞強大之應聲，自牆反射而來．如牆面成曲線形，而人立於聲之焦點，則聞回聲愈明．直接聲與反射聲之接受時間約爲$\frac{1}{16}$秒鐘，方有回聲．直接聲與反射聲之路程差約爲60呎，實際上在會堂中可增大至75呎．

回聲甚能擾亂聽者，乃其惟一缺點，故其重要性居循環回聲（Reverberation）之次位．矯正之法有二：第一法，改變牆之形狀，使反射之聲，不再發生回聲，其法將牆之角度改變，使反射聲往新方向，而吸收之，或加強直接聲，或以雕工變化牆面，或用吸聲材料之鑲板，（Panels）將強烈之反射聲波打破，而使之消失．第二法，使反射牆能完全吸聲，則入射聲變弱，而幾不反射，二者可謂之「表面防法」及「材料防法」（"Surgical" and "Medicinal"）但二法皆有缺點：在會堂中改變牆之形狀，頗使建築設計爲難；而第二法除開窗外，無完全吸聲之物；況開窗亦不常用．於是每一法之矯正，須另作有特別之研究．普通用者，係將二法合而爲一．例如以吸聲材料鑲嵌，可收優聲之效，且每易與建築形狀調和也．

正聲線與聲板（Wires and Sounding Board）——一般人皆以爲正聲線及聲板，足以改良聲之情形．但由實驗及觀察，則知正聲線並無補於聲學，而聲板亦只可用於特別情形．正聲線張設於一室時，不易影響於聲．蓋其面甚小，不能破壞聲波也．線之與聲波，猶打魚線之與水波，其效應亦相同．應用正聲線之理想，或因鋼琴對應歌者音符之作用而起．但鋼琴之作用勝於正聲線，因鋼琴有許多音調之弦，可對應任何音符之歌，且有一聲板以加強各弦之音．而歌者又立於鋼琴之旁，故較之會堂中之正聲線，至多只能對應一二音調者，大不相同也．蓋會堂既無聲板，歌者又距線甚遠是以難收大效耳．著者曾參觀若干設置正聲線之大廳殊覺尙有效果．惟沙賓氏（Sabine）則謂一滿佈正聲線之大廳固無補於聲的情形也．

聲板——聲板又名反射板，用於特別情形頗佳，但不足以矯正循環回聲之會堂，惟此聲板須特別設計，俾能適合應用之情形．

模造優聲的新會堂於舊者之後——在優聲會堂已經建築之後，建築師當模造新者，勿以爲會堂之如此模造，卽爲成功，須知構造上之材料，一年與一年不同．卽如若干年前，用木材結構而加粉刷於板條上者．現代構造則用堅硬之鋼及混凝土，附以鋼板網．如此其表面上對於聲之作用，便大不同。況新式大廳之形狀，有自舊者改易，以適合建築師之思想者，其與聲學之關係，更非淺鮮矣．

通風設備之效應——室內之通風設備，實有關於聲學．因空氣爲傳聲之媒質，風又能改變聲之方向．聲又可於密度及溫度不同之氣體周界上發生反射及曲折．然在事實上氣流對於會堂中聲學之效應頗小，熱流與室內空氣之溫度差，並不足以生顯著之效應；且流動甚緩，卽其改變聲之作用以至他處，其間距離亦太短也．惟在特別情形之下，暖氣通風均不利於聲．一熱火爐或熱氣流置於室之中心，能擾亂聲之作用．凡不規則之氣流，足以使冷熱空氣生交層者，必變聲之有律進行而生紊亂．欲免此弊，須力求室內空氣之均勻及穩定．熱火爐，水汀，及熱氣流均須靠牆而離開室之中心．如能使氣流與聲同方向，更有裨益，因風能逐聲同行也．

（待續）

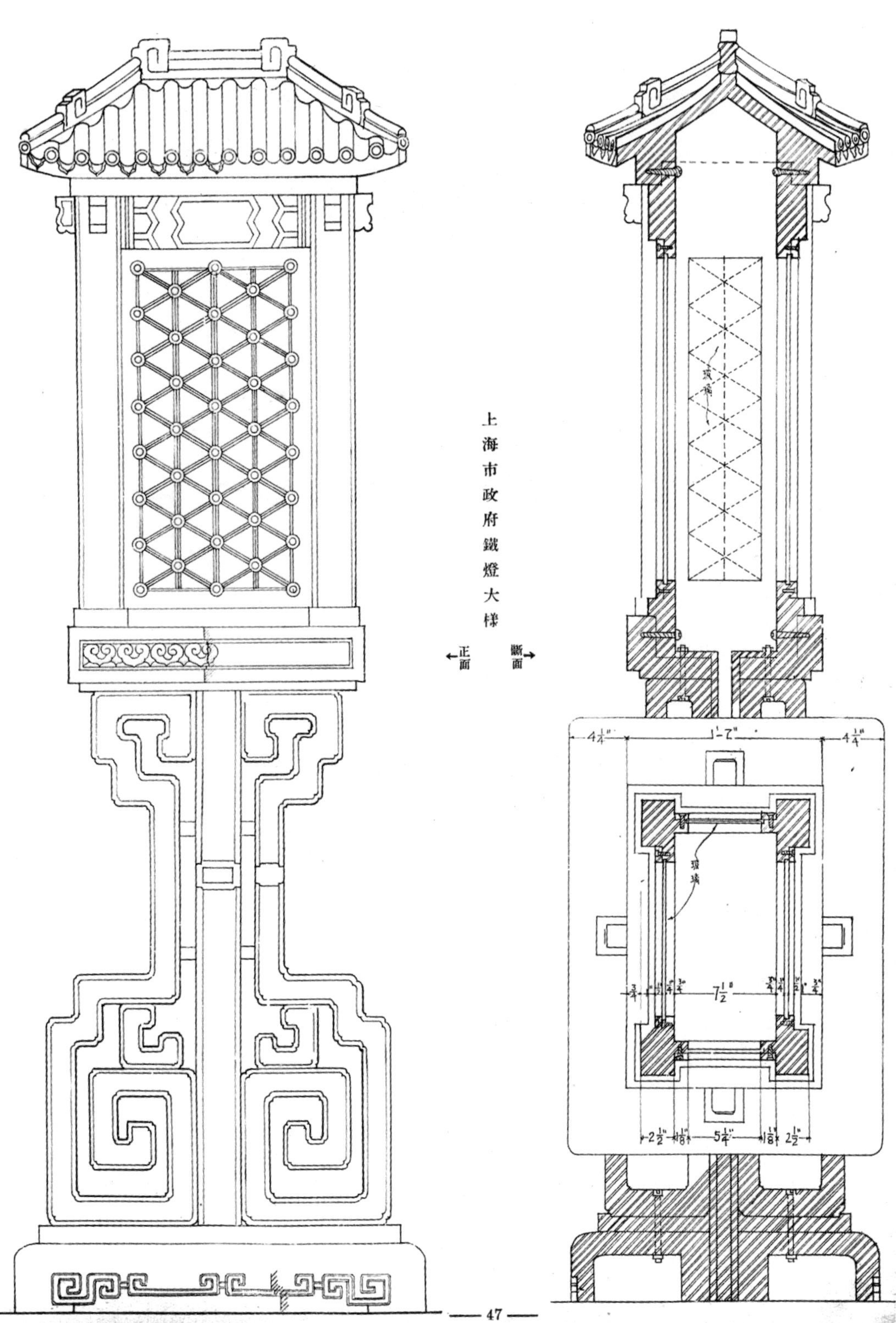

上海市政府鐵燈大樣

上海公共租界房屋建築章程

（上海公共租界工部局訂）

楊肇煇 譯

此類房間中之一切地板及天花板均應用避火材料建造之.(參閱前章程第二章第二節)

一切此類房間中均應空氣流通,以得本局稽查員滿意爲度.

重複燈光

34.—— 此類房屋中應有煤氣與電氣之重複燈光並應分隔,使各有顯明效用;又應各裝燈表於戲台,大廳,走廊及過道各處. 由戲台發光處,二個或多於二個燈頭應裝於底層及每一級層之上層走廊及扶梯各處,其位置須經本局核准;由發光處至房屋中之各大要處,二個或多於二個燈頭應接於戲台及各太平門.

更衣室處應由戲台與大廳雙接,俾任何一處不能發光時均不致使房屋黑暗也.

在此類房屋中,每一部分之主要燈光應爲電燈;並應裝有適當之煤氣燈,其位置須經本局核准,接至戲台避火處,更衣室,大廳,走廊,過道,太平門及此類房屋中之每一其他部分.

煤氣燈

35.—— 一概煤氣燈之托架均應固定;在觀衆可及之處以內之煤氣燈頭應用玻璃罩保護之,其四週再應用團結之鉛絲圍繞之. 一切煤氣燈頭,如在不能避火材料三呎以內,應裝有非燃燒材料所造之遮罩. 戲台前列所點之燈亦應以鉛絲圍緣保護之.

此類房屋之外部應裝一開關,其位置須經本局核准,俾於必要時可以斷絕煤氣之供給.

影戲院地板內所裝之燈

36.——此類房屋,倘作放映影戲或相類之用,應於座位之盡頭處,在地板內裝有燈光,俾於觀衆齊集之時間內,將大廳中一切梯階均能照耀清晰,並須經本局滿意爲度.

影戲院大廳內所裝之燈

37.——大廳內之每一部分均應照有足數之紅色或其他核准之燈,俾當幹線燈光熄滅之時,使觀衆能沿各排座位看明出路.

燈光之管理

38.——在此類房屋之近總門處,應於便利地點裝置器具,管理大廳,過道,扶梯及太平門之燈光,以得本局之滿意爲度、

流通空氣

39.——此類房屋中之各部分均應有適當及充足之空氣流通,並以有本局稽查員之滿意爲度.

一切爲流通空氣而闢之空洞均應明晰示於圖樣之中,後再送至本局呈請核准.

通連於大廳之出氣洞，當本局稽查員認爲必要時，應附設有扇風之電扇.

鑲有玻璃之天窗

40.——此類房屋中之天窗，爲免損壞之故，應於下端裝有細孔之鉛鐵絲網，以保護之.

火爐

41.——在此類房屋中之大廳及戲台上之任何部分不得造有火爐. 在此類房屋中之任何其他部分之火爐應用堅固而繫緊之鐵絲爐闌護滿，爐闌之孔不得大於一吋半，以本局稽查員之滿意爲度.

暖氣

42.——一切此類房屋中均應使之生熱，其方法須經本局核准. 此種煖熱方法及煖熱器所置之位置均應詳明示於圖中，呈送本局，請予核准.

發熱室

在此類房屋中，一切發熱室應用磚或混凝土之牆及天花板（參閱新建房屋章程中第二章之第一及第二節）與此類房屋相隔，至入此室之門須由此類房屋之外面通入.

戲台之暫時加大

43.——倘因演戲而戲台暫時有向大廳加大之必要時，此加大之部分及其建造之方法均應由本局稽查員核准.

電話

44.——每一戲院及一切其他用作公衆宴集之房屋，當本局認爲必要之處，均應裝有電話警鐘，通至中央救火會. 此警鐘之位置及其裝於屋中之數目應由救火會之長官決定. 警鐘之裝置與維持費用均由租借之用戶負担.

龍頭

45.——一概此類房屋中均應設有救火水管，抽水器及龍頭，連於自來水公司之水管上，其所設之數目及位置須由本局核准.

救火皮帶及抽水機

每一龍頭上應裝有充足之救火皮帶，其設備須爲本局救火會所訂之式樣. 手搖抽水機及其他較小之救火器具，如本局需要，亦應安設。

影戲機房

46.——倘實際可能，影機房應設於大廳之外面。 影機房之牆，天花板及地板應全用房屋章程中第二章第一及第二節所述之避火材料建造之，其厚度不得小於四吋。

影機房由地板至天花板之高度不得小於八呎；牆與牆間之距離不得小於六呎寬與六呎深，如爲一燈之機；不得小於六呎寬與八呎深，如爲二燈之機。

出入此影機房之門不得向大廳開闢，或由大廳可以望見；並應裝有向外開而能自關之避火門兩扇，一門與另一門之間應有一適當深度之穿堂使之互相隔開，俾開機人能於開另一門之前將一門關閉。

在影機房前面牆上所闢之空洞不得過二，如爲一燈之機之用。

此空洞應製有可以自動關閉之窗門，其所用之材料及其裝造之方法須與經本局核准者相同。

影機房應設有由外放入之空氣進口及由內放外之空氣出口，足能將房中空氣變換至少每小時須有十次。

除開機人所用之鐵製座位一具外，影機房中不得裝設或安放任何形狀之桌或凳，無論係作暫時或永久之用。

凡爲將必要管子及線索通入影機房中而闢之空洞均應妥當封閉，以得本局稽查員滿意爲度。

影機房之門，空洞及接合處之建造應使房中之煙不致散入此類房屋中之任何一部分內。

影機房之內祇應用電燈，不得裝設他種燈光。

＊關於戲院等之特別章程完

＊自第二十三頁起至此頁止爲關於戲院等之特別章程。下一頁起爲關於旅館，普通寓所及出租房屋之特別章程。 因此兩章程之性質不同，故不由此頁接連刊載，特自下頁另爲起拾。

上海公共租界房屋建築章程

關於旅館,普通寓所暨出租房屋之特別章程

本章程適用於一切旅館,普通寓所暨出租房屋,凡屬此後行將建造而開放供作公衆之用者.

在本章程中遇有"此類房屋"字樣,其意即指係屬上述性質之任何房屋.

旅館之定義

旅館之意義指每一房屋或其中一部分能供應居住者或顧客之食住;並須有一普通食堂或咖啡室或二者俱備;又有多於十五間之住房,或在底層之上有能容多於十五人之住處者.

普通寓所之定義

普通寓所之意義指任何房屋或其中一部分能租與人居住,或其中任何一部分能讓人寄宿者.

出租房屋之定義

出租房屋之意義任何房屋或其中一部分能租讓與三家或多於三家,或每層多於二家,以爲居住之用;而將廳堂,扶梯及其他之處作爲公用者.

地板

倘此類房屋或其中一部分在其他非爲辦公或居住用之房屋之上,應用避火材料之地板,將其他房屋離開.(參閱房屋章程第二章第二節).

樓梯

此類房屋中之一切樓梯,無論設於屋外或屋內,除爲職務上之用者外,均應用避火材料建造之.(參閱房屋章程第二章第一節).至於須造之數目及其計劃應完全遵照本局所認爲適當者辦理.

電梯間

此類房屋中之一切電梯,除電梯四週圍有樓梯者外,均應用水泥砌之磚牆圍繞之,厚度不得小於八吋半,或用其他可經本局稽查員核准之避火材料亦可.倘爲避火材料所造之房屋,圍牆之厚度不得小於四吋,此牆並應全體直上,伸出於屋頂之上至少三呎,此長度須與屋頂之斜坡成正角量計.一切通於環圍電梯牆上之空洞概應以避火門戶保護之,(參閱房屋章程第二章第二節)以得本局滿意爲度.

中國建築

THE CHINESE ARCHITECT

OFFICE:

ROOM NO. 427, CONTINENTAL EMPORIUM, NANKING ROAD, SHANGHAI.

中國建築第一卷第六期

出版	中國建築師學會
地址	上海南京路大陸商場 四樓四二七號
印刷者	美華書館 上海愛而近路三號 電話四二七二六號

中華民國二十二年十二月出版

中國建築定價

零售	每册大洋五角	
預定		六册大洋三元
	全年	十二册大洋五元
郵費	國外每册加一角六分 國內預定者不加郵費	

廣告索引

DEMAG
DUISBURG

台麥格電吊車
用于起重機上

各種裝貨運貨設備
及鍋爐進煤設備

台麥格

最經濟最迅速電力吊重及運送機器
吊重能力自半噸至十噸可裝置于起重機作起重機關

獨家經理 謙信機器有限公司

上海江西路一三八號 電話一三五九七

Sole Agents in China:

CHIEN HSIN ENGINEERING CO. G. M. B. H. LTD.

138 Kiangse Road, Shanghai Telephone: 13597

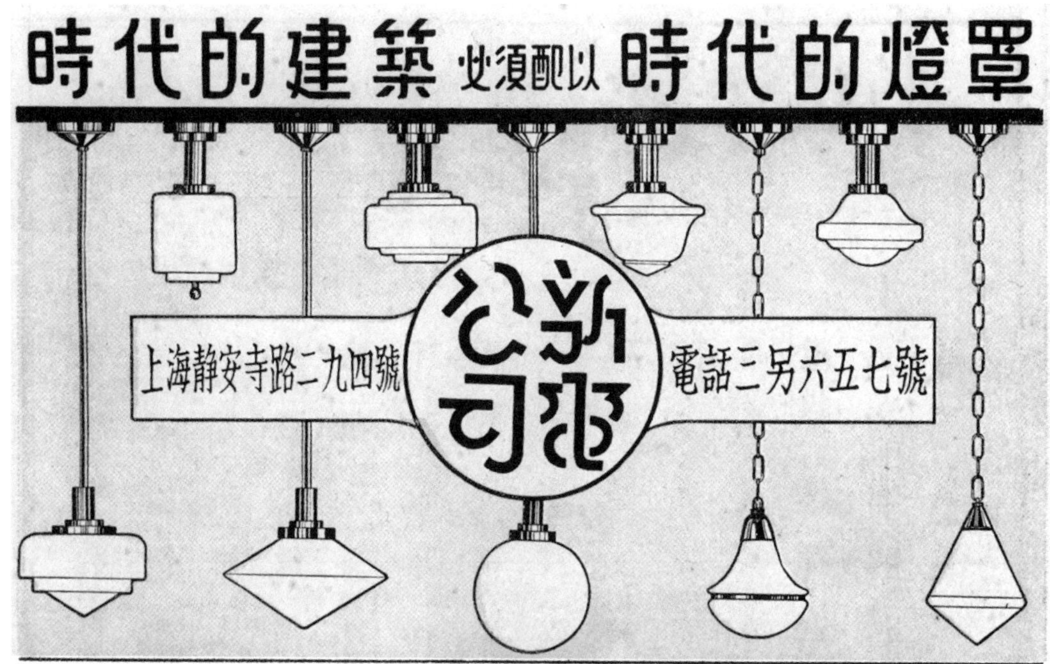

無論國貨自製歐美舶來均屬精美新穎實用堅固適合時代潮流

滬江水電材料行
包裝大廈水電工程
專辦各廠電機馬達
自運各國衛生磁器
統辦環球電氣材料
地址 上海法租界辣斐德路廿世東路口十至十二號
電話 七〇三〇八號

張德興利記電料行

上海電料行

上海北四川路六九〇至九二號
青島吳淞路十五號

電話 上海四六二一號
青島二九三六號

本行承裝電氣工程之一 董大酉建築師設計

本行承裝各埠電氣工程略舉如下備資參考

本埠工程

華商證券交易所、四明銀行號房及市房、美華地產公司市房、交通部王部長公館、外國公寓、永安公司地產市房、四達地產公司市房、中華學藝社、普益社、青心女學、楊虎臣公館、馬公館、林虎公館、文廟圖書館、吳市長公館、華慶煙草公司、劉志榮公館、好來塢影戲院、維多利影戲院、恆裕地產公司市房、大夏大學

漢口路、福煦路、施高塔路、愚園路、威海衛路、北四川路、施高塔路、愛麥虞限路、南市蓬竹街、南市跨龍路、環龍路、寶建路、部齊路、文廟路、海格路、賈西義路、趙主教路、乍浦路、海甯路、寶樂安路、中山路

外埠工程

寗波青年會 新江橋
寗波華美醫院 北門外
國立山東大學 青島
浙江圖書館 杭州
嚴春陽公館 南通石港
鐵道部孫部長公館 南京
軍政部何部長住宅 南京
日本領事館 蘇州
暨南大學 眞茹
鐵道部 南京
明華銀行公寓 青島

張德興電料行
上海電料行
謹啓

上海 南京

懋利衛生工程行

承辦

衛生裝置 冷熱水管 暖屋水汀 消防工程

專家設計 如蒙垂詢 週到切實 竭誠奉覆

SHAIPLUMCOM

總行 上海北京路三七八號 電話 九一八〇二

分行 南京下關祥泰里三十四號 電話 四一二三三

SHANGHAI PLUMBING COMPANY

CONTRACTORS FOR

HEATING SANITARY VENTILATING INSTALLATIONS

PHONE 91802, 378 PEKING ROAD, SHANGHAI.

PHONE 41233, BRANCH NANKING CHINA.

永康電器商店

上海北京路如意里口三百七十五號

◀電話九萬三千六百四十七號▶

本商店自運歐美各國電器材料新式電燈異樣電泡電扇電鈴一切俱全另躉批發格外克己兼裝行號公館特別新樣電燈電鈴無不考究精美其價與衆特別從廉如蒙賜顧竭誠歡迎此佈倘修電燈一呼迅速來前

夏仁記營造廠

本廠專造棧房碼頭鐵道橋樑以及一切大小鋼骨水泥工程

事務所：環龍路一八八弄四號　廠設：上海憶定盤路

電話：七三四四九

SPECIALISTS IN

Godown, Harbor, Railway, Bridge Reinforced Concrete and General Construction Works.

THE WAO ZUNG KEE CONSTRUCTION CO.

Town Office: 4 Passage No. 188 Route Vallon

Factory: Edinburgh Road

Telephone 73449.

永亨營造廠

WINGHELM CONSTRUCTION CO.

General Building Contractor

17 PASSAGE No. 425 AVENUE JOFFRE

TELEPHONE 82307

本廠專門承造中西房屋學校醫院市房住宅崇樓大廈鋼骨水泥及鋼鐵建築廠房橋樑碼頭等工程無不經驗宏富如蒙委託無任歡迎

事務所
上海霞飛路四明里十七號
電話八二三〇七號

陸福順營造廠

地址：天津路五福弄西首

電話：九一七五五號

承造各項工程
定做西式木器
裝修中西門面
接做油漆粉刷

本廠開設四十餘年所製木器均經焙乾無裂縫之弊凡賜顧者當竭誠招待價值克己

CERTAINTEED PRODUCTS CORPORATION
Roofing & Wallboard

THE CELOTEX COMPANY
Insulating & Acoustic Board

CALIFORNIA STUCCO PRODUCTS COMPANY
Interior and Exterior Stuccos

MIDWEST EQUIPMENT COMPANY
Insulite Mastic Flooring

MUNDET & COMPANY, LTD.
Cork Insulation & Cork Tile

NEWALLS INSULATION COMPANY
Industrial & Domestic Insulation
Specialties for Boilers, Steam &
Hot Water Pipes, etc.

RICHARDS TILES LTD.
Floor, Wall & Coloured Tiles

SCHLAGE LOCK COMPANY
Locks & Hardware

SIMPLEX GYPSUM PRODUCTS COMPANY
Plaster of Paris & Fibrous Plaster

TOCH BROTHERS INC.
Industrial Paint & Waterproofing Compound

WHEELING STEEL CORPORATION
Expanded Metal Lath

Large stock carried locally.

Agents for Central China

FAGAN & COMPANY, LTD.

261 Kiangse Road

Telephone
18020 & 18029

Cable Address
KASFAG

美商

美和洋行

承辦屋頂及地板工程并經理石膏粉石膏板甘蔗板避水漿鐵絲網磁磚牆粉門鎖等各種建築材料備有大宗現貨如蒙垂詢請打電話一八〇二〇或駕臨江西路二六一號接洽爲荷

褚掄記營造廠

廠址 上海臨平路二一號　電話 五〇四四四號

本廠承造一切大小鋼骨水泥工程以及房屋橋樑道路涵洞等如蒙垂詢或委託無任歡迎之至

THU LUAN KEE

CONTRACTOR

21 LINGPING ROAD. TEL. 50444.

朱森記營造廠

事務所：上海南京路大陸商場四樓四一四號　電話：九一七三六

雄偉莊嚴

是我國固有之建築藝術

矗立雲表

乃歐西別具匠心之新式營造

本廠對於以上兩者之經驗兼而有之如蒙各界委託承造估價準確限期不誤

總廠　上海閘北西寶興路倫敦路口

中國近代建築史料匯編（第一輯）

中國建築

第二卷 第一期

THE CHINESE ARCHITECT

中國建築

政部登記證警字第二九五五號
華郵政特准掛號認為新聞紙類

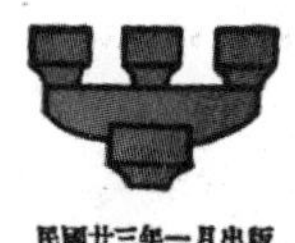

民國廿三年一月出版

第二卷 第一期

MEI HUA PRESS, LIMITED

278, ELGIN ROAD, SHANGHAI

42726, TELEPHONE

The Mei Hua Press, Ltd., has come into existence for a period of eighty years; the satisfaction of its service as well as the completion of its equipments is well known in the country.

With reference to the true experience of its glorious past, newspapers, magazines, pictorials, bills, cards, and the similar sorts of works can be beautifully printed in different kinds of colours. The Press will be glad to pledge its words to its customers, that its service is of great satisfaction; the Chinese Architect recently printed can surely prove one of its successful outcomes.

印刷專家

美華書館

印刷股份有限公司

◀此建築雜誌由本館承印▶

本館精印中西書報圖畫雜誌證劵單據各種文件銀行簿册五彩石印中西名片精鑄銅模鉛字銅版鋅版鉛版花邊及鉛字器具等印刷精美出品迅速定期不誤有口皆碑蓋本館由來迄今已有八十餘年之久設備新穎經驗豐富允爲專家洵非自誇如蒙賜顧竭誠歡迎

地址 愛而近路二七八號

電話 四二七二六號

本社啟事一

本社近以大陸商場原址辦公不便已於本月遷至上海寧波路上海銀行大樓四〇五號辦公嗣後如有接洽事宜即祈按新址辦理爲荷

本社啟事二

本刊製版印刷紙張向以選擇上乘爲目標近以篇幅加厚裝訂耗費綦多於本期起零售每册大洋七角預定全年大洋七元如剪本期卡片（綠頁後）寄下仍照五元計算讀者諸君幸垂諒焉

本社啟事三

戈畢意氏演講之「建築的新曙光」以排版匆忙致有遺漏容下期補刊尚望見原是幸

中國建築雜誌社徵求著作簡章

本社徵求關於建築學說，藝術，及計劃之一切著作；暫訂簡章於后：

一、應徵之著作，一律須爲國文。文言語體不拘，但須注有新式標點。由外國文轉譯之深奥專門名辭，得將原文寫出；但須置於括弧記號中，附於譯名之下。

二、應徵之著作，撰著譯著均可。如係譯著，須將原文所載之書名，出版時日，及著者姓名寫明。

三、應徵之著作，分爲短篇長篇兩種：字數在一千以上，五千以下者爲短篇；字數在五千以上者均爲長篇。

四、應徵之著作，一經選用，除在本刊發表外，均另酌贈酬金。不願受酬者，請於應徵時聲明，當贈本刊半年或全年。

五、應徵著作之中選者，其酬金以篇數計：短篇者，每篇由五元起至五十元；長篇者每篇由十元起至二百元。在本刊發表後，當以專函通知酬金數目，版權卽爲本社所有，應徵者不得再在其他任何出版品上登載。

六、應徵著作之未中選者，概不保存及發還。但預先聲明寄還者，須於應徵時附有足數之遞回郵資。

七、應徵著作之選用與否，及贈酬若干，均由本社審查價值，全權判定。本社並有增删修改一切應徵著作之權。

八、應徵者須將著作用楷書繕寫清楚，不得汚損糢糊；並須鈐蓋本人圖章，以便領酬時核對。信封上須將姓名及詳細住址寫明，由郵直接寄至本社編輯部，不得寄交私人轉投。

中國建築

第二卷　　第一期

民國二十三年一月出版

目　　次

著　　述

插　　圖

卷頭弁語

一元復轉，萬象更新。 本刊一卷已成，二卷伊始，當此一歲之計在於春之大好晨光，本社同人敢不竭盡綿薄，以達讀者諸君之殷望！ 茲於本期起始，內容力求豐富，並加入工程計算一組，以期增加工程界讀者諸君之興趣。 至本期之主要內容，爲楊錫鏐建築師設計之上海百樂門舞廳。 該廳於落成典禮舉行之日，曾極炫耀一時，光譽滿滬。 身歷其境者，固已感心曠而神怡。 滬外諸君，則或有不得親臨其境之憾。 本社特請諸楊錫鏐建築師，將全部設計，盡量供給，並將內部裝飾，外部景色，盡量攝入鏡頭，載於本刊，藉爲滬外諸君，一飽眼福。 至於內容排列之次序，由舞廳之外部，向內部按步登載，使讀者如身臨其境。 每頁攝影，與其結構之大樣互相映照，使讀者將全部設計一目了然。 此則讀者諸君可稍獲他山之助，亦敝社同人差堪告慰者也。

我國建築，原屬幼穉，但古代宮殿式建築，雕飾之優，結構之異，亦多有可採取，惟年久無人過問，漸就湮沒，殊爲可惜。 幸有梁君思成，鑑於中國固有建築文學術沈淪爲可惜，特殫精竭慮，考古證今，並親赴各存在古代建築之區域視察，深加探討，故得中國建築之眞諦者，惟梁君一人而已。 本刊遠承贊許，辱蒙貽以北平仁立公司攝影。 該公司爲舊房改裝，結構上多採唐代裝飾，鎔冶新舊精華於一爐，固非斲輪老手不可。 本刊於此登出，想讀者定以先睹爲快。 本刊特於卷頭，向梁君深致謝意焉。

支加哥博覽會，珍奇特點獨多，獲其鱗爪，尚非易事，窺其全豹，則更難能。 我國建築名師過元熙君，曾服務於博覽會，監造熱河金亭，致全部攝影，得與過君同船回國，下期卽可與諸君晤面，茲於本期略刊數張，其價值之偉大，無待編者之鼓吹，而有目共賞也。

戈畢意氏爲近代式建築運動之鼻祖，所創新學說，極風靡於時。 該氏在一九三零年應俄國眞理學院之約，演講「建築的新曙光」，對於建築學術上之供獻，堪稱首屈。 考試院盧毓駿先生保持其演講紀錄，辱蒙貽於本刊，爲本刊生色不少。

建築之正軌，當然以入大學建築科爲標準，奈中國建築專科學校，既稱鳳毛麟角，費用之消費，亦非家徒四壁者所堪勝任。 本刊有鑑於此，故於一卷六期，特闢問答一欄，敦請滬上著名建築師，代爲解答一切難題。 並於本期起刊登「建築正軌」一長篇，內容將建築入門，進行步驟，及設計須知等等問題，按步刊載。 對於初學建築諸君，或可得一線索，不致奔馳歧途，較之學於函授，亦許省時間而節經費，固爲初學建築者之一提要，想亦讀者所樂許也。

編者謹識 二十三年一月二十五日

The Chinese Architect

中國建築

民國廿三年一月　　第二卷第一期

百樂門之崛興

公衆娛樂事業 爲消費的而非建設的，夫人而知之。　然娛樂事業之發展，與所在都市之繁榮，往往具有聯帶之關係；故欲測驗某一都市之繁榮至若何程度，祇觀該地娛樂場所之種種設備，與夫奢侈至若何地步，即可瞭若指掌。　大凡一地商業逐漸發展，人口逐漸增加，社會交際由簡而繁，於是各種公共娛樂場所，自草蓬戲台以至皇宮化之戲院舞場，均隨社會之需要 應運而生。　主其事者 爲與同業競爭計，不得不殫思竭慮；出奇制勝，就經濟可能範圍之內，力求設備之完善與新穎，以廣招徠焉。　是以受委託設計此項建築之建築師，莫不鈎心鬥角，推陳出新，期能實現彼等報紙之鼓吹所謂「獨霸」與「權威」者。　觀乎上海近年來各大電影院之勃興與力趨華麗，即可證明。　十年前滬上人士視爲最華麗而握影院牛耳之卡爾登夏令配克等戲院，至今日已淪爲二三等以下，即與建不久之南京國泰等影院，固皆曾哄動一時，雄視滬上，乃不久復爲後起之大光明大上海等取而代之。　推原其故，蓋莫不因其建築之新奇與陳式之富麗 以爲制勝之具，負此設計全責之建築師，商戰之勝利，實預有功也。

影院如是，其他娛樂事業亦莫不如是。　獨公共宴舞廳（Ball Room）自大華飯廳因地權易主而發屋停業後，數年來無相繼者。　雖後起一二，亦非隘即陋，與大華飯店已不可同日語矣。　近來上海繁榮日甚，社會需要日亟，滬上人士，亦莫不渴望大規模之新穎宴舞廳實現，遂有百樂門大飯店之計劃，擬爲宴舞事業闢一新紀元。擇地於靜安寺路愚園路角，任楊君錫鏐爲建築師，歷三月之設計，九月之建築，大功告成，開幕之日，不僅車轂人肩，亦且燈光縈繞，大有魯戈揮日之概。　佳賓如雲，觥籌交錯之歡，不讓歐陽一老。　當是時也，有耳耳舞廳之聲，有目目舞廳之色，口之於味，鼻之於嗅，凡與已感官稍獲舒適者，莫不歸功於舞廳之助。　聲譽彌春申，不脛

07586 — i —

成憾事。執宴舞界之牛耳者，將捨此而莫屬。偏寒之滬西，將一躍而車水馬龍矣，此建築師匠心獨運之功也。茲經楊君口述設計該舞廳之經過概況如下：

楊君之言曰

當百樂門飯店設計之初，主其事者，即具有壓倒滬上一切舞廳願望，并擬另設小規模之上等旅舍，以應旅客之喜恬靜厭煩囂者。幾經研究討論，先後繪製草圖不下十餘種，經嚴密審查及修改之結果，始決定焉。其所以決採取目下之圖樣者，約有下列數點，試略述之：——

(一)地位——該建築基地，位於極司非而路及愚園路轉角，形成曲尺。二面沿路，爲求出入便利及外表壯觀計，擬設大門於角上。惟按上海租界建築章程，凡建築公共娛樂場所者，於正式請領營造執照之前，必先具地形等圖，請求對於地點上之核准。蓋因治安交通與衛生之種種問題，必先得各關係方面之同意允准，方得進行，非僅僅在建築技術上求其能合乎規矩而已焉。故於草圖擬就後，即循是例作初步之請求核准，當時警務處對於角上開設大門，表示反對，謂因該地適當愚園路口，乃車輛出入之孔道，一旦該舞場開幕，營業頗客，車輛由南往北，至門口停車，必多擁擠，有礙交通，最好須將大門開在極司非而路上云。後以爲如此移改，於外觀尊嚴，大受影響，再三向之疏通解說，始蒙允准於角上設大門，而於門上置燈塔，於觀瞻上增色不少矣。

(二)內部佈置——舞廳爲公衆出入便利計，最好應設於地平層，庶出入便捷，無崇階攀登之勞，且於太平設備，亦可改省。惟後以地價經濟關係，不得不於下層添設店面出租，以增收入。且滬上現有各等舞場，幾莫不設舞廳於樓上，故遂隨俗置於二樓，而於下層爲店面及廚房之用。蓋稱爲大規模之宴舞廳，容數百人之聚餐者，必須具有寬大廚房，始敷應用也。依上列結論，故置舞場於極司非而路方面之二樓，而將地層居中劃爲二部，前半沿路爲店面，後半爲廚房等之用。而愚園路方面下層爲店面，二層以上爲旅館，西向處則另闢旅館部大門，以利旅客之出入。

(三)內容範圍——該舞場既擬爲滬上最大之舞場，則必須容千人左右，方可供各項盛大宴會之需要。然容人多則占地面積必廣，對於內部布置上殊感困難。緣羣衆心理，赴宴舞者皆喜趨熱鬧，而惡孤寂，舞廳內容，若過分龐大，在星期假日或盛大宴會之時，佳賓滿座，固屬倍形歡樂。然平日間以少數賓客，置於碩大無垠之廣廳中，即有寥落岑寂之感，甚非所宜。前大華飯店即蹈是弊，平日之晚，如赴宴之人略少，即覺岑寂不堪，如入古宮舊刹，減却歡樂不少。是爲計劃宴舞廳所不可忽視最爲重要之一點。按之統計，每星期六晚宴，舞廳之宴客者，常較平日晚增加至五倍以上，故宴舞廳之地位較小者，平日能有座上客常滿之盛況，而星期六晚必覺擁擠不堪，而饗後至者以閉門之羹矣。反是而地位較敞，星期六晚能應付裕如者，平日每感過行寂寞，反而乏人問津矣。爲解決此困難問題起見，遂決定將舞廳劃分爲數部段，添建樓座，及增設可容數十人之宴會室二間，與大舞廳相連，隔以垂簾。如是則賓客之至者，依自然之趨勢，先就大舞廳樓下而坐，樓下客滿，則自必循級而至樓座。樓座再滿，則闢宴會室以容之。樓下約容四百餘座，樓廳約容二百五十座，宴會二間各容七十五座。 如是則自百餘人以至八百餘人，皆可應付裕如，不覺擁擠，而不覺寥落矣。

舞廳之主要部份解決後，復以足容七八百人之大宴舞廳，必需具有廣大之休憩室，以供賓衆憩息候客之用。遂因角上燈塔下之便利，置有圓形休憩室一間，爲登樓後之主要集會地點。 男女衣帽室及糖果部定座處等，皆自此室設門通焉。 此外至於酒排室之佈置，音樂台及演員化裝室等之設備，與夫廚房間，冷藏室，備餐室，器皿室，供飲室等，皆視地位之經濟適宜，與服務之便利，進退之自如，由各項負責專門人員互相討論以爲定奪。 蓋建築師雖爲計劃全室之主持人物，然決不能具有萬能之學識。 卽以宴舞廳一事而言，桌椅之應如何佈置，音樂台上之應如何分配，侍役出入應如何方稱便，器皿取用應如何方簡捷，廚房內爐灶之種類，地位大小，各項水管電線煤氣之供給等，在在需得各項專門人材之合作研究。 各以其經驗所得，避他人之所短，而集各處之所長，以賓衆之舒適，及服務之便利爲目的，以定奪各項應用處所地位大小，於是而全部圖樣方以告成。

（四）構造——全部佈置旣定，乃進而爲構造上之研究。 按諸建築章程，公共建築，應全部以避火材料建造之。 該屋高度，不過三層，無疑的以鋼骨凝土爲最適宜。 惟宴舞大廳一部，長百廿尺，寬六十二尺，高廿六尺，中有樓廳一層，作走馬樓式；如用鋼骨凝土，必須於樓廳下作支柱，以承其重，而大屋面亦不易構造。 因將該部骨架，改用鋼鐵，由愼昌洋行擔任設計。 經該行鋼鐵建築部工程師馮君寶齡之悉心計劃，全部樓廳，不用一柱之支撐，實爲該廳建築生色不少。

（五）機械設備——該屋機械上設備，共分冷氣，暖氣，衛生。冷藏及電燈數項，因經濟關係，故將冷氣及暖氣用併合式，利用同一之機械及氣管，由屋頂進氣，而由地板下出氣。 因是項關係，遂於設計全部構造及內部裝飾時，均先留有適當地位，以容該項巨大通氣用管，而不使突然顯露，有礙觀瞻。 此外暗燈之裝置，總電線總水管之地位，與夫總電表間電話接線間等，皆就各該管公司等之便利，及服務上之最高效率，以爲佈置及設計之標準焉。

（六）材料選擇——際茲國產實業落伍之時，全國各項農工商品之運自舶來者，有增無已。 而建築材料之由外洋輸入者，爲數頗足驚人。 曩昔建築師盡屬外人，在其操縱之下，乃勢屬必至理有固然者。 晚近中國建築師人材輩出，頗爲社會所信仰；則提倡國產材料，自爲吾中國建築師之天職。 故當計劃之初，於材料之選擇上，加以深切之考慮。 除必不得已之數項——如玻璃，金屬，鋼鐵等等——國產無代用品，不得不求諸外洋外，凡石料，磚料，水泥以至五金之屬，有國產品者，莫不儘先採用。 旣有數項材料，原料非來自外洋不可，而滬上有中國自設之廠家製造者，亦莫不捨彼就此，以救濟於萬一焉。 而於採用外貨之時，則更必預計需用之確定日期，而預爲製繪正式詳圖，計算所需數量，及早預向產處定製或定購，庶幾工程上不致延誤。 該建築自開工迄完工，前後不逾十月，堪稱迅速。 卽上項所言及之向外洋定購材料，雖爲數不多，然種類頗繁，以產地計，有美，德，奧，英，捷等五國。 以物品計，有鋼鐵，鋁料，玻璃，銀紙，橡皮，衛生磁器，暖氣機械，以及內部所用之器皿窗簾等等，復加以向本國各地所定之石料，地毯等，不下十餘種，頗有多數爲滬上首次採用者。 皆先期加以精密審查，然後按工程之進行，預爲定購。 各項材料皆能依期到滬，未嘗延遲。 故工程進行，甚感順利也。

百樂門大飯店透視圖　　楊錫鏐建築師設計

燈塔聳，
玻璃閃爍明。
西陽西下水流東，
車如流水馬如龍，
爭相角逐中。

The Chinese Architect

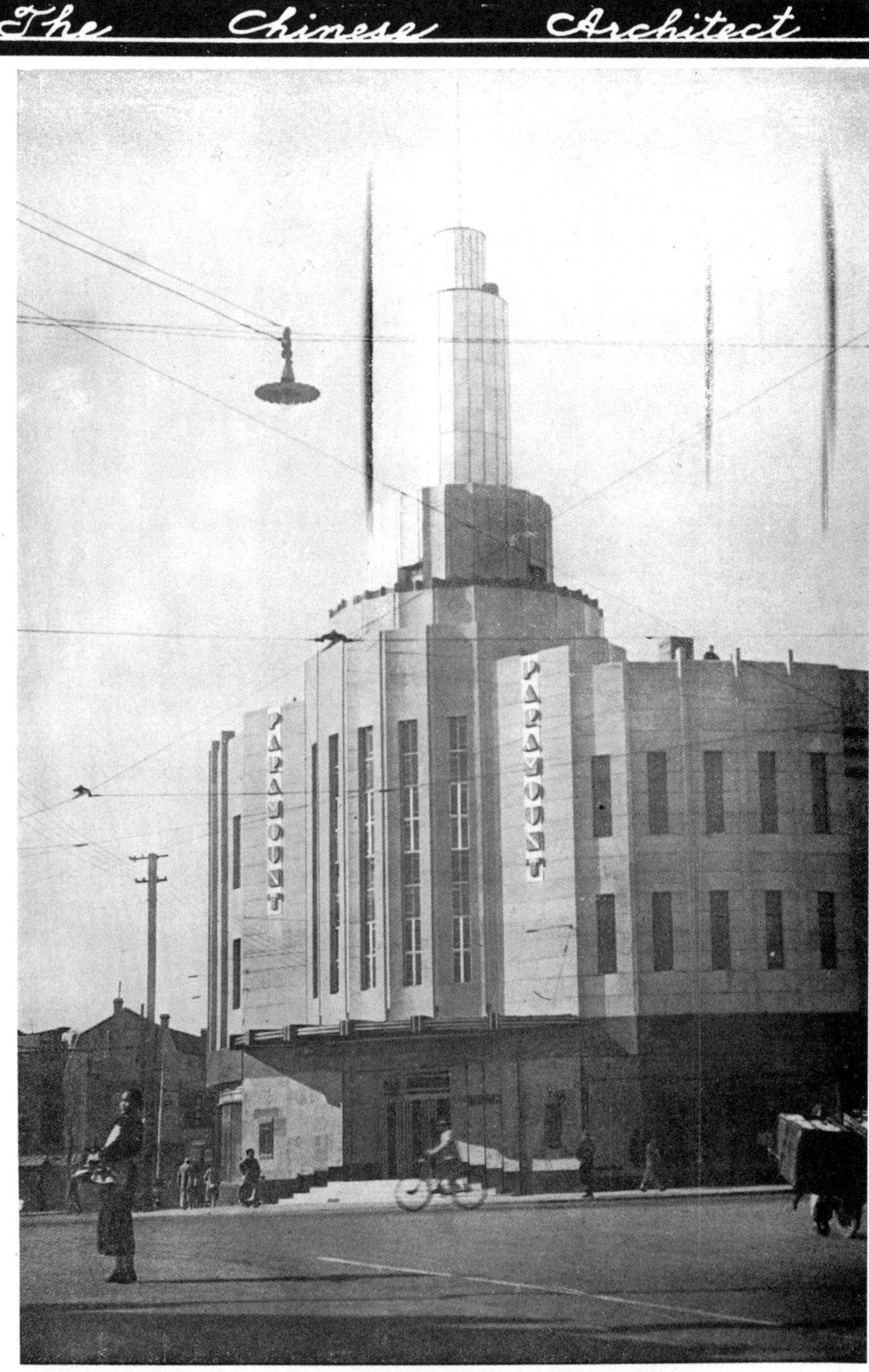

月明星稀，
燈光如練；
何處寄足，
瓊樓廣寒；
非敢作倣遊之想，
吾愛此天上人間。

The Chinese Architect
PARAMOUNT
ART STONE
PARAMOUNT
PARAMOUNT
中國建築

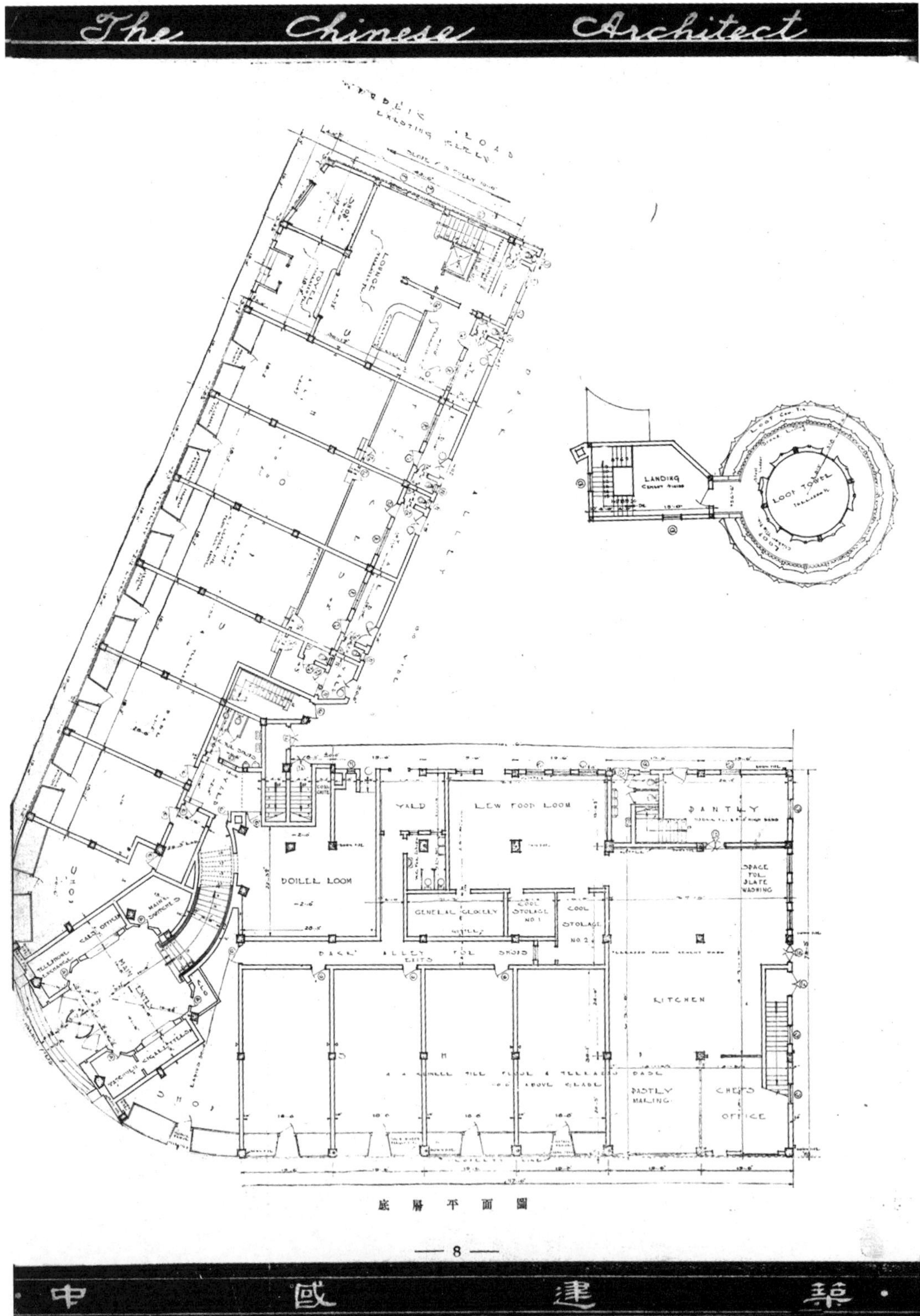
LANDING
ROOF TOWER
LOUNGE
MAIN ENTRY
SHOP
BOILER ROOM
YARD
RAW FOOD ROOM
PANTRY
SPACE FOR PLATE WASHING
GENERAL GROCERY
COOL STORAGE NO. 1
COOL STORAGE NO. 2
BACK ALLEY FOR SHOPS
KITCHEN
PASTRY MAKING
CHEFS OFFICE

底層平面圖

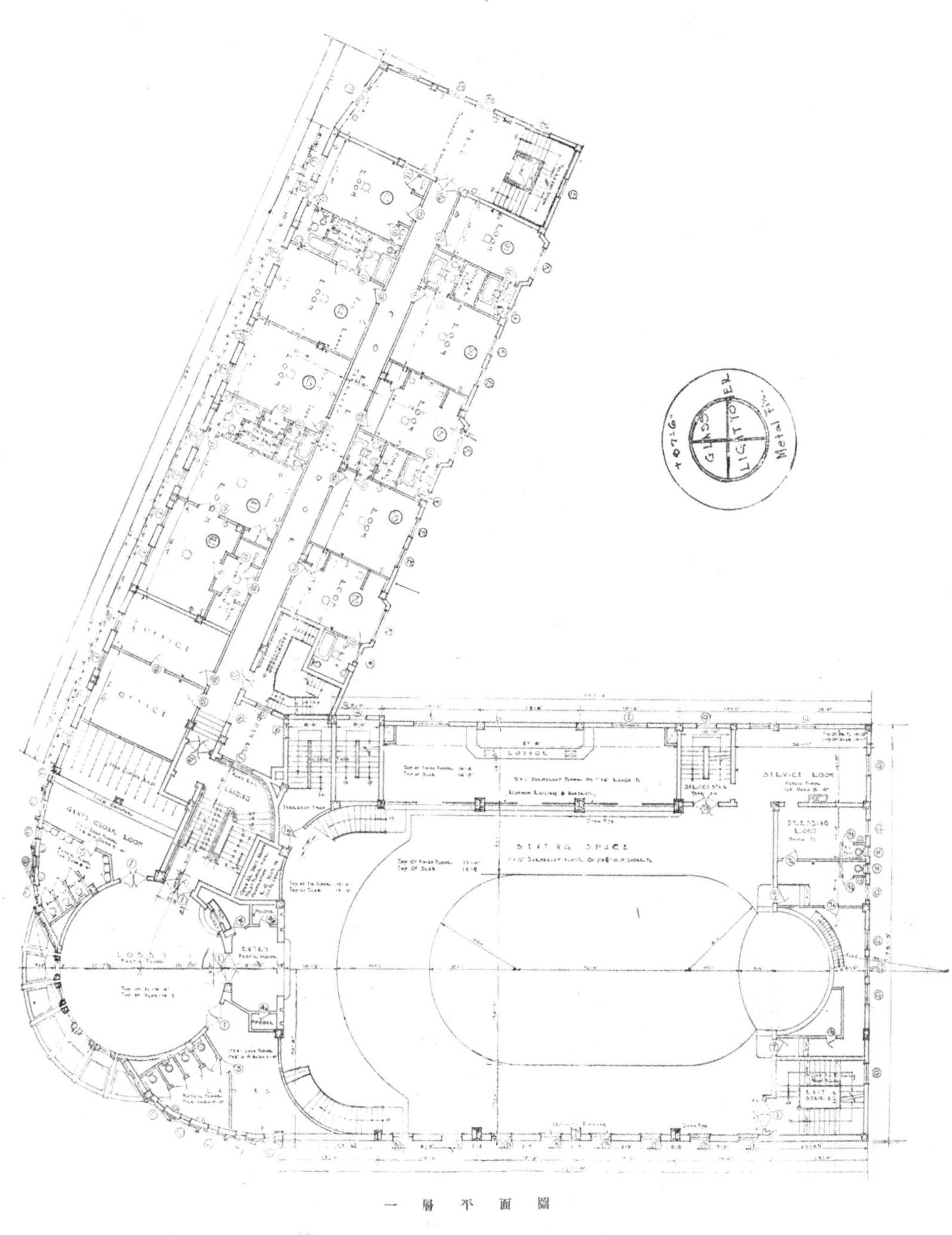

一層平面圖

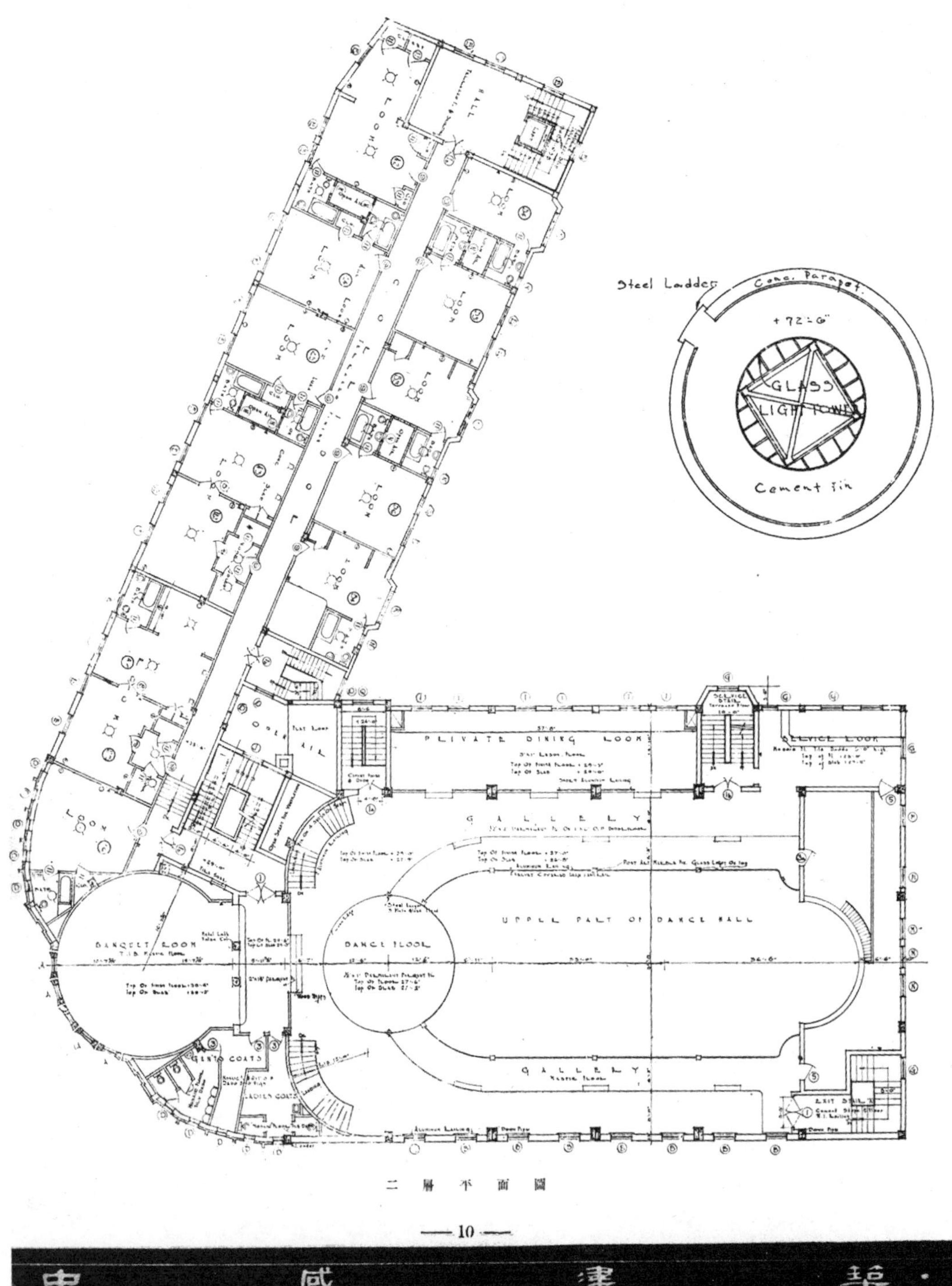
Steel Ladder
Conc. Parapet
GLASS
LIGHT TOWER
Cement Fin
PRIVATE DINING ROOM
SERVICE ROOM
GALLERY
UPPER PART OF DANCE HALL
DANCE FLOOR
BANQUET ROOM
GENTS COATS
LADIES COATS
EXIT STAIR
GALLERY

二層平面圖

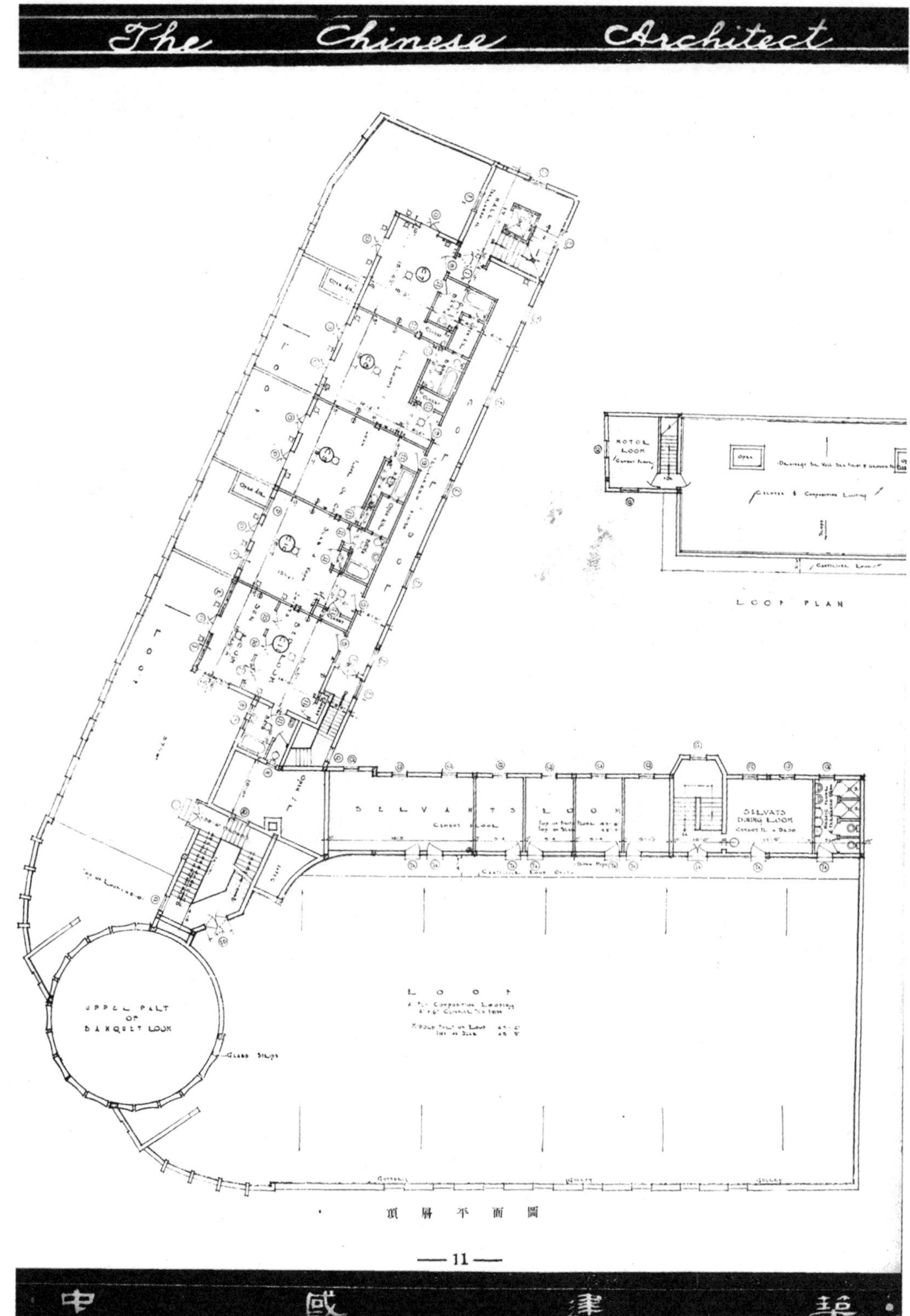
MOTOR ROOM
ROOF PLAN
SERVANTS ROOM
SERVANTS DINING ROOM
ROOF
UPPER PART OF BANQUET ROOM
GLASS STRIPS

頂層平面圖

The Chinese Architect

百樂門大飯店舞廳之正門　　楊錫鏐建築師設計

燈光縈繞，

車轎人肩；

優遊勝境，

無限流連。

士女愛其地板可助舞興；

我獨愛其建築設計新鮮。

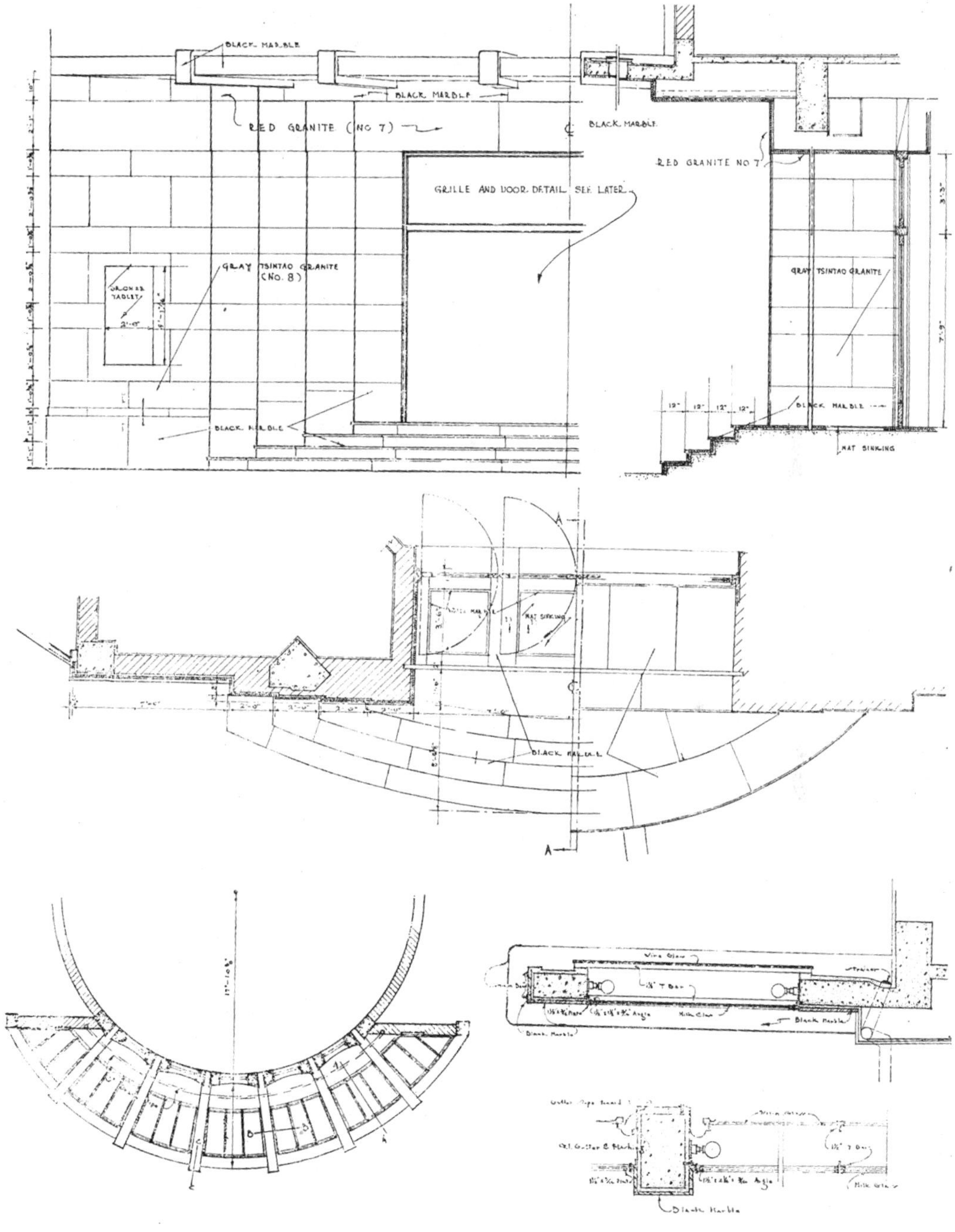

The Chinese Architect

BLACK MARBLE

BLACK MARBLE

RED GRANITE (NO 7)

BLACK MARBLE

RED GRANITE NO 7

GRILLE AND DOOR DETAIL SEE LATER

GRAY TSINTAO GRANITE (NO. 8)

BRONZE TABLET

2'-0"

GRAY TSINTAO GRANITE

BLACK MARBLE

BLACK MARBLE

MAT SINKING

12" 12" 12" 12"

3'-3"

7'-9"

A

MAT SINKING

BLACK MARBLE

A

Black Marble

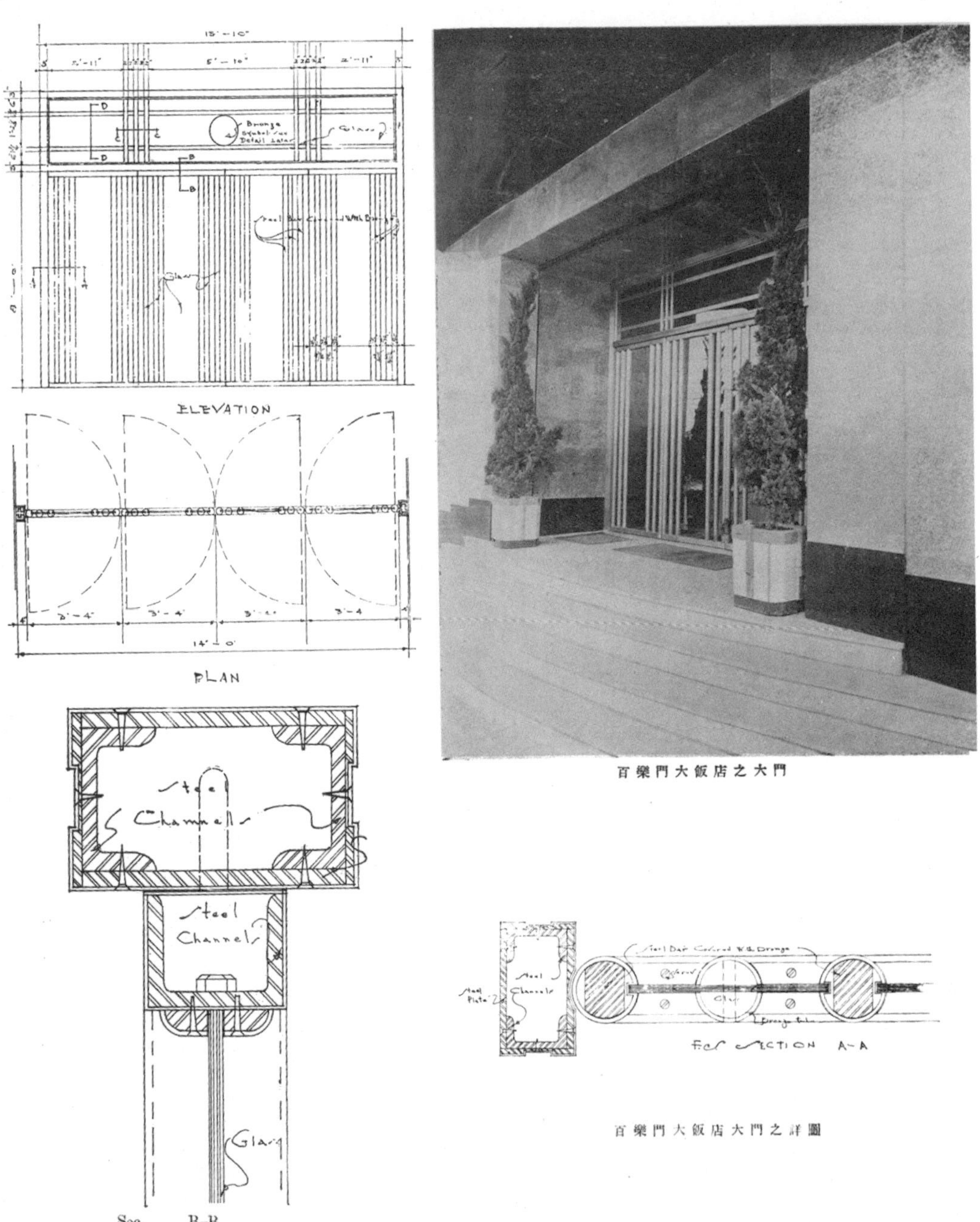

百樂門大飯店之大門

百樂門大飯店大門之詳圖

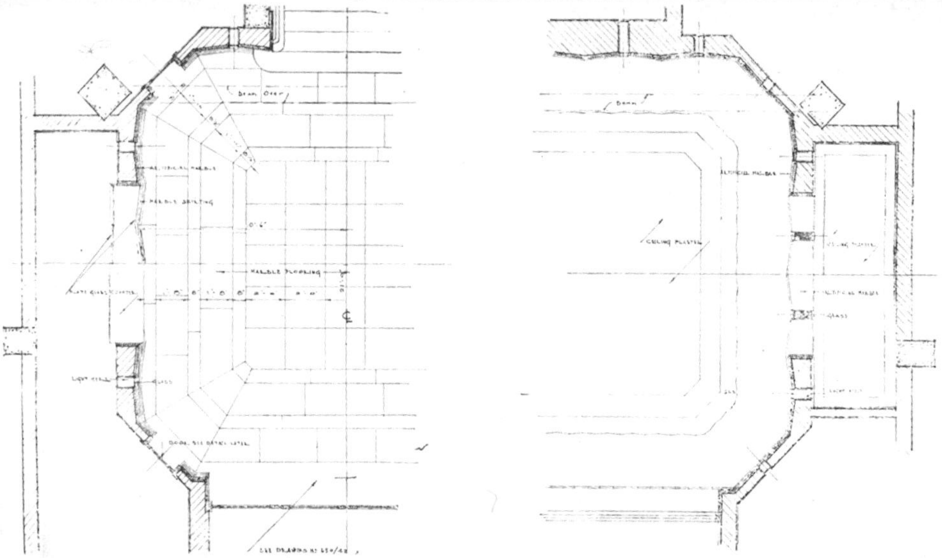

The Chinese Architect

The Chinese Architect

百樂門大飯店進舞廳休憩處之一

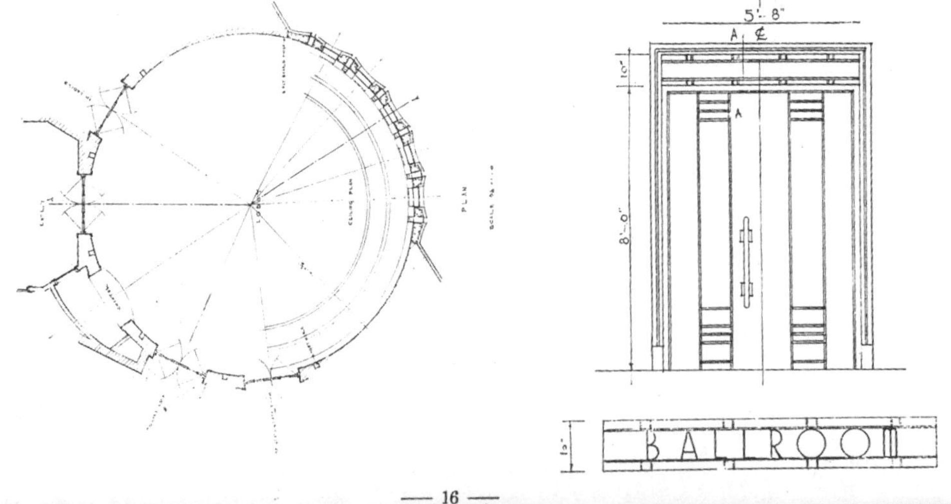

百樂門大飯店跳舞廳休憩處之二

↑
百樂門大飯店內舞廳進門處

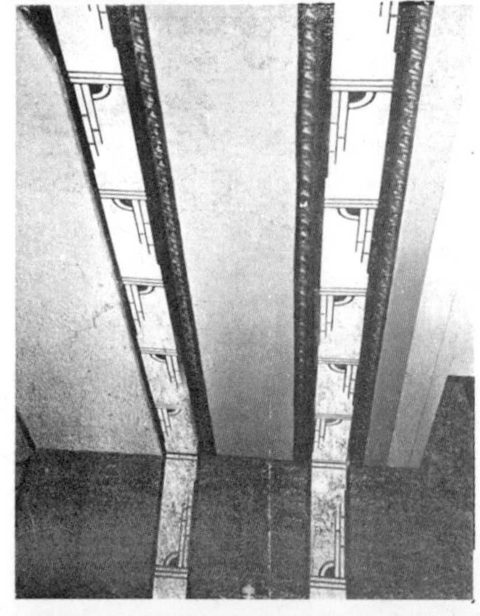

← 百樂門大飯店舞廳內之華麗壁燈

↑ 百樂門大飯店舞廳由樓上下視圖

百樂門大飯店舞廳內之柱燈 →

↑
百樂門大飯店舞廳內由下上視之一瞥

百樂門大飯店舞廳內之安全燈 ←

↑
百樂門大飯店舞廳內之平頂偉觀

百樂門大飯店舞廳內之音樂台全部 →

百樂門大飯店舞廳內玻璃跳舞地板

SECTION A-A

Veneered Luan Flat Panelling, Cross Grained

ELEVATION B-B
1½" = 1'-0"

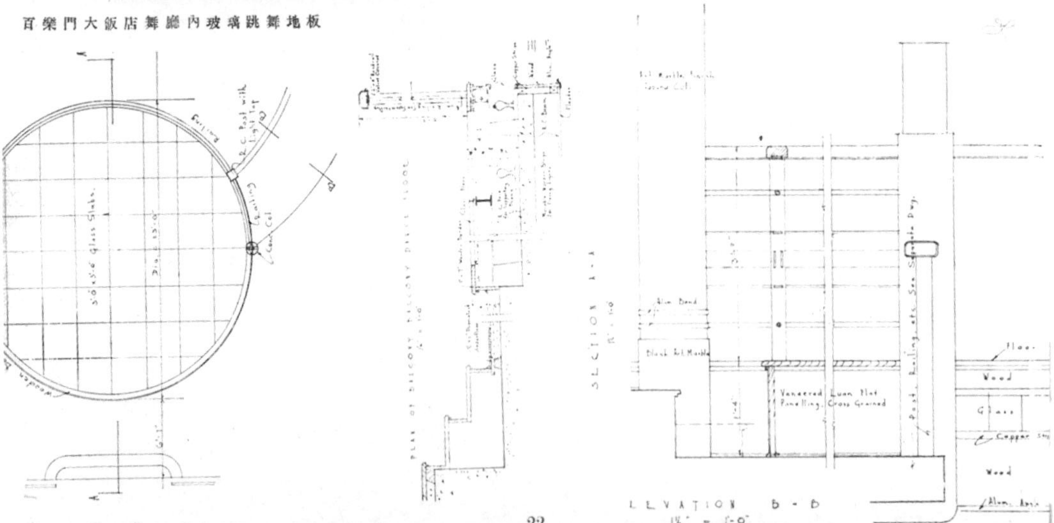

The Chinese Architect

百樂門大飯店舞廳內精鋼扶手之一

上也舞廳。

下也舞廳。

彈簧地板效飛燕。

玻璃地板演倩影。

何幸！何幸！春宵一刻千金重。

中國建築

百樂門大飯店舞廳內鋼精扶手之二

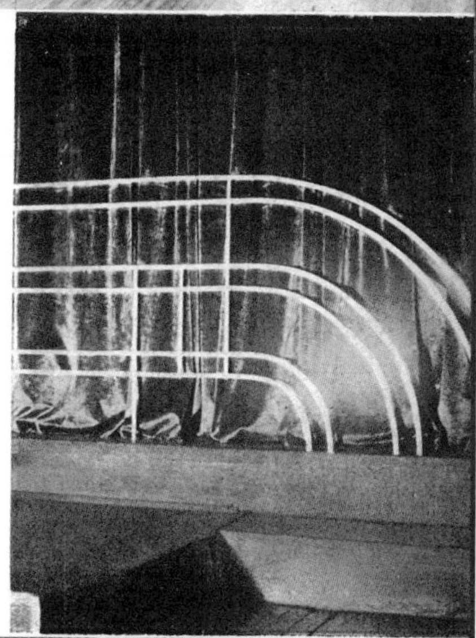

鋼精欄。
彩石柱。
燈條相映光渾佈。
但知優遊人舒適。
那管價值連城璧。

The Chinese Architect

↑ 百樂門大飯店舞廳內之酒排間

← 百樂門大飯店舞廳內酒排間之旋轉椅

The Chinese Architect

↑
百樂門大飯店舞廳內之宴會廳

百樂門大飯店宴會廳天花板之燈條→

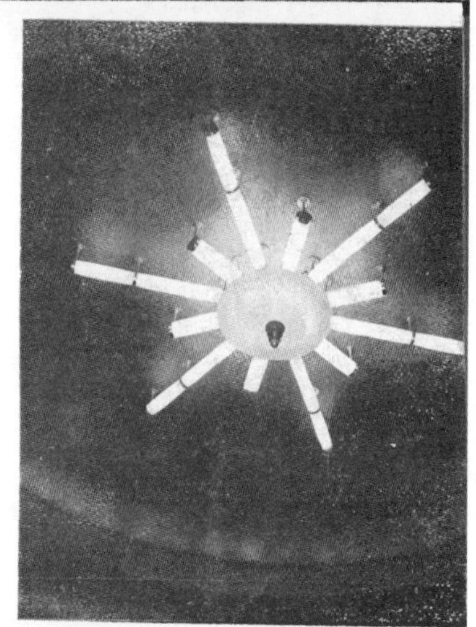

百樂門大飯店舞廳內走廊下之燈條及通氣孔

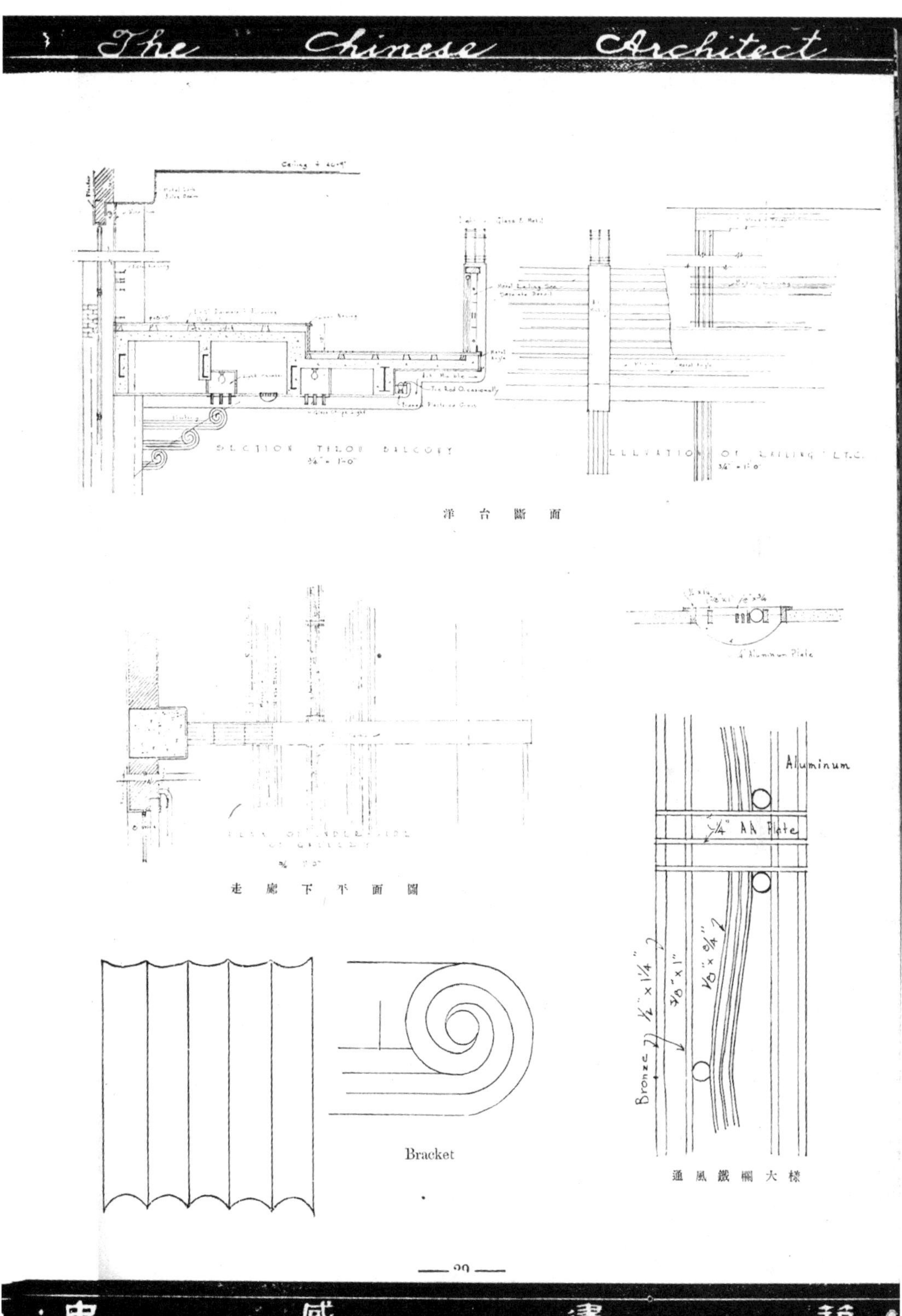

洋台斷面

走廊下平面圖

Bracket

欄大鐵風通

The Chinese Architect

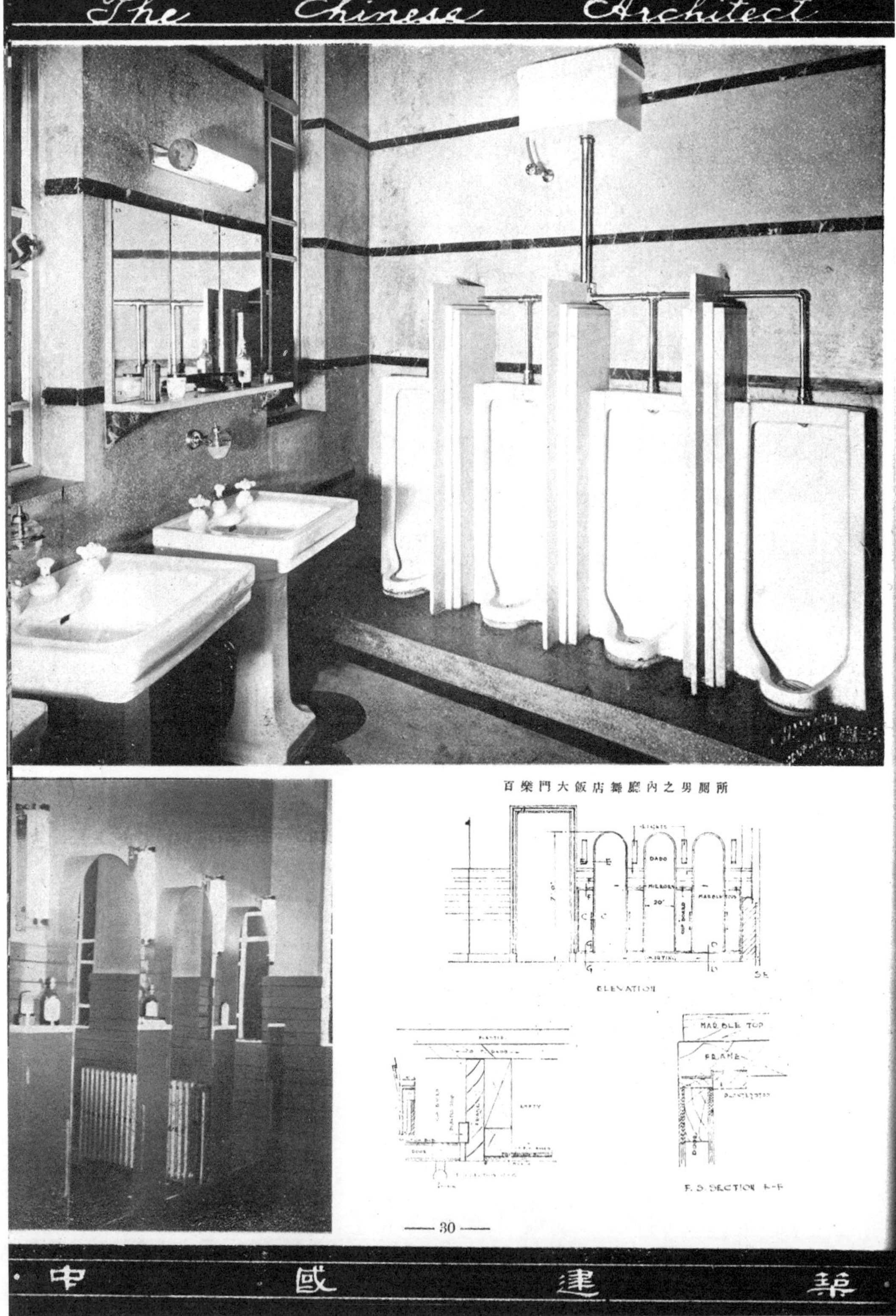

百樂門大飯店舞廳內之男厠所

中國建築

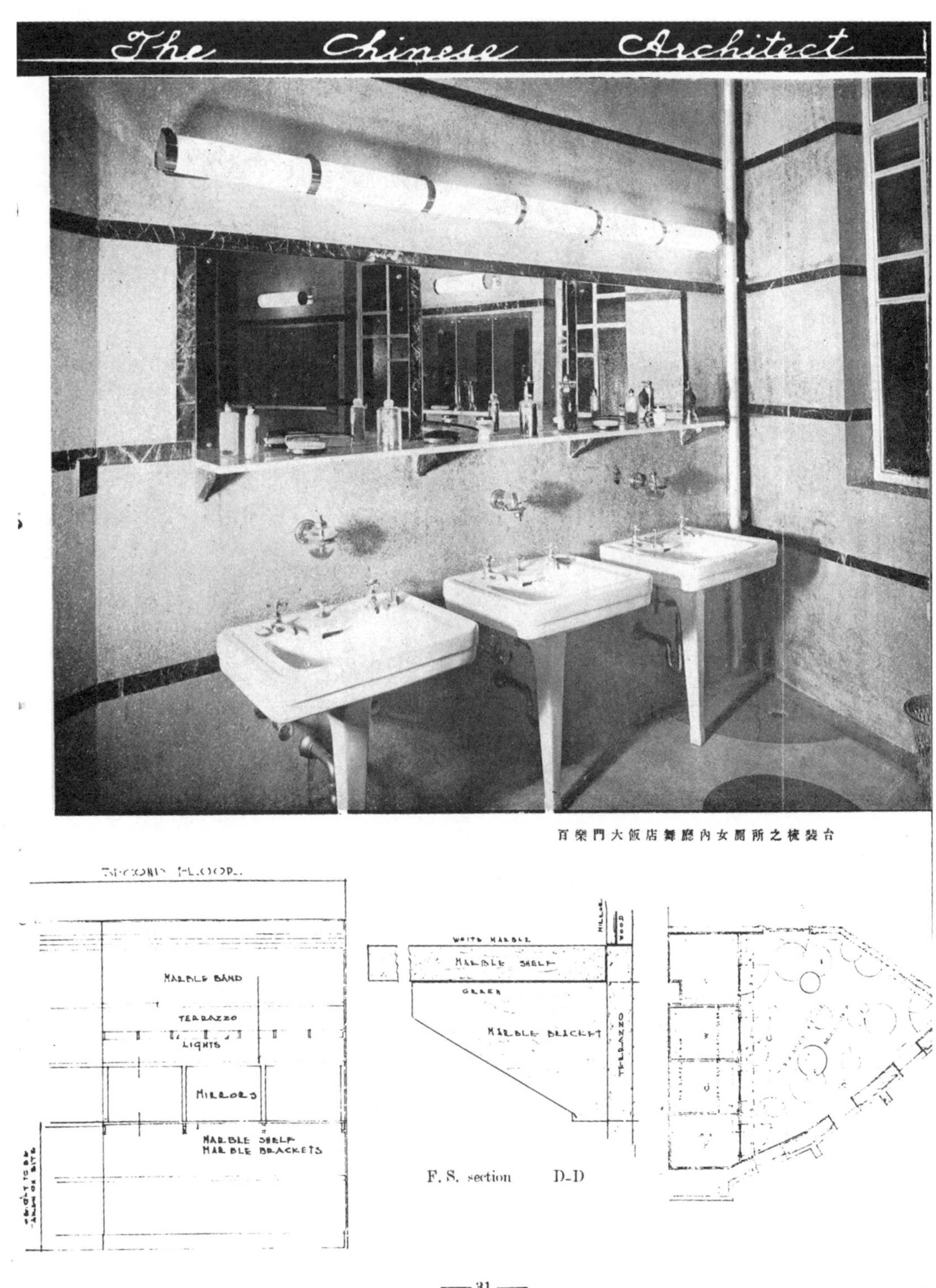

百樂門大飯店舞廳內女厠所之梳裝台

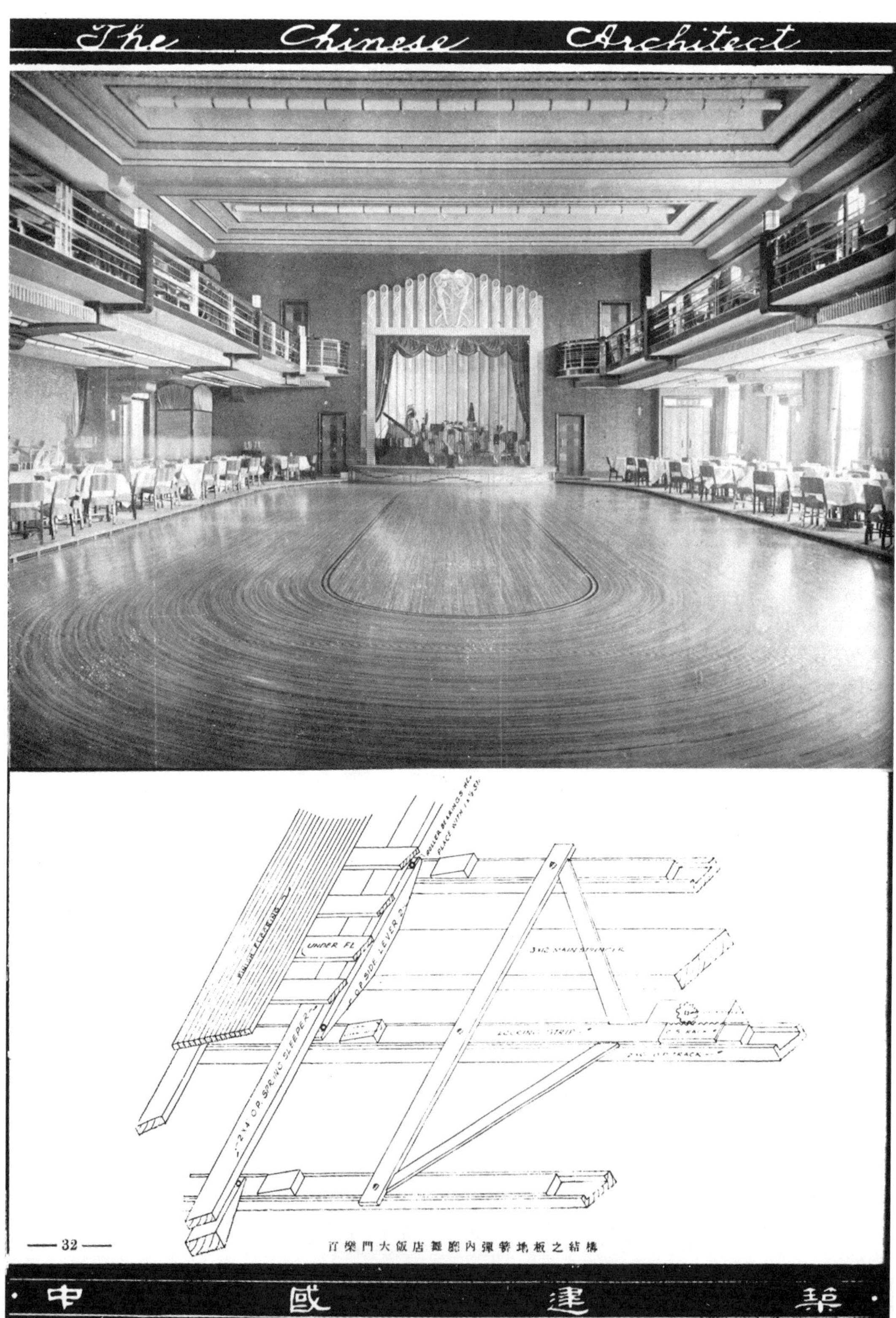

百樂門大飯店舞廳內彈簧地板之結構

彈簧跳舞地板之構造

楊錫鏐

據跳舞者的經驗告訴我們說:跳舞的地板不可過硬,硬則跳舞稍久就要感覺疲乏。 最好須略有彈力性,那麼跳舞時人們依着音樂的節奏,步步的前進。 地板因着跳舞者步伐的載重,同時作有節序的輕微的顫動,在這樣的地板上跳舞,是會感覺着步伐的輕盈,和舞姿的生動。 於是設計舞場地板的建築師們,就得運用工程的技巧,來應付他們的要求了。 他們需要的規律是如此:——

(一)地板全部面積要具有同等的彈力性,不能中央彈力過甚,而四周彈力不足。

(二)祇載重部份,因跳躍而顫動,其餘四周未載重的地板,多不受波及。 受跳躍而致顫動的部份,愈小則愈佳。 換言之,卽一人在地板之某一處跳動,同時站立在較遠處者可不受此項顫動之波及。

(三)地板顫動的震幅,最小不得少於八分之一吋,最大不得超過半吋。

要設計一方木質的地板,而能適合以上的規律,的確不是一件容易的事。 最滿意的,就是老實地用鋼質的彈簧,放在較小之擱柵的下面,大約如下圖。

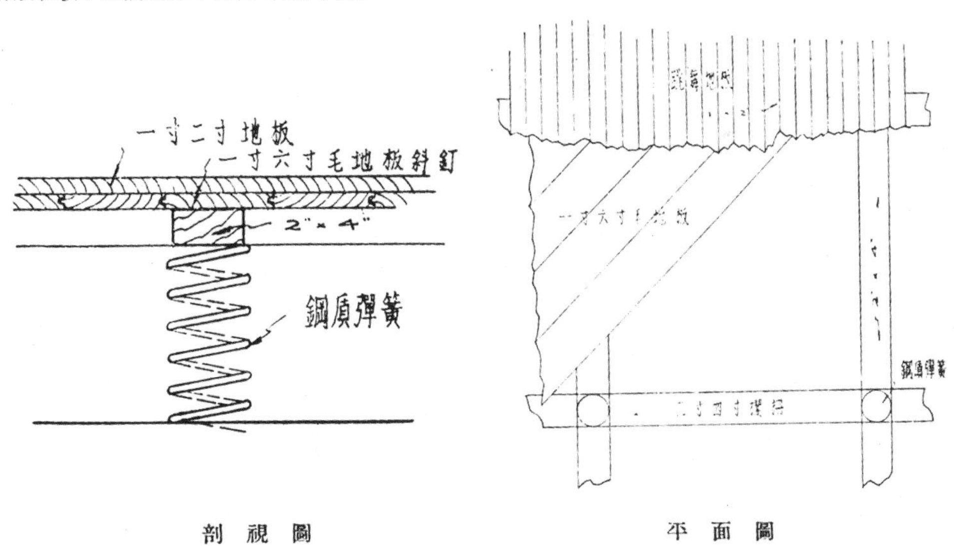

剖視圖　　平面圖

但是要設計這種鋼質彈簧的地板,有一點困難的地方,就是鋼質彈簧之不易購取。 廠家現成有着的,全是機器上所用的,要配一根合宜的彈簧,不是一件容易事。 假使要特別的定造,那末對彈簧力的能否均勻,和彈性能否持久,殊無把握。 價格也很貴,難於辦到。 因此就有了下面的一種懸挑式木質彈簧發明,經濟簡單,頗合實用。

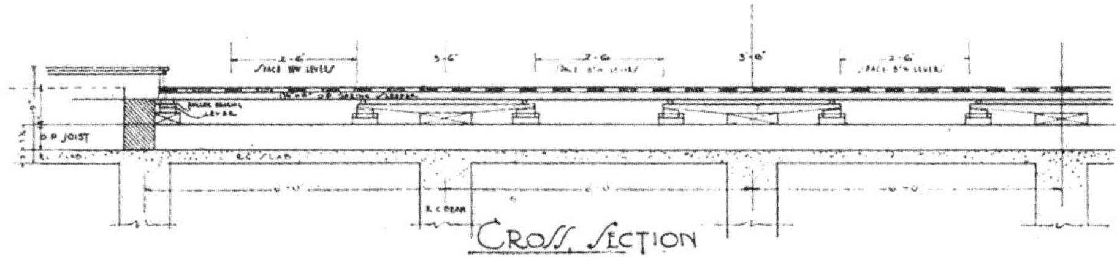

這種懸挑式彈簧地板的構造，是將地板安置在一個二端挑出的槓杆上。槓杆的中部，支持在擱柵上，而且是固定的。兩端則有圓軸各一枚，圓軸的作用，一則使地板能些微地左右顫動。那末跳舞其上者，更覺其飄渺綽約，若羽化而登仙。而一方面，——也就是他的最大功用——則在移轉地板上的載重，使全部集中在各個槓杆的二端。那末槓杆上所生的撓度，(DEFLECTION)較直接把地板安放在槓杆上爲大。這是材料力學上很淺近的一個原理。

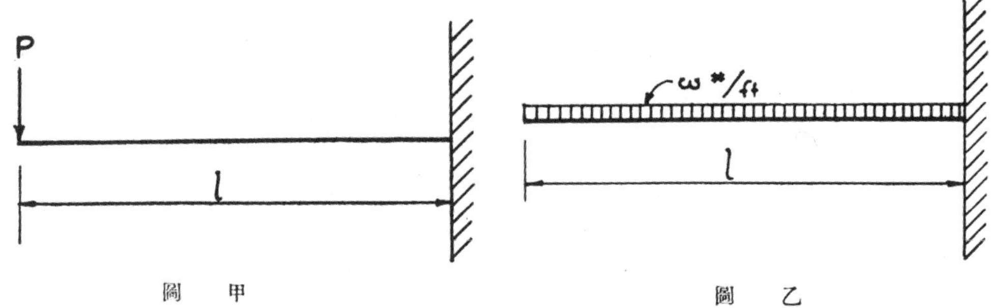

圖甲　　　　圖乙

上面甲乙兩圖內，假定 wl = P，那末這二個懸梁上的總載重，既是相等，而牠們的長度，又是同樣的，所生的撓度，理想起來，應該也是一樣的了。但是實際上又是怎樣呢？圖甲懸梁之最大撓度，$\triangle=\frac{Pl^3}{3EI}$。而圖乙之最大撓度，則爲 $\triangle=\frac{Wl^4}{8EI}=\frac{Pl^3}{8EI}$。二者相較，其差度竟在二倍以上。換言之，即圖甲之撓度，與圖乙之撓度，確成八與三之比。

跳舞時候，究竟地板的震幅多大；換言之，即槓杆之撓度多大，也可以用數字計算出來：

（一）舞客最擁擠時，每對占地約十五方尺，則照公式計算：

$$撓度 \quad \triangle=\frac{Wl^3}{EI}$$

式中　$W=270\times\frac{6}{150}=108^{\#}$（假定每對之體重爲 $270^{\#}$）

$l=18''$，　　$E=1,500,000$，　　$I=\frac{bd^3}{12}=\frac{4\times2^3}{3}=\frac{8}{3}$；

$$故 \quad \triangle=\frac{108\times18^3}{1,500,000\times\frac{8}{3}}=0.157''$$

此項撓度乃係依照每對舞客之靜載重而言，當他們跳動的時候，其所生之力很大，謂之衝擊力。普通爲靜載重之200%，故槓杆之實際撓度，應爲 $0.157\times(1+2)=0.471''$。

（二）平常時間，平均每對占地約廿方尺，則該項槓杆之撓度，即爲 $0.471\times\frac{15}{20}=0.354''$。

預　告

支加哥博覽會將在本刊二卷二期與讀者會面

小　引

支加哥博覽會之發軔，狹義言乃表現建築進化之新精神，廣義上乃代表科學百年進步之大計。　故除其會場之建設盡採新式方法外，旣其各部之設施，無一不力求現代化。　是以密希根湖畔，三英里之地，天日隔離，鈎心鬥角，可稱未有之奇觀。　此景此情，想讀者未有不欲先睹爲快者。　幸有建築師過元熙，當時服務於博覽會，監造熱河金亭建築工程事務。　中國政府，當時亦擬參加，特由實業部聘過君爲參加博覽會設計委員。　以後官辦改由商辦，又聘過君爲工程顧問。　故過君對於博覽會內部詳情，洞悉其眞。　對於該會之全部材料，得搜集無遺。　當過君回國之際，已將全部攝影攜來。　允諸敝社之請，盡量披露於本刊。　故擬在二卷二期，特刊登載。　茲於本期付印之頃，先爲介紹數幀，其價値想有目共賞。　於讀者諸君，不特如親臨盛會，而於建築設計上，尤大有裨益也。　是豈獨敝社蒙過君之佳惠哉！

編者謹識

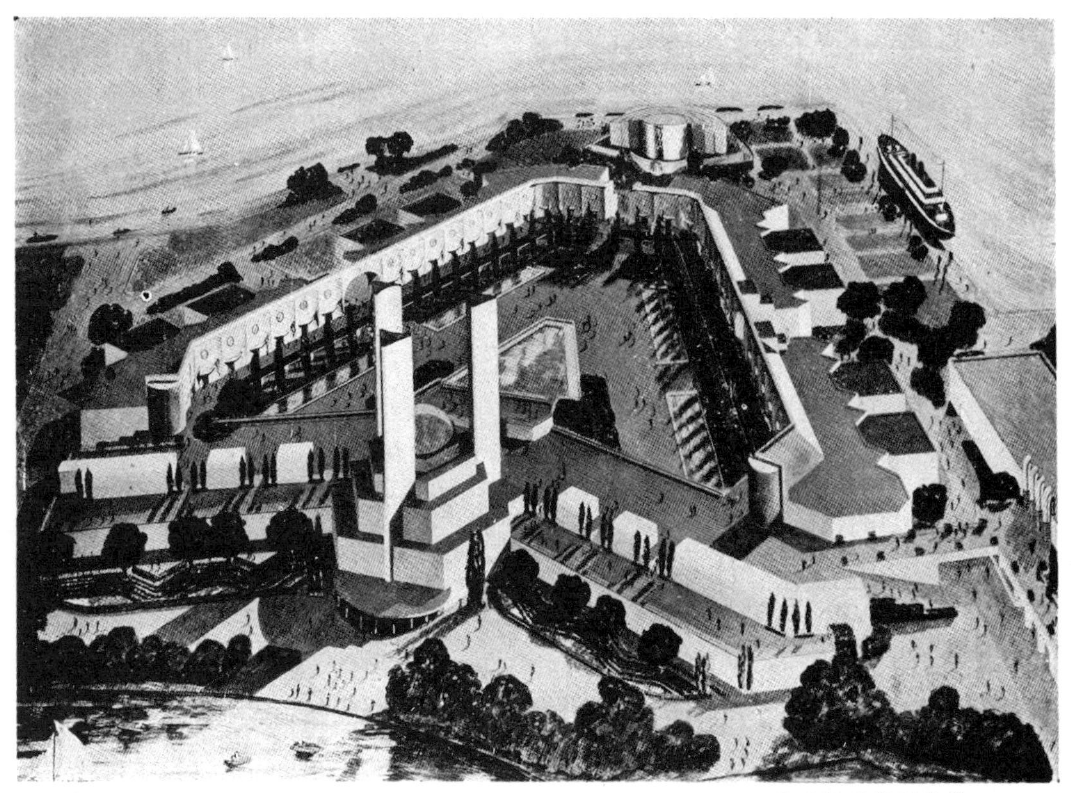

過元熙建築師搜集

美國政府暨聯邦專館

圖爲一九三三年芝加哥百年進步萬國博覽會中之美國政府專館。館之象形採取合衆聯邦之義。

其中陳列，有美國政府及各省各屬地之物品。館長六百二十呎，寬三百呎。頂上高聳之圓拱，七十五呎。圓拱之外，環有三角形之塔凡三。高各一百五十呎。其用意係寓美國政府之行政，立法，司法三權之分立也。

過元熙建築師搜集

電機專館

芝加哥百年進步萬國博覽會舉行於一九三三年。 會場中有一電機專館。 館之形頗似一有柄之鈎;並建有層叠而上之花園。 電氣瀑布,電氣濆水池及鋪砌之坪臺等以爲裝飾。 同時一切電氣機械之秘奥,亦在其中盡量表顯無餘焉。

圖之半圓形館宇中,陳列電機之歷史,分類及用途三種。 中央館屋則陳列電話與電報。 圖之左屋中,陳列無線電及傳眞電話,遊人抵此,可目睹二十世紀電氣科學之進步。

過元熙建築師搜集

倣造之熱河金亭

圖爲一九三三年芝加哥萬國博覽會中倣造熱河金亭之夜景，裏外通用電光，反射如晝，備遊人參觀。 按熱河金亭，爲中國之著名喇嘛廟，滿清皇帝祈福於斯。 原廟今尚在熱河，年久圮壞；適有美富商本特，性喜東方美術，遂約瑞典探險家赫定博士搜集遺物，延請中國北部建築師及工匠照樣摹製，後將廟材共約二萬八千件，直運入美。 聘過元熙建築師在博覽會場督工監造。 美國人士，對於我國美術之勝，營造之巧，贊譽有加，足爲國爭光不少也。

（下期特刊另有專載）

北平仁立公司增建鋪面

建築師梁思成設計

北平王府井大街仁立地毯公司，自市府規定房基綫後，卽將原有鋪面前九呎寬之地購置，以備擴充。 去年增建鋪面工程，聘建築師梁思成設計。

原有的樓房是一所當年BEAUX-ARTS式的規矩作品；高三層，最下層正中是三間陳列窗，左右各開式樣完全相同的門一道，右門引入大陳列廳，左門引入辦公部份樓梯口及後部庫房。 內部全部作曲尺形，無隔斷牆；但在曲處有磚砌的煙囪伸上屋頂。

業主的命題是在外面增加與原建築物同高的三層樓；並將內部重裝，而以應用中國式爲必須條件之一。

建築師在增建的設計上，因爲原建築物兩門有使顧主徘徊歧路的困難，所以第一便將正門與側門的輕重分出；在這點上所遇的困難，就在如何避過原有不可移動的柱及牆。

外部表面是用石及磨磚造成。 下層陳列窗用八角形柱及雄大的唐代斗拱及人字拱。 斗拱是與水泥過樑同模凝結而成，爲樑與柱間的過渡者，是結構中的必需部份，而非徒倣古形的虛僞裝飾，是值得注意的。 斗拱和第二層窗上的水泥過樑，都施以宋式彩畫，八角柱則漆純黑色。 三層窗下磚砌的浮彫勾欄及平坐，直率的成外面的一點裝飾。 屋簷牆上用玻璃瓦的COPING；牆端的吻，和在龍首上掛着的古招牌式年紅廣告燈，也都是些有趣而適當的點綴。

內部的重建，磨磚的護牆（卽台度）是北平特有的手藝；所以建築師沒有把它放棄。 幾朶宋式的斗拱和彩畫，却增加了不少的趣味，並且能與外面同一格調。

就全部看來在這小小的鋪面上，處處都顯出建築師曾費過一番思索。 梁君近來研究中國建築之演變，實地測繪了多處遼宋金元明淸遺物，洞悉中國建築構架及其各部之機能，對於盲從任何一時代特種式樣，徒作形式之模倣，而不顧結構功用之「中國式建築，」素來是不贊同的。 在這倣淸代宮殿式建築風氣全盛時期，這種適當的採用古代建築部份，使合於近代建築材料和方法，實爲別開生面的一種試驗，也是中國式建築新闢的途徑了。

麟炳謹識

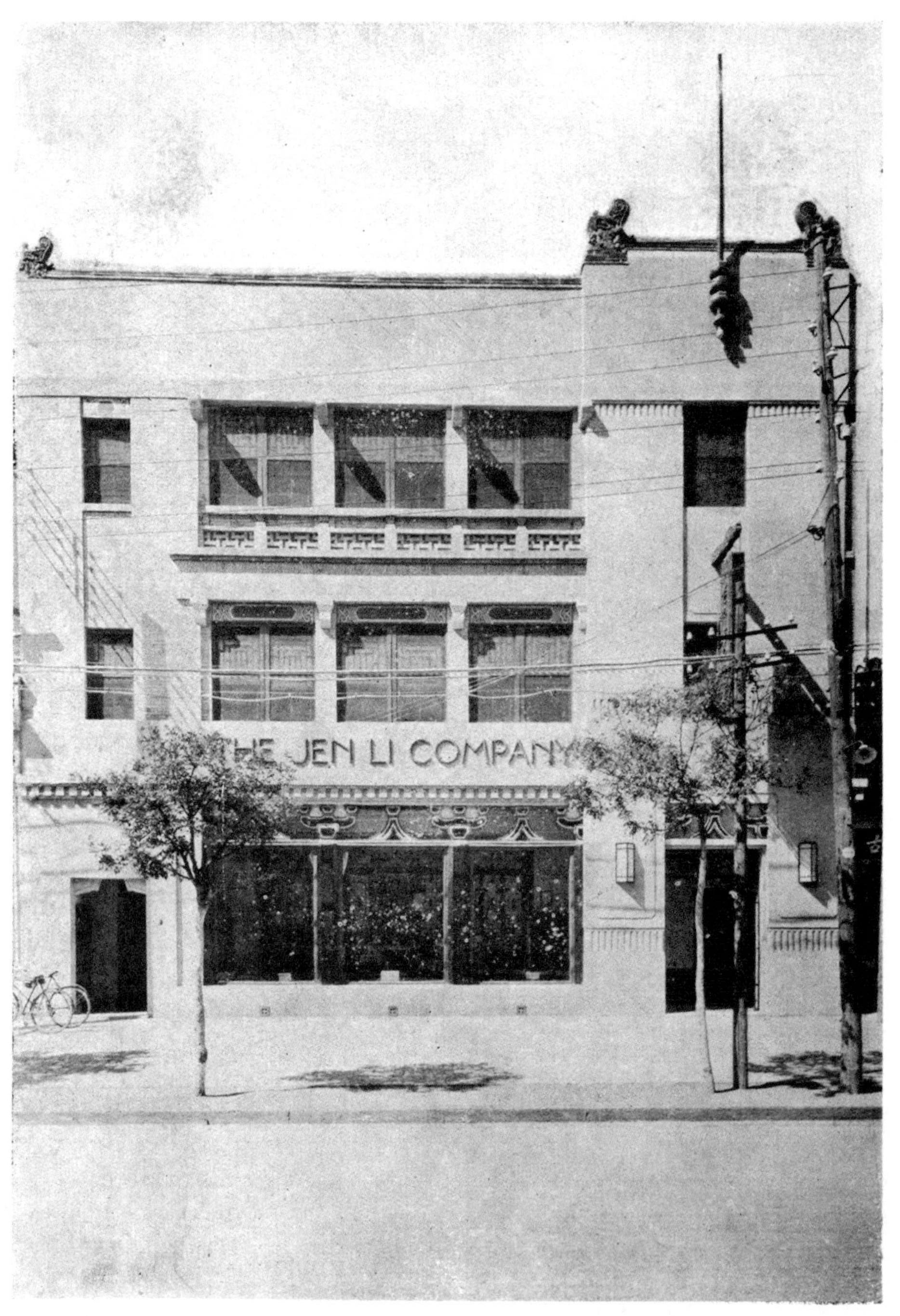

北平仁立公司外面全部　　梁思成建築師設計

北平仁立公司前廳　　梁思成建築師設計

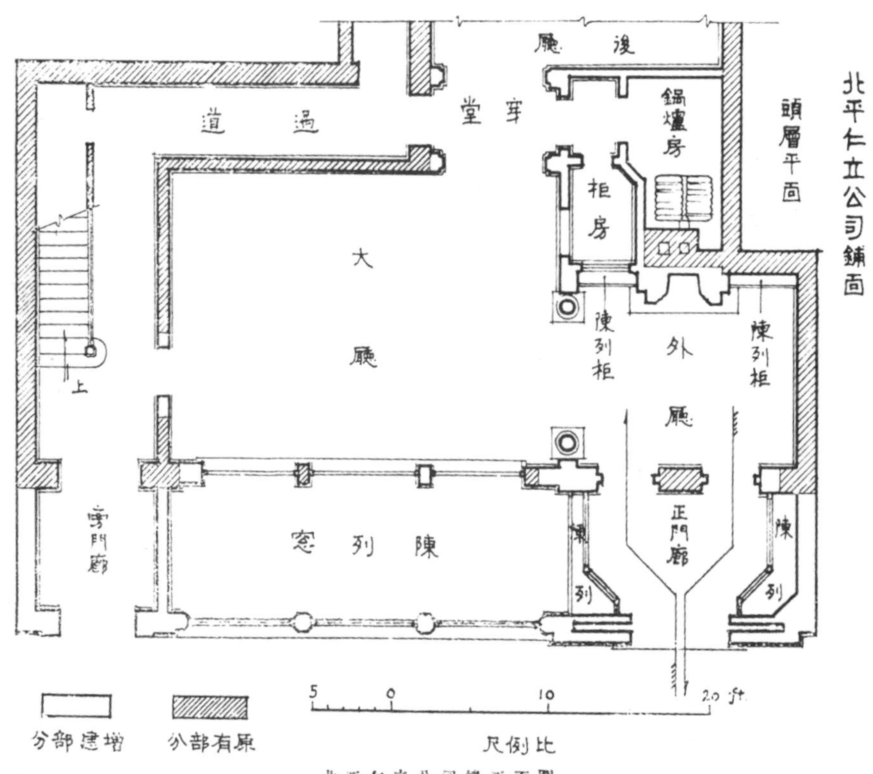

北平仁立公司總平面圖

北平仁立公司正門及陳列窗夜景　　梁思成建築師設計

北平仁立公司內部　　梁思成建築師設計

中央大學建築系張鎛繪鄉村學校透視圖

鄉村學校習題

某處欲建鄉村學校一所，招收十二歲至十八歲男女學生每年約三百名。該校共有地積六萬平方呎。設計者務須注意其將來之發展而留日後增添建築之餘地。

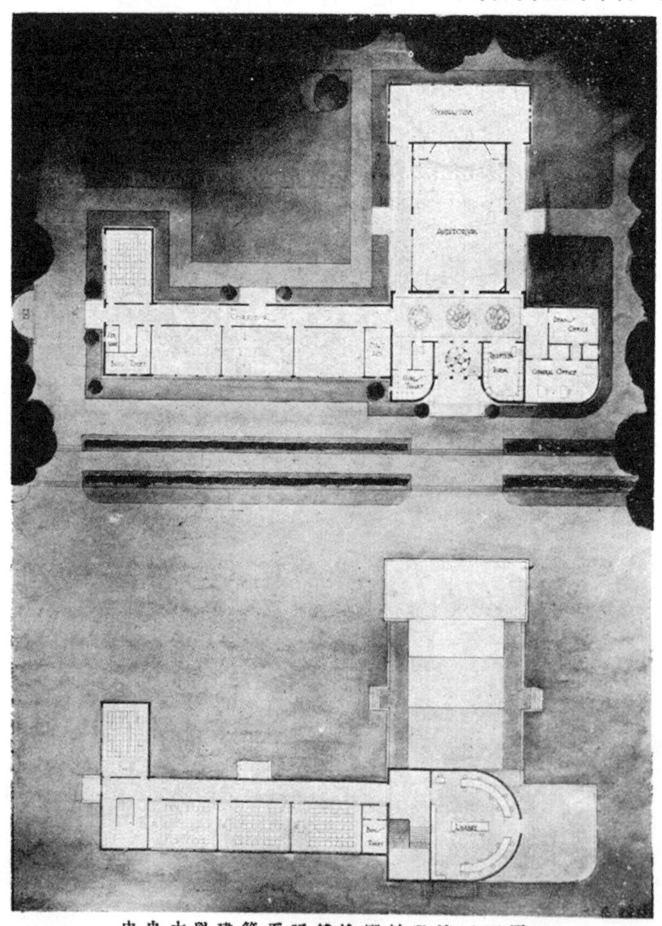

中央大學建築系張鎛繪鄉村學校平面圖

本題需要條件：

一、大門及門洞，並需要走廊

二、圖書館

三、體育館

四、大禮堂

五、教室

六、辦公室廁所等

比例呎：——

正面 $\frac{1''}{8}=1'—0''$

斷面 $\frac{1''}{16}=1'—0''$

平面 $\frac{1''}{8}=1'—0''$

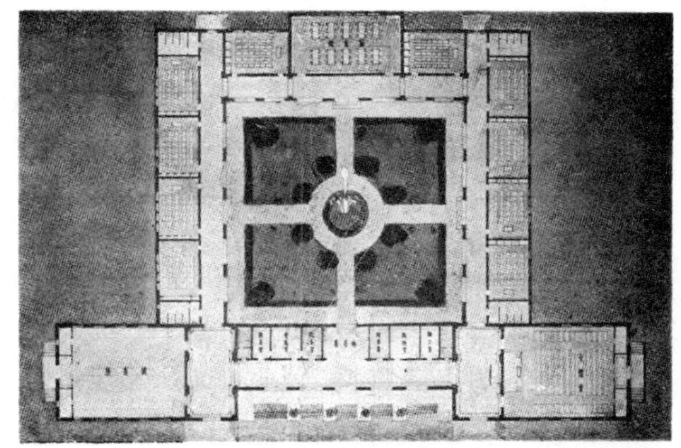

中央大學建築系張家德繪鄉村學校平面圖

中央大學建築系張玉泉繪鄉村學校平面及立面圖

東北大學建築系劉鴻典繪救火會平立面圖

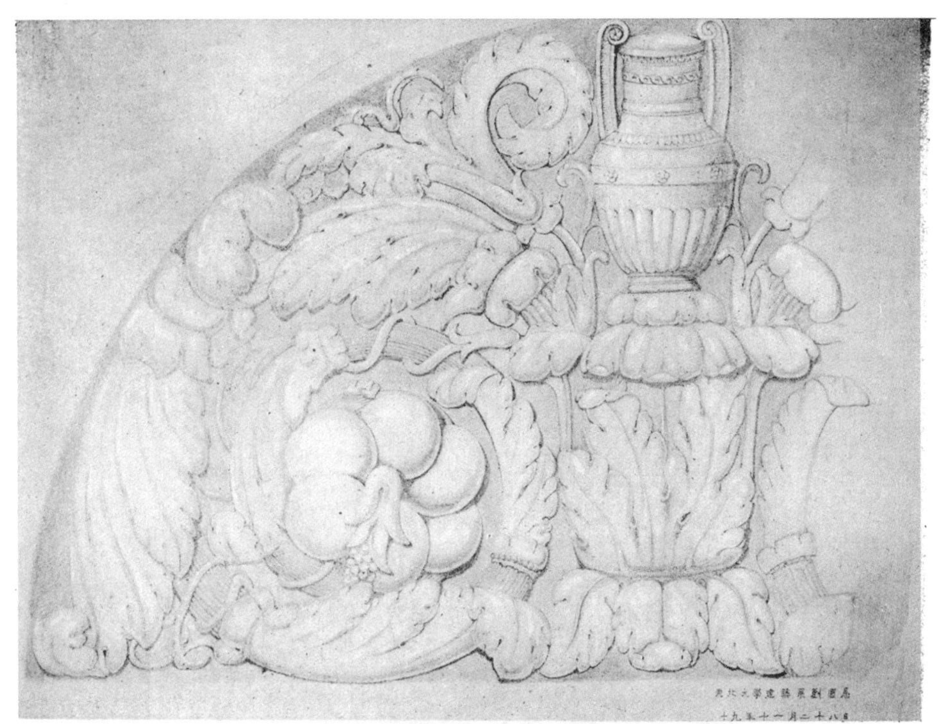

東北大學建築系劉圖思繪雕飾圖

東北大學建築系劉致平繪雕飾圖

東北大學建築系鐵廣濤繪模型寫生圖

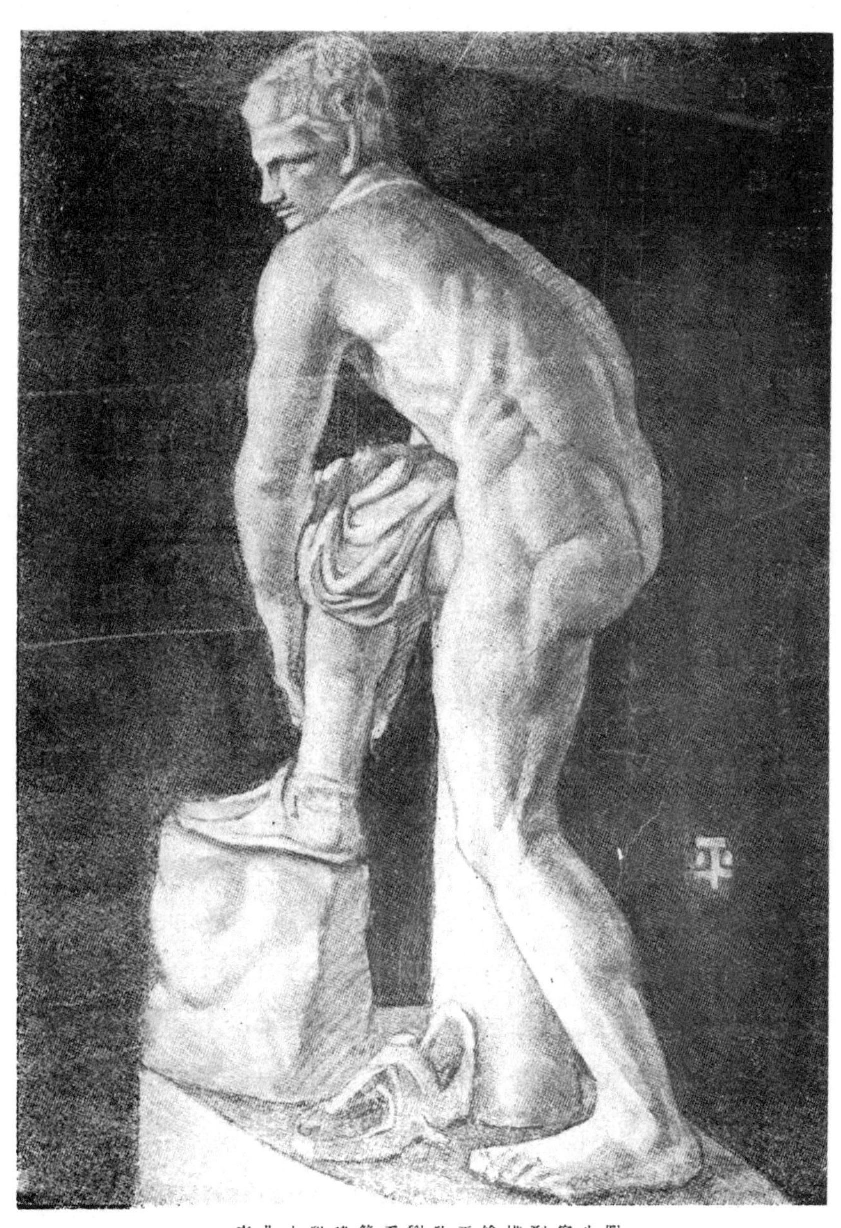

東北大學建築系劉致平繪模型寫生圖

民國廿二年十二月份上海市建築房屋工務局請照表

建築種類	領照日期	請照人	地點	區域	面積	估價
二層樓住宅二十一幢	十二月	某君	寶山路	閘北區	二千平方公尺	十萬元
三層樓市房十三幢 二層樓住宅一百十五幢	十二月	華業銀行	虬江路	閘北區	四千三百 平方公尺	十七萬元
平房及二層樓住宅 與花園一座	十二月	白石六三郎	青雲路	閘北區	六百平方公尺	五萬元
二層樓市房二十八幢 住宅八十二幢	十二月	達豐地 產公司	局門路	滬南區	三千平方公尺	十二萬元
二層及三層樓住宅	十二月	興業信託社	市光路	引翔區	四千平方公尺	二十萬元
二層樓住房三十幢	十二月	上海銀行	政治東路	引翔區	二千平方公尺	七萬餘元
二層樓住宅一所	十二月	安屆羅氏	虹橋路	蒲淞區	六百平方公尺	六萬元
三層樓住宅十七所	十二月	某君	憶定盤路	法華區	二千五百 平方公尺	十九萬元
三層樓住宅卄四幢	十二月	某君	海格路	法華區	二千三百 平方公尺	十九萬元
三層樓住宅九所	十二月	培成公司	白利南路	法華區	八百平方公尺	八萬元

各區請領執照件數統計表

准或否＼區域	閘北	滬南	洋涇	吳淞	引翔	江灣	蒲淞	法華	漕涇	殷行	高行	高橋	碼頭	總計
已准件數	164	204	55	18	58	19	8	36	2	1	1	6	3	575
未准件數	25	42	3	0	4	2	0	4	0	0	1	2	0	83
總計	189	216	58	18	62	21	8	40	2	1	2	8	3	658

各區新屋用途分類一覽表

房屋用途＼區域	閘北	滬南	洋涇	吳淞	引翔	江灣	蒲淞	法華	漕涇	殷行	高行	高橋	總計
住宅	42	39	15	9	23	8	7	26	1	1	2	5	176
市房	8	14	1	2	2	2	1	3				1	34
工廠	1	5	1		4			1					12
棧房			1		1			1					3
學校	1												1
教堂					1								1
其他	7	3	1		1			4	1		1		18
總計	59	61	19	11	32	10	8	35	2	1	1	6	245

各區營造面積估價統計表

房屋種類＼區域		閘北	滬南	洋涇	吳淞	引翔	江灣	蒲淞	法華	漕涇	殷行	高行	高橋	總計
平房	面積(平方公尺)	7,020	5,150	1,430	320	2,730	410	380	3,170	360	30	130	390	21,520
	估價(元)	102,8[illegible]0	85,730	21,190	4,590	44,210	5,700	6,260	50,740	9,400	480	1,950	5,220	328,270
樓房	面積(平方公尺)	10,270	8,360	300	190	7,220	630	1,060	7,510				60	35,600
	估價(元)	411,620	348,660	10,100	6,400	268,850	27,600	84,160	557,900				2,400	1,717,690
廠房	面積(平方公尺)	300	1,910	970		960		30	[illegible]80					4,750
	估價(元)	4,200	35,170	14,900		18,260		3,000	22,400					97,930
其他	面積(平方公尺)	[illegible]80	80	100					580					1,040
	估價(元)	49,000	19,000	2,800		1,320			16,480					88,600
總計	面積(平方公尺)	17,870	15,500	2,800	510	10,910	1,040	1,470	11,840	360	30	130	450	62,910
	估價(元)	567,6[illegible]0	488,560	48,990	10,990	332,640	33,300	93,420	617,520	9,400	480	1,950	7,620	2,242,490

建 築 正 軌

石 麟 炳

引 言

我們研究建築以前，須先知道什麽是建築，爲什麽要研究建築。前者是一件很複雜的問題，狹義講建築就是總理人生四大要素中的第三要素的一個住字，廣義講那麽文化是牠，歷史也是牠，甚至國風之文野，亦可以從建築上表現出來。那麽建築與人生關係，是如何的重大！我國固有的建築文化，敢說是東方文化之鼻祖，抓其鱗爪來看，燉煌畫壁，雲岡石窟，雖說都是些中世紀的殘留品。其價值已爲歐西建築界所咋舌，爲不可多得之建築珍品。惜乎國人不知長進，舊法不傳，新法未倡，致將光榮偉大之建築學術，聽其消沉，無人過問，言之痛心。若不設法研究，不用說甘落人後，恐復有文化滅亡之危險！

自從歐風東漸，科學實業，一天比一天發展。所有事業，大都已達到分工合作，事尚專責了。所以中國消沉已久的建築學術，也竟有人去研究；從來未有的建築學校，也竟有人去設立。甚至遠涉重洋，負笈海外，去研究建築專學；可見中國社會人士，對於建築一道，已感覺有興趣，對於建築事業，已感覺極需要了。

在十年前的中國，並無所謂建築學校，遠涉重洋的學士們，在國內的時候，也並不見得具有建築常識，不過到了歐美，鑑於他邦建築事業，那樣的發達；建築藝術，那樣的高尙，反顧祖國情形，未免有所覺羨。我們從海外得到學位的建築師們，那時研究建築學術的動機，也未始不在這艷羨一刹那之間吧!!!

現在建築事業更形發達了，在上海一隅，已可以看到蒸蒸日上的情形。可是建築界人材的加增率，也許不如建築事業加增率那樣高，所以作投機事業的也大有人在。不懂建築要素的冒牌建築師，有時也大作其設計。所以「建築未成房先倒」的絕妙文章，竟有時耳聞目睹；至於合用不合用美不美的問題，那更談不到了。如此進行起來，建築文化，一定要受影響而開倒車。所以各種事業之建設，首先須具有該事業之學識與經驗，然後始不致畫虎類犬。不然恐閉門造車，其行不遠；徒遺笑方家，而自取失敗也。邇來關心建築之人士日衆，常有欲知建築進行步驟者，質問於予，予以建築學術之深奧，絕非三言兩語所能貫通，當時苦無具體答覆。玆特檢執所知，湊成篇幅，拉雜寫來，供諸初學建築同志們的參閱，也許於學術界小有蝸角之助吧！

第一章　文具儀器之設備及其應用

『工欲善其事，必先利其器』，已爲古今中外人士所公認。所以學習建築製圖，當然也要有其相當用具。玆簡舉如下：——

A. 鉛筆（Pencil）—— 製圖之主要文具，當首推鉛筆，蓋不可脫離須臾。鉛筆之種類，至繁且雜，良莠不可以雲泥計。普通建築事務所製圖所用，多爲維納司（Venus）牌。價値雖稍昂，用之則極便；並軟硬之等級完全，從7H至6B可隨意選用。但建築繪圖室，硬鉛筆不合應用，2H以上，多用於工程製圖耳。

鉛筆之應用:——

F——H B 多用於 Working drawing

H B——B 多用於 Final sketch

2 B——3 B 多用於三吋大樣（3—inch detail.）

3 B——4 B 多用於足尺大樣（F. S. detail.）

6 B 多用於自由畫或徒手畫（Free hand drawing）

鉛筆之用法:——

1. 將鉛筆直插於三角板或丁字規（T Square）之邊緣（圖一），則所繪之線，無論達於若干長度，亦無走線不直之弊。

2. 將鉛筆之包木靠於三角板或丁字規之邊緣，使與紙頭垂直，而鉛筆尖與三角板或丁字規稍有離縫（圖二）則畫雙線平行時，可以不移動三角板或丁字規即可完成。 時間可感經濟;但非經驗有素，容易走線，宜注意及之。

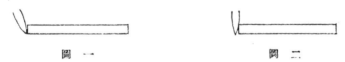

圖一　　圖二

B. 鴨嘴筆(Rolling Pen)——鴨嘴筆又名鳥口，通稱直線筆，以其形似鴨嘴，故又名鴨嘴筆。 在製圖上作着墨直線時，爲必用之具，其優劣多以鴨嘴頂端之寬狹爲標準，寬者良而狹者次，頂端尖銳者。用之極感不便。鴨嘴上之螺旋，宜活動靈敏，因製圖時一手按板，一手執筆，螺旋靈活，則執筆之手，可以轉其粗細，無需假借另一手，三角板或丁字規可以不移動位置。

鴨嘴筆之用法——鴨嘴筆之尖愼勿插於三角板或丁字規之邊緣，因其尖着於板邊，則墨水藉附着力容易落下，而汚及繪圖紙。 且筆尖磨偏，用之亦感不便，故鴨嘴筆之應用，務力求與紙面垂直。

C. 三角板（Triangle）——三角板最好用膠質者，並以兩付爲宜，一付十四吋，一付八吋。

D. 丁字規（T Square）——丁字規多爲木製，較優者鑲以膠邊，最優者全部膠製。 頂端之橫檔，最好兩枚，以螺旋制其鬆緊，則作角線時，可感便利。 呎吋之長度 以三十六吋至四十二吋者，爲最適用。

E. 兩脚規（Divider）——兩脚規不但可分線段，又可用以代呎。 圖樣之放大或縮小，用呎量常嫌不準，用兩脚規則異常精確。 放大半倍時，量原圖長度之半，加於原圖上卽得。 放一倍或兩三倍時，則更形簡單便利矣。 繪圖員用兩脚規時綦多，宜注意熟習用之。

F. 曲線板（French Curve）——曲線板用以畫不規則之曲線。 用時須特別注意其接頭處，蓋容易顯出痕跡也。

G. 建築繪圖呎（Architectural Scale）——建築繪圖呎以每吋十六等分之英呎用之最多，蓋建築圖樣之呎吋計算，多爲十六之因數或倍數。 如$\frac{1}{2}$″=1′−0″，$\frac{1}{4}$″=1′−0″……$\frac{1}{64}$″=1′−0″及$\frac{3}{8}$″=1′−0″，$\frac{3}{16}$″=1′−0″等，亦詳刻呎上，用之極感便利。 此外亦間有用公尺（Metre）者，則多限於法屬區域耳。 至於呎之形體以扁形刻劃精細者爲最合用，三棱尺並不便利，但分劃之等分種類較多耳。

H. 毛筆——毛筆於圖案着墨或着色時，爲必需之具，以不落毛者爲合用， 至少須預備三隻。 大者一隻，作 Washing 時用之。 較小者可作普通 Rendering，小者則作微細之陰影，及小部分着色耳。

I 擦板——擦板又稱鐵片，上刻各種不同形之孔，爲畫線錯誤時用以擦掉而不妨害其他近旁之線。

J. 圓規（Compass）及曲圓規（Screw Compass）——圓規用以作大圓，曲圓規用以作小圓。

第二章 線條之注意

建築是一種極縝密的學術，須有極細之心思，不撓之毅力，然後始可日就月將。 手眼的運用，心思之靈敏，都於進行上有直接關係。 初學建築者，首先要知道線條的畫法和幾何形體的結構。 兩條線的橫豎聯結，最好是兩端對齊（圖三）兩端稍出頭並無妨害（圖四）兩端離縫（圖五）爲初學畫線者之通病，亦爲建築家認爲不合規律之點，學者宜注意及之。

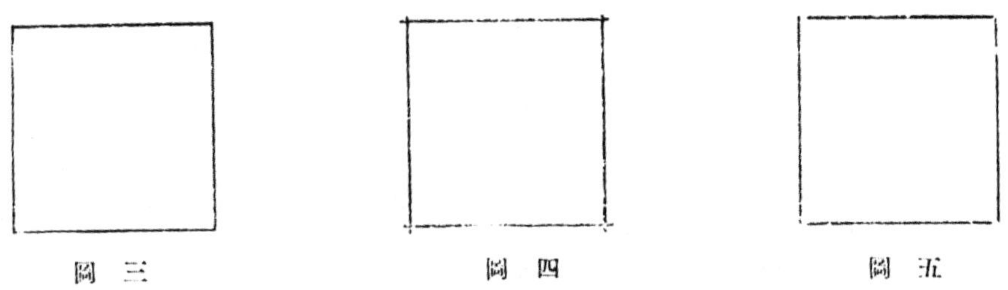

圖三 圖四 圖五

起始畫線，不妨簡單，方，圓，角，各種幾何圖形，均告熟習後，乃可推及繁難圖形。 直線與直線相結（圖六）直線與曲線相結（圖七）均以不出痕跡爲佳。

再進一步，即可畫柱壓（Entablature）（圖八）並繪各種柱式（Order）如 Doric Order（圖九） Ionic Order （圖十） Corinthian Order（圖十一）均須詳細探討，精心繪畫，直至線條的功夫純熟，即可作簡單設計矣。

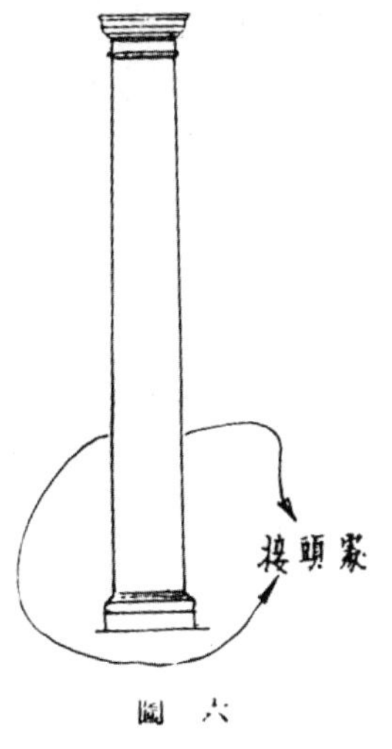

圖六

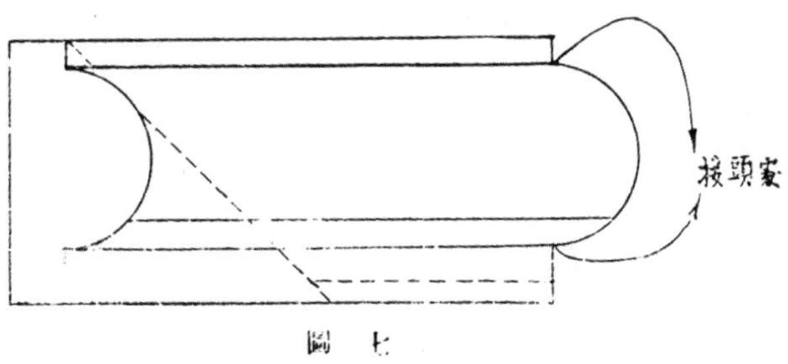

圖七

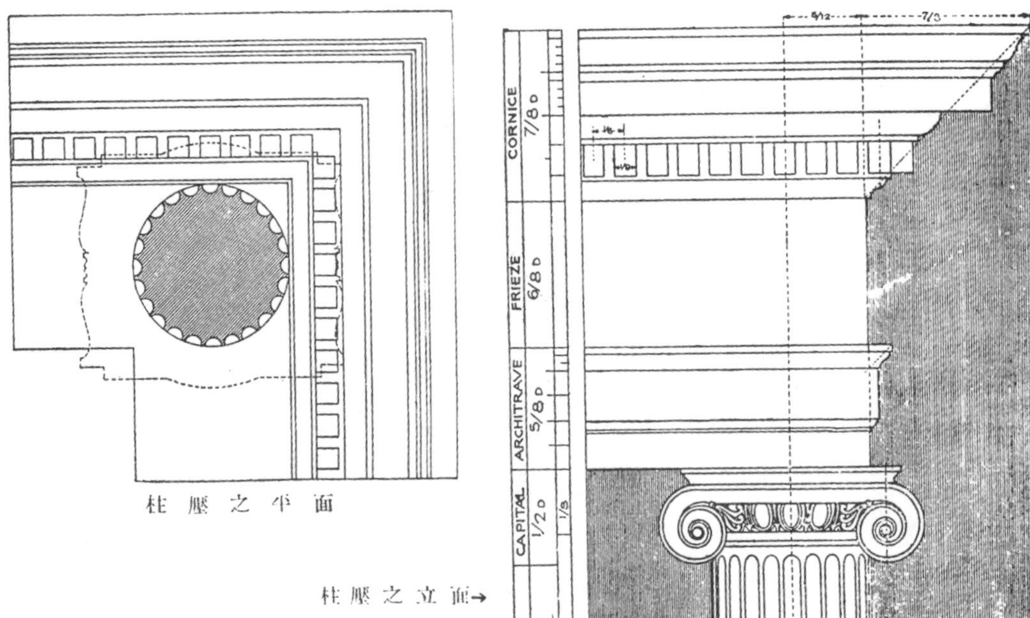

柱壓之平面

柱壓之立面→

圖八

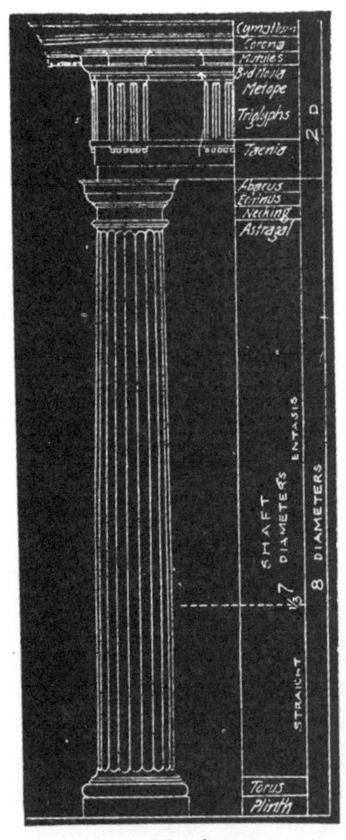

圖九

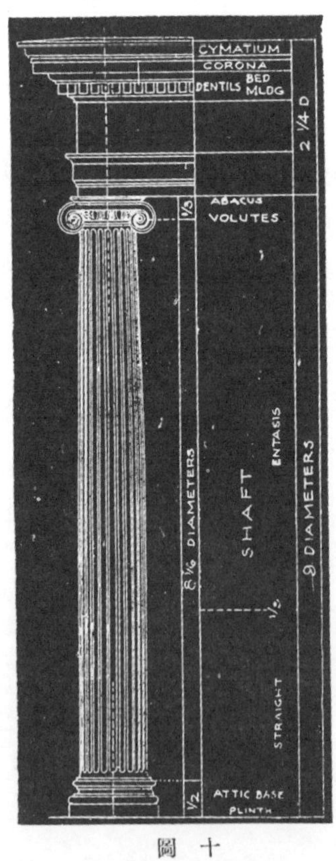

圖十

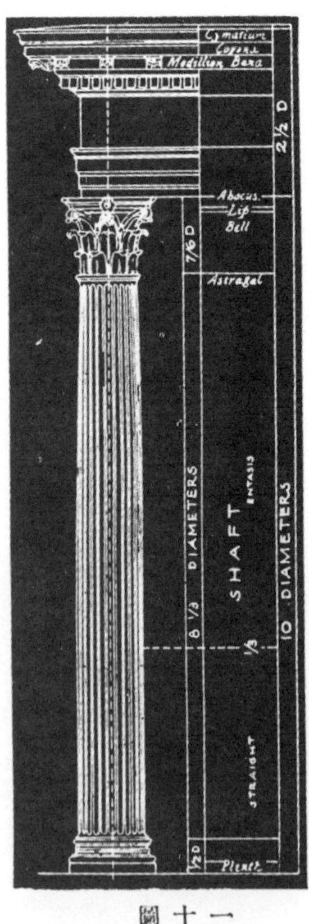

圖十一

中國古代建築裝飾術之雕與畫

朱枕木

中國建築，自有巢氏架木而居，即此發軔，其後匠心各運，代有進步，營造法規，歷有記載，而建築之裝飾，亦頗富麗喬煌，較之泰西，固另具風味，蓋價值之可貴，不能並論者也。 至建築裝飾之術，吾人得畫棟雕樑之一語而可以概矣。 蓋中國古代建築之裝飾術，實不外乎雕與畫之兩事也。 茲分述之如下：

雕——雕事大半屬於木工，舉凡樑柱，椽頭，門窗格扇，鈎闌，框檻，川角，枓栱等件，均可雕琢各式華文及八項品制。

雕作華文有寫生華文，卷葉華文，窪葉華文等，形狀均採花草，千篇一例。

八項品制則為：（一）神仙——如眞人，女真，玉女，金童之類。 （二）飛仙——如嬪伽，仙女之類。 （三）化生——如花果，器皿，古玩之類。 （四）拂箖——如番人，武士之類。 （五）飛禽——如孔雀，鴛鴦，鳳凰，鸚鵡之類。 （六）走獸——如麒麟，獅子，狻猊，虎，豹之類。 （七）角神——如神妖，鬼怪之類。 （八）纏柱龍——如盤龍，坐龍，牙魚之類。

其配合多屬任意搭配，以求適合。 或索性編排劇目，雕成史跡。 而八品之空隙處，則必補入華文，藉以緊湊，而另有俯仰之分瓣蓮花，則用以承受或覆蓋柱狀之雕刻物者。

雕事除刻木外，間或雕磚石，施於屋脊，牆角，門口，過道等處，惟其雕刻品制及華文，則亦不出乎上開種種範圍之外。

畫——畫事大半屬於圬工，舉凡牆壁，瓦板，照牆，甚至樑柱，椽料，均可上畫，其所畫者，則為：（一）華文——如各種花卉草木等。 （二）瑣文——如各種連環圖案。 （三）雲文——如英雲曹雲等。 （四）飛禽——如孔雀，鸚鵡等。 （五）走獸——如白象，天馬等。 （六）佳話——如歷代故事，戲文等。 （七）人物——如羅漢，英雄，美人等。 不一而足。

畫法不論畫於何處，均須做底，做底屬諸泥作，由普通圬工執行粉刷之責。 其粉刷材料，可用不同顏色，視所畫之色彩而規定；惟不外下列四種灰料：（一）紅灰——其成份為石灰十五斤，用土朱三斤至五斤，赤土十一斤半。 （二）青灰——其成份為石灰及軟石灰各半；或石灰十斤和粗墨一斤，煤便十一兩，黃明膠七錢。 （三）破灰——其成份為石灰一斤，白篾土四斤半。 （四）黃灰——其成份為石灰三斤，黃土一斤。 不論用何種灰料粉刷，圬後均須用麥麩收壓，至少須兩遍，所用之麥麩，與石灰成一與一之比，務使壁面平滑；而後實施襯地。 次以草色和粉，分襯所畫之物，襯色上加細紋，或疊暈，或分間剔塡，應用淡墨裝，五彩裝，碾玉裝等……隨意支配。

做底之後，裝色之前，有襯地一步，蓋所以準備上色之地。 地有五彩，碾玉及金，沙，泥五種之分，其襯法於平滑之底上，遍刷膠水，金地者須用魚鰾和膠；而後分別施之。 （一）五彩地——膠水乾後，先以白土刷勻；然後用鉛粉刷遍，迺可裝彩。 （二）碾玉地——膠水乾後，用一份青靛與二份茶土之混和液粉刷；青綠棱間者，亦用此地。 （三）金地——膠水陰乾，刷白鉛粉一層，乾而復刷，凡四五次，迺刷土朱鉛粉，又四五次，於是用狗牙磨至平滑，地上即可飛金。 （四）沙泥畫壁——膠水乾後，僅用上等白土漿，先縱刷而後橫刷之。 待色乾襯好，即可描繪圖形，而開始作畫事矣當時彩畫顏料無多，通用者僅下列數種。其用時亦有一定之法則：

(一)白土，茶土——用時沖土使淨，浸入薄膠水中，待土粒完全溶解後，淘出淡色之細粒，入桶內澄清，去水加入厚膠，迺能塗壁。

(二)鉛粉——用時必先研細，浸以熱水，加力研碎，使濃淡合度；而後加入膠水，即可應用。

(三)朱土，土黃，赭石等——用時亦先淘淨研末，加水，澄去大粒，以細末入膠。

(四)藤黃——藤黃切忌加膠，故用時只需研細，加熱水澄去砂脚即可。

(五)綿臙——用時劈開去心，採其表面色深者，用熱水煎取其汁，加湯應用。

(六)朱仁，黃丹——僅需加入膠水攪之使濃淡得宜即可。

(七)螺青，紫粉——研末加水，溶後可用。

(八)雌黃——研末加熱水，淘淨入膠，惟不能與鉛粉，黃丹同用。

以上數種顏料，用之最爲普遍，而着色之前，襯地上有時復需要襯色；通常青色者，襯以螺青鉛粉，其比爲一與二；綠色者襯以螺青槐汁；紅色者則襯以黃丹或黃丹與紫粉之混和物均可。

裝法——即畫形描就後，色素之搭配，通常有下列八種：

(一)五彩裝——是爲各色混用之搭配，外稜四周皆留緣道，用青綠朱三色　暈。緣道內彩色，用朱紅或青綠，或外留空緣，與外道對暈之。

(二)間裝——是爲任意兩種色素之間格搭配，通常有三大類：(a)青地上華文，常用赤，黃，紅或綠色相間，而外稜則多用大紅疊暈。(b)綠地上華文，常用青，黃，紅，赤等色相間，外稜則多用青紅　暈。(c)紅地上，如有青心或綠心之華文，常以原用之紅色相間，外稜則多用青色或綠色疊暈

(三)疊暈——在上兩節中，時提疊暈二字，此亦中國裝飾術中畫筆之一法也。其法初着淡色，次上青華，再覆三青，而二青，最後上以大青，大青之內，則用深墨壓心，層層內縮，由淺而深，如暈渦然；青華之外，須留粉地一暈。凡染赤色或黃色者，則先布粉地，次上朱華，與粉共同壓暈，而後藤黃罩色，深朱壓心，極稱美觀。

(四)碾玉裝——多施之於梁栱等處，外稜四周皆留緣道，用青色或綠色疊暈；如緣係綠色，內常用淡綠地，而後描繪華文；否則深青地者，外留空緣，而與外緣道對暈之。

(五)青綠疊暈稜間裝——多施之幅員狹小之處，如枓栱，昂子之類，其裝法不外三類：(a)外稜用青色疊暈，內層用綠色疊暈，稱爲兩暈稜間裝。(b)外稜用綠色疊暈，外圈深於內圈，中層用青色疊暈，外圈淺於內圈，內層復用綠色疊暈壓心，則亦外淺內深，稱爲三暈稜間裝。(c)外稜用青色疊暈，內層用綠色疊暈，而青綠之間，加入外淺內深之紅色一暈，稱爲三暈帶紅稜間裝。

(六)解綠裝——裝飾屋舍，全部通用土朱刷遍，其緣道等用青綠疊暈相間，謂之解綠裝。

(七)丹粉裝——大都施之於木料裝飾，表面先用土朱通刷，下稜則用白粉界欄緣道，下面復用黃丹通刷，其白粉則間或描畫淺色，或蓋壓墨道，謂之丹粉裝。

(八)雜間裝——除上開七種飾裝而外；另有非純粹或鎔會數種裝法而畫者，謂之雜間裝。惟通常亦不一起併合，至多二三項而已，其最普通者，則爲五彩與碾玉之間裝；至青綠及碾玉之間裝，亦多用之。

綜觀上述中國建築裝飾術之雕與畫，雖無多大技巧，要亦吾國建築上之一種階梯。故特摘錄而輯述之，想亦讀者所樂覩也。

房屋聲學

唐璞譯

第三章　會堂中之循環回聲及其控制

聲之回聲或拖長,爲會堂中最普通而最重要之聲學劣點. 有回聲之空屋,施以裝拆則消滅,是吾人常見者也. 故會堂內裝置帷簾,掛氈及同料之物品達相當程度者,則減少回聲. 吾人探其究竟,其理易明也.

聲爲能之一種,故不能毀滅. 但可變爲他種能而隱避. 例如,聲擊室壁時,則可變爲機械能而使室壁發生振動. 同時有由窗口衝出而消失者,依累力 (Lord Rayleigh) 之理論,餘者因摩擦而變爲熱. 高調之聲,如呼嘯,在未經過長路程前,必被空氣之摩擦而減其銳. 低調之聲,達牆面而反射時,空氣分子與牆面卽生摩擦,而一部聲能遂變爲熱. 若牆爲堅硬而光滑之體,則所消失之能量卽少. 若爲多孔之面,則反是,蓋孔間之摩擦使聲能變爲熱而消耗也. 因此,蘭普 (Lamp) 謂:「在極細之管中,聲波卽迅速消滅,所失之機械能,當變爲熱,……」當聲波遇一滿刻細槽之板面時,一部分之能,卽由細槽之間消失,適如上述. 掛氈及地氈中之隙孔有同等之作用,因每一反射,卽有一部分之能消失,故有用以避免室內回聲之效果. 如欲消滅室內之聲浪,必須經過實際消滅力(如吸收及熱傳導之作用);若僅以不規則之形體破壞聲波,無益也.

任何聲之機械的破壞,如牆上之雕工或室內障礙物,均不足以減少聲能,不過破壞其有規則之反射及避免回聲而已,然聲能之消滅,惟有賴於摩擦也.

下引累氏一段姑作結論:「寬大之場,包以無孔質之牆,屋頂及地板,並有不多之窗時,其中拖長之共振,勢不可免. 當此情形則利用厚氈,其效應必顯著. 故用此類材料於牆上及屋頂上當更有裨益也.」

沙賓(Sabine)對於會堂之矯正工作——關於利用地氈,帷簾吸收聲力之原理,以矯正會堂中之回聲,此種重要之實驗,曾爲哈佛大學教授沙賓氏所作. 其首創工作,頗堪啟建築聲學上之茅塞,而使主要原理得顯著於科學研究大放光明. 經四年餘之試驗,乃得 t(回聲時間之秒數),V(室內容積之立方呎數),a(各材料每平方呎之吸聲力)之關係,爲　$t = .05V/a$

凡有優聲情形者,回聲之時間必短,後當述及. 故容積不要太大,而吸聲材料則須充足. 小室內之滿佈掛氈帷簾及傢具者,卽此情形. 然在大會堂中四壁兀而陳設寡,易生厭惡之回聲也.

沙氏定出會堂內常用之各種材料之吸聲係數,因開窗爲完全之吸聲物,卽以其面積之每平方呎爲一單位. 沙氏及一般人對於普通材料所得的結果,參見第二表.

有此係數合以公式，可作構造上之計算，以定可得優聲效力之吸收材料量．惟須知玻璃，粉刷，磚木，均爲會堂内部最常用之材料，其吸聲力甚小，且易有回聲之弊，在近代房屋中常見也．

沙氏在近作中*，曾發表回聲亦依聲調之高低而定．例如，在空室內，雖高音符之提挈與低者有同樣之回聲，然在大會人滿時，則高者必較低者之回聲少．又如男子之發聲爲低符者，則在會堂中適於聽聞，女子之發聲爲高符者則否．

由此觀之，會堂之聲學除與房屋容積及吸聲材料量成比例外，尚與其他情形有關．聽衆之多寡，聲音之高低，或爲音樂或爲演說，各有影響．至於優聲學最好之配置爲調和之一法，其平均情形足可滿意也．沙氏所貢獻之解法，即一平均法，在實用上已證明滿意．第二表所載之係數即按每秒512振數而在中部C (middle C) 上之一第八音 (octave) 而定．

第二表　吸聲係數

材料		單位	係數
人造石(Akoustolith)		每平方呎	.36
磚牆，18吋厚		' '	.032
磚牆，漆		' '	.017
磚，加入水門汀		' '	.025
地氈	Unlined	' '	.15
地氈	Lined	' '	20
地氈	heavy with lining	' '	25
粗毛氈		' '	.20
甘蔗板(celotex)		' '	.31
粗布(cheesecloth)		' '	.019
可可席(cocoa matting, lined)		' '	.17
三合土		' '	.015
軟木磚(cork tile)		' '	.03
印花布(cretonne cloth)		' '	.15
帷簾，絲線(curtain chenille)		' '	.23
帷簾，重摺者		' '	.5至1.0
苧麻，1吋厚，無薄漆面(Flax, with unpainted membrance)		' '	.55
玻璃，單層厚		' '	.027

*"Architectural Acoustics," Proc. Amer. Acad. Arts and Sciences. Vol. 42, pp. 49—84, 1906.

毛氈,1吋厚,無薄漆面(Hairfelt)	每平方呎	.55
毛氈,1吋厚,有薄漆面	″	.25至.45
毛氈,2吋厚,無薄漆面	″	.70
毛氈,2吋厚,有薄漆面	″	.40至.60
絕緣體 $\frac{1}{2}$ 吋厚(Insulite)	″	.31
漆布(Linoleum)	″	.03
大理石	″	.01
油畫,帶架	″	.28
開窗	″	1.00
東方地氈,特重者	″	.29
板條上粉刷	″	.034
鋼版網上粉刷	″	.033
空心磚上粉刷	″	.025
台口,依台上佈置而定	″	.25至.40
塗漆之木(Varnished wood)	″	.03
通風孔(50%之開口面積)	″	.50
木蓋板(Sheathing)	″	.061

單 個 物 體

聽衆	每人	4.7
教堂座席(church pews)	每座	.2
房中盆景(house plants)	每立方呎	.0031
座位裝被者,依其材料及內容而定	每座	1.0至2.5
椅墊,棉上蓋厚絨布者	″	2.16
椅墊,毛上蓋以帆布而稍飾花紋者	″	2.27
長椅,背坐以毛及皮裝被者	″	3.00
木椅,會堂用者	″	.100

樓板擱柵之設計

王　進

鋼骨水泥之用途雖日見擴大，但磚木之建築猶未易遽廢；良以高層建築固需採用鋼骨水泥，而較低之房屋實以應用磚木爲經濟也。　磚木建築中載重之傳遞：爲由樓板而擱柵，而磚牆，而終止於牆基之上；故擱柵之大小，有關係於建築之堅固與否者，至大且鉅焉。　但擱柵之長短不一，而所承之載重又有時而不同，逐一計算，費時實多，因爲製圖列下，備讀者之參考。　按圖而索，簡捷不少，倘亦可爲繪圖者一臂之助歟！

磚木建築，以住房居多，故下表之活載重以每方尺六十磅（上海市工務局之規定）及每方尺七十磅（上海工部局之規定）爲限。

擱柵可分二種：一種爲有夾砂者，（即擱柵之間實以煤屑三和土者）；一種爲無夾砂者，今分別論列之如下：

（一）　擱柵之無夾砂者

（甲）靜載重　每一擱柵上每尺長所承之載重，因其間距之大小而異，間距愈大，載重亦逾；反之，間距愈小則載重亦愈小。　樓板面積每平方尺上之平均靜載重如下：

樓磚重量	4 #/□′
擱柵本重	8 #/□′
粉刷	6 #/□′
	18 #/□′

間距與載重W之關係亦列表如下：

第　一　表

間距	活載重（每方尺＝60#）	活載重（每方尺＝70#）
S＝12″	78#/′	88#/′
S＝14″	91#/′	102.5#/′
S＝16″	104#/′	117.5#/′
S＝18″	117#/′	132#/′
S＝24″	156#/′	176#/′

（二）　擱柵之有夾砂者

樓板每方尺之靜載重：

樓板	4 #/□′
擱柵	10
粉刷	6
煤屑三和土	90
	110 #/□′

擱柵每尺所承之載重(W)與間距之關係如下:

第　二　表

間距	活載重(每方尺＝60#)	活載重(每方尺＝70#)
S＝12	170#/'	180#/'
S＝14	193#/'	210#/'
S＝16	227#/'	240#/'
S＝18	255#/'	270#/'
S＝24	340#/'	360#/'

(乙)材料之應力

木料之應力,規定爲每方尺一千二百磅。(卽f＝1200#/□″)

(丙)計算用之公式

$$bd^2=\frac{swl^2}{1600}$$

式中　b＝擱柵之寬度

d＝擱柵之深度

s＝擱柵間之中心距

w＝擱柵每方尺所承之總載重

l＝擱柵之跨度

(丁)圖表之應用

下圖之應用:爲先決定擱柵之中心距(s),而後由第一或第二表上求總載重(W)之值;W之值旣得,乃自下圖上端左邊相當之W値處,向右平行,至與相當之跨度相交而後止;再垂直下行,至與相當S曲線相交,而後再向右平行至右邊爲止,卽得bd²之値;bd²之値旣求得,乃可由bd²之値處,向左平行,而與b＝2或b＝3曲線相交,垂直而下讀下邊之數,卽爲d之値矣。

(戊)例

設　靜載重爲每方尺六十磅(無夾砂者)

l＝18′—0″

s＝14″

則自第一表得W＝91#/'

由下圖上端左邊W＝91之處,向右平行,至與l＝18之線相交處爲止,垂直而下讀下邊wl²得29,500′,# 再垂直而下,至與s＝14″之線相交處爲止,向右平行而讀右邊bd²之値,得爲257。　設b＝2″,乃再由bd²＝257之處向左平行,至與b＝2之線相交爲止,垂直而下,讀下邊d之値,得爲十一吋餘,至此乃得擱柵之大小爲2″×12″ @ 12″ ¢¢

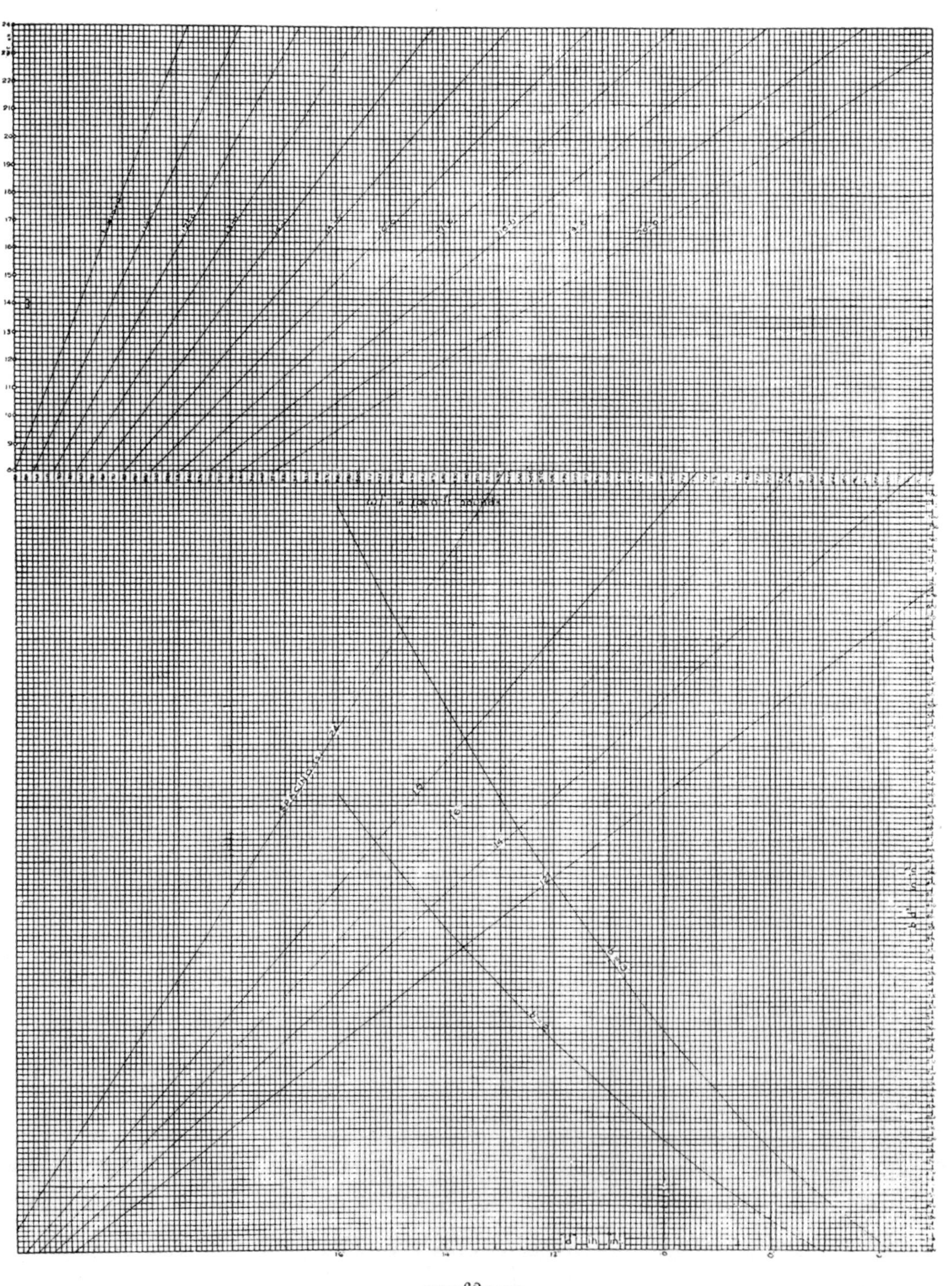

上海市政府新屋水泥鋼骨設計

徐鑫堂

上海市政府新屋表面，爲純粹古代中國式建築，內部構架樓板屋頂等，則均爲鋼骨水泥，其計算與其他普通鋼骨工程同。惟下列數點，與普通者不同，似有加以說明之價值。

（甲）經濟　普通鋼骨水泥之設計，均以經濟爲要，但經濟之程度，須視其建築之種類而異，如爲永久或紀念性之建築物。如市政府圖書館紀念堂大禮堂等設計，對於鋼骨部份，不宜以節省材料爲能事，蓋所省之費，在全座造價中，爲數極微，故設計者，對於市政府新房之鋼骨部份，除照尋常計算外，按其輕重而另行增加相當之鋼條，俾永久堅固而不致坼裂也。

圖一

（乙）鋼骨水泥構架（Reinforced concrete truss）市政府新屋第二層之中部，爲大禮堂，闊 21.94 公尺，長 31.39 公尺，柱間之跨度，爲 20.11 公尺，大光明戲院之最寬處爲 27.44 公尺，故跨度不爲過大。但影戲院上面祇有看樓及屋頂，而市政府新屋之中部爲四層樓，在大禮堂之上，除屋頂外，尙有第三及第四二層，第三層爲辦公室，第四層爲儲藏室，而儲藏室之載重，較尋常他種房間爲大，故支架方法，不能不加以考慮，水泥大料，不甚適宜，因大料高度至少在 1.52公尺以上，若用構架，應注意是否可將構架藏於第三層之夾牆內。樓上房間是否仍能設所需之門戶，幸市府禮堂對上之辦公室，對於施用構架，並無十分不合之處，但尋常均採有鋼質構架，因易於裝置而可靠。惟設計者，乃採用鋼骨水泥構架，其故有三。（一）與水泥樓板及大料等易於接連。（二）較鋼質構架更爲固定。（三）冷熱漲縮較小，故水泥樓板裂縫亦較稀，惟對於此種鋼骨水泥構架，設計時應注意下列各點。（一）鋼條最長爲12.19公尺，在任拉力之底大料等，必須善爲接搭，其接搭應在接頭處(Joint)。並載重較小者，且其接搭之長度，應使鋼條內所任之拉力，由混凝土與鋼條之黏力，傳達於混凝土。（二）接頭處架肢（Members of joint）有多至五根者，若架肢亦有五根會集於接頭處者，鋼條間必須有相當之距離，以便容納其他架肢內之鋼條，將所任之力，各傳達於所需之架肢。（三）構架之中間，適爲三層辦公室間之穿堂，故不能用斜架肢構架支撐，二邊任相對等重時，中間不用斜架肢亦可。但當構架兩邊載不等重時，中間開方空處，任剪力及斜拉力，故方空轉角處，應做斜角或圓角，並多加斜鋼條。（四）任擠力之架肢較長，常用副架肢（Secondary members），分格之，以增加其固定程度。（五）上大料除任擠力及底大料任拉力外，又各載樓板之重，故應按同時任擠力或拉力與彎轉量計算。（六）最重要者，爲構架兩端之擱置，因擱置處柱身外邊，受極大之彎力，當將構架兩端各擱支於內外兩柱，即將上下兩大料之兩端，伸過內柱，通至外柱，使內外兩柱，擱支構架，以減少內柱之彎轉量，並增加其固定程度。

（丙）鋼骨水泥屋頂構架（Reinforced concrete rooftruss）屋面亦用鋼骨水泥構架，大概施用屋頂構架者，均跨越較短之跨度，即擱置於支擱構架之柱子上，但設計者，乃跨越與構架直交方向，擱置於其他載重較輕之柱上其故有五。（一）若將屋頂架與構架，擱置於同一柱上，則柱身尺寸，較能採用者爲大。（二）將屋頂之重量與樓板重量分任於各柱上，使載重較爲平均分佈。（三）與構架直交方向之跨度爲31.39公尺，故跨度較其他一向方爲大，似不經濟，惟所用者爲拍拉氏式（Pratt truss），即長方形式屋頂架，其載重效率，較之人字形式之構架爲大。（四）與屋頂架直交方向，仍用小人字構架，擱支於屋頂架上，不惟支架屋面，並作爲屋頂架之橫撐，及任風力，使全部屋頂，十分固定。（五）屋頂架二端，各擱置於二柱，以減輕擱置處之彎轉量。

（丁）底脚　房屋設計最重要之部份爲底脚，而全部用鋼骨水泥者爲尤甚，因鋼骨水泥工程，極易開裂，尋常三四層房屋，除沿界線者外。均不用接連底脚，惟市政府房屋爲永久性建築，故將外牆之轉角處，及重要部份，用接連底脚，而在構架下者，不惟擱支構架兩柱底脚接連，並在與兩柱底脚之直交方向，亦用接連底脚，使之更爲固定，不致受底脚不等沉之累，活載重與靜載重之支配，尤屬重要，因大概只有一小部分之活載重，並祇於短時期，任活載重，故底脚之設計，若不將活載重減小，或所減小者未足，較之活載重完全不算入者，其害尤大，尋常設計者，雖將活載重減小，但常未減足，設計底脚時，對於活載重應減之數，必須加以十分注意也。

鋼骨水泥房屋設計

王　　進

第一章　水泥平板

第一節　樓板之載重

平板之載重,可分二種．一種爲活載重,即(LIVE LOAD),一種爲靜載重,即(DEAD LOAD)所謂活載重,即平板上所承受之人,物及他種之載重．所謂靜載重,即平板本身之重量．活載重之多少,每國大都市皆有定規;雖少有出入,但大致相同．上海所用,在租界,則以英工部局之規定爲準則．在南市,則以市工務局之規定爲準則．今將該兩局所規定各種房屋內樓板,每方尺上所應受之活載重列下,以便爲計算之依據．

工　務　局

房屋類別	每平方公尺載重	每方呎載重
住宅	300 公斤	60 磅
市房(無貨物堆置者)	300 公斤	60 磅
旅館內臥室	300 公斤	60 磅
醫院病房	300 公斤	60 磅
辦公室	400 公斤	80 磅
茶坊酒肆	400 公斤	80 磅
學校教室	400 公斤	80 磅
公共集會所	540 公斤	110 磅
戲院	540 公斤	110 磅
商店(有貨物堆置者)	540 公斤	110 磅
工作場所	580 公斤	120 磅
運動室	730 公斤	150 磅
跳舞廳	730 公斤	150 磅
戲臺	730 公斤	150 磅
工廠	730 公斤	150 磅
拍賣室	1,100 公斤	220 磅
藏書室	1,100 公斤	220 磅
博物館	1,100 公斤	220 磅
貨棧	1,350 至 20,000 公斤	270 至 400 磅
樓梯載重如下		
住宅市房等	300 公斤	60 磅
公共房屋等	730 公斤	150 磅
貨棧等至少	1,450 公斤	300 磅

工　部　局

地板之用途	每方尺之磅數
居家房屋之未經下方所說明者	70
養育室	75
普通宿舍之臥室	75
醫院看護室	75
旅館臥室	75
工房病室	75
其他之同樣用途者	75
辦公室	100
其他之同樣用途者	100
美術樓廂	112
教堂	112
學校中之教室	112
演講室或會集室	112
戲院，音樂廳	112
公共圖書館之閱書室	112
零售處	112
工廠	112
其他之同樣用途者	112
體操房	150
跳舞廳	150
其他之同樣用途者	150
同樣受震動之地板	150
拍賣處	224
藏書處	224
博物院	224
貨棧類房屋之每一地板，非為以上所述之用途者，不得不小於	300
樓梯，梯台及走廊：——	
在居住房屋中者	100

在辦公室中者	200
在貨棧類房屋中者	300

所謂靜載重，乃隨平板之厚薄而定，今爲列表如下：——

平板厚度	靜載重 磅/每方尺
3″	38#/□′
$3\frac{1}{2}$″	44#/□″
4″	50#/□″
$4\frac{1}{2}$″	56#/□″
5″	63#/□″
$5\frac{1}{2}$″	69#/□″
6″	75#/□″
$6\frac{1}{2}$″	81#/□″
7″	88#/□″
$7\frac{1}{2}$″	94#/□″
8″	100#/□″
$8\frac{1}{2}$″	106#/□″
9″	113#/□″
$9\frac{1}{2}$″	119#/□″
10″	125#/□″

平板之厚度，須視其跨度之大小，載重之輕重而定．故平板之靜載重，在計算之時，只能擬定一厚度，而後加以考核．

第二節　支持於二端之平板

欲計算水泥平板之應有厚度及其相當之鋼條，非先計其灣冪不可，灣冪之算法，在一個跨度之樓板，則照力學上計算，既簡且便；但假若平板之跨度爲連續的，則其計算方法稍爲繁複矣．計算連續平板之方法，可分二種：——

a. 用三個灣冪法．

(THREE MOMENTS THEORY)

b. 照一個跨度之樓板計算；而乘一係數．

第一法所得結果，較爲準確，但太爲費時，且計算平板時，因無計算負灣冪之須要，故大可不必用此法計算．第二法極爲簡便，故用之者衆，惟係數之定，不可不注意，爲特將係數列表如下：——

二個跨度 $\frac{1}{10}$ $\frac{1}{10}$

三個跨度 $\frac{1}{10}$ $\frac{1}{12}$ $\frac{1}{10}$

三個跨度以上，二端二跨度之係數為 $\frac{1}{10}$ 中間各跨度為 $\frac{1}{12}$

今設例以明之：——

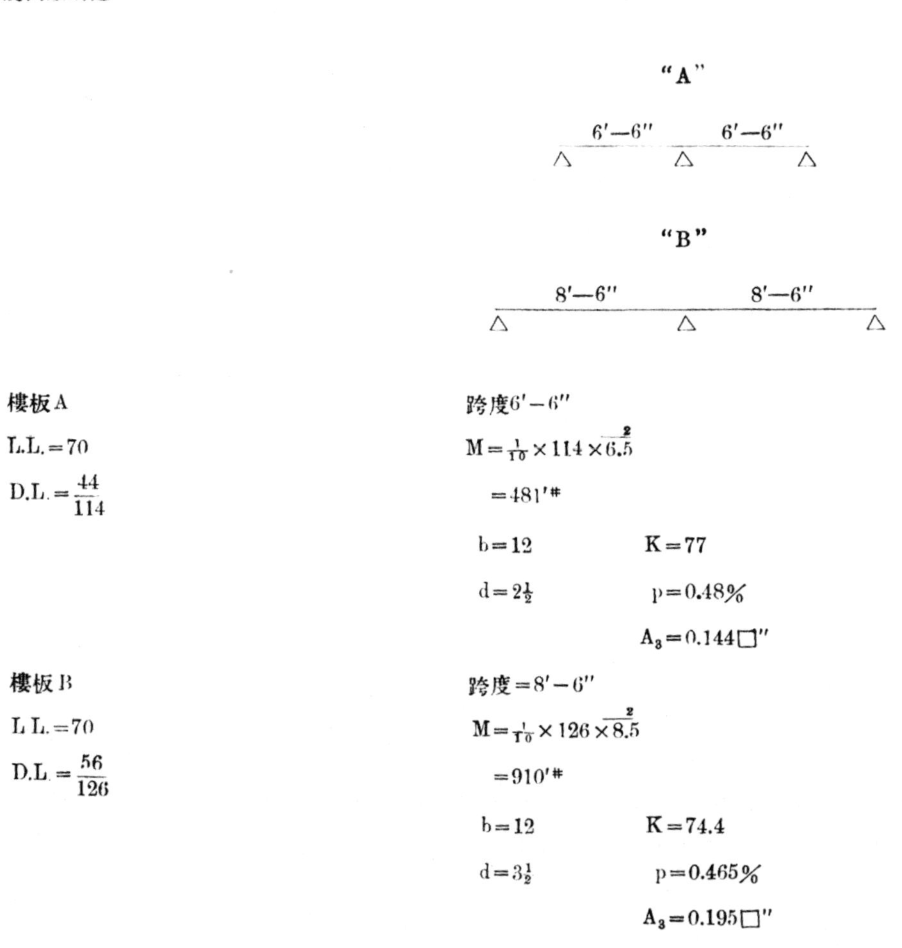

樓板A

L.L.=70

$D.L.=\frac{44}{114}$

跨度6′－6″

$M=\frac{1}{10}\times 114\times \overline{6.5}^{2}$

$=481'^{\#}$

b=12　　K=77

$d=2\frac{1}{2}$　　p=0.48%

$A_3=0.144\square''$

樓板B

L.L.=70

$D.L.=\frac{56}{126}$

跨度=8′－6″

$M=\frac{1}{10}\times 126\times \overline{8.5}^{2}$

$=910'^{\#}$

b=12　　K=74.4

$d=3\frac{1}{2}$　　p=0.465%

$A_3=0.195\square''$

下列各表，係著者所編，專為計算水泥平板之用．　讀者既知樓板之跨度，及活載重之幾何，即可按表而得樓板之靜載重之厚度之灣冪，以及應用之鋼條，可省却不少麻煩．

下列各表，所載之冪灣悉依係數 $\frac{1}{10}$ 計算．　倘係一個跨度之平板，則只須將表內所列之灣冪除 0.8 即得．倘其係數應為 $\frac{1}{12}$ 則只須將灣冪除 1.2 即得．

第 一 表

L L.=25#/□

SPAN	d	TOTAL d	D. L.	M	K	p	As
4′——0″	2″	3″	38#/□′	101′#	25.2	.158%	.038□″
5′——0″	2″	3″	38	158	39.5	.247%	.060
5′——3″	2″	3″	38	174	43.5	.272%	.065
5′——6″	2″	3″	38	191	47.7	.294%	.071
5′——9″	2″	3″	38	208	52.0	.327%	.079
6′——0″	2″	3″	38	227	56.7	.354%	.081
6′——3″	2″	3″	38	246	61.5	.384%	.092
6′——6″	2″	3″	38	266	66.5	.415%	.100
6′——9″	2″	3″	38	287	72.0	.450%	.108
7′——0″	2″	3″	38	308	77.0	.480%	.115
7′——3″	2″	3″	38	332	83.0	.520%	.125
7′——6″	2½″	3½″	44	388	62.0	.388%	.117
7′——9″	2½″	3½″	44	414	66.3	.415%	.125
8′——0″	2½″	3½″	44	442	70.6	.442%	.133
8′——3″	2½″	3½″	44	470	75.2	.47%	.141
8′——6″	2½″	3½″	44	500	80.0	.500%	.150
8′——9″	2½″	3½″	44	528	84.5	.528%	.159
9′——0″	3″	4″	50	607	67.5	.422%	.152
9′——3″	3″	4″	50	642	71.4	.446%	.161
9′——6″	3″	4″	50	676	75.0	.470%	.169
9′——9″	3″	4″	50	712	79.0	.494%	.178
10′——0″	3″	4″	50	750	83.3	.520%	.187
10′——3″	3″	4″	50	787	87.5	.547%	.197
10′——6″	3½″	4½″	56	893	73.0	.456%	.191
10′——9″	3½″	4½″	56	935	76.5	.478%	.201
11′——0″	3½″	4½″	56	980	80.0	.500%	.210
11′——3″	3½″	4½″	56	1025	83.6	.523%	.220
11′——6″	3½″	4½″	56	1070	87.5	.547%	.230
11′——9″	4″	5″	63	1215	76.0	.475%	.228
12′——0″	4″	5″	63	1265	79.0	.494%	.237
12′——3″	4″	5″	63	1320	82.5	.516%	.248
12′——6″	4″	5″	63	1375	86.0	.537%	.258
12′——9″	4½″	5½″	69	1530	75.6	.472%	.255
13′——0″	4½″	5½″	69	1590	78.5	.492%	.265

第　二　表

L L.=60#/□

SPAN	d	TOTAL d	D.L.	M	K	p	As
4′——0″	2″	3″	38#/□′	157′#	39.2	.245%	.006□″
5′——0″	2″	3″	38	245	61.3	.383%	.092
5′——3″	2″	3″	38	270	67.5	.422%	.101
5′——6″	2″	3″	38	296	74.0	.463%	.111
5′——9″	2″	3″	38	324	81.0	.506%	.121
6′——0″	2″	3″	38	353	88.3	.552%	.132
6′——3″	2½″	3½″	44	406	65.0	.406%	.122
6′——6″	2½″	3½″	44	440	70.5	.440%	.132
6.——9″	2½″	3½″	44	474	76.0	.475%	.143
7′——0″	2½″	3½″	44	510	81.5	.510%	.153
7′——3″	2½″	3½″	44	547	87.6	.548%	.165
7′——6″	3″	4″	50	620	69.0	.432%	.155
7′——9″	3″	4″	50	660	73.5	.460%	.166
8′——0″	3″	4″	50	704	78.3	.490%	.176
8′——3″	3″	4″	50	750	83.3	.520%	.187
8′——6″	3″	4″	50	795	88 5	.553%	.203
8′——9″	3½″	4½″	56	880	72.0	.450%	.189
9′——0″	3½″	4½″	56	940	77.0	.482%	.202
9′——3″	3½″	4½″	56	990	81.0	.506%	.212
9′——6″	3½″	4½″	56	1050	85.7	.535%	.225
9′——9″	4″	5″	63	1170	73.0	.456%	.219
10′——0″	4″	5″	63	1230	77.0	.482%	.230
10′——3″	4″	5″	63	1290	80.7	.505%	.242
10′——6″	4″	5″	63	1355	85.0	.532%	.255
10′——9″	4½″	5½″	69	1490	73.5	.460%	.248
11′——0″	4½″	5½″	69	1560	77.0	.482%	.260
11′——3″	4½″	5½″	69	1630	84.5	.528%	.271
11′——6″	4½″	5½″	69	1710	80.5	.502%	.285
11′——9″	4½″	5½″	69	1780	88.0	.550%	.297
12′——0″	5″	6″	75	1945	78.0	.488%	.213
12′——3″	5″	6″	75	2025	81.0	.506%	.304
12′——6″	5″	6″	75	2110	84.5	.528%	.316
12′——9″	5″	6″	75	2195	88.0	.550%	.330
13′——0″	5½″	6½″	81	2380	79.0	.490%	.325

上海公共租界房屋建築章程

（上海公共租界工部局訂）

王　進譯

一切環閉電梯之屋頂概應以避火材料建造並應設有天窗，屋頂屑架所有避火材料至少應爲電梯間之面積之四分之三，玻璃之厚度不得多於八分之一吋，其下端須用堅固之鉛鐵網保護之，但在電梯間之上可以不用有網之玻璃.

龍　頭

凡此類房屋應備有救火水管，活塞，抽水機，龍頭，皮帶及其他較小之救火器具；其數目，品質，式樣及位置概須經本局救火會中之長官核准. 倘此類房屋由路冠至屋頂起拱處之高度超過七十五呎，與上述水管相連之處應設有抽水器具，內有用機力之抽水機；貯水池及其他應用物件，至其數目，品質，式樣及位置亦應經本局核准.

太平門之警告

凡此類房屋中之太平門及其他門戶或空洞，作爲公衆避火之用者，均應添有六吋大之警告字樣，裨能明白指示，並須得本局稽查員之滿意. 在夜間，此警告上並應用燈照耀.

大概之構造

此類房屋若有多於五十人之地位或高度多於三層均應用避火材料建造之. （參閱房屋章程第二章）.

指　示　圖

在此類房屋中每一層之平面圖上須將太平門明白繪出，比例尺不得小於八分之一吋與一呎之比，將此圖懸掛於此類房屋中每一層之顯明處，以得本局核准爲度.

特種之旅館，普通寓所暨出租房屋

普通寓所，旅館暨出租房屋在底層以下所有之地位，倘不足十五人之用，應有逃避與顧及住客安全之設備，以經本局全權鑒定而認爲適當爲度.

關於旅館，普通寓所暨出租房屋之特別章程完

鋼骨三和土

第一章　總綱

第一條　凡本章下列各條所稱"鋼骨三和土"其定義只限於三和土之安有鋼條而該項鋼條能合於下列之條件者：

(A)能勝任全部直接拉力者

(B)能協助三和土抵抗剪力者

(C)必要時能協助凝土抵抗壓力者

第二條　房屋之結構有爲全部用鋼骨三和土構架，其所受載重及應力，能由各層遞傳至最下層之底脚者，亦有局部用鋼骨三和土構架，而另一部摻用分間牆或分間牆與橫牆合用者，本章各條皆能適用之。

第三條　鋼骨三和土構架及承受此項構架之分間牆，（或橫牆）必皆能單獨負荷照本章下列各條所規定之活載重及靜載重，可保其安全無虞。

第四條　在鋼骨三和土構架內，無論地板扶梯，皆應用防火材料建造之，幷宜安置于防火之支持上。

第五條　鋼骨之任何部份，皆不准充作電流傳導之用。

第六條　凡擬建，加添或改造鋼骨三和房屋或其他工程之應受本章各條之規定者，均應按照本局一九一七年西式房屋建築規例之規定，來局請照，幷：(a)凡遇新建房屋應具備平面圖穿宮圖註明所用材料，幷計算書一份，載明安全載重及材料應力，如該項圖樣所示或有不明，該項計算書所計或有不妥，請照人應從本局稽查員之指示，隨時補送圖樣及計算書。(b)凡遇加添修改或其他工程，亦應具備平面圖，穿宮及計算書送局審核，該項工程之興築，不准與本章程之所規定少有抵觸。

第二章　本章程之規則

灣冪

第七條　計算大料及樓板灣冪之跨度，皆以有效跨度爲準。

第八條　大料（或樓板）兩端支點之淨長，加大料（或樓板）之淨高爲一數，其兩端支點之中心距，爲又一數，孰者較小，即爲非接連大料及樓板之有效跨度。

第九條　大料（或樓板）兩端支點之中心距爲一數，其兩端支點之淨跨度加大料（或樓板）之淨高爲又一數，孰者較小，即爲接連大料及樓板之有效跨度。

第十條　大料（或樓板）之兩端嵌入他部建築內，其所受之載重雖不一，而在該大料（或樓板）兩端之中和平面之方向，仍能堅持而不改者。此項大料（或樓板），即謂爲大料（或樓板）之有固定支持者。

第十一條　大料（或樓板）各斷面上灣冪，應以該大料所受各種載重情形下，對於該斷面上所生之最大灣冪爲計算之依據。

第十二條　雙向鋼骨三和土樓板之抗力，設長度與寬度之比，不超過一又二分之一，猶等於以長度及寬度各爲跨度之二個單向鋼骨三和土樓板之抗力之和。雙向鋼骨三和土樓板上所受總載重，其沿長度及寬度二方向之分配情形如下：

$$W_l = \frac{b^4}{l^4+b^4}$$

$$W_b = \frac{l^4}{l^4+b^4}$$

式中 l ＝樓板之長度　　b ＝樓板之寬度

設長度與寬度之比超越一又二與之一，則與寬度同向之二邊，不得作爲支持。

第十三條　凡連接梁二端固着於支持點上，而能勝任其因此種固着而生之額外應力者，其支持得認爲固定支持。

第十四條　接連梁支持點上之灣羃，不得因支持之加寬而減少。

第十五條　樓板上如有集中載重負荷其上，該項集中載重得照均佈載重計算，其分佈之寬度，等於樓板跨度之半，外加集中載重之寬度。

第十六條　凡載重情形之爲本章程所不及備載者，則計算大料及樓板之灣羃時，仍應保持其同一之安全率。

第十七條　接連梁及樓板各剖面上之抵抗力，應擇其全梁上各種不同載重情形下對於該剖面所生之最大灣羃，爲設計之依據。

第十八條　決定大料跨度與深度之比時，其深度應以有效深度爲限。

第十九條　大料之有效深度以大料壓力外緣至拉力面鋼骨之重心爲準。

第二十條　大料跨度與有效深度之比，不得超過下列二數中之較小者。

$$20\times\frac{\text{第二十二條規定之單位拉力}}{\text{實際最大單位拉力}}$$

或 $$20\times\frac{\text{第二十一條規定之單位壓力}}{\text{實計最大單位壓力}}$$

各種單位應力

第二十一條　三和土之許可單位應力，除柱頭照第四節之規定外，不得超過下列各數。

直接壓力	600磅/方吋
大料及樓板之極外緣壓力	〃　〃
三和土與鋼骨之黏着力	100磅/方吋
剪力	60磅/方吋
拉力	無

上項許可單位應力，只限於三和土之符合本章程第一一五及一二一兩條規定者，三和土成份較佳者，其直接壓力得酌加。凡三和土含水份百分之十四者，其直接壓力爲破碎載重之四分之一。凡三和土含水份百分之八者，其直接壓力爲破碎重載之五分之一。

第二十二條　鋼骨之許可單位應力規定如下。

應力	磅/方吋
單位壓力	爲鋼骨四周三和土單位應力之十五倍
單位拉力	18000

第二十三條　各構股內合力之總數不得超過最大許可應力。

第二十四條　本章所稱合力，乃在任何情形下所生各種應力之和之謂。

無論鋼骨或三和土其內部因受載重而生之合力，皆不得超過各個之許可單位應力。

第二十五條　計算時而欲計及熱度及收縮對於三和土所生之影響者，其單位應力得酌加。　倘只計及熱度者，其單位應力得按第二十二，二十三兩條增加百分之十五。　倘熱度之外並計及三和土之收縮者，其應力得按二十二，二十三兩條之規定增加百分之三十五。　熱度之差，規定爲華氏±68°，該項差度應以建築時之平均熱度爲準。

收縮係數規定，等於華氏表上60°之熱度差，或0.00025。

第二十六條　每構股之交受壓力及拉力者，則該構股之抵抗力不得小於任一最大應力。

第二十七條　鋼骨三和土各構股間之接筍處，其應力亦不得超過本章程各節之所規定。

第二十八條　凡各斷面上單位剪力，超越該斷面上三和土之許可單位應力，則應設法補救之；或灣起拉力鋼骨，或另加剪力設備，以擔負此超溢之剪力。

第二十九條　大料剖面上之擔任垂直剪力者，只限以：(1)剖面上之壓力部份，(2)剖面上深寬等於大料抵抗灣冪臂長之面積上。

第三十條　任拉力之鋼條，其兩端應灣成鈎形，或另行設法緊爲接牢。

第三十一條　鋼條二端之鈎形，最好灣成匚，其內邊半徑至少爲該鋼條直徑之二倍。

第三十二條　黏合長度應自鈎形之點起量起。

第三十三條　黏合長度當以能保大料之應力不超越第二十一條之規定爲限，如有剪力設備，則其應力應以能符合第三十及四十七二條爲限。

第三十四條　決定竹節鋼條之黏合長度時，其圓周長度得以鋼條上凸出之竹節部份爲準。　惟：

(a)竹節之中距，不得超過鋼條直徑之二倍。

(b)竹節凸出部份，至少爲鋼條直徑之十分之一。

第三十五條　所謂彈率比，即鋼骨之彈性率，與三和土彈性率之比。

第三十六條　鋼骨之彈性率，規定爲30,000,000磅/方吋。

第三十七條　鋼骨與三和土之彈率比，規定爲十五。

（定閱雜誌）

茲定閱貴社出版之中國建築自第………卷第………期起至第………卷第………期止計大洋………元………角………分按數匯上請將

貴雜誌按期寄下爲荷此致

中國建築雜誌社發行部

……………………………………啟…………年…………月…………日

地址……………………………………………………………………

（更改地址）

逕啓者前於…………年…………月…………日在

貴社訂閱中國建築一份執有………字第………號定單原寄……………

……………………………………收現因地址遷移請卽改寄……………

……………………………………收爲荷此致

中國建築雜誌社發行部

……………………………………啓…………年…………月…………日

（查詢雜誌）

逕啓者前於…………年…………月…………日在

貴社訂閱中國建築一份執有………字第………號定單寄……………

……………………………………收查第………卷第………期尚未收到祈卽

查復爲荷此致

中國建築雜誌社發行部

……………………………………啓…………年…………月…………日

注意

附此卡片訂閱中國建築全年仍收大洋伍元正（有效期間民國二十三年五月三十一日以前）

敬啓者茲寄上大洋五元訂閱

貴社出版之中國建築全年一份自第……………卷第……………期起至第……………卷第……………期止祈

照下列地址按期寄下爲荷此致

中國建築雜誌社發行部

……………………啓…………年…………月…………日

地　址……………………………………………

中 國 建 築

THE CHINESE ARCHITECT

OFFICE:

ROOM NO. 405, THE SHANGHAI COMMERCIAL AND SAVINGS BANK BUILDING, NINGPO ROAD, SHANGHAI.

中國建築第二卷第一期

編輯及出版	中國建築雜誌社
發行人	楊錫鏐
地址	上海寧波路上海銀行大樓四百零五號
印刷者	美華書館 上海愛而近路三號 電話四二七二六號

中華民國二十三年一月出版

中國建築定價

零售	每册大洋七角	
預定	半年	六册大洋四元
	全年	十二册大洋七元
郵費	國外每册加一角六分 國內預定者不加郵費	

廣告索引

Hong Name  "Mei Woo"

BRUNSWICK-BALKE-COLLENDER CO.,
Bowling Alleys & Billiard Tables

CERTAINTEED PRODUCTS CORPORATION
Roofing & Wallboard

THE CELOTEX COMPANY
Insulating & Accoustic Board

CALIFORNIA STUCCO PRODUCTS COMPANY
Interior and Exterior Stuccos

MIDWEST EQUIPMENT COMPANY
Insulite Mastic Flooring

MUNDET & COMPANY, LTD.
Cork Insulation & Cork Tile

NEWALLS INSULATION COMPANY
Industrial & Domestic Insulation
Specialties for Boilers, Steam &
Hot Water Pipes, etc.

RICHARDS TILES LTD.
Floor, Wall & Coloured Tiles

SCHLAGE LOCK COMPANY
Locks & Hardware

SIMPLEX GYPSUM PRODUCTS COMPANY
Plaster of Paris & Fibrous Plaster

TOCH BROTHERS INC.
Industrial Paint & Waterproofing Compound

WHEELING STEEL CORPORATION
Expanded Metal Lath

Large stock carried locally.

Agents for Central China

FAGAN & COMPANY, LTD.

261 Kiangse Road

Telephone
18020 & 18029

Cable Address
KASFAG

美商

美和洋行

承辦屋頂及地板工程并經理石膏粉石膏板甘蔗板避水漿鐵絲網磁磚牆粉門鎖等各種建築材料備有大宗現貨如蒙垂詢請打電話一八〇二〇或駕臨江西路二六一號接洽為荷

DEMAG
DUISBURG

台麥格電吊車
用手起重機上

各種裝貨運貨設備
及鍋爐進煤設備

台麥格

最經濟最迅速電力吊重及運送機器
吊重能力自半噸至十噸可裝手起重機作起重機關

獨家經理 謙信機器有限公司

上海江西路一三八號 電話一三五九七

Sole Agents in China:

CHIEN HSIN ENGINEERING CO. G. M. B. H. LTD.

138 Kiangse Road, Shanghai Telephone: 13597

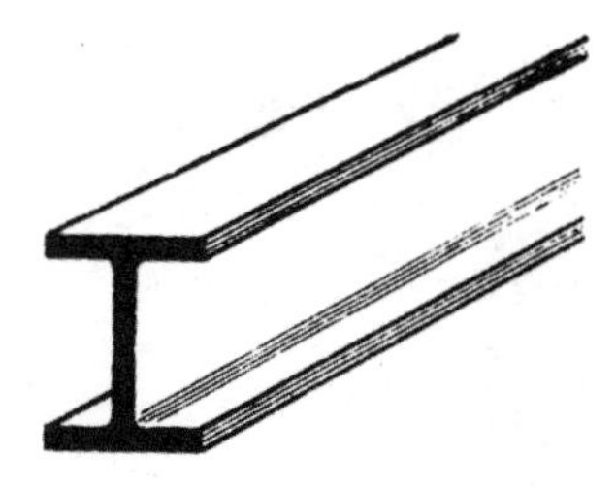

工字鐵

為現代建築工程
之必需品

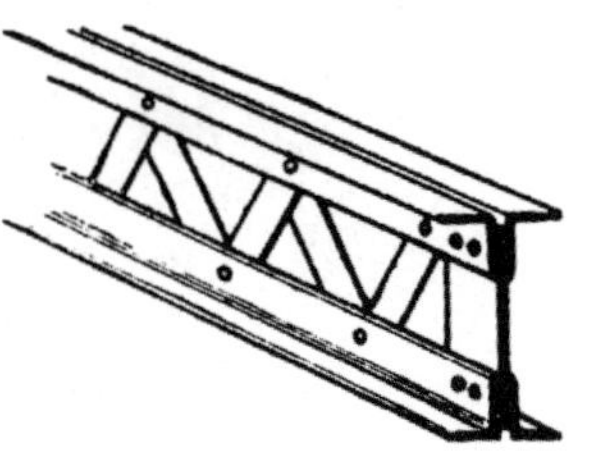

百樂門飯店

全部鋼骨水泥及鋼鐵工程

均由

慎昌洋行建築部

設計代辦

駐華總公司

上海圓明園路四號

電話 12590

廣東，香港，哈爾濱，漢口，遼寧，
北平，天津，青島，濟南。

均有分行

陳寶昌機器銅鐵工廠

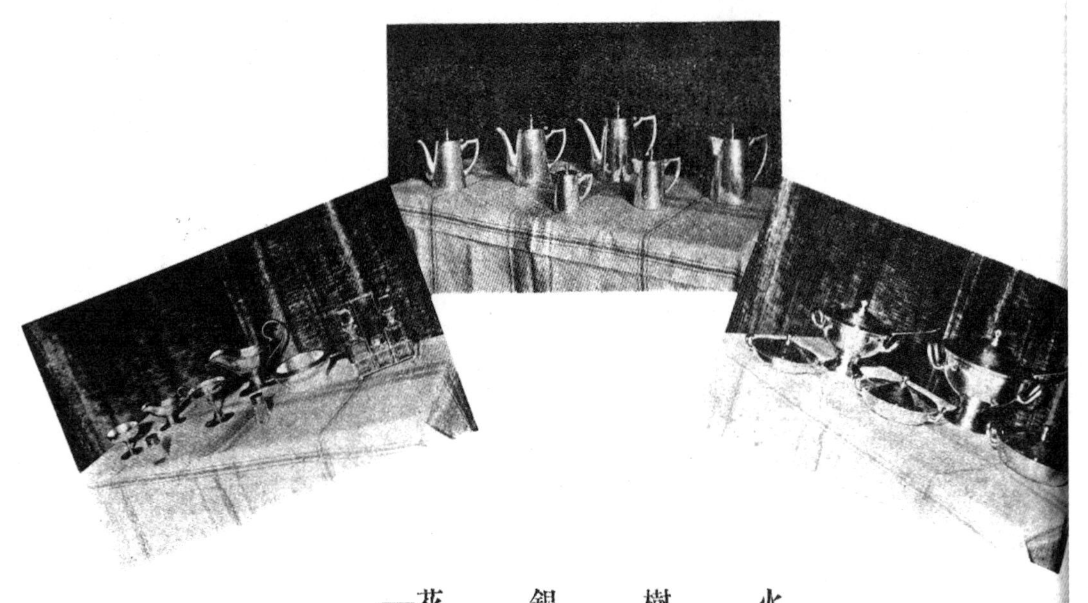

火樹銀花—的—百樂門—內—全部燈條及銀器均由本廠承造承裝

本廠專造
美術招牌
新式欄杆
窗門銅邊
陳列銅架
旅店裝璜
住宅裝修
異樣電燈
吊燈壁燈
門燈台燈
各種顏色
美術玻璃
精細無匹
承蒙
光顧不勝
歡迎之至

地址 北福建路一三七至一三九 電話 四二一四〇

桂正昌鐵廠

本廠專製建築五金鋼鐵出品堅固耐久且價格低廉交貨迅速久爲各大建築公司營造廠家所讚許推爲鋼鐵界上乘如蒙賜顧竭誠歡迎

本廠營造之百樂門飯店鋼精欄杆一班

廠址 蘆家灣南魯班路中

電話 南市電話二三一六三

大美地板公司

上圖係本公司承造之遠東唯一大跳舞廳百樂門飯店新式彈簧地板平滑美觀質料乾燥堅强絕無隙裂之弊雖歷久而不變如蒙垂詢無任歡迎

事務所　南京路大陸商場

電　話　九一二二八號

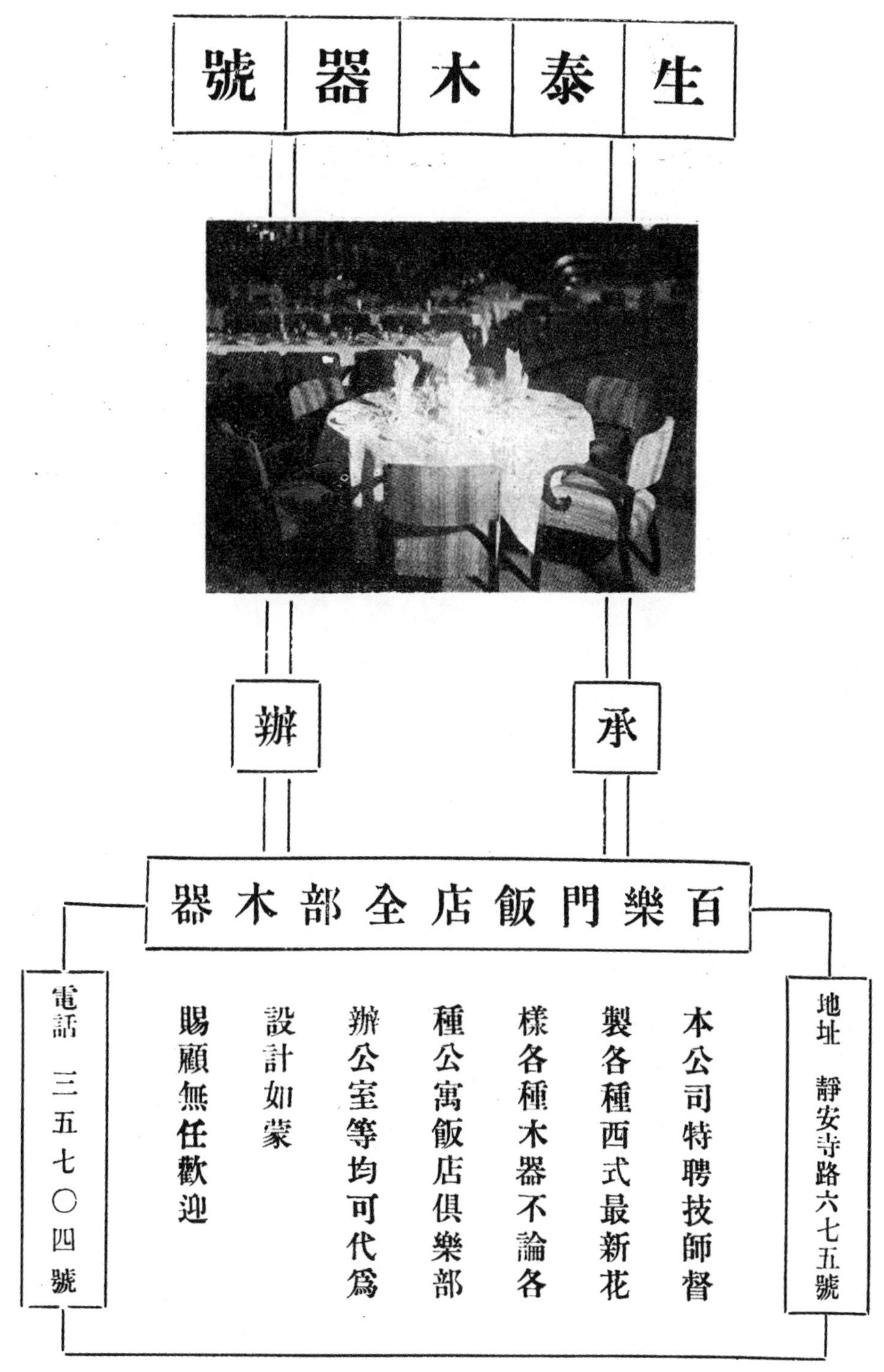
生泰木器號
承辦
百樂門飯店全部木器
地址 靜安寺路六七五號
本公司特聘技師督製各種西式最新花樣各種木器不論各種公寓飯店俱樂部辦公室等均可代爲設計如蒙賜顧無任歡迎
電話 三五七〇四號

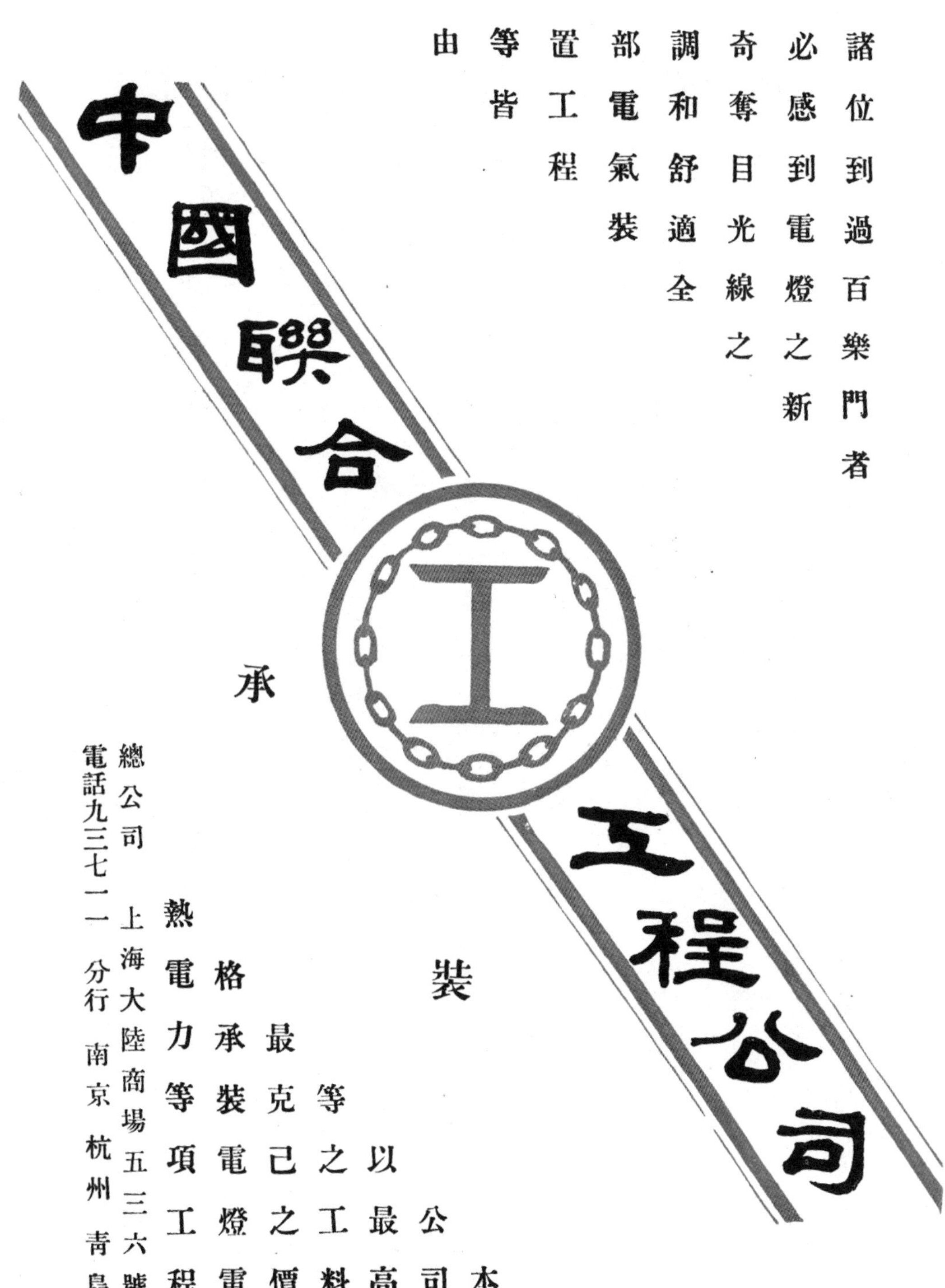
諸位到過百樂門者必感到電燈之新奇奪目光線之調和舒適全部電氣裝置工程等皆由
中國聯合工程公司
承裝
本公司以最高等之工料最克己之價格承裝電燈電熱電力等項工程
總公司 上海大陸商場五三六號
電話九三七一一 分行 南京 杭州 青島

INWALD

本公司專運各種玻璃地板及玻璃磚批發最近開幕之百樂門大飯店全部新式燈條玻璃即係本公司承辦如蒙咨詢請駕臨外灘十二號三樓壁光公司另備樣本函索即寄

上圖爲本公司承辦百樂門飯店燈條玻璃之一部

中國近代建築史料匯編（第一輯）

中國建築

第二卷　第二期

THE CHINESE ARCHITECT

內政部登記證警字第二九五五號
中華郵政特准掛號認為新聞紙類

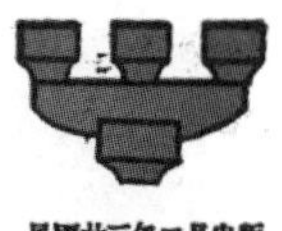

民國廿三年二月出版

第 二   二 期

Hong Name  "Mei Woo"

BRUNSWICK-BALKE-COLLENDER CO.,
Bowling Alleys & Billiard Tables

CERTAINTEED PRODUCTS CORPORATION
Roofing & Wallboard

THE CELOTEX COMPANY
Insulating & Accoustic Board

CALIFORNIA STUCCO PRODUCTS COMPANY
Interior and Exterior Stuccos

MIDWEST EQUIPMENT COMPANY
Insulite Mastic Flooring

MUNDET & COMPANY, LTD.
Cork Insulation & Cork Tile

NEWALLS INSULATION COMPANY
Industrial & Domestic Insulation
Specialties for Boilers, Steam &
Hot Water Pipes, etc.

RICHARDS TILES LTD.
Floor, Wall & Coloured Tiles

SCHLAGE LOCK COMPANY
Locks & Hardware

SIMPLEX GYPSUM PRODUCTS COMPANY
Plaster of Paris & Fibrous Plaster

TOCH BROTHERS INC.
Industrial Paint & Waterproofing Compound

WHEELING STEEL CORPORATION
Expanded Metal Lath

Large stock carried locally.

Agents for Central China

FAGAN & COMPANY, LTD.

261 Kiangse Road

Telephone
18020 & 18029

Cable Address
KASFAG

美商 **美和洋行**

承辦屋頂及地板工程并經理石膏粉石膏板甘蔗板避水漿鐵絲網磁磚牆粉門鎖等各種建築材料備有大宗現貨如蒙垂詢請打電話一八〇二〇或駕臨江西路二六一號接洽為荷

中國建築

第二卷　　第二期

民國二十三年二月出版

目　次

著　述

插　圖

中國建築雜誌社徵求著作簡章

本社徵求關於建築學說，藝術，及計劃之一切著作；暫訂簡章於后：

一、 應徵之著作，一律須爲國文．文言語體不拘，但須注有新式標點．由外國文轉譯之深奧專門名辭，得將原文寫出；但須置於括弧記號中，附於譯名之下．

二、 應徵之著作，撰著譯著均可．如係譯著，須將原文所載之書名，出版時日，及著者姓名寫明．

三、 應徵之著作，分爲短篇長篇兩種：字數在一千以上，五千以下者爲短篇；字數在五千以上者均爲長篇．

四、 應徵之著作，一經選用，除在本刊發表外，均另酌贈酬金．不願受酬者，請於應徵時聲明，當贈本刊半年或全年．

五、 應徵著作之中選者，其酬金以篇數計：短篇者，每篇由五元起至五十元；長篇者每篇由十元起至二百元．在本刊發表後，當以專函通知酬金數目，版權卽爲本社所有，應徵者不得再在其他任何出版品上登載．

六、 應徵著作之未中選者，概不保存及發還．但預先聲明寄還者，須於應徵時附有足數之遞回郵資．

七、 應徵著作之選用與否，及贈酬若干，均由本社審查價値，全權判定．本社並有增删修改一切應徵著作之權．

八、 應徵者須將著作用楷書繕寫清楚，不得汚損模糊；並須鈐蓋本人圖章，以便領酬時核對．信封上須將姓名及詳細住址寫明，由郵直接寄至本社編輯部，不得寄交私人轉投．

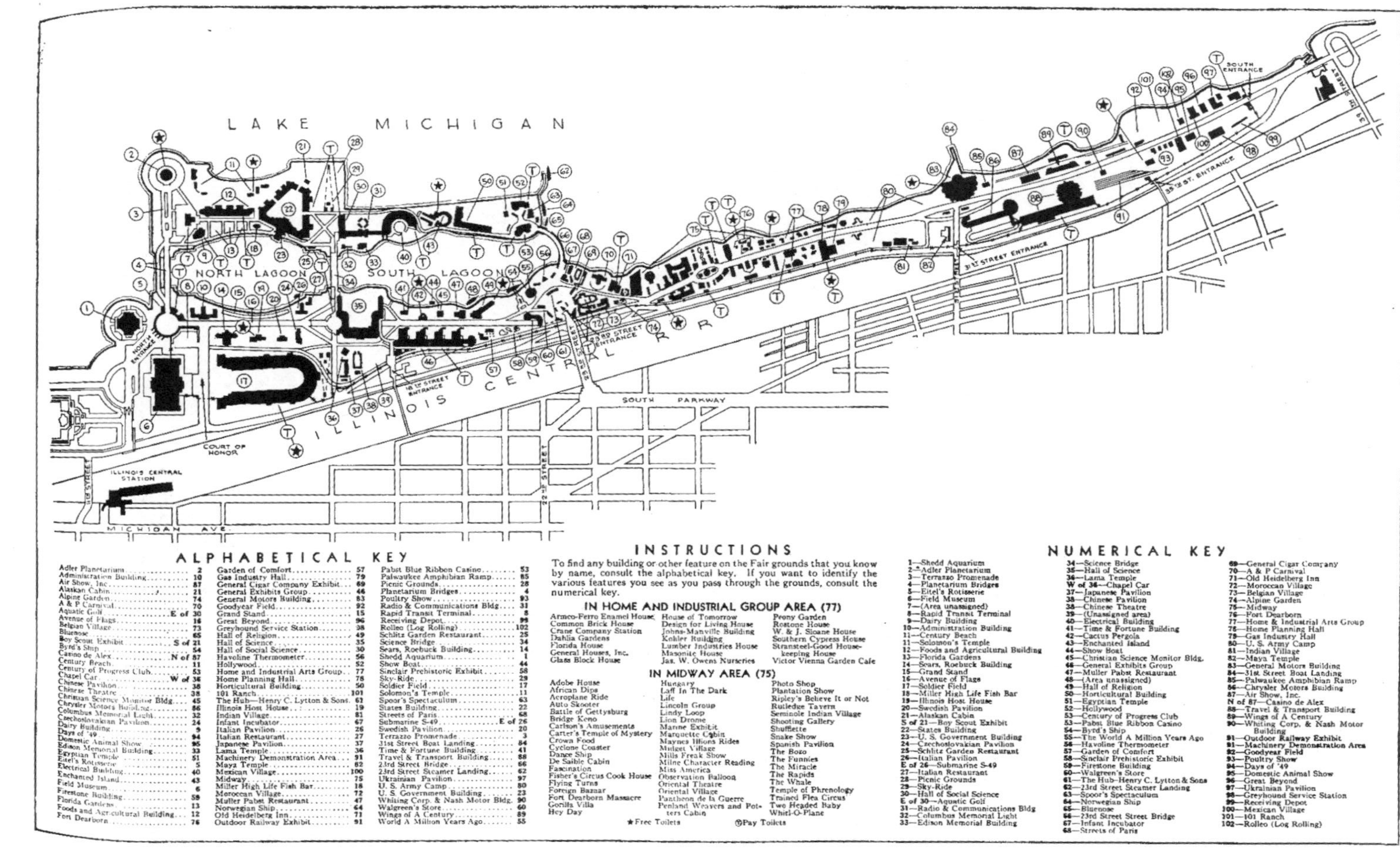
LAKE MICHIGAN
NORTH LAGOON
SOUTH LAGOON
ILLINOIS CENTRAL R.R.
COURT OF HONOR
ILLINOIS CENTRAL STATION
NORTH ENTRANCE
MICHIGAN AVE.
SOUTH PARKWAY
22ND STREET
23RD STREET
23RD STREET ENTRANCE
18TH STREET ENTRANCE
31ST STREET ENTRANCE
35TH ST. ENTRANCE
SOUTH ENTRANCE
ALPHABETICAL KEY
Adler Planetarium 2
Administration Building 10
Air Show, Inc 87
Alaskan Cabin 21
Alpine Garden 74
A & P Carnival 70
Aquatic Golf E of 30
Avenue of Flags 16
Belgian Village 73
Bluenose 65
Boy Scout Exhibit S of 21
Byrd's Ship 54
Casino de Alex N of 87
Century Beach 11
Century of Progress Club 53
Chapel Car W of 36
Chinese Pavilion 38
Chinese Theatre 38
Christian Science Monitor Bldg 45
Chrysler Motors Building 86
Columbus Memorial Light 32
Czechoslovakian Pavilion 24
Dairy Building 9
Days of '49 94
Domestic Animal Show 95
Edison Memorial Building 33
Egyptian Temple 51
Eitel's Rotisserie 5
Electrical Building 40
Enchanted Island 43
Field Museum 6
Firestone Building 59
Florida Gardens 13
Foods and Agricultural Building 12
Fort Dearborn 76
Garden of Comfort 57
Gas Industry Hall 79
General Cigar Company Exhibit 69
General Exhibits Group 46
General Motors Building 83
Goodyear Field 92
Grand Stand 15
Great Beyond 96
Greyhound Service Station 98
Hall of Religion 49
Hall of Science 35
Hall of Social Science 30
Havoline Thermometer 56
Hollywood 52
Home and Industrial Arts Group 77
Home Planning Hall 78
Horticultural Building 50
101 Ranch 101
The Hub—Henry C. Lytton & Sons 61
Illinois Host House 19
Indian Village 81
Infant Incubator 67
Italian Pavilion 26
Italian Restaurant 27
Japanese Pavilion 37
Lama Temple 36
Machinery Demonstration Area 91
Maya Temple 82
Mexican Village 100
Midway 75
Miller High Life Fish Bar 18
Moroccan Village 72
Muller Pabst Restaurant 47
Norwegian Ship 64
Old Heidelberg Inn 71
Outdoor Railway Exhibit 91
Pabst Blue Ribbon Casino 53
Palwaukee Amphibian Ramp 85
Picnic Grounds 28
Planetarium Bridges 4
Poultry Show 93
Radio & Communications Bldg 31
Rapid Transit Terminal 8
Receiving Depot 99
Rolleo (Log Rolling) 102
Schlitz Garden Restaurant 25
Science Bridge 34
Sears, Roebuck Building 14
Shedd Aquarium 1
Show Boat 44
Sinclair Prehistoric Exhibit 58
Sky-Ride 29
Soldier Field 17
Solomon's Temple 11
Spoor's Spectaculum 63
States Building 22
Streets of Paris 68
Submarine S-49 E of 26
Swedish Pavilion 20
Terrazzo Promenade 3
31st Street Boat Landing 84
Time & Fortune Building 41
Travel & Transport Building 88
23rd Street Bridge 66
23rd Street Steamer Landing 62
Ukrainian Pavilion 97
U. S. Army Camp 80
U. S. Government Building 23
Whiting Corp. & Nash Motor Bldg. 90
Walgreen's Store 60
Wings of A Century 89
World A Million Years Ago 55
INSTRUCTIONS
To find any building or other feature on the Fair grounds that you know by name, consult the alphabetical key. If you want to identify the various features you see as you pass through the grounds, consult the numerical key.
IN HOME AND INDUSTRIAL GROUP AREA (77)
Armco-Ferro Enamel House
Common Brick House
Crane Company Station
Dahlia Gardens
Florida House
General Houses, Inc.
Glass Block House
House of Tomorrow
Design for Living House
Johns-Manville Building
Kohler Building
Lumber Industries House
Masonite House
Jas. W. Owens Nurseries
Peony Garden
Rostone House
W. & J. Sloane House
Southern Cypress House
Stransteel-Good Housekeeping House
Victor Vienna Garden Cafe
IN MIDWAY AREA (75)
Adobe House
African Dips
Aeroplane Ride
Auto Skooter
Battle of Gettysburg
Bridge Keno
Carlson's Amusements
Carter's Temple of Mystery
Crown Food
Cyclone Coaster
Dance Ship
De Saible Cabin
Fascination
Fisher's Circus Cook House
Flying Turns
Foreign Bazaar
Fort Dearborn Massacre
Gorilla Villa
Hey Day
Hungary
Laff In The Dark
Life
Lincoln Group
Lindy Loop
Lion Drome
Marine Exhibit
Marquette Cabin
Maynes Illions Rides
Midget Village
Mills Freak Show
Milne Character Reading
Miss America
Observation Balloon
Oriental Theatre
Oriental Village
Pantheon de la Guerre
Penland Weavers and Potters Cabin
Photo Shop
Plantation Show
Ripley's Believe It or Not
Rutledge Tavern
Seminole Indian Village
Shooting Gallery
Shuffiette
Snake Show
Spanish Pavilion
The Bozo
The Funnies
The Miracle
The Rapids
The Whale
Temple of Phrenology
Trained Flea Circus
Two Headed Baby
Whirl-O-Plane
★Free Toilets
Ⓣ Pay Toilets
NUMERICAL KEY
1—Shedd Aquarium
2—Adler Planetarium
3—Terrazzo Promenade
4—Planetarium Bridges
5—Eitel's Rotisserie
6—Field Museum
7—(Area unassigned)
8—Rapid Transit Terminal
9—Dairy Building
10—Administration Building
11—Century Beach
11—Solomon's Temple
12—Foods and Agricultural Building
13—Florida Gardens
14—Sears, Roebuck Building
15—Grand Stand
16—Avenue of Flags
17—Soldier Field
18—Miller High Life Fish Bar
19—Illinois Host House
20—Swedish Pavilion
21—Alaskan Cabin
S of 21—Boy Scout Exhibit
22—States Building
23—U. S. Government Building
24—Czechoslovakian Pavilion
25—Schlitz Garden Restaurant
26—Italian Pavilion
E of 26—Submarine S-49
27—Italian Restaurant
28—Picnic Grounds
29—Sky-Ride
30—Hall of Social Science
E of 30—Aquatic Golf
31—Radio & Communications Bldg
32—Columbus Memorial Light
33—Edison Memorial Building
34—Science Bridge
35—Hall of Science
36—Lama Temple
W of 36—Chapel Car
37—Japanese Pavilion
38—Chinese Pavilion
38—Chinese Theatre
39—(Unassigned area)
40—Electrical Building
41—Time & Fortune Building
42—Cactus Pergola
43—Enchanted Island
44—Show Boat
45—Christian Science Monitor Bldg.
46—General Exhibits Group
47—Muller Pabst Restaurant
48—(Area unassigned)
49—Hall of Religion
50—Horticultural Building
51—Egyptian Temple
52—Hollywood
53—Century of Progress Club
53—Pabst Blue Ribbon Casino
54—Byrd's Ship
55—The World A Million Years Ago
56—Havoline Thermometer
57—Garden of Comfort
58—Sinclair Prehistoric Exhibit
59—Firestone Building
60—Walgreen's Store
61—The Hub-Henry C. Lytton & Sons
62—23rd Street Steamer Landing
63—Spoor's Spectaculum
64—Norwegian Ship
65—Bluenose
66—23rd Street Street Bridge
67—Infant Incubator
68—Streets of Paris
69—General Cigar Company
70—A & P Carnival
71—Old Heidelberg Inn
72—Moroccan Village
73—Belgian Village
74—Alpine Garden
75—Midway
76—Fort Dearborn
77—Home & Industrial Arts Group
78—Home Planning Hall
79—Gas Industry Hall
80—U. S. Army Camp
81—Indian Village
82—Maya Temple
83—General Motors Building
84—31st Street Boat Landing
85—Palwaukee Amphibian Ramp
86—Chrysler Motors Building
87—Air Show, Inc.
N of 87—Casino de Alex
88—Travel & Transport Building
89—Wings of A Century
90—Whiting Corp. & Nash Motor Building
91—Outdoor Railway Exhibit
91—Machinery Demonstration Area
92—Goodyear Field
93—Poultry Show
94—Days of '49
95—Domestic Animal Show
96—Great Beyond
97—Ukrainian Pavilion
98—Greyhound Service Station
99—Receiving Depot
100—Mexican Village
101—101 Ranch
102—Rolleo (Log Rolling)

中國建築

民國廿三年二月　　第二卷第二期

支加哥百年進步萬國博覽會

支加哥爲現代世界第四大城，在美國除紐約外，無出其右，人口達四〇〇〇〇〇〇，爲美國鐵路航空等事業集中之地。 考其原始，在西歷一八三三年時，祇有四千民衆，多屬冒險家。 移地殖民，勇敢善戰。 築有礮台以防紅人之襲擊，平時受礮台之保障，不敢稍越雷池。 固未計其發展如斯之神速，而成功如是之偉大也，此支加哥博覽會之所以興，其中固有目的存焉。

支加哥博覽會興起之目的，狹義言乃表現建築進化之新精神，廣義上乃代表科學百年進步之大計，本刊上期己詳言之矣。 人羣之生存，以科學爲主幹；人羣之進化，賴科學以督催。 科學之於人生，有如毛革之不分離，關係至爲密切。 而在此博覽會中，將百年內科學實業進步之歷程，表顯無遺。 此不特爲科學界作一種有價值之參考；卽其建築之佈置，亦可在建築界闢一新紀元也。 在籌備會舉行時，會長曾有言曰： 我們生於科學時代，如何將現在生活，用各種科學方法解說明白。 二十世紀人民生活，與從前人民生活多有不同。 在此展覽會中，可用科學方法，作詳明之注載，記載之方式約分以下三項：——

（一）科學之發明

（二）科學製造方法

（三）科學對於人生實用之供獻

展覽會有此三種偉大之目的，故其精神與其他展覽會亦有不同。普通展覽會之目的，志在商戰，多踵事增華以達其競爭之目的，而支加哥博覽會之精神，純爲表顯二十世紀科學之進化計，故無褒狀獎品之鼓勵。其旨志在合作而非競爭，此與他種展覽會精神之特殊，而價值亦特出者也。

支加哥博覽會建築之籌備及其計劃

該會有五年建築歷史，而在十二年前，籌備已在醞釀中。計劃有委員會及建築委員會之設施。初以私人利益之商榷，進行中之感困難。嗣以團結力強，對公共利益之思想，超越自私之心。終能進行無阻，此亦我人之極大教訓也。

陳列各館建築計劃，十足表現二十世紀營造之進步。所用材料與夫新式構造，均有驚人之新發明。讀者諸君，綜觀下列攝影，儘可一目瞭然。關於建築式樣，則以各人之旨趣不同，故其結果亦異。式樣之妍醜，此時殊難判斷，而亦無須判斷，至歷史久遠，褒貶當大有人在也。

展覽會之規模，爲世界展覽會中絕無僅有，中國人士更屬罕見。地處密希根湖畔公園空隙處，綿延三英里；各陳列館參差錯落，益增佳勝。所陳列之物品，上至天文，下至地利，縱至古玩異類，橫至各國奇珍，應有盡有。至歷史上之陳列，則每百年作一比較，可顯示其百年內進化之程序。社會文化之發展，實仰賴有加。今謂參觀博覽會一遍，勝如十年寒窗，不爲過分也。

木製瞰台及兵營，爲十九世紀支加哥居民之護身符。　事過境遷，均以爲徒供後人憑弔，何期此項建築，又發現於二十世紀之支加哥密希根湖畔！建築之條款，純按原來瞰台之形狀。此精巧之木料要塞，遂變爲遊人衆目之的矣。

支加哥百年建

A CENTURY OF PROGRESS
INTERNATIONAL EXPOSITION
CHICAGO
1933

萬國博覽會鳥瞰圖

北平畫師　博覽會會長　監造熱河金亭之　北平畫師

張弱臣　陶羅福 Rufus Dawes　過元熙建築師　沈華亭

支加哥博覽會之熱河金亭由過元熙建築師督工監造。 構造地點，適當博覽會之要衝，故每日游人如織。 金頂閃爍，燦爛輝煌，殿角銅鈴，風吹作響。 更十足表現中國建築色彩也。

熱河金亭天花板之盤龍裝飾

熱河金亭內之陳列品

建築中之熱河金亭（一）

熱河金亭建築，地盤每面佔地七十呎，高六十呎。 全體結構，全屬雙重簷。 用三行木柱支架，十足表現中國式建築。

建築中之熱河金亭（二）

熱河金亭營造時，大小用材二萬八千餘方，共裝二百餘箱，由北平輸送入美，開營造未有之先聲。

博覽會陳列各館營造設計之考慮

過元熙

任何博覽會之組織，總有該博覽會之性質，宗旨，及目的。所以對於參加任何國內外博覽會陳列各館之營造及設計，均當先明瞭該會之組織情況，而對於陳列館建造之用材，經濟，及營造方法。更須特別研究，以求儉省，適用，而能發揮參加該會之目的，及代表該參加團體之精神。蓋博覽會爲臨時性質，不若尋常陳列或營業之可以延緩久待，或謀將來繼續發展之機會。故我建築工程界，對於此等陳列館之設計營造，責任綦重。當格外注意，設法爲參加團體謀利益，而於下列諸點，尤當於規劃時期中，深加考慮焉。

一　對於參加團體之經濟狀況，組織內容，及營造預算之資本能力，均須澈底清楚。否則徒廢精力於事無補。譬如此次我國之陳列專館，起初政府預備四十萬元美金，爲籌備營造之用。後官辦改成商辦，延擱四月。而於最後時間，始通知所謂商品協會，僅有一萬五千元美金，爲營造專館之用。故專館之計劃，先則由建築學會方面集謀。後則有 Murphy 之城牆匾樣。余該時適在芝城博覽會場監造熱河金亭，擔任我國參加博覽會籌備設計委員。經上海商會之電託，遂與博覽會方面籌備接洽。當時亦曾精慮，設計一新中國式之專館圖案。限營造費於一萬五千元之內，一切俱備。博覽會方面，業已贊許。而商品協會代表，又另自帶去一畫案。以要求余於包工開標中增價贈酬不准，遂決用彼所自帶之圖案。其中經過複雜。余以身在海外，未知上海商品協會方面之組織詳情，又不悉代表何權。故始終盡量爲謀。明知有誤，而未能澈底用相當方法改善挽回。以致今日博覽會中之我國專館，設計鄙陋，而營造費則反超出預算九千美金以外。聞今年商品協會方面，尚須設法改造。此種胡調，匪特於國外萬衆會場中，有損國體。且亦有礙我國建築界之基礎與聲譽。此均由不明瞭博覽會之性質，宗旨及目的，有以致之也。

二　對於博覽會之地點，建築材料，土產，以及氣候，人民社會之風俗情形，亦須有相當之考慮。此等詳情，有關建設營造實際之成敗。譬如會場地點在北平天津，或在香港上海，或在維尼斯（Venice）荷蘭多水諸城，及歐美高山之區。而開會時期，又在冬季或夏季。則其地點氣候，既相差霄壤。何能卽沿照舊習，綸一『風馬牛不相關』之陳列專館！又譬如會場在四川，而川地多竹。則建築材料，卽應用土產竹料，設法爲營造之用。南京多山水崖石，則建設應隨天地之勝，取山嶺之高下，而造參差坐落之館宇。如此則氣象得宜，天涯城市，易經營而實現者也。　如此造法，若能設計構造得當，則營造費用，亦反能節省。　至於人民社會風俗之不同，亦有關於陳列館宇建設之進退。　譬如美國科學發達，人民思想進步。　而在彼目光中之中國人，僅有飯店洗衣鋪之伙斷及污穢不堪神祕之『唐人』而已。　則館宇之設計及構造，當應用科學方法，詳加解釋，能代表我國民族文化之建築。　此言廣義者也。　以狹義言，則實際猶如營商一地，必需洞悉該他之風俗情形，及社會之需要，又能講該地之言語。　則方能在該地謀發展生財，遠至國際貿易，推銷國貨，亦何獨不若斯！

中國專館於博覽會開幕時構造情形之一

三　時間問題，亦一極大要素。　設計者除自有預期準備外，尚須提醒參加團體，以謀如期完工開放。　此次芝城博覽會參加籌備團體之組織，早已發現。　建築學會會員中之盡力策謀者亦復不少。　然而參加團體，『坐待天明』。　有如芝城之博覽會，在美國鵠候我商品協會及政府之參加者！博覽會如此進行，期將延展，或竟將不實現者。　如此情形，余寄身國外，常覺不安，蓋深感有代表同胞在國外爭光之責任。　余憶在去年六月一號，萬國博覽會正式開幕之日。　觀衆二十萬，擁擠於各門，購票待入。　會場內無門不開，任人參觀。　而我國專館，則尚在釘鎚趕造之中；直遲至半月以後，始正式開放。　較之鄰近日本專館之精神，熱河金亭之成績，相差遠甚。　夫籌備參加任何博覽會，應聘約建築師及工程師個人負責，而不當推一團體爲設計之頭目。　蓋團體僅能代表一組織，並不能表現個人之能力責任。　團體中會員人衆，意見紛歧，莫衷一是，反無一人負責進行矣。　尤是建築事務，不在人多，而在有才能負責之人，設計進行。　此亦可作將來之殷鑒者也。

中國專館於博覽會開幕時構造情形之二

四　關於館宇圖案之樣式，最易招引辯論。　蓋各人意見不同，有如其面。　設計者，必須思想周密殫精竭慮，從根本上解決此種問題。　使各方面圓滿，則毀譽非所計，成敗自有公論也。

（一）陳列館之式樣，當然要能代表一國或一地之新文化，新精神，及摹寫現代生活，經濟，社會變遷之狀況。　譬如此次芝城博覽會，名爲百年進步盛

日本館與熱河金亭之一角

日本專館大觀

會。以摹寫廿世紀科學之進化，及其供獻。故我國專館之設計營造，自然該用廿世紀科學構造方法。而其式樣，當以代表我國文化百年進步爲旨志。以顯示我國革命以來之新思潮及新藝術爲骨幹，斷不能再用過渡之皇宮城牆或廟塔來代表我國之精神。故其設計方法，當先洞悉該博覽會之性質宗旨，而用現代之思想，實力發揮之，可使觀衆得良好之印像也。

（二）陳列各館之外觀，須卓絕而能引人注意。蓋萬國博覽會場，遊人萬千，範圍廣大。遊人每不能遍遊各館，常有一視館宇之外觀，而止足不前者。亦有因屋宇式樣之陋劣，而始終不能引人注目者。現在國際貿易之競爭，日形激烈。雖此次博覽會，非以競爭爲能事。然其間接商戰之事實尚在。我國若謀推銷國產，求國際貿易之精神。陳列館外觀，固據有重大影響也。

（三）無論參加何種博覽會館宇之營造，當用科學新式，儉省實用諸方法，爲構造方針。以增進社會民衆生活之福利，提倡民衆教育之新觀念爲目的。方能實至名歸，參加博覽會之目的達矣。

總之，任何博覽會之組織。因其宗旨，地勢，天時，社會情形之種種不同，故其陳列各館之設計營造，亦因之而異。果能從根本上澈底解決。則人同此心，心同此理，審美觀念雖有不同，而研醜則有目共賞也。

支加哥博覽會之天橋，建有驚人之特色。鋼塔兩座，各高六百二十五呎，相距一千八百五十呎，以距水平面二百呎之鍊纜連接之。車載旅客，可經道其上。塔頂上有瞭望台，遊人登台，支加哥四周情形，均可瞭然在望。高速之電梯，可載遊人達於雲霄換車而至瞭望台。一塔北於科學館，一館北於電機館。

三權分立，

建築物遂鼎足而三。用意之深刻，足可代表美國政府專館也。

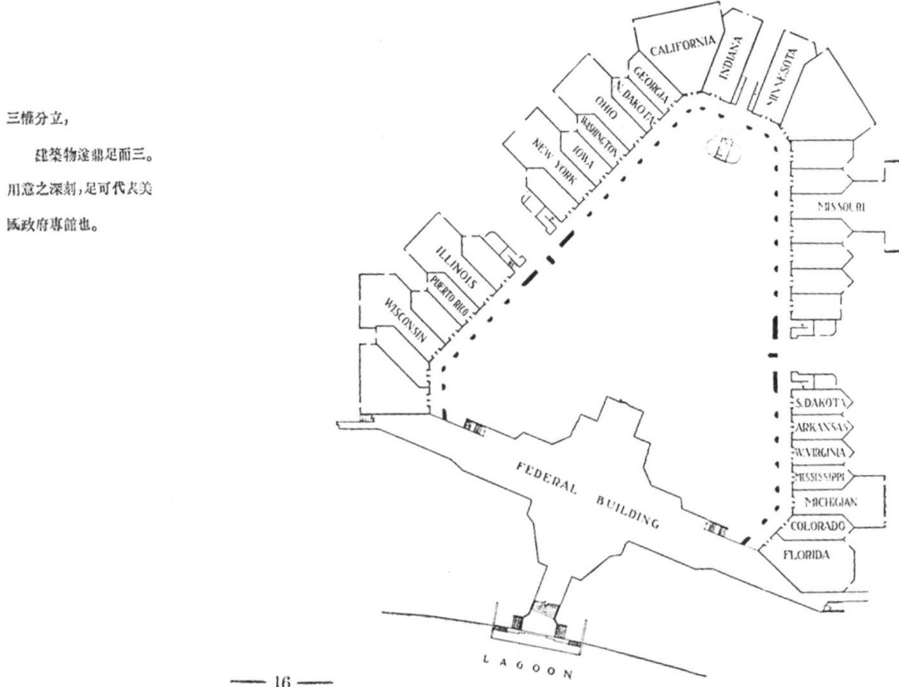

於此維新之辦公室中，將此支城博覽會之圖樣全部繪出。用最新之建築原理，應用於最新式之建築上，其結構遂成世界建築上之好標榜。鋼架盡用帽釘連結，圍牆造以防火石綿。鋼構作製飾，爲最有效率之材料。顏色之反稱，在中部施以白色，而兩翼敷以深藍，頗形美觀。

辦公室大門

電機專館之壯麗，有屋頂花園，鋼鐵作柏，瀑布 噴泉，電力施之。面積長1200呎，寬300呎。 右方半圓，包容電之產生電之分派及電之利用等部分，中間之部，則為電話電報輸送之展覽也。

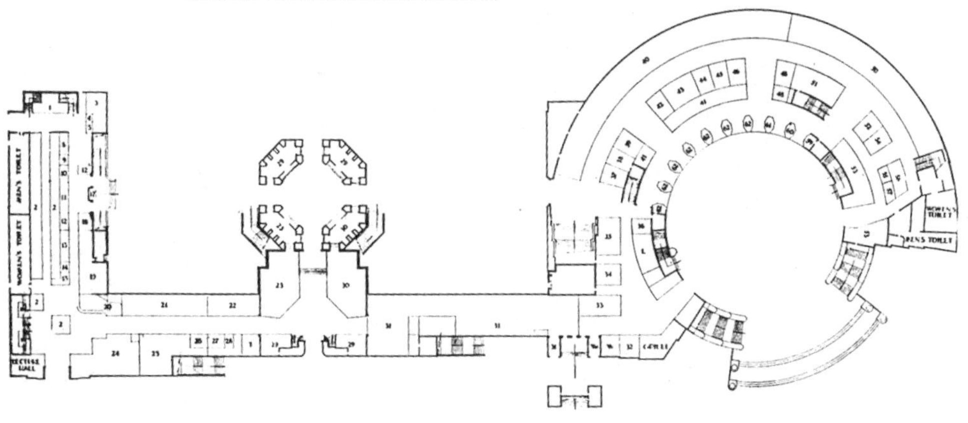

電氣館湖濱碼頭

支加哥博覽會普通展覽專館，亭屋三座，望之偉然。至全部造完將有五亭並列，更當生色。內部陳列，將近代工業發展之情形，表顯無遺。

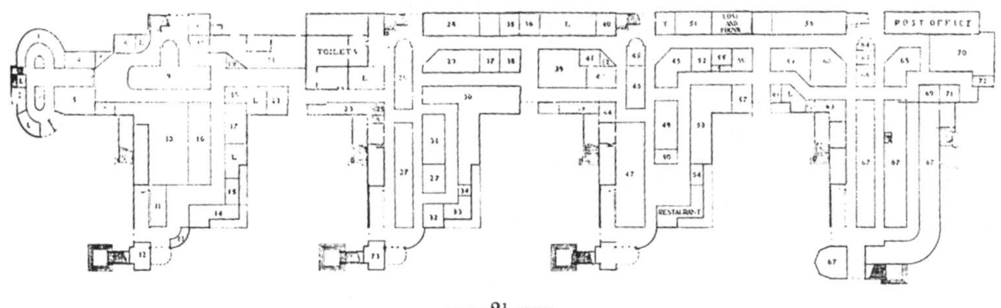

普通陳列館之一部

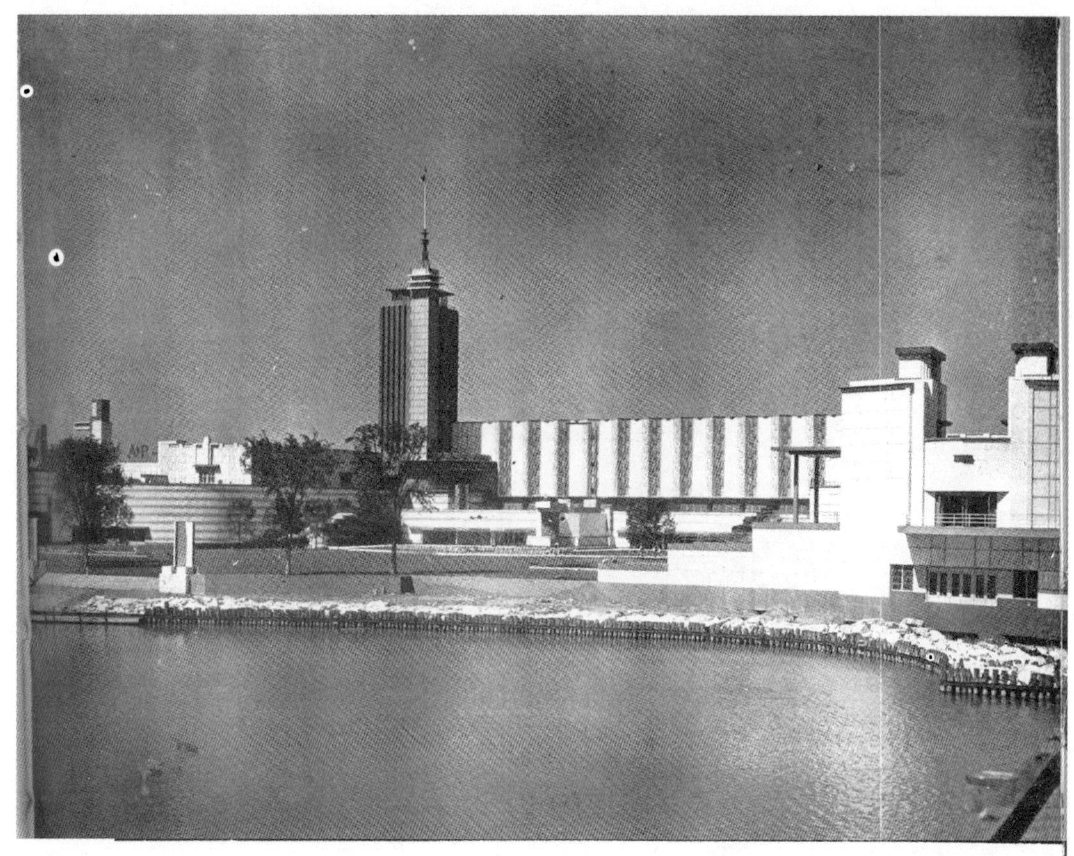

科學專館，長約七百呎，廣佔四百呎。 平面成U形，三面環閉，造成容八萬人之天井。高塔聳於一角，高一百七十六呎。 館面向一美麗之鄰湖，更覺生色不少。 每至深夜，金屬之反光，玻璃之輝煌，均由美麗之洋台射出，倍形爛燦。

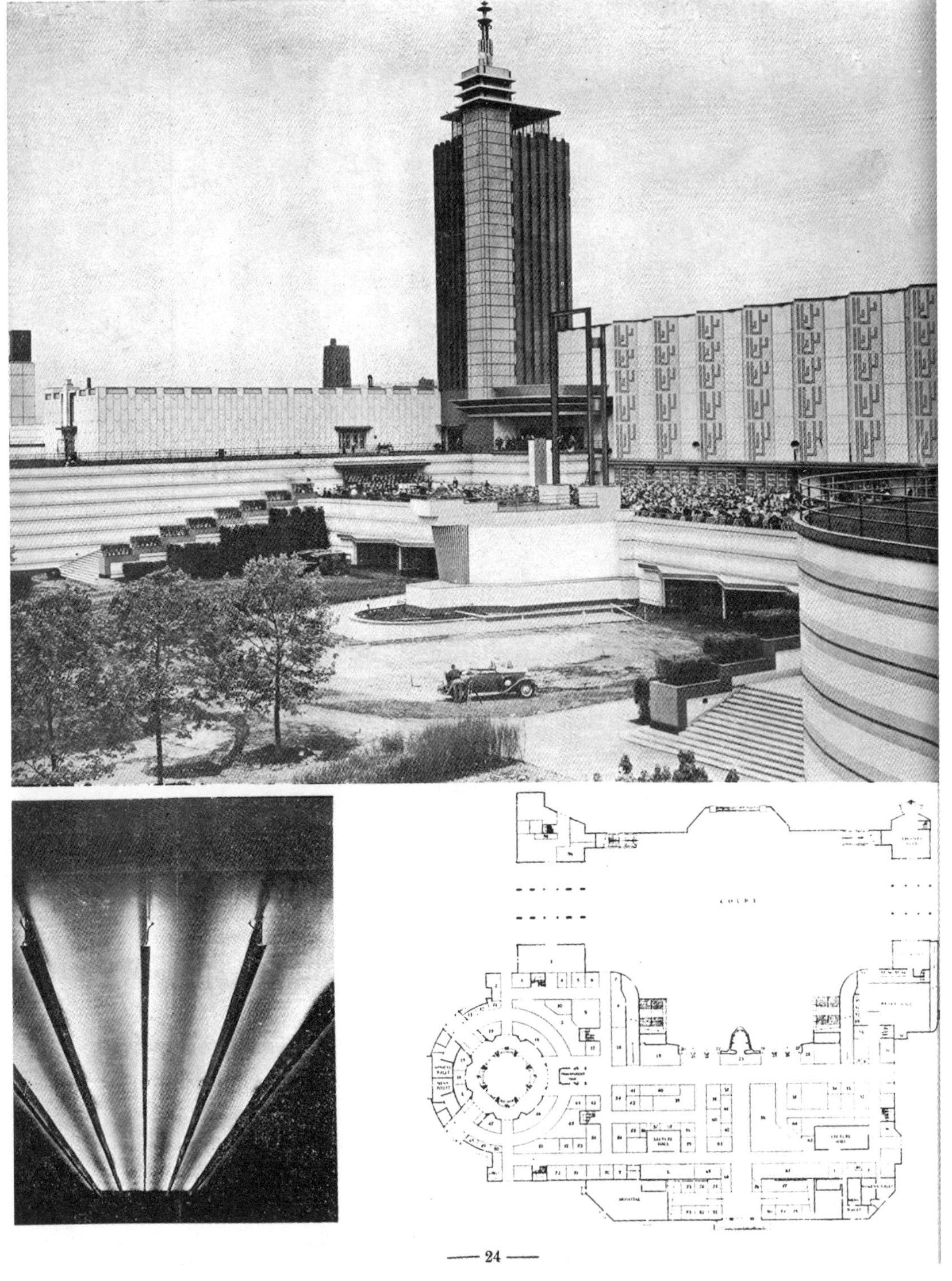
COURT

科學館之一部

正在構造中之科學館

運輸機械專館

轉運館專描寫運輸事業發展之歷史 下至小車，大至飛，機應有盡有。 可見其百年內進步之速也。

轉運館之 Dome 用造橋法，營造空懸式距地面高125呎，Dia 有310呎，有206呎 Spad 可以展覽。

營造費反比平常造法便宜。

轉運館旁門裝飾大樓

轉運館之內部

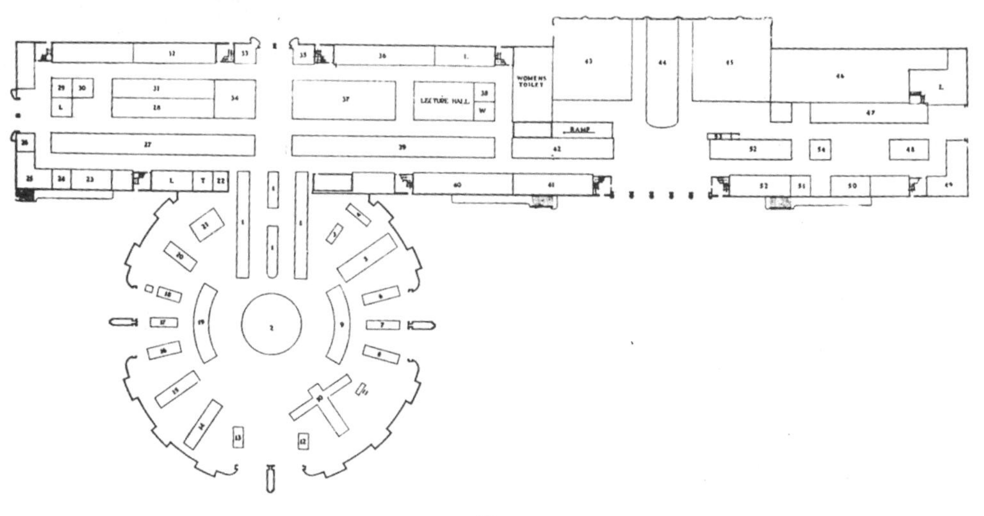

農業館之大觀

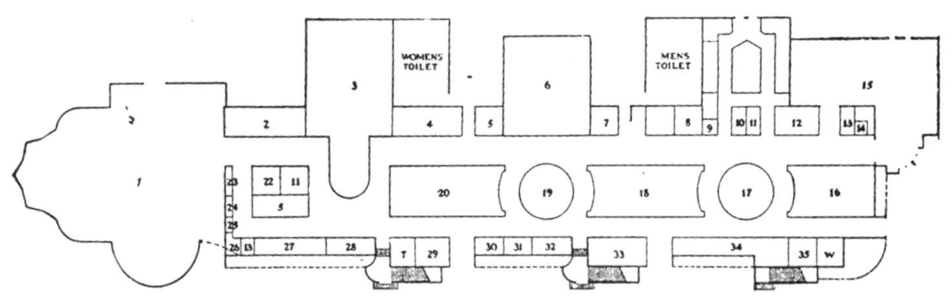
WOMENS TOILET
MENS TOILET
1
2
3
4
5
6
7
8
9
10
11
12
13
14
15
16
17
18
19
20
22
27
28
29
30
31
32
33
34
35
T
W

農學館之內部

修造中之農學館

東北大學建築系劉致平繪十九路軍抗日紀念牌坊

東北大學建築系鐵廣濤繪十九路軍抗日紀念牌坊

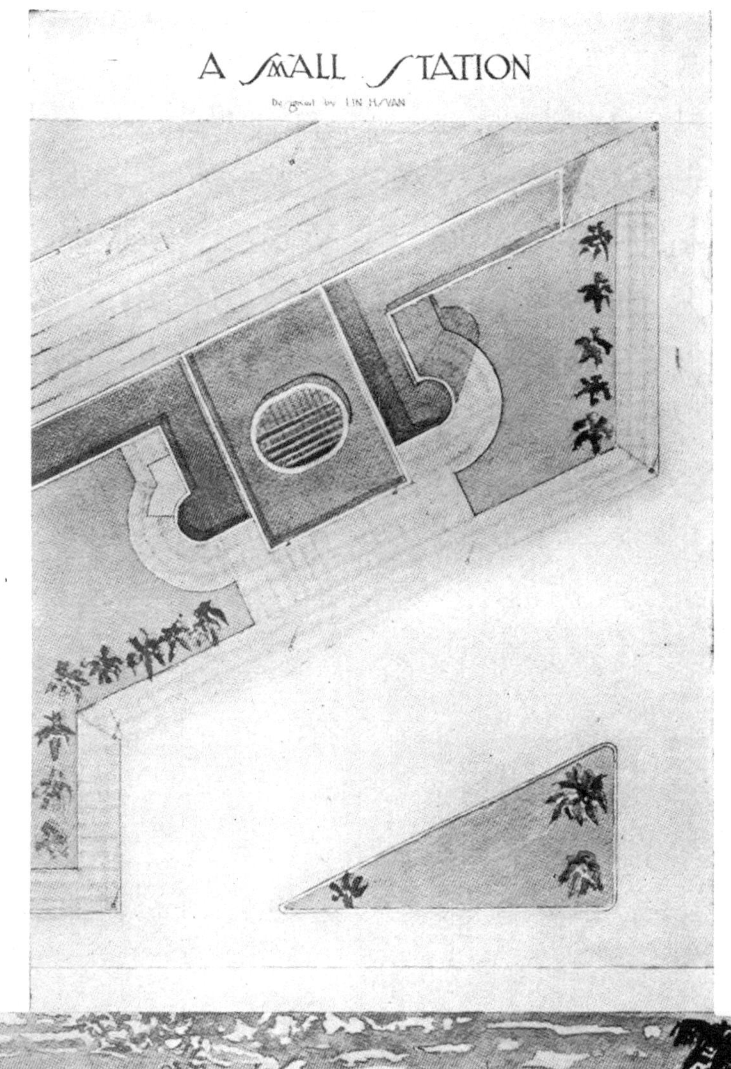

中央大學建築系林宣繪小車站平面及立面圖

小車站習題

在某附城郭之鄉鎮中，人口逐漸增加至100,000，急需要交通之便利，故民衆有感覺建築一現代化車站之必要。

車站所佔面積須400,000平方呎，四周景色之點綴不在此內。

本題需要各條件如下：

一、 大門及門廳

二、 大候車室一所

三、 鐵路飯店

四、 辦公室，售票處，廁所等。

比例呎：——

正面圖

$\frac{1''}{8}=1'-0''$

平面圖

$\frac{1''}{16}=1'-0''$

斷面圖

$\frac{1''}{16}=1'-0''$

草 圖

$\frac{1''}{32}=1'-0''$

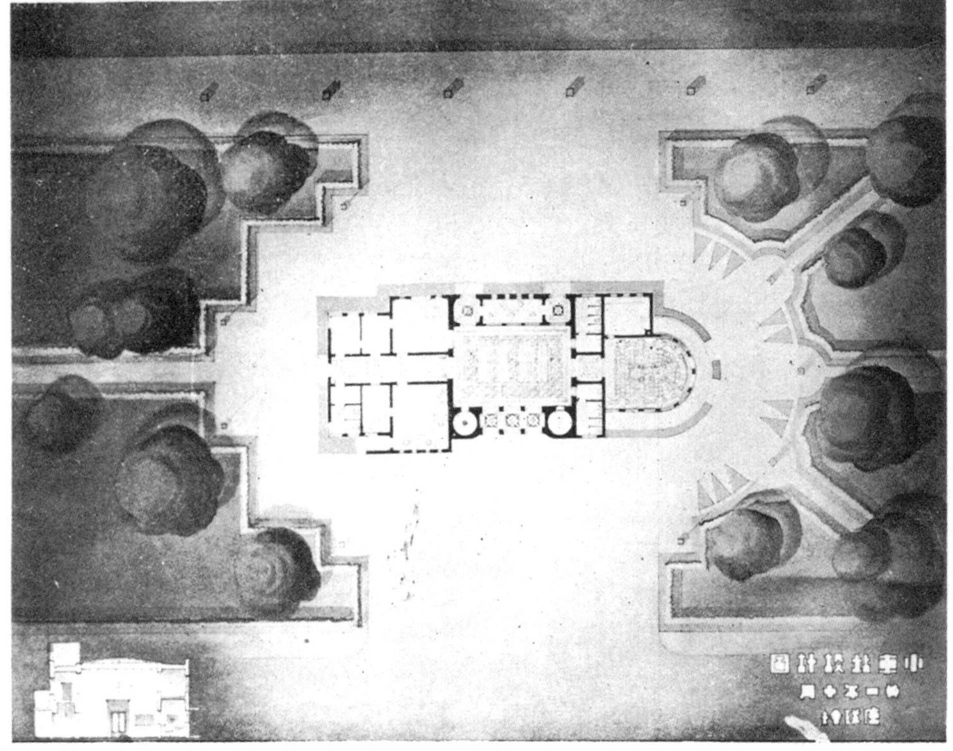

中央大學建築系唐璞繪小車站平面及立面圖

↑
華蓋建築事務所附設夜校葛瑞卿繪紀念碑

「紀　念　碑」

某廣場中有空地一塊，縱橫 60′—0″擬在此地爲某詩人建一紀念碑，以資景仰。

正面立面圖　　二分之一寸作一尺

斷面圖及平面圖　十六分之一寸作一尺

毛杉堯
←華蓋建築事務所附設夜校葛瑞卿繪念紀碑

建　築　正　軌

（續）

石　麟　炳

第三章　草　　圖

草圖，在英文叫 SKETCH，法文叫 ESQUISSE。學生每解一題，必先作一草圖，以表明個人的主要意思。這種草圖，應在某固定的短時間內作出，普通多爲九小時。學生在這短促的時間，不許翻閱書報和雜誌，或請他人加以指導，應完全由作者自己想出。這種辦法，在中國叫自作，在英國叫 IN A BOX 或 IN A BOOTH，法名則呼爲 EN LOGE。學生將草圖作成，須送交評判委員會一份。將來作詳確圖樣時，必須按着該草圖的主要特徵而進行。否則於評判時，按其與草圖相差之遠近，以定其應得之懲罰。草圖既如此重要，自不容玩忽視之也。

草圖在心智訓練上，有極大之價値，一習題之主要工作，是使作者意志決定後，受草圖之限制，能盡力保持其原有之意思，庶可免掉心無成竹，徘徊歧路之弊；故作草圖之唯一目的，卽在訓練學者有果斷之能力也。至於將來詳圖上之線條，着墨，塗色及打邊等項，不過爲草圖上之輔弼而已。

實在之建築題目，限於固定條件，有限之經費，以及坐落之特點等。作者卽須根據此等限制條件，而求適宜之解決，玆舉一例以明之：

禮拜堂之邊門

某禮拜堂，四面臨街，以建築時經費不足，餘一側面未能與其他部分同時竣工。該禮拜堂爲文藝復興式樣，現擬補建未完各部，其中之一邊門，卽爲本題之題材。

解此題時，須注意建築上之結構。門寬 8′－0″，爲本題之限制。此門亦須用古典式要素。意指孤立柱半露柱，三角頂及雕像等而言。至於別種之發展與處理，則完全靠諸作者之分配與解決。但須顧慮全部建築之特徵。此種例證，在法意等國之文藝復興禮拜堂中，幾乎全可看到。

草圖：　平立斷各面，均 $\frac{1}{8}''=1'-0''$.

詳圖：　平立斷各面，均 $\frac{1}{2}''=1'-0''$. 有意思之詳圖，至少 $1\frac{1}{2}''=1'-0''$.（草圖紙爲 $8\frac{1}{2}''\times 11''$，上作一簡單之邊線，作者必須簽字於草圖之左上角，題名亦須註明。）

若想對本題有切近之解決，最好辦法，爲先將本題所需要之各項條件，歸納一表：——（一）爲一宗教性質。（二）必需爲文藝復興式樣建築。（三）爲一次要之門，非爲正門。（四）唯一之固定尺寸，爲門之寬度。

學生猶有應注意者，非但對於詳圖，可以任意選擇，他如禮拜堂之大小，門爲方爲圓，爲某種文藝復興，如意大利，法蘭西，西班牙，英吉利等，均可隨意假定。

因草圖之比例尺甚小，故起草時，無須用再小之比例尺，卽可直接以規定之比例尺，量八呎之寬，然後將力所能想到之各種解法繪出。門之上部可用圓拱，下闌以方框，或門旁有半露柱，上支柱壓，或竟爲方門，上闌一圓拱之裝飾，門之兩旁可置半露柱，半隱柱，或孤立柱，每邊置一柱或兩柱均可，並可一爲半露柱，一爲孤立柱，在柱壓之簷上，可有各種不同之處理，旣可上置三角頂，亦可置彫像，卽完全光平亦無不可。

第十二圖　表明本題之各種不同解法。

圖十二　各種門之草圖

於紙上畫一橫線，卽爲該門之底邊。於此橫線上，截取該門之寬。橫線上下，作適當之擴展。當第一草圖作完時，置透明紙於其上，再作另一解法，如是可省重量呎吋之麻煩。一粗率之平面草圖，亦應同時作出，因許多設計上之錯誤，爲在立面圖所看不出者，借平面圖可以矯正。 用同樣之比例尺，畫一六呎高之人於門旁，借以比較該門各部之大小。將應有之陰影畫出，借以表現凹凸部分之情形。

[illegible] 在作多數草圖時，萬勿固執於某個已成之草圖，而應當將各個草圖，以力之所及，佈置妥當，然後將習題重新讀誦一遍，考察有無忽略重要條件。 然後於此多數草圖中，檢其意思較遜的，或不中意的按步删去，所餘最後一張，作爲正式草圖。 如欲得有深刻進步這種經過自己評判之步驟，實屬異常重要也。

圖十三　選定之草圖

正式草圖選就後，用透明紙按規定紙之大小，鋪於最後所選定之草圖上，將所有重要地方描下，草圖遂告完成。

第十三圖卽爲最後選定之草圖。 所有雕飾，稍加表示卽可，但大小須比例適當。 柱頭亦以同法表示之，門中之方格及各處之雕刻，亦稍加表示卽可。 如此則於繪詳圖時，可以自由選擇各種花紋，式樣。 但作草圖時，有幾項是絕對固定的。門上必須有半圓形之拱，門旁必須列有半隱柱，上支柱壓與斷開之三角頂，三角頂中必須加以某種之雕像。 柱壓及柱頭之各轉角處，必須明白畫出，此爲後來所不能删掉的。 此外關於草圖的事，就是要使他潔淨，精巧，萬勿有狐疑不決處，或兩可處，冀將來之易於任已意而作，此種馬虎草圖，必受評判人之懲罰，正與改變其草圖無異也。

新時代的新建築

戈畢意氏（Le Courbusier）爲近代式（亦稱國際式）建築運動之鼻祖。氏於一九一〇年，即有宏篇巨著。力倡立體式之房屋建築；廢除屋頂，改爲花園與運動場。力主營造工業化；並創蜂窩制之房屋。其他若城市計劃，傢具改善，均有專著。而其所創之說，大抵均於近日實現於世，且風靡焉，是可知並非徒託空言也。此篇即一九三〇年應俄國眞理學院演稿之一。

盧毓駿謹識

建築的新曙光

科學——詩境

諸位女士，諸位先生：現在我開始畫一條線，拿牠來分開在我們感覺的歷程中物質的領域，日常的事物，心理的趨向，和精神上的反響。在線之下爲物質的，在線之上爲精神的。

我現在從下面畫起，畫三個碟子。第一個碟子把科學二字，放於裏面。這個字面不是太廣泛麼？但是我可以馬上切本題而講，就是材料力學，物理，化學。第二個碟子裏頭我寫社會學三字，我用新式的房屋新式的城市，適用於我們的新時代來說。但一提到這個問題，就叫我們遠看將來有很大的危機，但我可以斷言，將來社會的組織是要均衡的。

第三個碟子我們把經濟學三字放在裏頭。大家知道現在全世界經濟的不景氣，還沒有促醒建築事業的改革，所以建築害了大病，全世界害了建築的大病。標準化，工業化，合理化一天一天的發達，此種現象，並非殘忍，並非刻薄，實在是使一切的事物達到完善捷便，經濟的良法；我的意思建業事業也應當採取這個方針。

話已歸到我所愛說的目的；物質的東西是含有時間性的，常常變換，常常演進；然而變換盡管變換，演進盡管演進，在人類的思想過程中，總想達到能永久的。藝術是永遠有價值的，人類沒有一天不在那裏追求着。

我今天到這裏所要講的，把他畫出來。磚石造的建築，在歷史上到了 Haussmann 時代，其應用可謂登峯造極，可說是最後掙扎。到了十九世紀鐵造與鋼骨水泥發達的今天，磚石造是要變式微了。（要在此聲明一句話，我今天所說的是平民式的房屋，至於貴族的房子，我是不願意提及的。）

磚石房子的造法，地上先畫灰線，開長溝，去找堅實的地盤，做基礎的工程；但是溝側的土，是很容易塌陷的；再講到地下室，那是光線不足，地方有限，潮溼又重。

基礎好了之後，可以起磚或石的牆。第一層的樓板，就蓋在牆上，於是慢慢的第二層第三層蓋上去了，然後開窗，在最後的樓板上更蓋屋面。你想負載樓板重量的牆面開窗，把牆的力量減小，這不是一樁不合理的事情麼？你想牆之作用，一方面負荷樓板的重量，一方面又須不妨礙樓板的光線；二者作用同時需要，自然有限制，有了限制，就生拘束，有拘束，就變畸形了。

我講建築的重要原則，就是『建築房屋要使樓板光線充足』。 什麼理由呢？你想房子內光亮，就想做工，若是黑暗，便想睡覺了。

鋼骨水泥造的房子，可將牆完全取消，可用細小的柱子，並且相隔很遠，未負樓板的重量；只消鑽鑿眼井，埋設柱子於堅固的地盤上，用不着什麼掘土開溝的工夫。 再談到鋼骨水泥或鐵柱子的價錢，那也不貴。 我可以起至離地三公尺的高，而做樓板於他的上面，由是我們於地下層可得許多空地。

於這個空地上，放汽車，植樹木，我們可以想見空氣流暢，與花香宜人的景色。 我做我的第二層第三層的樓板，我不造屋頂。因爲研究嚴寒地方的暖房設備，還要利用融雪的水，設法輸流於屋裏，做水汀的水源呢？吾的屋頂爲平面的，每公尺有一公分的傾斜度，肉眼是看不出的。 再我研究氣候酷熱的地方鋼骨水泥屋面，因水泥富於脹縮性，發生了裂縫，雨水不免要漏，所以主張做屋頂花園。 於熱帶地方，這種公園我已經有了十三年的經驗，覺其能吸收太陽的熱光，而樹木又生長得很快。

我現在畫兩平面於兩剖面的下面，一屬磚石造的，一屬鋼骨水泥造的或鐵造的，而他的下層完全爲空地。 但我請工程家注意，此種舊式石造的房屋的梁，和我所主張的鋼骨水泥房屋的梁的不同的地方；材料力學明明的告訴我們，頭一種應力的情形二倍不合算於後一種。

還有就是在鋼骨水泥的房屋的造法，不特用不着什麼牆來負樓板的荷重，還可以於牆的全面積上，盡量的開窗，有的地方不需要玻璃窗也可以用材料填塞牆面，總說之，都是樓板去負這種重量。 與普通習慣太相反，照這樣看起來，不是把房屋是需要樓板光線充足的原則解決了罷！

其他像這樣鋼骨水造或鐵造的柱子，列立在屋面的向裏邊，得很不安心，但你以後可以明白什麼作用。

結果我房子的最下層是空的；屋頂地面是添出的，屋面解放的，由是我的房子就一點也不畸形了。

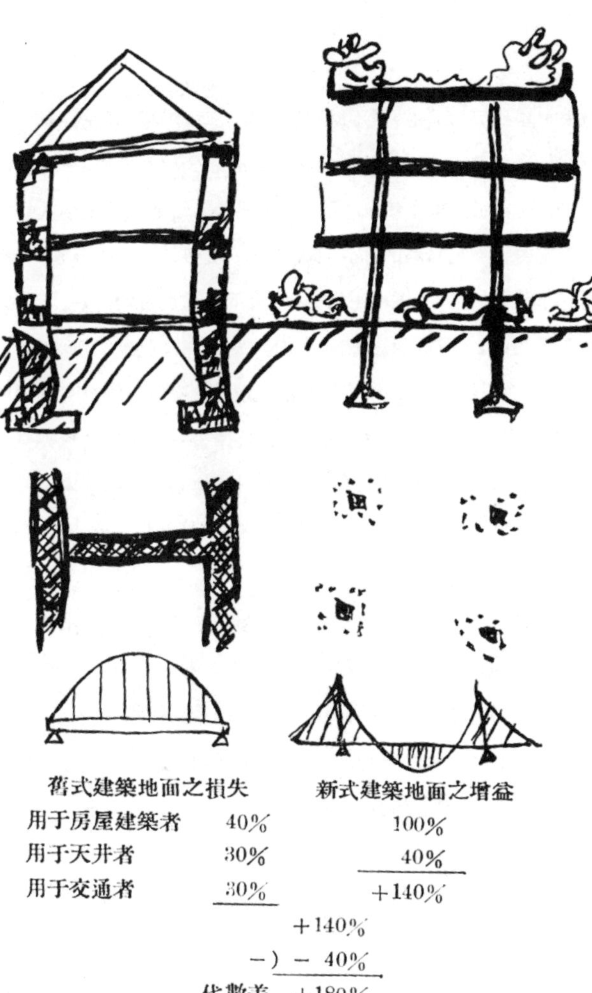

舊式建築地面之損失		新式建築地面之增益
用于房屋建築者	40%	100%
用于天井者	30%	40%
用于交通者	30%	+140%

+140%
－）－40%
代數差 +180%

中國歷代宗教建築藝術的鳥瞰

孫宗文

緒論

我們要從現代層樓高聳的建築中，追索到過去中國建築的演進，就不得不將建築二字，加以相當的解釋。所以本文的開篇，先得將『建築是什麽?』這個問題，來討論一下。 按『建築』是歷來公認為藝術的一種，並且我們知道，建築是一種有計劃的藝術，牠將綫和形體分配得井井有條，所以建築不單單說是一種機械式的藝術。 假使我們說：「圖畫是施色的藝術」，這一個定義當然是錯誤的；同樣我們說：『雕塑是造形的藝術』，那也是犯了同一觀察上面的錯誤。 因為我們所說的，祇不過是一種機械上的藝術，而不是牠眞實的意義。 因之所謂機械上的藝術，其目的專為適應於某一種的需要而已。 我們的建築，不像其他藝術那樣簡單。 也不能用磚頭瓦塊一類的東西，就能將建築專學包括起來，更不能以美術二字來形容建築；那末建築是一種科學，是一種有系統的科學。 牠一方面要遵守科學上的原理；引用現有的材料，以達建築堅固之目的；一方面假圖案及色彩之點綴，以增建築之美觀；更一方面要建築師的學識與經驗，以求建築之合用。 所以說建築是一種藝術而又科學的學問。 藝術與科學，纔能構成現代美觀莊嚴建築物主要原素。 並且我們要知道科學在求眞；藝術在求美，二者果能互相貫通，互相濬發，那末建築就可以達到眞美合一的希望了。

建築在理論方面是如此，而在人生上更負有重大的使命。 原來建築最重要的唯一目的，就是解決人們『住』的一個問題。 所以建築對於人類的生活上，是具有密切關係的，我們從文化史上看來，知道建築事業在時間性上，牠是表現時代特有的精神；在空間性上，牠是顯露整個民族的特性。 前者在過去的歷史上看來，勢力最厚的要算『宗教』。 原因還是建築物的本身，受到了外來的影響，——如通商，傳教或戰征等，——原有建築作風就會轉變。 在建築史上講，從未有完全不受外力影響『宗教』而進化的。 至於後者，（在空間性上而論）牠是人生環境和民族性的結晶，我們看歷史上各種民族所遺留下來的住宅，皇宮，廟堂以及各種城堡等建築物上，無處不表現出其固有的精神來。 這種遺留下來的建築物，永遠為各種民族思想的變遷；文化的改進，作一個有力的鐵證。

建築在物質上面講，是需要各種建築材料及工匠等；在精神及思想方面講，建築師在創造之前，須受社會的支配，所以綜合時代環境及民族的特性，那無疑地就是最重要的原則了。 因而建築和歷史關係之密切，遂成很明顯的事實。因爲建築是人類思想和精神的一種表現，於是她的作風之變遷，也就沿着歷代人民思想和精神的不同而迴異，所以建築是在一天一天地變遷着。 我們不能說古代的建築，是比近代的美觀，或者說近代的建築，要比古代的偉大，因爲這是各個時代文化思想的不同；並且人類的審美觀念，隨着時代而異的。 因此，我們就可以從殘存的古代建築物遺跡上面，知道了上古人類的生活情形，並且比較我們從書本上面所得來的學識，更要豐富。 何況書籍記載既容易毁滅，又容易失眞！因此，對於歷代所遺留下來的建築物，大有討論和研究的價値了。

中國建築事業，四千年前已見萌芽。 黃帝造宮室，他把原始時代巢穴生活，搬移到房屋生活了。 嗣後歷代帝王，互相演進，由簡單而複雜。 到漢唐之世已達到建築藝術的高峯，可是到了近代，歐風美雨直接飄濇到中國來，漸次將固有的東方建築藝術，輕輕地湮沒了。 近來關於建築在歷史上的記載，更不多見，致探討無由。 關於中國歷代最重要的建築物。牠的類別，可依下列三種包括起來：——

a. 住宅建築， b. 宮殿建築， c. 宗教建築

以上的三種建築物，可說是構成中國建築藝術的主要原素。 但是前二者不是本文所要討論的範圍，姑且不論。 我們中國的建築藝術，其影響最爲重大的，也就是宗教建築。 我們根據歷史的建築事實，追求歷代建築物的重心，知道宗教建築，實佔重要位置。 雖然牠的起源，是在兩漢以後，但是漢代以前的宮殿建築，如果從它的壁畫上觀察，却早已暗藏着宗教的彩色。 即以近代的建築而論，雖然關於純粹的宗教建築物，是絕無僅有；可是他種建築物上，也常常帶有宗教彩色的，像現在我們住宅中所建築的『人』字形屋頂，以及所謂宮殿式的建築，這些就作了一個有力的明證。 的確，宗教影響於建築的作風，是深而有力的。 我們現在要討論到中國歷代宗教的建築，就不得不先將建築作風的變遷期來研究一下，雖然各朝代的建築，錯綜變化，難以分劃牠的明顯界限，但是大約可分成以下三個時期：——

a. 禮治的， b. 宗教的， c. 歐式的，

從上古一直到漢代，此時期中的建築，大都受『禮治』的支配，多作風俗狀況，當時以封建思想的深刻，歷代皇帝的奢靡，便有那華麗宮殿出現。 所以這時期可說是『禮治的』。 到了漢明帝時，佛教東漸以後，那時廟宇塔寺的建築，頗有『濤歟盛哉』的趨勢，直到明清其勢不衰，所以這時期可以說是『宗教的』。 明清以來，歐風東漸，建築上受了極重的影響，作風的改變，眞有霄壤之別。 這一個時期就可以說是『歐式的』了。 以後究竟怎樣，那由於歷史的進化，無法可以肯定。 在這三個時期中，『宗教的』時期最爲重要，並且牠的歷史也很久，因而可以記載的資料也豐富。 所以本文在可能範圍以內，將中國歷代關於宗教的建築藝術及其主要的代表作品，儘量介紹，以饗讀者。

（二） 宗教未傳入以前的中國建築

中國宗教建築的起源，係在兩漢以後，從建立白馬寺爲始。 但是在兩漢以前，所謂建築『禮治化』的一個時期中，中國建築早已暗藏着宗教的色彩。 因爲當初中國古代的人類，是極崇尙自然神教的，他們以爲『天』是有知覺。有情緒，有意志，而能直接支配人事的；並且又極崇拜祖先，於是就有祀天祭祖的神殿建築。

我們現在談到了中國的建築歷史溯本求源的講起來，就不得不令人想起太古時代有巢氏構木爲巢的事蹟來，(註一)這可以說是中國建築的濫觴，那麽，有巢氏也可以說是中國建築界的發明家了。後由巢穴進化到廬扉(註二)的建築。直到黃帝，爲建築界又闢一個新紀錄。

黃帝軒轅氏時代，(西元前二千六百九十七年)這時期可說是中國建築術的眞正起源時代，也就是宮室(註三)開始建造的一個時期。並且其他的建築物，如合宮(註四)殿樓(註五)閣樓(註六)以及廟堂(註七)等等，牠的形式，已經粗具規模。到了堯舜時代，文化日有進步，並制定氏姓及祖宗廟祀，於是啓後世宗廟明堂之制。這時代的代表作品，有堯之衢室，(註八)和舜之總章；(註九)因爲此時建築材料之磚瓦尙未發明，故建築方面尙稱簡陋。到夏后氏以蜃灰堊壁(註十)始啟後世之塗墍；(註十一)及後各代帝王興，建築材料也日有發明，烏曹作甎，昆吾作瓦。那時甎瓦的使用，尙不十分簡便，建築多以木料爲骨幹，而甎瓦則用以隔絕風雨而已。牆之外部，飾以紋彩。據考工記上記載：夏時用蜃殼搗成粉末，用以飾牆。周代也沿用此法。漢時此種蜃灰也沿用的，以後才漸用甎瓦。瓦比甎先發明，漢書所謂光武戰於昆陽，屋瓦皆飛。甎則後代發掘的漢甎或可作爲印證。周代的建築盛行一種翬飛式(註十二)的作風，這類建築的形式，其屋頂爲『人』字形，而四面的屋翼檐角，完全向上彎曲，殊爲別緻。卽此後歷代所建造的宮殿，其建築作風，也受這樣的影響。又因當時人民崇尙自然神教，崇拜祖先的思想極爲濃厚，於是一切祭祖，祀天的神殿建造，異常發達。周之明堂，就是個很好的例子。明堂之外，又有靈臺的建築。所謂靈臺，就是用來觀察天文的高臺。據詩大雅上面的靈臺篇說：『鄭箋云天子有靈臺者，所以觀祲象，察氣之妖祥也』。並且在東周時，厚葬之風又盛極一時，於是向不被人注意到的墳墓建築，也進化不少。如墓上置的石獸，石人，以及建築華表等……，無一不表現三代時民族的特性，及風士的一班。當時人類的思想及精神，我們又可在牠的建築物上深深地認識了。當時建築物之受『禮治』的支配，更加一有力的明證，惜乎當時的建築遺物，留到現在的，已屬鳳毛麟角，考察無由了。

明堂爲周朝重要建築之一，用來祀天，祭祖，以及朝諸侯之用，舉凡一切國家重要的大典，俱在明堂中舉行。明堂大都建在廣場的中央，內設斧扆，爲天子之位，外面四周繞以四門。根據月令篇上的記載；在中央建築太室，四方再建靑陽明堂，總章主堂，各三室，而明堂係專指南面的一堂而言的，因其閭達向明，天子在夏季則居之；在其中央一室卽爲太廟。又據考工記上記載，明堂平列一共有五室，(卽古寢廟的制度)。再根據大戴禮的記載：『明堂九室，三十六戶，七十二牖，以茅蓋屋，上圓下方，外環以水曰辟雍，(卽古之太學)』。其他如淸人汪中，近人王國維，所考定的明堂圖，很可看出當時的式樣來；其明堂係五室制。沿夏殷之舊，而加以獨創的精神，遂爲周代的建築藝術放一異彩。雖然漢制的明堂，比周代的更要偉大和複雜，但是周代能將一座神殿，而象徵宇宙的萬象，那時候的藝術思想，我們應該是驚服的。

到了秦代，建築物更形偉麗了，更是努力於宮殿的建築，所以這時代可說是宮殿建築的黃金時代。在歷史上最著名的當推阿房宮，咸陽宮，以及驪山陵寢等的偉大工程；這類建築物在歷史上，在中國的藝術歷史上，是永留着無上的光榮；而其中尤推阿房宮的建築工程，最爲浩大，當時所謂關中三百關外四百的宮殿(註十三)其偉大也可想而知了。秦代除努力宮殿建築外，對於國防的建築亦很注意，最顯著的當然是萬里長城，此外瑯琊臺及雲明臺，亦爲秦代重要建築。瑯琊臺修於秦始王二十八年，臺高二丈，共有三層，三面環海，故風景極佳。

（詳見史記）雲明臺在拾遺記中記載，始皇起雲明臺，工極巧，有二人虛騰緣木，運千斧於雲中，子時起工，午時已畢，所以雲明臺又有人稱做子午臺。

綜觀黃帝以下歷三代而至於秦，中國建築藝術之進展，已有驚人記錄。　可惜文獻不足，遺跡缺乏，致令後代研究家，無從着手，乃學術界之不幸也。

〔附註〕

（一）構木爲巢　〔綱鑑〕太古之民，穴居野處，與物相友，無有殺傷之心；逮後人民機智，而物始爲敵，爪牙角毒，概不足以勝禽獸；有巢氏作，構木爲巢，教民居之，以避其害。

（二）廬屝　〔古史考〕編椎爲廬，緝萑爲屝。

（三）宮室　〔易〕上古穴居而野處，後世聖人易之以宮室，上棟下宇，以待風雨。　〔白虎通〕黃帝作宮室，以避寒溼。

（四）合宮　〔綱鑑〕帝（黃帝）廣宮室之別，遂作合宮。〔文中子問易〕黃帝有合宮之聽。

（五）殿樓　〔史記〕方士言於武帝曰，黃帝爲五城十二樓，以候神人。〔漢書〕武帝時，濟南公王帶上黃帝明堂圖，圖作有一殿，四面無壁，以茅蓋，通水圜宮垣爲複道，上有樓，從西南入蓋樓之始也。

（六）閣樓　〔春秋緯〕黃帝坐於阿閣，鳳凰銜書致帝前，其中得五始之文。〔綱鑑〕鳳凰巢於阿閣。

（七）廟堂　〔禮記〕廟堂之上，罍尊在阼，犧尊在西。　〔左傳〕民有寢廟，前曰廟後曰寢。〔綱鑑〕帝（黃帝）崩，其臣左徹取衣冠几杖而廟祀之。

（八）衢室　〔三國志魏文帝記〕軒轅有明臺之議，放勳有衢室之問，皆所以廣詢於下也。

（九）總章　〔禮〕孟秋之月天子居總章左個。〔尸子下〕觀堯舜之行於總章。　〔文選注〕舜之明堂，以草蓋之，名曰總章。

（十）蜃灰堊壁　〔周禮〕夏后氏世室，以蜃灰堊牆，所以飾成宮室。

（十一）塗墍　〔漢書揚雄傳〕獿人亡，則匠石輟斤而不敢妄斲，服虔云，獿古之善塗墍者也。　施廣領大袖以仰塗，而領袖不汚，師古曰：墍，卽今仰泥也。

（十二）翬飛式　係周朝盛行之一種建築形式。〔詩小雅斯干篇〕如鳥斯革；如翬斯飛。

（十三）　關中三百關外四百係說秦代宮殿之衆多。　據史記的記載：秦每破諸候，寫放其宮室，作之咸陽北坂上，南臨渭，自雍門以東至涇渭，殿屋複道，園閣相屬，又曰關中計宮三百，關外四百餘。

房屋聲學

(續)

唐璞譯

回聲公式——回聲現象含有之要素，不只上述各情，欲求進一步之明瞭，可研究一普通公式．設室內有一固定聲源，聲波由聲源向外推進，至遇屋界時，則一部分能卽由每一反射時被吸收，少時每秒所吸之能與所發之能相等，卽達平衡狀態，如停止發聲則運動於室內之聲波，卽在一時間內消滅，此時間依牆壁之吸聲力而定．第九圖卽其作用之圖示．

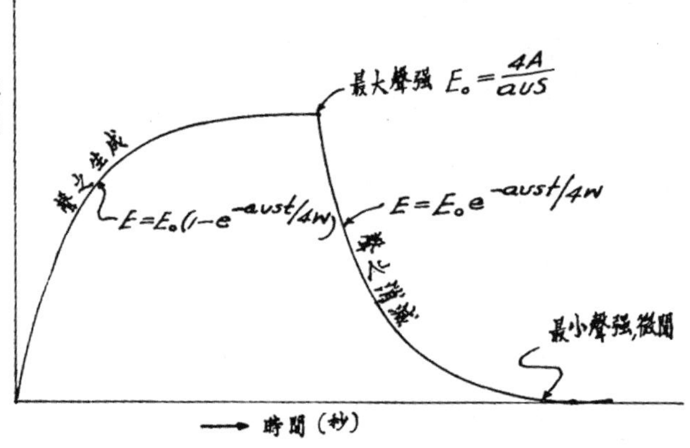

沙氏按前理得一公式：——

$$E=\frac{Ap}{auv}e^{-\frac{au}{p}t}$$

式內 E＝每單位容積之聲能

A＝由聲源每秒發出之聲能

p＝二反射間之平均自由路程(mean free path)

a＝平均吸聲係數

V＝室容積

t＝時間

v＝聲之速度＝每秒342公尺約爲每秒1121呎.

其後維也納嘉哲氏（G. Jager）得一相似公式，乃假氣體分子之壓縮原理可應用於聲之反射，其公式爲：

$$E=\frac{4A}{avs}e^{-\frac{avs}{4V}t}$$

式中各量與沙氏公式相同，而S爲受到聲作用諸物體之表面面積．此二式遂爲室內聲作用之要律，而引出若干結論，在會堂設計中，均應顧及者也.

因數 4A/avs 可決定室內之聲所達到之最大聲強，A 爲發聲體每秒所發之能，as 爲受到聲作用諸物體表面之吸聲力，而 v 爲聲之速度. 若聲源，A，爲常數則知最大聲強 4A/avs 之分數值依 as 而定. 當 as 加大，則聲強減小，而聲卽弱. 室之容積相等時，則吸聲 as 小者，其聲較高. 如在一相似而較大之室內，其牆面吸聲加大，卽 as 加大者，其聲必較弱. 凡此各情，皆假定爲一致之聲源，並能維持長久，以使聲波充滿室內直至達到平衡. 若爲短而斷之演說聲，只能維持一秒之幾分之幾，則不合此種情形. 故此種聲能在大容積之室內，不能似理論上所得，可充滿室內各分子.

欲深知變換吸聲因數 as 之實用效力，則應有一詳細解釋焉. 此項爲室內各種材料吸聲之和，以方程式表之：——

$$as = a_1s_1 + a_2s_2 + a_3s_3 + \cdots\cdots\cdots\cdots$$

式中表面$s_1s_2s_3$－－－－及係數$a_1a_2a_3$－－－皆依材料之不同而有異，下列之表，乃伊里諾 (Illinois) 大學禮拜堂之吸聲計算.

此禮拜堂內之各材料之吸聲力大不同，金屬及玻璃只吸收少量之聲. 木及粉刷似較重要，然猶不如聽衆之效率大. 每一聽衆之吸聲4.7倍於一平方呎之開窗，如聽衆甚多，其吸聲卽加大，而能使普通尺寸之任何會堂，得適意之聲.

第三表 會堂中聲之吸收

材料	面積 （s）	係數(a)	吸收 (as)
木	6928 平方呎	.061	423 單位
粉刷	7440	.033	246
金屬	628	.01	6.3
玻璃	408	.025	10.2
座位	550	.1	55.
			740 單位
聽衆	400 人	4.6	1840
			總計2580 單位

循環回聲或聲之低落可由 $e^{-avs+/4V}$ 項之各因數決定. 如欲得美滿之聲則 t 值須小，卽謂分數avs/4V在比例上須大. 例如，在大容積V之會堂中，則分數卽小，而有回聲發生焉. 其矯正之法，惟在利用吸聲材料，以增加 as 而改變分數 avs/4V，並減少 t 至一適意之值. 但進行矯正時，須注意. 勿使吸聲太甚，否則將使室內太靜，可由聲強因數 4A/avs中看出.

由上述聲強及循環回聲之討論，卽知實用上之限制在用吸聲材料，且謀室之優聲時，其容積須知限制. 所要求者第一，聲強4A/avs須在某極限之間——在廣極限之間爲佳——第二，循環回聲之時間，由 $e^{-avs/4V}$ 決之，須小，使聲令聽者方得一印像後，卽被迅速之吸收，而留餘時以供後來之聲. 此二要素中，回聲較爲重要，因實驗上欲謀優聲，只許可小的 t 值，而聲強可隨意變化. 第十圖卽室內引用吸聲材料以矯正聲學差誤之二要素圖示.

曲線 1 表示一會堂內具有少量之吸聲材料，而果有可厭之回聲.

曲線 2 表示同一會堂，然用吸材聲料以矯正差誤之聲學情形. 曲線 1 所示，其聲強慢慢升到最大，若發聲體停止，則聲強經過長時間之消滅，方至微聞於耳. 曲線 2 表示引用吸聲材料之結果，其聲強較前減小，且在短時間內達其最大值，其回聲時間亦少.

容積不同之各會堂內之適意回聲時間——在矯正或作會堂之聲學設計時，唯一要素，厥爲回聲時間，求之可得佳果. 將受公譽之各會堂之聲學綱領 (data) 列表，可得概示. 關於音樂廳如此研究之結果，如第十一圖所示. 以其所有綱領，繪成曲線形. 按廳內無聽衆，½聽衆，及最多聽衆。可求回聲時間. 此時間依會堂容積之立方根而變化，假定所有會堂每單位面積之平均吸聲相同，此種關係可由理論推出. 今知時間依會堂之尺寸而增加，故大會堂則需較大之時間. 圖中之幾種會堂，後文述及之.

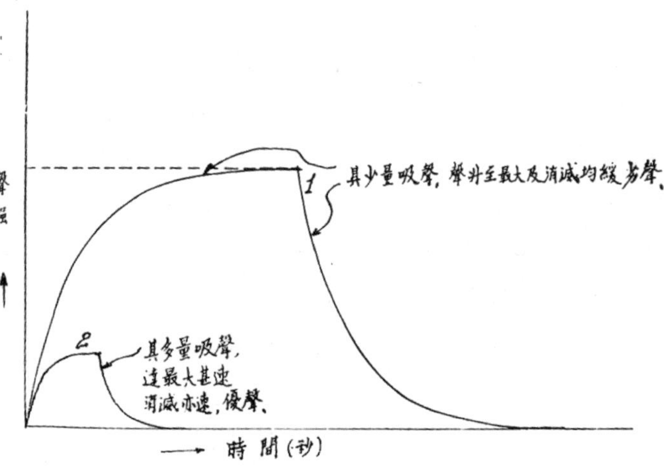

第十圖　圖示吸聲材料如何感及聲強

第十二圖乃繪一同樣關係，關於音樂演說兩用之會堂. 演說之回聲時間，似較少於音樂. 因樂聲需要拖長也. 詳查此曲線得三要項. 第一，任何會堂容積達1,000,000立方呎時，欲謀優聲，須有充分之吸聲材料，按其容積而減其回聲時間至4秒或少於4秒. 超過此點則回聲時間之減少，須依特殊情形以取決之. 第二項，音樂與演說之回聲時間不甚差異，在許多會堂內二者叠合；故有以一會堂加相當設計而作兩用者. 最後一項，聽衆乃一變數，對於回聲時間頗有效力. 聽衆既常爲一不定數，因此須竭力使其效力加多. 此可以裝被之座及地毯爲之，當另述及.

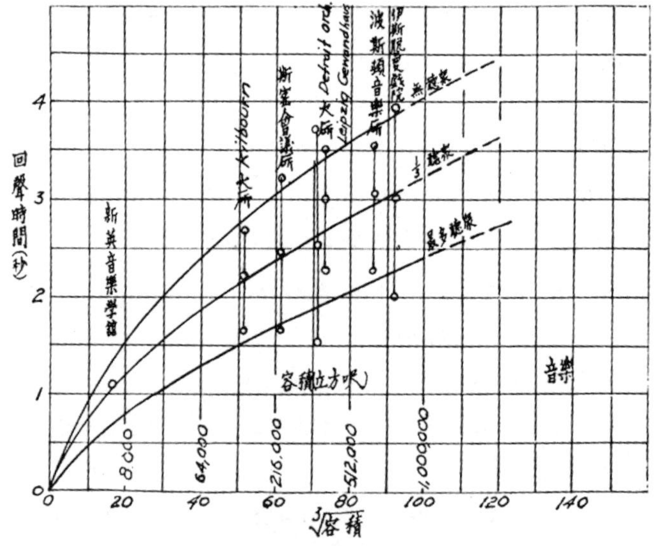

第十一圖　各種容積之會堂內之適意回聲時間

此種曲線不應作最後解法，若將其他若干優聲會堂之結果繪下，加入前者，則曲線似稍有改變，然與所示之值相差無幾，不至發生劣聲. 因在相差不過百分之幾之回聲時間中，一般聽衆不能區別也.

會堂大小之適當與聲源之關係——爲求優聲效力計，關於會堂設計之另一問題，卽爲大小問題. 此問題之解答，第十三圖詳示之，此圖之曲線，乃連接室之容積與其內所用之聲能者.

此曲線乃由回聲之理論推斷而來，十一圖及十二圖亦然，因數學推演似與本書之旨不合，故謂聲源之能依容積立方根之平方而變化儘可矣.

此曲線與現有之會堂情形比較可知其用. 由十三圖卽知伊斯脫曼(Eastman)戲院容積790,000立方呎需要聲能相當86單位,而伊里諾(Illinois)大學會堂容積較小425,000立方呎,則需要相當聲能約56單位. 爲實用起見,宜以樂器代表聲單位. 例如,伊里諾大學會堂內可以56樂器之樂團而得最佳效果時,則在其他會堂內,其樂器數目足以生同等效果者斯密 Smith)音樂廳爲38,伊斯脫曼戲院爲86,而3360立方呎之音樂室則爲2. 若一新會堂欲適合一 70 件之樂隊 (An orchestra of 70 pieces) 時,由曲線上察出,其容積之立方根之平方須7000,卽容積爲 $(83.7)^3$ 或 587,000 立方呎. 如欲考定能生最佳效果之各種樂器(絃樂,管樂及銅樂)之數,則另作進一步之研究也.

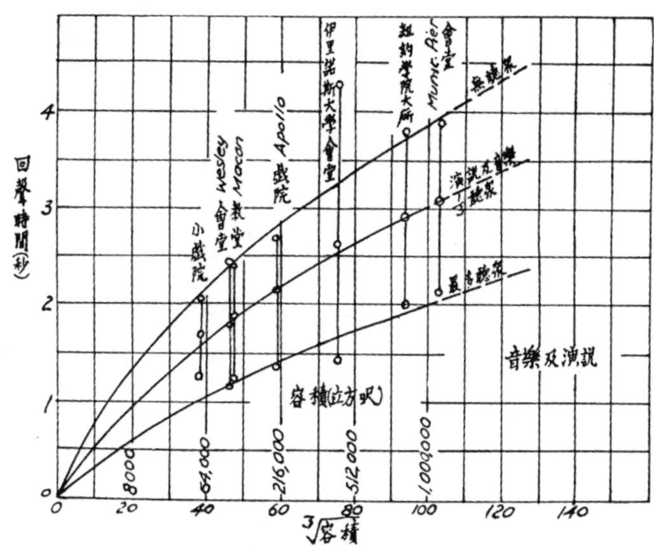

第十二圖 音樂演說兩用會堂之回聲時間

第十三圖中所示,指假定每容積之樂器數,有最佳之平均效果而言. 一較大或較小之樂器數,在合理的限制以內雖不得最佳效果,然仍可使人滿意,因耳只對於顯亮聲強始能覺出也. 按心理家,64件之樂團,其聲之強似爲一樂器之六倍. 由此可知,何以同一會堂適用於提琴獨奏而又適用於若干員之樂團. 至關於演說一項,欲謀優聲,則會堂自不可過大.

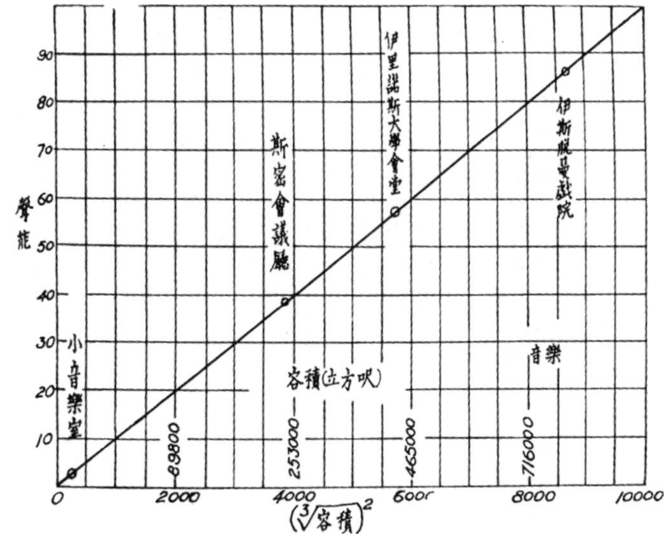

第十三圖 關於各種聲源會堂應有之大小

結論——此章討論之一切,可證明一室之聲學分析,非猜想之事. 算學公式爲室內聲作用之正確記述,如合以會堂大小及回聲時間之各曲線,而用於任何會堂時,可得最佳之聲學情形. 以下各章,卽示其應用.

注: 第十一圖及第十三圖內之斯密會議廳應作斯密音樂廳

上海公共租界房屋建築章程

（上海公共租界工部局訂）

王　進譯

第三章　大料

第三十八條　凡大料，桁構，過樑，懸樑以及其他類似之構股，負荷橫載重者，皆稱爲梁。

第三十九條　梁內縱鋼條之最小直徑，（或厚度）不得小於四分之一吋。

第四十條　梁內其他鋼條之直徑或厚度，不得小於八分之一吋。

第四十一條　梁內鋼條與鋼條間之淨距，並排者不得小於一吋，上下者不得小以一吋半。　接筲處及鋼條直交處例外。

第四十二條　梁內拉力鋼條間之淨距，不得大於六吋。

第四十三條　梁內紮鐵用之鐵絲，不得作爲鋼條。

壓力鋼條

第四十四條　梁之安有壓力鋼條，亦猶加大梁之剖面之面積，其加大之面積等於壓力鋼骨面積之十五倍。　惟：

（a）壓力鋼條縱橫，均應用鋼箍妥爲札牢。

（b）鋼箍之中心距，不得大於梁剖面上壓力面之最小一邊，或鋼條直徑之十二倍。

第四十五條　梁內總壓力鋼條面積，不得小於千分之八，或大於百分之五之剖面壓力面積。

第四十六條　受壓力之三和土部份，倘如柱子有鐵環，則其應力，亦猶柱子內三和土之應力；但在鐵環外之三和土部份，不得作用抵壓力之用。

剪力鋼條

第四十七條　第二十八條所稱剪力鋼條應具下列各項條件：

（a）剪力鋼條，應按剪力之大小分配安置，但其中心距不得大於抵抗灣羃之臂長。

（b）剪力鋼條至少須自拉力鋼條之中心起，引伸至三和土受壓力部份上之壓力中心點。

（c）剪力鋼條，應包裹於拉力鋼條之下面，或緊相札牢。

（d）剪力鋼條兩端，亦應灣成鈎形，一若拉力鋼條然。

第四十八條　拉力鋼條之灣起而穿過中和平面及其引伸之深度，等於抵抗灣羃之臂長者，亦得作爲剪力設備之用。

第四十九條　剪力鋼條之合於第四十四及四十六二條之規定者，亦得作爲鋼箍之用。

第五十條　長方形梁之長度，比其最小寬度大十八倍以上者，應有相當設備，以防止灣曲。

第五十一條　近梁之兩端處，其深度可逐漸加大，以加強其抵抗灣羃。

第五十二條　鋼條三和土牛腿，亦猶之懸樑應安有相當之鋼條，以勝任其所承之載重。

平板

第五十三條　三和土平板之有效深度，應以自該板壓力外緣量至拉力鋼條中心之距離爲準。

第五十四條　平板內鋼條之最小尺寸或厚度，不得小於四分之一英吋。

第五十五條　平版內所有鋼絲網之最小直徑或厚度，不得小於十分之一英吋。

第五十六條　平板內鋼條之淨距，至小爲一吋。接筍處及鋼條直交處例外

第五十七條　平板內所用鋼絲網眼子之大小至少當能讓三和土內之石子穿過。

第五十八條　平板內鋼條之最大距離不得超過十吋或平板有效深度之兩倍。

第五十九條　單向平板除拉力鋼條外，應另安熱度鋼條與拉力鋼條成直角，其最大間距不得大於十二吋。或平板有效深度之四倍；其斷面積不得小平板有效斷面積之萬分之八。

第六十條　平板內扎鐵用鐵絲等不得作爲鋼骨之用。

抗抵灣冪

第六十一條　鋼骨三和土構股負荷載重後應有之抵抗灣冪，本章第六十二至六十七各條均有公式規定，或按照中國工程師學會，鋼骨三和土研究委員會之報告計算亦可，二者立論之依據皆基於下列各項。

(a)所有拉力應全歸鋼條任之。

(b)每綫內之變位與該綫離中和軸之距離成比例。

(c)在許可應力範圍之內三和土之彈性率常持恆不變。

(d)應力與變位之關係以圖表之應爲直綫。

(f)鋼條上之竹節及灣頭足以使鋼條與三和土二者緊相黏着合作一致。

*第六十二條　(As) A＝拉力鋼條面積，單位爲方吋。

(jd) a＝抵抗灣冪之臂長，單位爲吋。

(M) B＝承荷載重及外力後後所生之灣冪。

(b) b＝長方形梁之寬度或丁－形梁梁項板之寬度單位爲吋。

(fc) C＝三和土邊綫之許可單位壓力，單位爲磅/方吋。

(t) ds＝平板之總深度。

(d) d＝梁或平板之有效深度，單位爲吋，卽自壓力邊綫量至拉力鋼條中心之距離。

(Ec) Ec＝三和土彈性率。

(Es) Es＝鋼鐵之彈性率。

(l) l＝梁或平板之有效跨度。

(n) $m=\frac{Es}{Ec}$＝彈率比。

(kd) n＝壓力邊綫離中和軸之距離，單位爲吋。

(k) $n_1=\frac{n}{d}$＝中和軸比　$n_1d=n$

Pc＝拉力鋼條之百分比。

(Mc) Rc＝依許可壓力計算之大料抵抗灣冪。

* 括弧內號誌係美國所通用者

(Mf) Rt＝依許可拉力計算之大料抵抗灣冪。

(p) r ＝A與 bd 之比卽 $r=\frac{A}{bd}$　或 $A=rbd$

$\left(\frac{t}{d}\right)$ S_1＝平板總深與有效深度之比卽 $S_1=\frac{ds}{d}$

(fs) t ＝拉力鋼條之許可單位拉力單位爲磅/方吋

$\left(\frac{fs}{fc}\right)$ t_1＝單位拉力與三和土邊緣單位壓力之比卽。

$$t_1=m\left(\frac{1}{n_1}-1\right)$$

W＝重量

(K) Q＝係數　　$R=Qbd^2$

梁 及 平 板

第六十三條　計算丅－形果之抵抗灣冪時梁頂板之寬度不得超過於下列三項中之最小數。

(a)丅－形梁有效跨度之三分之一。

(b)二個丅－形梁間之中心距。

(c)平板厚度之十二倍。

第六十四條　半丅－形梁之寬度不得超過丅－形梁規定寬度之半數。

第六十五條　梁頂板內與丅－形梁或垂直方向之鋼條，應由兩邊平板內鋼條引伸面，通過梁頂板之全寬，不得中斷。

第六十六條　只敷拉力鋼條之平板長方形梁及丅－梁之中和軸在梁頂板內(卽丅－梁內之 $r=\frac{S_1^2}{2m(1-s_1)}$)者。

(a)中和軸之位置可用下或求出之:

$$n_1=\sqrt{(mr^2+2mr)}\quad -mr \qquad\qquad k=\sqrt{n^2p^2+np}\quad -np$$

$$\text{或 } n=\left[\sqrt{(m\cdot r^2+2mr)}\ -mr\right]d$$

(b)三和土中之壓力中數規定爲 $\frac{c}{2}$

(c)抵抗灣冪之臂長:

$$a=d-\frac{n}{3} \qquad\qquad jd=d-\frac{kd}{3}$$

$$\text{或 } a=d\left(1-\frac{n_1}{3}\right) \qquad\qquad \text{或 } jd=d\left(1-\frac{k}{3}\right)$$

丅－形梁抵抗灣冪之臂長約爲

$$a=d-\frac{ds}{3} \qquad\qquad jd=d-\frac{t}{3}$$

(d)每斷面上之拉力抵抗灣冪至少應等於該斷面上因載重而生之灣冪其值可由下列各式中求得之。

$Rt=tA\left(d-\frac{n}{3}\right)$　　$Ms=fsAs\left(d-\frac{kd}{3}\right)$

或 $Rt=tAd\left(1-\frac{n_1}{3}\right)$　　$Ms=fsAsd\left(1-\frac{k}{3}\right)$

或 $Rt=trbd^2\left(1-\frac{n_1}{3}\right)$　　$Ms=fspbd^2\left(1-\frac{k}{3}\right)$

$Rt=Qbd^2$ 式中 $Q=tr\left(1-\frac{n_1}{3}\right)$　　$Ms=Kbd^2$ 式中 $K=fsp\left(1-\frac{k}{3}\right)$

（e）每斷面上之壓力抵抗灣冪至少應等於該斷面上因載重而生之灣冪其值可由下列各式中求得之。

$Rc=\frac{c}{2}bn\left(d-\frac{n}{3}\right)$　　$Mc=\frac{fc}{2}kbd\left(d-\frac{kd}{3}\right)$

或 $Rc=\frac{cbd^2}{2}n_1\left(1-\frac{n_1}{3}\right)$　　或 $Mc=\frac{fckbd^2}{2}\left(1-\frac{k}{3}\right)$

$Rc=Qbd^2$ 式中 $Q=\frac{c}{2}n_1\left(1-\frac{n_1}{3}\right)$　　$Mc=Kbd^2$ 式中 $K=\frac{fck}{2}\left(1-\frac{k}{3}\right)$

第六十七條　單面鋼條丅－形梁之中和軸在梁莖內者即丅－形梁內"r"之值大於

$\frac{s_1^2}{2m(1-s_1)}$　　$\frac{\left(\frac{t}{d}\right)^2}{2n\left(1-\frac{t}{d}\right)}$

則（a）中和軸之地位可從下式中求得之

$n_1=\frac{s_1^2+2mr}{2(s_1+mr)}$　　$k=\frac{\left(\frac{t}{d}\right)^2+2np}{2\left(\frac{t}{d}+np\right)}$

（b）單位壓力之中數不得大於

$C\left(1-\frac{s_1}{2n_1}\right)$　　$fc\left(1-\frac{\frac{t}{d}}{2k}\right)$

或 $\frac{cmr(2-s_1)}{s_1^2+2mr}$　　$\frac{fcnp\left(2-\frac{t}{d}\right)}{\left(\frac{t}{d}\right)^2+2np}$

（c）抵抗灣冪之臂長＝a

式中 $a=d\left\{1-\frac{s_1}{3}\left(\frac{2n_1-2s_1}{2n_1-s_1}\right)\right\}$　　$jd=d\left\{1-\frac{\frac{t}{d}}{3}\left(\frac{3k-2\left(\frac{t}{d}\right)}{2k-\left(\frac{t}{d}\right)}\right)\right\}$

或 $a=b\left\{\frac{s_1^3+4mrs_1^2-12mrs_1+12mr}{6mr(2-s_1)}\right\}$　　$jd=\left\{\frac{\left(\frac{t}{d}\right)^3+4np\left(\frac{t}{d}\right)^2-12np\left(\frac{t}{d}\right)+12np}{6np\left(2-\frac{t}{b}\right)}\right\}$

或約計之 $a=d-\frac{ds}{2}$　　$jd=d-\frac{t}{2}$

（d）丅一形梁每斷面上之拉力抵抗灣冪至少應等於斷面上因載重而生之灣冪，其值可從下列各式中求得之。

$$Rt=tAa$$

或 $$Rt=tbd_1^2r\left\{\frac{s_1^3+4mrs_1^2-12mrs_1+12mr}{6m(2-s_1)}\right\}$$

或 $$Rt=Qbd^2$$

式中 $$Q=tr\left\{\frac{s_1^3+4mrs_1^2-12mrs_1+12mr}{6m(2-s_1)}\right\}$$

$$Ms=fsAsjd$$

或 $$Ms=fsbd^2p\left\{\frac{\left(\frac{t}{d}\right)^3+4np\left(\frac{t}{d}\right)^2-12np\left(\frac{t}{d}\right)+12np}{6n\left(2-\frac{t}{d}\right)}\right\}$$

或 $$Ms=Kbd^2$$

式中 $$K=fsp\left\{\frac{\left(\frac{t}{d}\right)^3+4np\left(\frac{t}{d}\right)^2-12np\left(\frac{t}{d}\right)+12np}{6n\left(2-\frac{t}{d}\right)}\right\}$$

（e）丅一形梁每斷面上之壓力抵抗灣冪，至少應等於該斷面上因載重而生之灣冪，其值可從下列各式中求得之。

$$Rc=C\left(1-\frac{s_1}{2n_1}\right)bdsa$$

或 $$Rc=cbdsd\left\{\frac{s_1^3+mrs_1^2-12mrs_1+12mr}{6(s_1^2+mr)}\right\}$$

或 $$Rc=Qbd^2$$

式中 $$Q=Cs_1\left\{\frac{s_1^3+4mrs_1^2-12mrs_1+12mr}{6mr(2-s_1)}\right\}$$

$$Mc=fc\left(1-\frac{\frac{t}{d}}{2k}\right)btjd$$

$$Mc=fsbtd\left\{\frac{\left(\frac{t}{d}\right)^3+4np\left(\frac{t}{d}\right)^2-12np\left(\frac{t}{d}\right)+12np}{6n\left(2-\frac{t}{d}\right)}\right\}$$

或 $$Mc=Kbd^2$$

式中 $$K=fc\frac{t}{d}\left\{\frac{\left(\frac{t}{d}\right)^3+4np\left(\frac{t}{d}\right)^2-12np\left(\frac{t}{d}\right)+12np}{6n\left(2-\frac{t}{d}\right)}\right\}$$

第六十八條 圖樣上應註明各個梁，平板及柱頭所承之載重。

第六章 三和土柱子

第六十九條 本章程所稱柱子包括柱頭，支撐，及一切壓力搆股。

第七十條 柱子長度以橫支持間之距離爲準。

第七十一條 柱子之有效直徑應量至直立鋼條之最外邊。

第七十二條 設柱子上所受之載重，其方向，及地位確於柱軸相吻合者，橫向灣冪可毋需計及，但

（a）柱長與其有效直徑之比不得過二十之數。

（b）柱內三和土之應力不超過其許可單位應力。

（c）柱子之兩端接于搆架之別部，而能使該二端，軸心之地位，及方向維持原狀不少變更者。

第七十三條 柱子內部縱橫二向均應有鋼條之安置。

第七十四條　橫向鋼條（卽環）或為方形或為圓形。

圓形鋼環應成螺旋形。

第七十五條　直立鋼條之直徑不得小于半吋或大于二吋。

第七十六條　鋼環之直徑不得小於三分，其間距不得大于直立鋼條中最小直徑之十二倍或剖面上最小一邊長度之半數。

第七十七條　柱內直立鋼條之總面積，不得小於柱子剖面上有效面積之百分之一，或大于百分之六。

第七十八條　鋼環之體積不得小於環內三和土體積之千分之五或大於百分之三。

第七十九條　直立鋼條之接頭處應在各層樓板平面上，或其他有橫支持之處。

第八十條　距柱子二端，相當長度內，鋼環之間距不得大於柱子有效直徑之四分之一，該項長度，等於柱子有效直徑之長之一倍半。

第八十一條　柱子，支撑，及其他壓力搆股之號誌。

A＝柱子有效面積，卽鋼環內量至鋼環內邊之面積。

Ab＝鋼環每根之斷面積。

Av＝直立鋼條之面積。

c＝三和土之許可單位壓力。

b＝有效直徑。

f＝係數依鋼環之形式而決定。

g＝回轉半徑

i＝柱子添置鋼環後之許可應力。

l＝柱長　（參閱第七十八條）

m＝彈率比＝$\frac{Es}{Es}$　（參閱第三十五條）

p＝柱子之許可載重　（照第七十二條之規定）

p＝柱子任一長度內鋼環體積與環內三和土體積之百分比＝100Vb

Pb＝鋼環之間距。

s＝係數以鋼環之間距為定。

Vb＝柱上任一長度內鋼環體積與環內三和土體積之比。

第八十二條　二端固定之柱子內鋼環包裹之三和土面積上之應力不得超過下列規定。

c＝柱子之用最少數鋼環者。

$i=c(1+fsVb)$

鋼環體積與鋼環包裹中三和土體積之比可從下式中求得之。

$$Vb=\frac{i-c}{cfs} \qquad Vb=\frac{4Ab}{dPb}$$

第八十三條　fs 之值

鋼環之形式	係數 f 之值	鋼環之中心距	中心距係數 s	fs 之值
圓形	1.0	＝或＜0.2d	32	32
,,	1.0	0.3d	24	24
,,	1.0	0.4d	16	16
矩形	0.5	0.2d	32	16
,,	0.5	0.3d	24	12
,,	0.5	0.4d	16	8

第八十四條　柱內直立鋼條之許可單位應力，不得超過柱內水泥凝土單位應力之 m 倍。

第八十五條　柱子之合於本章第七十二條之規定者，其許可載重可由下列各式中求得之。

凡柱內鋼環之不任應力者。

$$P=c[A+(m-1)Av]$$

凡柱內鋼環之任應力者。

$$P=i[A+(m-1)Av]$$

第八十六條　凡柱之長度超過其有效直徑二十倍者，其許可單位應力應照下列各式計算。

$$k=\frac{c}{1+0.0001\left(\frac{l}{g}\right)^{2}}$$

式中　c＝第二十一條所規定之許可單位壓力。

l＝柱之長度。

g＝回轉半徑

第八十七條　凡柱子之受偏心，載重或與第七十二條ⓐⓒ二兩項不符者，則柱身任何部份各種應力之和不得超過第二十一，二十二兩條所規定之許可單位應力。

第八十八條　凡拱圈或及他類似之建築，任何部份之應力，總和皆不得超越第二十一，二十二兩條之規定。

第七章　牆

第八十九條　全部用鋼骨水泥構架之房屋內，一切鋼骨水泥外牆之用以承受側壓力者，其最小厚度，不得小於四吋。

第九十條　凡鋼骨水泥牆之受荷垂直載重或側壓力者，其厚度應以不超越本章關於大料，柱子及其他各構股之許可單位應力爲準。

第九十一條　鋼骨水泥構架間外牆之用磚砌石砌或純粹水泥三和土砌者，其厚度依照第九十條之規定，皆不得小於八寸半。　外牆之不支持於鋼骨水泥構架上厚度不得小於本局一九一六年西式房屋建築規則第四章各條之規定。

中國建築師學會三月廿六日年會會議紀錄

地點　新亞酒樓

時間　晚七時

到會會員　童嶲　陸謙受　奚福泉　趙深　李錦沛　巫振英　張克斌　吳景奇　哈雄文　羅邦傑　陳植　莊俊　楊錫鏐　浦海

新會員　伍子昂

主席　董大酉

報告　(一)會長董大酉報告一年來會務狀況

(二)書記報告一年來本會對外往來文件撮要

(三)理事長莊俊報告一年來本會發展情形

(四)會計陸謙受報告一年來會計狀況

(五)各委員會主席報告一年來各委員會工作狀況

討論　(一)趙會員深提議取消仲會員案

議決暫不取消

(二)趙會員深提議本會大陸商場會所開支浩大而對於會務進行毫無裨益擬行取消案

議決會所准取消另籌設通訊處

(三)楊委員錫鏐提議章程中加添委員會一條文如下:

（本會會務工作如有認爲應另設委員會專司其事之必要時得隨時由常會議決設委員會辦理之委員會由委員若干人組織之除臨時性質之委員會於工作完成時隨卽取消外其永久性質之委員會任期一年在每年年會時改選之）

議決通過編列章程第九條原章程第九條與第十條相併

(四)童嶲會員提議本年以前所有一切委員會皆宣佈解散俟常會時另行組織案

議決通過

(五)理事會提議凡會員無故不到會繼續至三次以上者得於年會時報告大會通過取消其會員資格案

議決通過

(六)理事會提議會員欠繳會費前會議決限期六個月內繳清否則暫行停止其會員資格在案現限期已滿應否執行案

議決請會計通知各欠費會員限一月內如數繳清屆期再不繳清卽實行停止會員資格至繳清時恢復之

(七)理事部提議常會定每二星期一次執行部理事部聯席會議定每月舉行一次

議決通過

改選新職員　執行部　會長莊俊　副會長李錦沛　會計奚福泉　書記童嶲

理事部　董大酉　趙深　巫振英　陳植　楊錫鏐

（定閱雜誌）

玆定閱貴社出版之中國建築自第……卷第……期起至第……卷第……期止計大洋……元……角……分按數匯上請將

貴雜誌按期寄下為荷此致

中國建築雜誌社發行部

……………………啟……年……月……日

地址……………………………………

（更改地址）

逕啟者前於……年……月……日在

貴社訂閱中國建築一份執有……字第……號定單原寄……………………收現因地址遷移請卽改寄……………………收為荷此致

中國建築雜誌社發行部

……………………啓……年……月……日

（查詢雜誌）

逕啓者前於……年……月……日在

貴社訂閱中國建築一份執有……字第……號定單寄……………………收查第……卷第……期尚未收到祈卽查復為荷此致

中國建築雜誌社發行部

……………………啓……年……月……日

中國建築

THE CHINESE ARCHITECT

OFFICE:

ROOM NO. 405, THE SHANGHAI COMMERCIAL AND SAVINGS BANK BUILDING, NINGPO ROAD, SHANGHAI.

中國建築第二卷第二期

編輯及出版	中國建築雜誌社
發行人	楊錫鏐
地址	上海寧波路上海銀行大樓四百零五號
印刷者	美華書館 上海愛而近路二七八號 電話四二七二六號

中華民國二十三年二月出版

中國建築定價

零售	每冊大洋七角	
預定	半年	六冊大洋四元
	全年	十二冊大洋七元
郵費	國外每冊加一角六分 國內預定者不加郵費	

廣告索引

振蘇磚瓦公司

上海靜安寺路六八八弄二號　電話三一八六〇號

本公司營業已十有餘載廠設崑山南鄉自建最新式德國窰兩座近因出貨供不應求特設第二分廠於吳淞港北岸更添購機械聘請留德技師監督各種機製紅磚空心磚青紅機製平瓦及德式筒瓦質料細韌烘製適度是以堅固遠出其他磚瓦之上且價格低廉交貨迅速久爲各大建築公司營造廠家所贊許推爲上乘爭相購用信譽昭著茲將曾購用敝公司出品各戶台銜略舉一二以資備考其他因限於篇幅不克一一備載諸希鑒諒是幸如承賜顧請逕與上海總公司接洽可也

振蘇磚瓦公司附啓

百樂門跳舞場	愚園路
麥特赫司脫公寓	靜安寺路
金城銀行	江西路
大陸銀行	九江路
國華銀行	北京路
證券交易所	漢口路
大陸商場	南京路
德士古火油棧	定海橋
光華火油棧	高橋
中新紗廠	宜昌路
永安紗廠	吳淞
公益紗廠	曹家渡
公大紗廠	軍工路
裕豐紗廠	楊樹浦
華生電氣廠	周家嘴路
天廚味精廠	菜市路
大生紗廠	南通
富安紗廠	崇明
寶五洋棧	甘肅路
茂昌堆棧	十六浦
豫康堆棧	光復路
華華中學	愚園路
中央研究院	亞爾培路
動物研究院	愛文義路
榮金大戲院	康悌路
北火車站	界路
四明別墅	愚園路
靜安別墅	靜安寺路
金城別墅	靜安寺路
模範邨	福煦路
四明邨	巨籟達路
綠楊邨	康腦脫路
大陸新邨	施高脫路
古拔新邨	古拔路
和合坊	霞飛路
天樂坊	斜橋路
鴻運坊	愛多亞路
來安坊	新閘路
愚園坊	愚園路
聯安坊	愚園路
鄰聖坊	福煦路
福煦坊	福煦路
愛文坊	愛文義路
基安坊	同孚路
興業里	霞飛路
永安里	北四川路
興業里	天主堂街
同福里	靜安寺路
均益里	界路
德仁里	浙江路
福綏里	天津路
百祿里	大西路
正明里	赫德路
蘭威里	湯恩路
恆豐里	施高脫路
恆德里	赫德路
四達里	施高脫路
大通里	白克路
多福里	福煦路
恆茂里	八仙橋

CHEN SOO BRICK & TILE MFG. CO.

BUBBLING WELL ROAD, LANE 688 NO. F2

TELEPHONE 31860

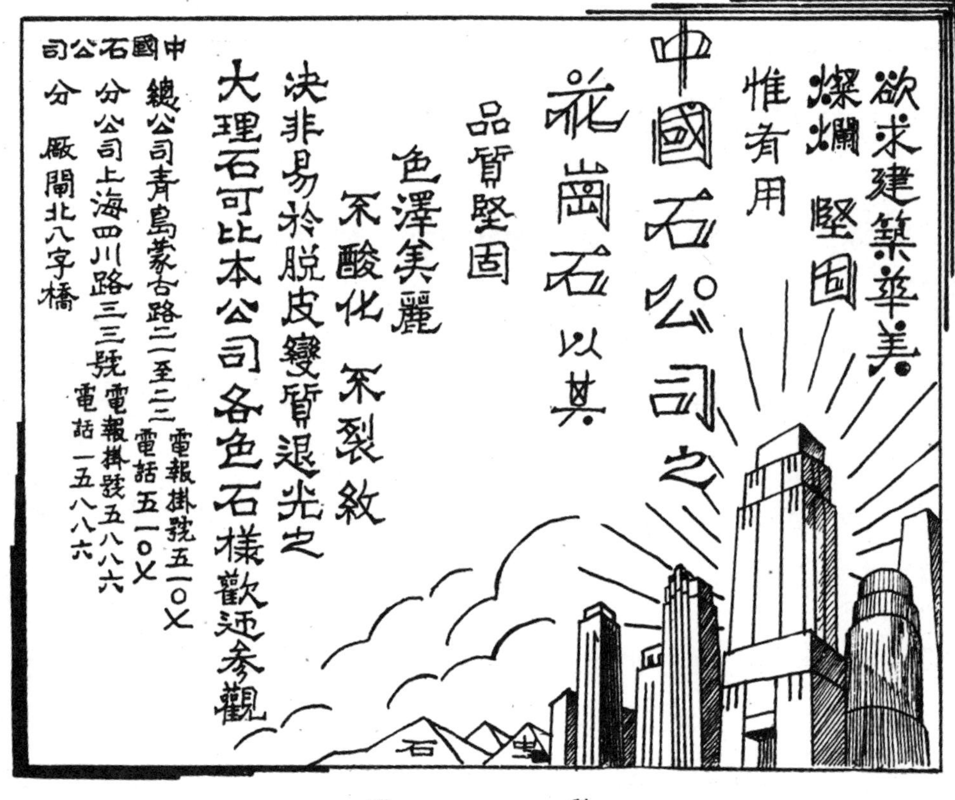

欲求建築華美
燦爛堅固
惟有用
中國石公司之
花崗石以其
品質堅固
色澤美麗
不酸化 不裂紋
決非易於脱皮變質退光之
大理石可比本公司各色石樣歡迎參觀
中國石公司
總公司青島蒙古路二一至二三 電報掛號五一〇七
電話五一〇七
分公司上海四川路三三號 電報掛號五八八六
電話一五八八六
分廠閘北八字橋

張德興（利記）電料行

上海電料行

上海北四川路六九〇至九二號
青島吳淞路十五號

電話 上海四六六二一號
青島二九三六號

本行承裝各埠電氣工程略舉如下備資參考

本埠工程

華商證券交易所 漢口路
四明銀行號房及市房 福煦路
美華地產公司市房 施高塔路
交通部王部長公館 愚園路
外國公寓 威海衛路
永安公司地產市房 北四川路
四達地產公司市房 施高塔路
中華學藝社 愛麥虞限路
普益社 南市蓬竹街
青心女學 南市跨龍路
楊虎臣公館 環龍路
馬公館 寶建路
林虎公館 那齊路
文廟圖書館 文廟路
吳市長公館 海格路
華慶煙草公司 賈西義路
劉志榮公館 趙主教路
好來塢影戲院 乍浦路
維多利影戲院 海寧路
恒裕地產公司市房 寶樂安路
大夏大學 中山路
外國公寓 北四川路崇明路角
外國公寓 北四川路天潼路角
大陸銀行地產市房 施高塔路
上海市政府職員宿舍 市中心區
上海市興業銀行地產市房 市中心區
中國銀行分行 靜安寺路同孚路角

外埠工程

青年會 甯波新江橋
華美醫院 甯波北門外
國立山東大學 青島
浙江圖書館 杭州
嚴春陽公館 南通石港
鐵道部孫部長公館 南京
軍政部何部長住宅 南京
日本領事館 蘇州
暨南大學 眞茹
鐵道部 南京
明華銀行公寓 青島

張德興電料行
上海電料行 謹啓

本行承裝電氣工程之一
董大酉建築師設計

永亨營造廠

WINGHELM CONSTRUCTION CO.

General Building Contractor

17 PASSAGE No. 425 AVENUE JOFFRE

TELEPHONE 82307

本廠專門承造中西房屋學校醫院市房住宅崇樓大廈鋼骨水泥及鋼鐵建築廠房橋樑碼頭等工程無不經驗宏富如蒙委託無任歡迎

事務所 上海霞飛路四明里十七號 電話八一二三〇七號

凌陳記石子廠

本廠承包美術機器電磨人造石人造大理石假大理石等五光十色應有盡有品質堅固光彩鮮美價格低廉製造精良如蒙惠顧定能滿意

事務所 元芳路一七一號

電話 五一九二四號

炳耀工程司

南京 中山路新街口

上海 白利南路三十號

天津 法租界基泰大樓

承裝

上海市中心區辦公大樓

（工務局 社會局 衛生局 教育局 土地局）

全部煖汽衛生自來水工程

◀各大商埠煖汽衛生冷風等工程列下▶

南京
歷史言語研究院
中央大學圖書館
中央醫院水塔及自來水
中國銀行
中央醫院
國府行政院
中央農業處
全國運動場
中央實施試驗處
中央軍校游泳池
外交大樓
汪院長公館
宋部長公館
陳部長公館
孫部長公館
中央醫院化糞池
全國運動場游泳池

北平
北平清華大學圖書館
北平居仁堂
鹽務署

天津
基泰大樓
中國銀行貨棧
信中公司
光明社大戲院
勸業商場
中原公司
南開大學圖書館

遼寧
瀋陽電影院冷熱風工程
遼寧總站
長官府辦公大樓
張長官公館
長官府衛生室
同澤女子中學辦公大樓及宿舍
東北大學文法科圖書館寄宿舍
東北大學運動場
東北大學水塔

滬江水電材料行

包裝大廈水電工程
專辦各廠電機馬達
自運各國衛生磁器
統辦環球電氣材料

地址 上海法租界辣斐德路卄世東路口十至十二號

電話 七〇三〇八號

美商

約克洋行

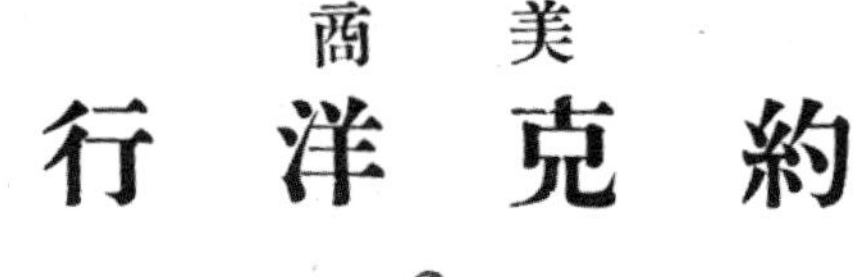

冷藏製冰
涼氣專家

上海仁記路念一號 電話一一四五〇

For Every Refrigeration Need, There is a Suitable "York" Machine

YORK SHIPLEY, INC.,
21 JINKEE ROAD
Shanghai.

中國近代建築史料匯編（第一輯）

中國建築

第二卷　第三期

中國建築 第二卷第三期

THE CHINESE ARCHITECT

中國建築

內政部登記證警字第二九五五號
中華郵政特准掛號認爲新聞紙類

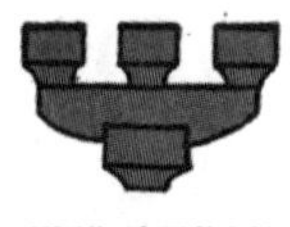

民國廿三年三月出版

DEMAG

DUISBURG

台麥格電吊車
用于起重機上

各種裝貨運貨設備
及鍋爐進煤設備

台麥格

最經濟最迅速電力吊重及運送機器
吊重能力自半噸至十噸可裝置于起重機作起重機關

獨家經理　謙信機器有限公司

上海江西路一三八號　電話一三五九七號

Sole Agents in China:

CHIEN HSIN ENGINEERING CO. G. M. B. H. LTD.

138 Kiangse Road, Shanghai　Telephone: 13597

瑞昌
銅鉄五金
工廠
承辦建築一切銅鉄工程
常備大批新式異樣堅固門鎖
漢口路四二一號 電話九四四六〇
靜安寺路六七號 電話三一九六七號
工廠 同孚路二四三號

中 國 建 築

第二卷　　第三期

民國二十三年三月出版

目　　次

著　　述

插　　圖

卷頭弁語

本刊每期出版，內容總有一兩篇新的建築文學發現。 足見讀者諸君，對於本刊有了良好的印象，纔能夠耗費心血來給我們寫這難能可貴的文章。 如上期（二卷二期）孫宗文君的「中國歷代宗教建築藝術的鳥瞰」將中國歷代宗教建築，參考到那樣詳明，描寫到那樣細緻。 戈畢意氏演講的「建築的新曙光」，却是深深的了解了建築的正義。 這都是於我們建築界老大幫忙，我們不能不注意的。 本期的新文章有夏行時君翻譯的隔熱用之鋁箔和朱枕木君的建築用石概論，這些在建築工程上有很大的關係，也值得注意的。 至於長篇的房屋聲學，建築正軌等篇，仍是按期刊登着。 工程方面的長篇鋼骨水泥房屋設計，因上期出版太促，未容校對完竣，特於本期多刊數頁以饗讀者。 以後讀者諸君如肯寫些關於建築上可作參考的文章來光榮本刊，那是十二分歡迎的。

本期建築設計有莊俊建築師設計的青島交通銀行，應用古典派建築式樣，作設計之標準。 有華蓋建築師事務所趙深陳植童寯三建築師設計的大上海戲院及金城大戲院的內外景影攝，都是按着國際式建築脫化出來的新建築式樣，很值得我們作參考的。 雖是僅有管中的一角，難窺全豹，却也看得出來設計上的巧妙和新穎。 可惜因為時間上的關係，未能將全部設計工作，供獻讀者，這是十分抱歉的。

上海公共租界房屋建築章程，以上期排印者所排頁數太多，致本期未能譯出。 下期當繼續刊登，尚望讀者見諒是幸。

上期全部圖樣，已將支加哥博覽會的情形描寫盡致。 全套照像，都是過元熙建築師的供給，本社同人們，特於此致謝。

編者謹識 二十三年四月二十五日

中國建築

民國廿三年三月　　第二卷第三期

建築循環論

麟炳

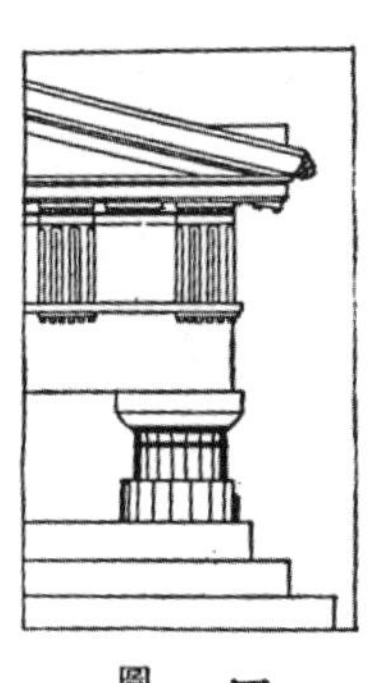

圖一

人是好奇的動物，無論作那件事，差不多都是喜歡推陳出新以謀瑰異。可是今天的新，勢必成爲異日的舊，往日的陳，十百年後又變爲當代的新了。譬如穿衣服，今天尙長的肥的，不久卽改短而瘦的，或繼續又改瘦而長的，再進行也許又循環到長而肥或短而瘦的了。歷程雖不一定有如此規矩，可是事物之演進，往往循有軌道的。

我們現在談到建築藝術，也會按這種過程進行的。原始時代的建築，是簡單的，是直率的。時代稍爲進化，建築也隨着有了變遷，在上古時代的中國建築，雖然沒有遺留下殘蹟可以稽考，可是西洋建築史中的希臘派 (GRFEK STYLE) 建築（圖一）已演進

圖　二

圖　三

圖　四
巴羅克時代之一窗

到很複雜了，到中古時代，更趨向於繁難，如僞羅馬式建築（ROMANESQUE STYLE）那是多麽繁雜，一個門上圓栱的雕作，差不多已耗盡心血去作（圖二）一個柱頭的安裝，又不知消費多少時日去修（圖三）凡難能而費事之工作，不厭其詳。及到巴羅克（BAROQUE）時代的建築家又以爲直綫不美感了，曲綫建築乃風靡一時（圖四）雖說後起建築家對於巴羅克建築，多不表同情，可是當時的建築家未始不以爲是推陳出新以啓後昆之大發明呢！

中國漢唐時代的建築，在斗栱一部分上看來，不過是一個簡單的坐斗，加上兩三個升子而已（圖五）。到了宋元時代，就嫌牠太簡單了，加上很多的附屬品，所謂井口枋，正心枋，挑檐枋，拽枋，螞蚱頭，昂子，瓜栱，萬栱……等類的東西，都鋪張到斗栱上，遂把斗栱打扮到十分複雜（圖六）可是演到近來，繁雜的建築物又看的不耐煩了，所以提倡什麽國際式建築運動。將複雜的建築，又恢復到簡單。外部力求其平滑，省工，不加點綴，不尚曲綫。內部亦不嫌其直率，不厭其簡單。我們說這是復古麽？這並不是復古，乃是天演公例，物歸循環，想不久有人把簡單的建築看厭了，又要提倡向複雜之路，往前開步走！

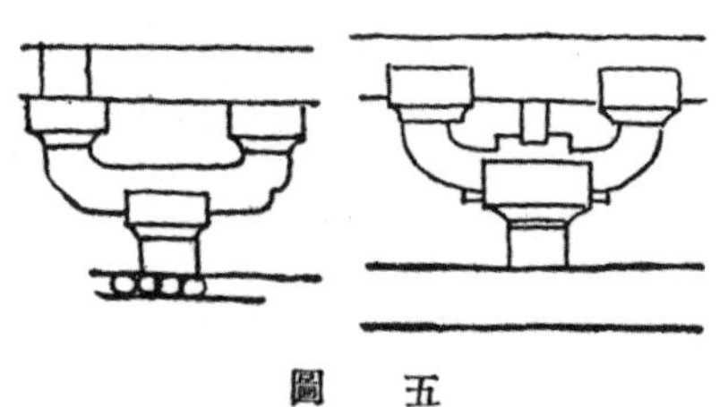

圖　五

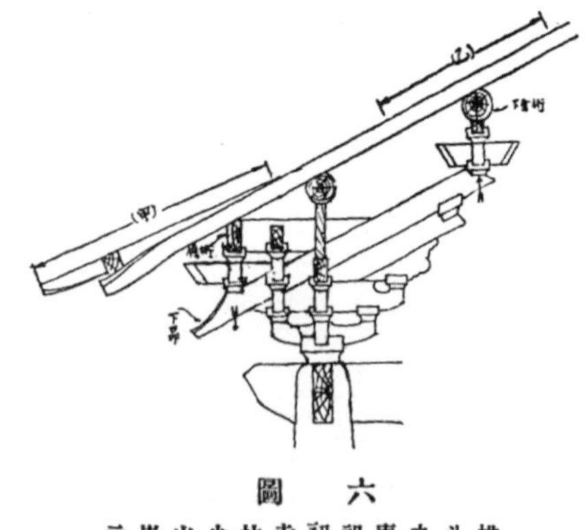

圖　六
元崇山少林寺初祖庵之斗拱

青島交通銀行建築始末記

青島交通銀行，位於中山大馬路，交通便利，爲自己購地興建。由莊俊建築師設計繪圖，採純粹古典派樣式。起建於民國廿一年，歷程約十月，卽告完成。全部工程採用防火材料，門窗盡用鋼質，外部面樣採用上等芝蔴石。全廈共五層，地下層爲鍋爐房及庫房，計分大庫，小庫，與保險庫等。第一層爲營業室，二層爲會計室會議室及待客室等，以上二層則作出租之寫字間。造價及設備，計費國幣二十二萬元。在規模較大之建築物中，可稱十分經濟。全部工程由申泰興記營造廠承造；水電及暖氣爲祝禮德洋行設備，電梯部分則爲沃的斯電梯公司安裝。至於內部家具盡屬美藝公司設計，完全採用新式圖樣，新穎家具與古派建築映照起來，亦別具風味也。

編者識

新派建築也好，

古派建築也好，

建築目的，

所爲的不過是適用與堅牢；

費用十分經濟。

業主豈不更道好！

會議廳中，
陳設華麗。
有廣大之鋼窗，
有鮮潔之空氣。
室内一桌一椅儗，
均出至名手設計。

青島交通銀行營業部
莊俊建築師設計

營業室的設備，

看起來勢本平淡。

不過面積的佈置，

都感覺十分疎適。

足見建築師曾費過思索！

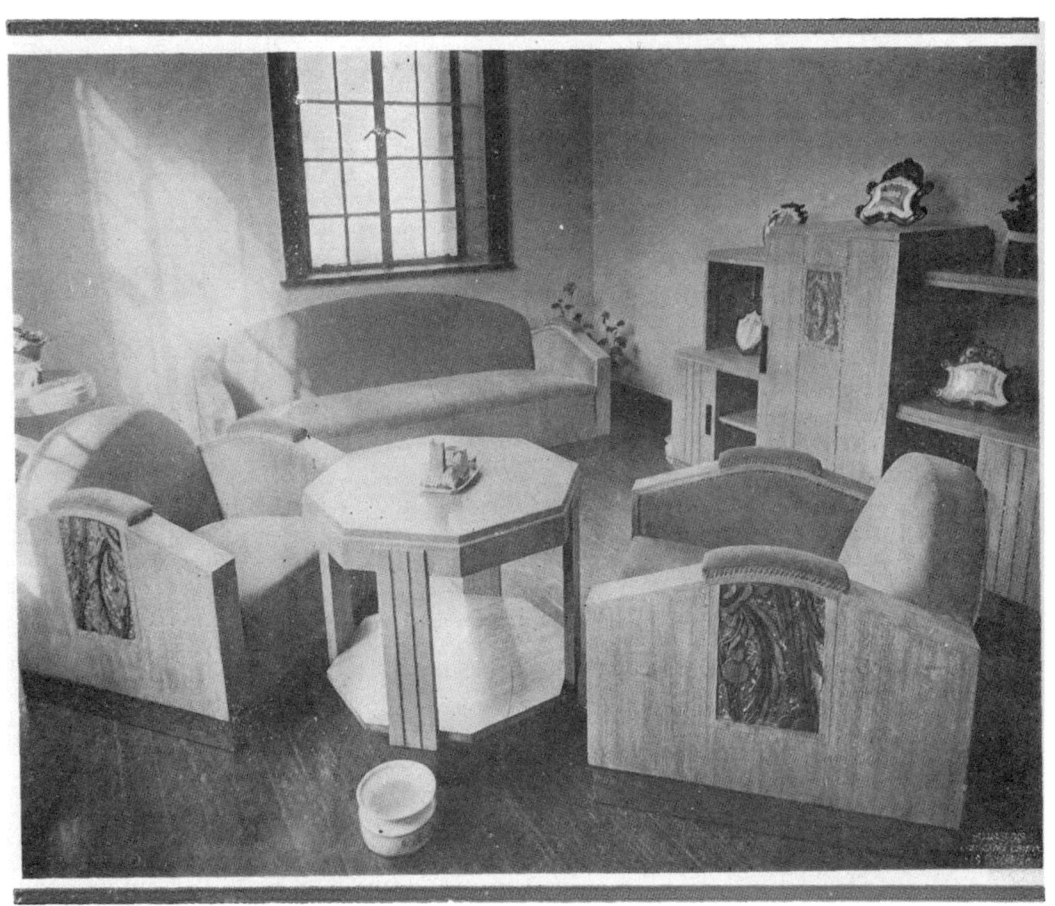

青島交通銀行待客室之設備

莊俊建築師設計

古曲式的房屋，

裝飾了摩登派的家具，

說者或謂他不倫不類；

可是新古相襯，

反顯着十分風光。

大上海大戲院設計經過

大上海大戲院位於上海西藏路，興建於民國二十一年十月，於二十二年十一月竣工。全部式樣，由華蓋建築事務所趙深陳植童寯三建築師設計繪圖。營造費用計十八萬元左右，水電及暖氣設備計費四萬三千元，冷氣二萬二千餘元，鋼鐵及椅子約二萬七千元。總共計費二十七萬餘元。所用材料，面樣多採用玻璃以增其壯麗。內部用隔聲紙板，使放音機所發出之聲音異常準確而清晰。爲大上海生色不少。

大上海大戲院透視圖

華蓋建築事務所設計

大上海大戲院的外表，可說是一座匠心獨運的結晶品。「大上海大戲院」幾個年紅管標識，遠遠的招徠了許多主顧，是值得提要的。正門上部幾排玻璃管活躍的閃爍着，提起了消沈的心靈，喚醒了頹唐的民衆。下部用黑色大理石，和白光反襯着，尤推醒目絕倫也。

編者誌

大上海大戲院夜景

〇〇七九五

一剪梅

昔日荒涼人忽儔，

　車似水流，

馬似龍游。

　銀花火樹解千愁，

燈光裊裊，

　樂聲悠悠……。

何時閒散效蜉蝣？

　一覩壯樓，

再領境幽，

　莫等白了少年頭，

歲不重秋，

　空嘆荒邱。

編　者　誌

大上海大戲院茶室大門

〇〇七九七

大上海大戲院右壁，茶室獨闢，以供遊客品茗。外部建築，異常壯嚴，可與戲院相襯。

編 者 誌

大上海大戲院內部之奇異結構

曲沂的牆面，
黴燈閃爍着，
爭加多少遊人的情緒！
隔音的紙板，
音機吶喊着，
爭加多少聲音的效率！
舒適的座位，
影片放映着，
提高多少觀衆的神思！
吁！雖屬消耗；
不無補益。

編　者　誌

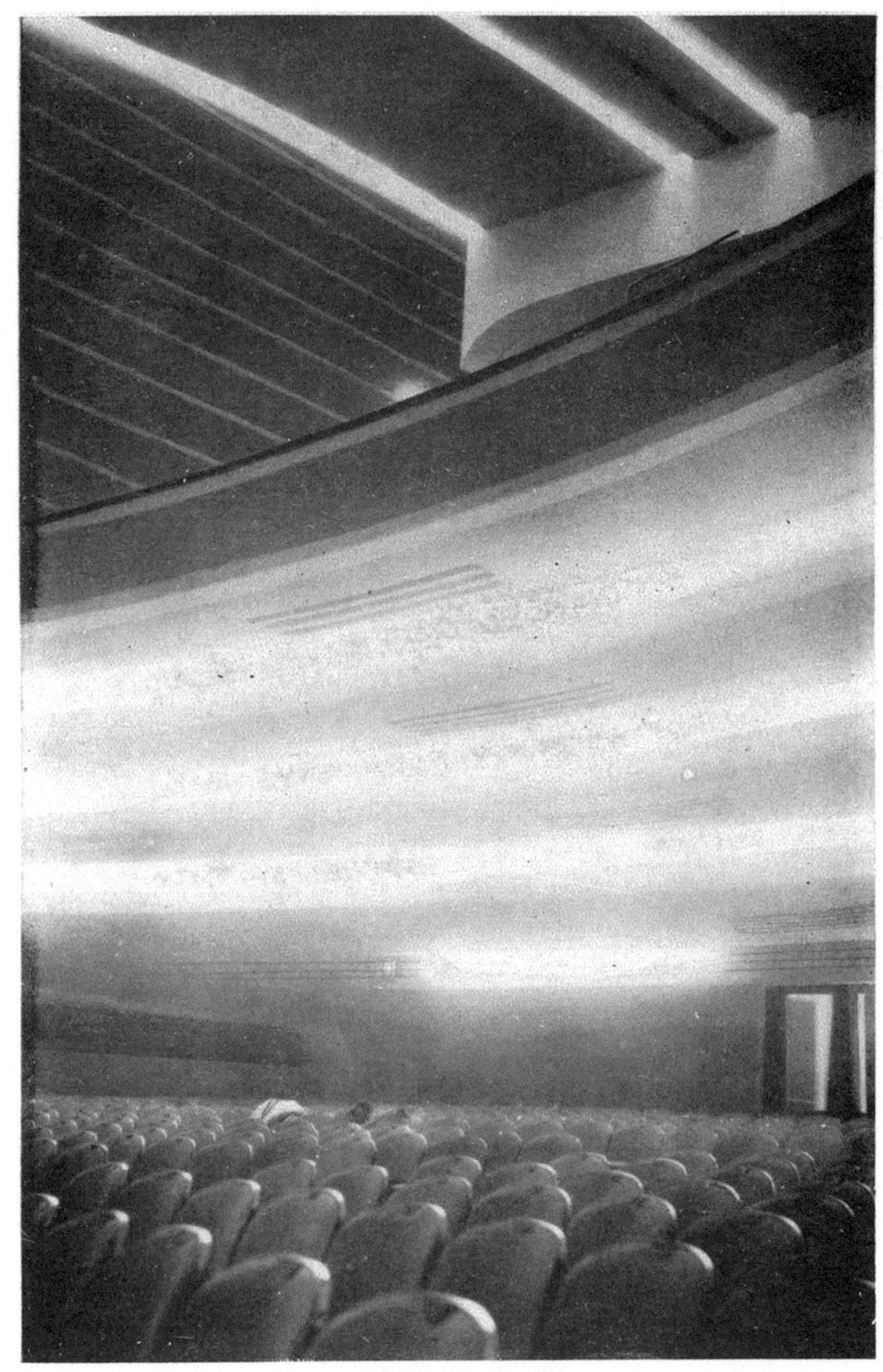

大上海大戲院內部

冷有暖氣，

　熱有冷氣，

造物凌人何所忌！

　燈條輝煌，

映於銀色暖氣管，

　更稱燦爛而華麗。

編　者　誌

90000
太平搬場公司
SAFETY HOUSEHOLD REMOVING CO.
金城大戲院
金城大戲院
LYRIC THEATRE
體育皇后
中國第一部體育鉅作!!!

金城大戲院面樣

北京路衝，貴州路口，新式之影戲院兀立，即金城大戲院也。 按金城戲院，於最近日完工，圖樣爲華蓋建築事務所設計，採用最新式。 除入口上部開闢高大之窗數行外，另則設小窗幾點而已。 其餘部分，則施之以極平粉刷，不尙雕飾，爲申江別開生面之作。

編　者　識

上海銀行西區分行

上海銀行鑑於滬西商業日益發達，乃於西區特設分行，位於百樂門大飯店之地平層，沿憶定盤路，爲滬西交通之要道。　所用材料，表面廣採大理石，即內部櫃台，亦用大理石裝置，頗形莊嚴華麗。

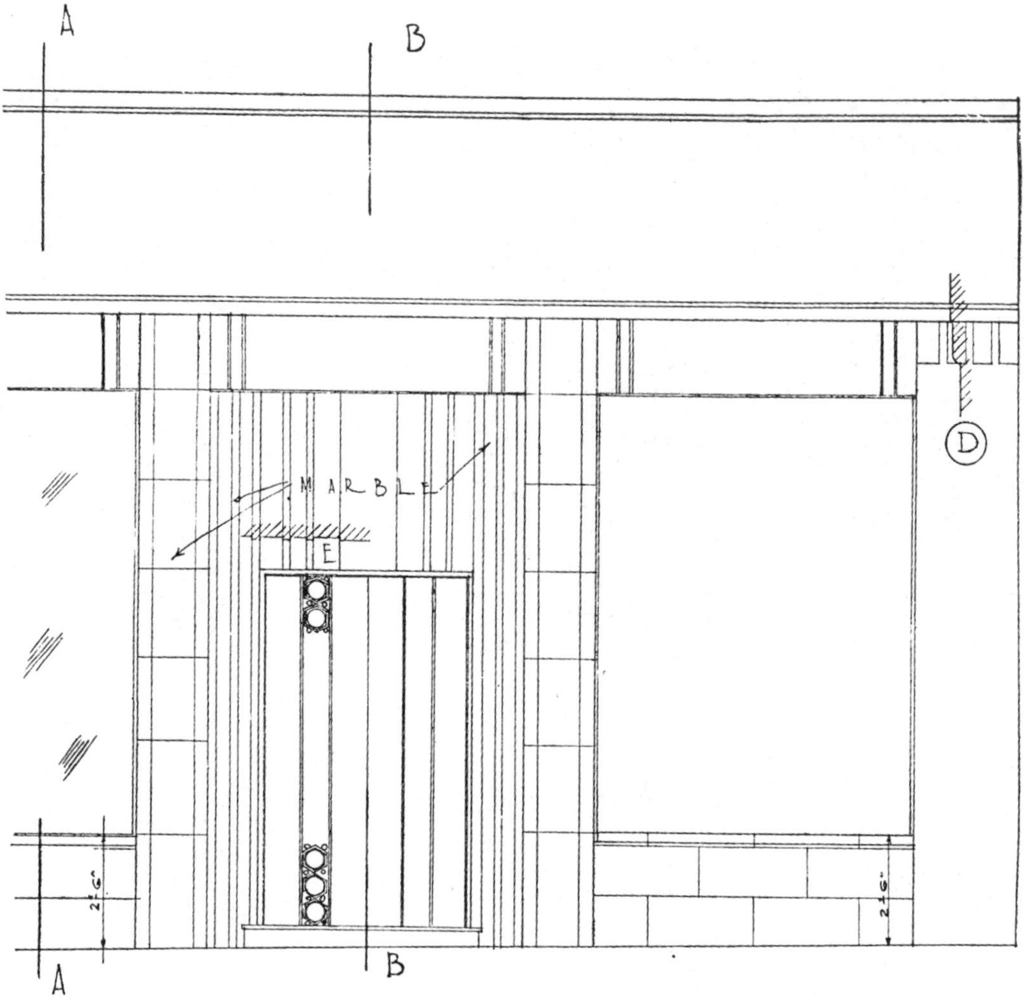

上海銀行西區分行正面詳圖

楊錫鏐建築師設計

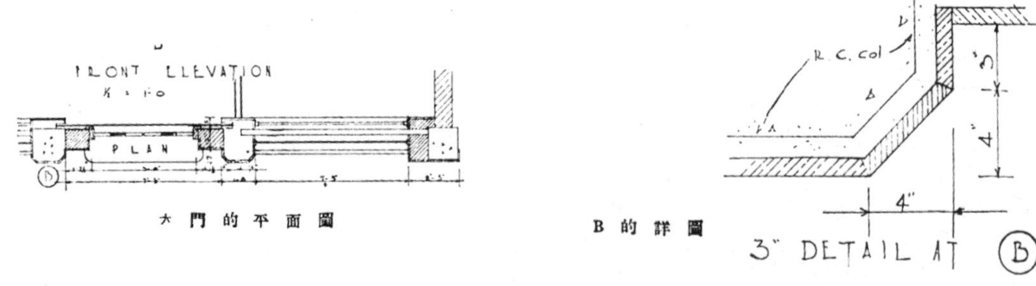

大門的平面圖

B 的詳圖

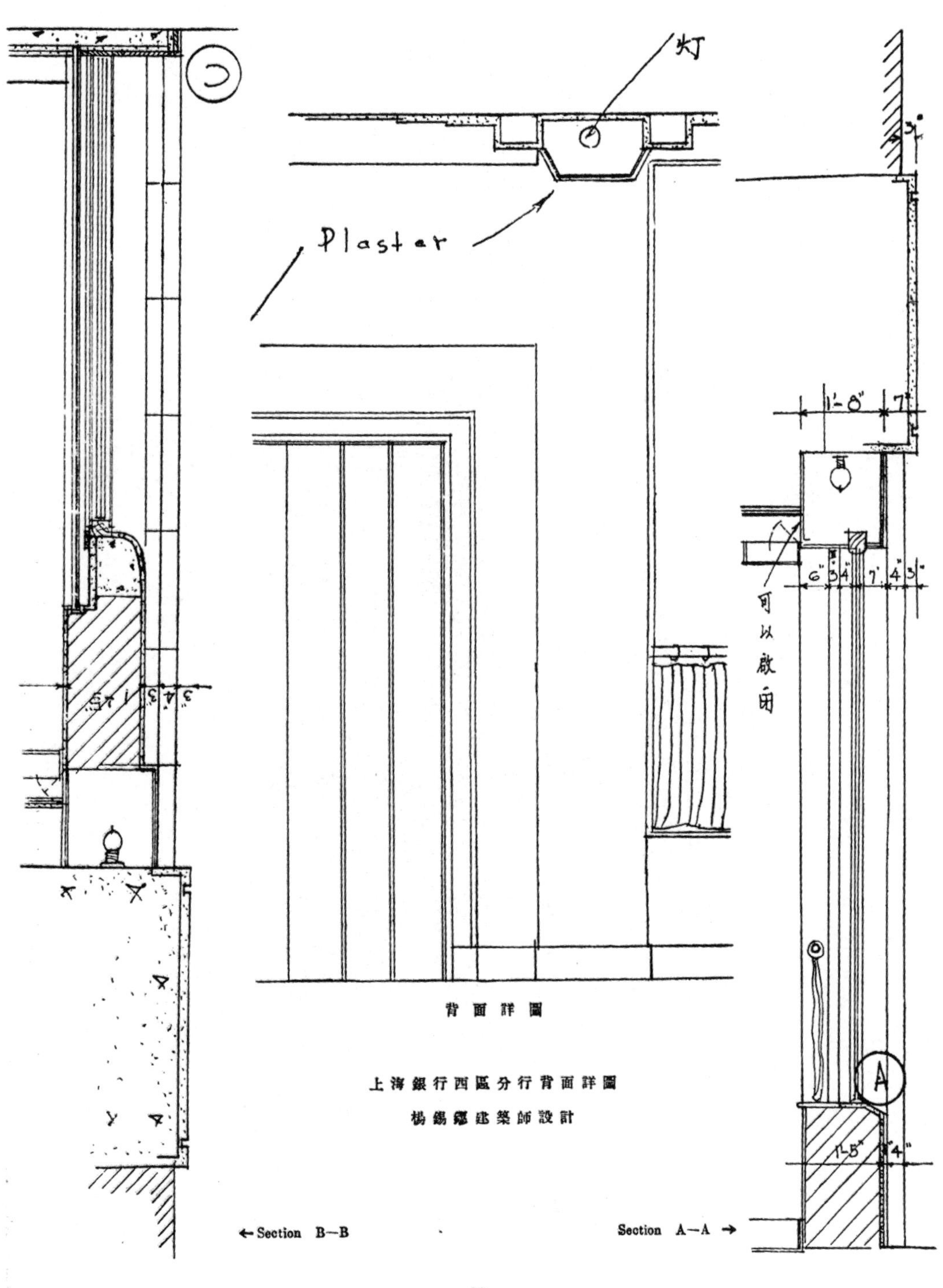

背面詳圖

上海銀行西區分行背面詳圖

楊錫鏐建築師設計

上海銀行西區分行大門全部

東北大學建築系學生圖案習題

(一)　燈塔

某港務局擬於航輪要衝，山嶺突起處，修建燈塔一座，以便往來船隻有所標誌。 塔之高度不限，頂上須有瞭望室，可以遙望四方航船來往。燈塔附近處設辦公室，四人臥室，廚房飯廳及廁所等。 務需採用純粹中國式樣。

(二)　汽油棧

某商擬於三角形地皮上，建造商用汽油棧一所。 該地基除前面可通光線外，其餘兩面均有鄰房相接。 計需儲藏室一間，辦公室一間，男女廁所各一間。 汽油筒四座，須設於汽車來往便利處，使汽車裝油完畢，即直接開出站外，而不妨礙他車往來為限。

東北大學建築系梁思敬繪燈塔設計

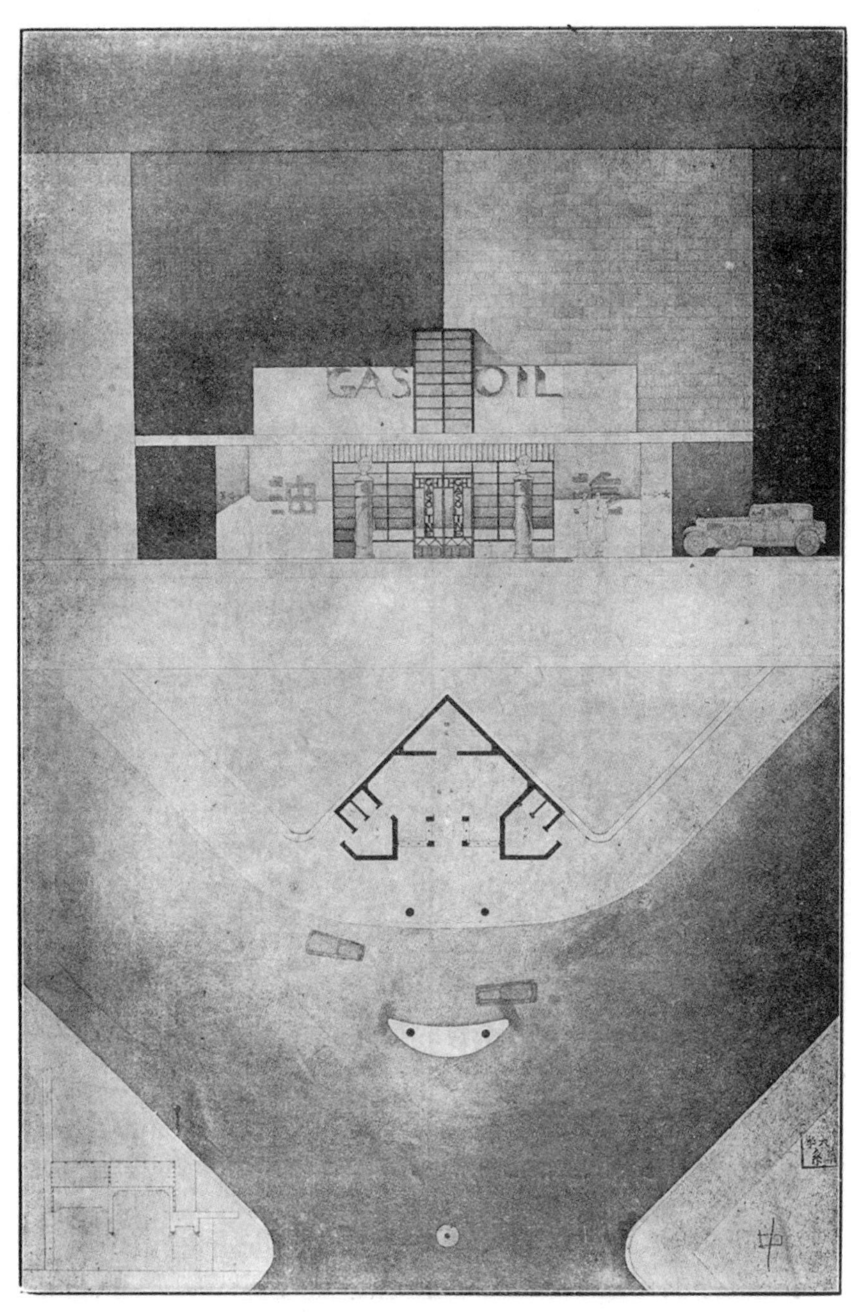

東北大學建築系石麟炳給汽油站設計

建築正軌

（續）

石麟炳

第四章　鑒定與列表

在研究繪圖進行以前，我們先要知道兩種步驟。　第一是要將圖中需要鑒定明白，其次就是將題中要目列成一表，以備將來時間上有了把握，不致臨時慌促。　譬如我們的草圖在禮拜六已竟決定，在此決定後一二日內，須加意思索題目中之綫索，並無需在紙上隨意亂塗，以混亂心思。　這種辦法，就是鑒定。　目的既立，然後將設計所需要的時間列成一表，按表進行。　例如某一 ANALYTIQUE 題目，限時五星期繳卷。　草圖比例呎為 $\frac{1}{8}$" 作一呎，詳圖為 $\frac{3}{4}$" 作一呎，我們就可列表如表一。　如某題目限制時間三星期，我們就須斟酌情形列表如表二。　從表一和表二，看得出來，「着色」的時間，五星期繳卷的題目和三星期繳卷的題目毫無差別，「最後繪圖」的時間亦相差無幾。　時間之差全在題目的探討中耳。　至於 ANALYTIQUE 之佈置，須按各人之意志而決定，但亦有相當準則。　玆特舉濆水池之設計，（圖十四）及紀念亭之設計，（圖十五）以作參考。

表一

月	日	星期	工作
三月	一日	禮拜六	草圖
	二日		
	三日		起始探討 $\frac{1}{8}$" 之圖樣
	四日		
	五日		
	六日		
	七日		
	八日	禮拜六	作 $\frac{1}{4}$" 之圖樣及排列圖樣在紙上之組織
	九日		
	十日		
	十一日		
	十二日		
	十三日		
	十四日		
	十五日	禮拜六	以最後比例呎作圖 — $\frac{3}{4}$"；並作 ANALYTIQUE
	十六日		
	十七日		
	十八日		
	十九日		
	二十日		
	二十一日		
	二十二日	禮拜六	作微細詳圖，作外形及合度之裝飾，並用炭筆作全圖之佈置於透明紙
	二十三日		
	二十四日		
	二十五日		
	二十六日		
	二十七日	最後繪畫開始	
	二十八日		
	二十九日	禮拜六	
	三十日		
	三十一日	用墨水作綫	
四月	一日		
	二日		
	三日		
	四日	投影	
	五日	禮拜六	着色
	六日		
	七日	禮拜一	上午十時繳卷

表二

月	日	星期	工作
三月	一日	禮拜六	草圖
	二日		
	三日	起始探討 $\frac{1}{8}$" 之圖樣	
	四日		
	五日		
	六日	作 $\frac{1}{4}$' 之圖樣及圖在紙上之佈置	
	七日		
	八日	禮拜六	
	九日		
	十日	以最後比例呎作圖	
	十一日		
	十二日	作 ANALYTIQUE	
	十三日		
	十四日		
	十五日	禮拜六	最後繪圖開始
	十六日		
	十七日		
	十八日	用墨水作綫	
	十九日		
	二十日		
	二十一日	投影	
	二十二日	禮拜六	着色
	二十三日		
	二十四日	禮拜一	上午十時繳卷

↑

圖十四 東北大學建築系劉鴻典繪噴水池

圖十五 東北大學建築系王先澤繪紀念亭 →

中國歷代宗教建築藝術的鳥瞰

（續）

孫　宗　文

（三）混交時代中國宗教建築藝術之奇蹟

建築史上最光榮時代，就是混交時代。以外來文化的侵入，與其國特殊的民族精神互相作調劑的結合，而生出異樣的光彩。中國自漢代以前，因為印度佛教尚未傳入，所以中國的建築，還未受到佛教的洗禮，故一切建築物，是絕對不帶任何佛教色彩的。自從漢代以後，佛教思想漸漸流入，故此時中國建築藝術，也呈露特殊的作風。所以漢代我們稱為中國建築藝術的混交時代。在此時代，『禮治』和『宗教』混和了，建築作風，遂生出特別一種式樣出來。

前面已講過，周代的明堂，其建築已有可觀。但是漢制的明堂，更要偉大和複雜。當漢武建元的元年，要議立明堂，詔天下儒人，擬建制方案，那時有一個濟南儒人，託詞據黃帝時的明堂，擬成一個方案說：

明堂方百四十四尺，法坤之策也；方象地。屋圓楣徑二百一十六尺，法乾之策也；圓象天。室九宮，法九洲。太室方六丈，法陰之變數。十二堂，法十二月。三十六戶，法極陰之變數。七十二牖，法五行所行日數。八達象八風，法八卦。通天臺徑九尺，法乾以九覆六。高八十一尺，法黃鐘九九之數。二十八柱，象二十八宿。堂高三尺，土階三等，法三統。堂四向五色，法四時五行。殿門去殿七十二步，法五行所行。門堂長四丈，取太室三之二。垣高無蔽目之照，牖六尺，其外倍之，殿垣方，在水內，法地陰也。水四周於外，象四海，法陽也。水闊二十四丈，象二十四氣也。

我們看了這一個方案，漢制明堂的複雜，已可測度。其實漢代明堂也無可詳考。這個方案祇可當做漢人理想中的建築物，牠將一座殿堂而象徵宇宙的萬象，那時候的藝術思想，是值得我們所驚服的。並且在這上面，我們也可以看出當時古代人是怎樣的崇尚自然神教，和崇高美感了。

漢代高臺的建築，亦很努力；其最著名的當推通天臺和柏梁臺。通天臺在今陝西淳化縣西北甘泉山（即古甘泉宮）中，臺高約三十丈；據三輔黃圖中的記載說：通天臺離地百餘丈，（但是據漢舊儀中的記載祇有三十餘丈），望雲雨悉在其下，武帝時祭太乙，令人升通天臺以候天神。上有承露盤，仙人掌，以承雲表之路。柏梁臺為武帝時所造，其臺的建築，用香柏為梁，是以為名。在其上立一捧承露金盤的仙人銅象，廣七圍，高二十丈，此乃宗教建築上的特色。又有雲臺，亦是當時偉大工程之一。淮南子上記載說：雲臺之高，墮者折首。後漢書上也曾記載着：永平中，顯宗追感前世，乃圖畫二十八將（註十四）於南宮（註十五）雲臺。此外建築物最合有神秘性的，則推『神屋』的建築，根據漢武故事的記載，探錄如下：

『上起神屋，鑄銅爲柱，黃金塗之，赤玉爲階，椽亦以金刻，玳瑁爲禽獸，以薄其上，椽首皆作龍首銜鈴，流蘇懸之，鑄銅爲竹，以赤白石脂爲泥，椒汁和之，以火齊薄其上，扇屛悉以白琉璃作之，光照洞徹，以白珠爲簾，箔玳瑁壓之，以象牙爲牀，以琉璃珠王明月夜光雜錯天下，珍寶爲甲帳，其次爲乙帳，甲以居神，乙上自御之，前庭植玉樹，珊瑚爲枝，以碧玉爲葉，或青或紫，悉以珠玉爲之，子皆空其中如小鈴，鎗鎗有聲，甍標作鳳凰，軒翥若飛狀』。

由上一段記載看來，當時的『神屋』，建築材料完全以珍品爲之，這終究是一件理想的故事，事實上怎麽樣我們毫無從查考了。 漢代的壁畫也很盛，宮殿方面有甲觀書堂(註十六)有明光殿，用胡粉塗壁畫古代烈士的圖像，後漢有魯靈光殿(註十七)的壁畫。 這些畫壁，也大多數含着宗教彩色。

自周到漢，建築物上的裝飾稍可稽考的： 屋頂上的屋翼，飛簷，及屋脊兩端的瓦獸；漢時的門環則多用銅製，刻成獸面銜狀。 屋內的天花板上，也施以鳥獸的圖形。 石砌的牆壁上，多飾以雕刻花紋。 語石上說：漢時公卿墓前皆起石室，而圖其平生官跡於四壁，以告後來；蓋當時風氣如此。 漢時陵廟的壁上，刻君臣侍從的畫像，或是禽獸神怪的畫像，這是明證。 漢代的建築遺物，當以享堂爲主，所謂享堂，卽墓上所建立之石造祠堂，以供展墓享奠之用。 故享堂又稱爲祭廬；可是這些大作品沒有傳下。 現有的孝堂山祠(註十八)與武梁祠(註十九)在漢代建築藝術史上，占有極重要的位置、孝堂山祠在山東肥城縣，石刻共有十壁，其畫概爲陰刻；並且所刻的人物景像以及鳥獸等都很靈活生動，其取材多爲歷史的事蹟，及當時的傳說，如胡人被氈戴毳彎弓赴戰的狀態，神仙怪獸的事情，這是前漢末年的作品。 武梁祠在山東嘉祥縣南紫雲山下，是武氏的祠廟，爲建和初年的作品，近祠有三墓分立墓前立有二石柱，高有二丈五尺左右，方徑二尺有餘，一面刻字；三面刻畫像。 石柱後有石室四處，藏石刻畫像數十件，盡是陽刻，刻歷代帝王的畫像，自伏羲以下而逐周秦。 此外聖賢，忠臣，孝子，烈士以及節婦等的事蹟和畫像，各有文辭歌頌他們的豐功偉業。 其圖像上人物的動作，又各各不同。 在二祠的雕刻技巧上看來，雖不免粗陋，而那種圖形的結構，却早已暗示後代建築藝術發展的徵象了。

〔附註〕

（十四）二十八將　後漢光武帝定天下有功臣二十八人，明帝永平三年，就圖於南宮雲臺。 所謂二十八將爲： 鄧禹、馬成、吳漢、王梁、賈復、陳俊、耿弇、杜茂、寇恂、傅俊、岑彭、堅鐔、馮異、王霸、朱祜、任光、祭遵、李忠、景丹、萬修、蓋延、邳彤、姚期、劉植、耿純、臧宮、馬武和劉隆等。

（十五）南宮　漢代宮殿之一，在今河南洛陽縣東故洛陽城中。

（十六）甲觀畫堂　〔漢書〕甲觀畫堂，宮殿中通有彩畫之堂室。

（十七）魯靈光殿　〔文選〕有魯靈光殿賦。

（十八）孝堂山祠　〔水經註〕平陰東北巫山上有石室，世謂之孝子堂。

（十九）武梁祠　〔元豐類藁〕漢武都太守漢陽河陽李翕西狹頌稱，翕嘗令澠池治崤嶔之道，有黃龍白馬之瑞，其後治武都，又有嘉禾甘露木連理之祥，皆圖畫其像刻石在側。

（四）一座最初佛教建築物—白馬寺

佛教最初傳到中國，約在東漢初時，漢哀帝光壽元年，博士弟子秦景憲，從大月氏王伊存口授浮屠經。 時大月氏已盛於中亞，崇奉佛教，秦氏往受經，不得謂無因。 後漢明帝嘗夢金人以爲佛，遣蔡愔等求佛經於天竺，偕沙門攝摩騰竺法蘭東還洛陽，乃爲釋迦之像，明帝命畫工圖佛置於南宮清涼台上和顯節陵上。 （略見魏書釋老志）西域佛教之傳入，自漢明帝始，是無疑義。 當時宗教唯一的結晶品，就是白馬寺。（圖一）

圖一　白馬寺之一部

白馬寺在現今河南洛陽城東二十餘里。建築時代，在東漢明帝永平十一年，因爲當時有印度僧摩騰竺法蘭，自西域白馬馱經來，於是翌年在雍門外敕建佛寺，安置經像，及僧來於寺內，卽用白馬二字以取寺名，後印度僧摩騰竺法蘭死，就將他葬在寺後的空地上，（現在尙有他的墳墓存在）所以白馬寺也可以說是中國僧寺的鼻祖。 不過現在已經破舊不堪。 據高僧傳上面記載白馬寺的故事說：

漢明帝於城門外立精舍，（註二十）以處摩騰焉，卽白馬寺也。 名白馬者，相傳云：天竺國有伽藍（註廿一）名招提，（註廿二）其處大富；有惡國王利於財，將毀之，有一白馬繞塔悲鳴，卽停毀。 自後改招提爲白馬，諸處多取此名焉。（白馬寺詳文請參閱本刊一卷五期戴志昂君的白馬寺記略）

漢代以後，到了三國。 三國時代以干戈四起，國無甯日，建築遂成絕無僅有，不過自從北魏入主中國，奉佛教爲國教後，當時社會陷於混亂狀態，拜神佛的風氣漸漸地擴張起來，佛寺的建築，便勃然而興了。 洛陽伽藍記（註廿三）所載：自漢末年晉永嘉時爲止，有佛寺四十二所，到了北魏而京城內外竟有千餘所。 這時代的建築材料多尙磚砌，大約是因爲建築進步以後，土築既認爲不堅固，石砌又嫌費事，於是磚砌工程，乃形擴大。

三國以後，歷晉而到南北朝，在此時間，可說是中國宗教建築上的黃金時代；這時中國的南方盛造寺塔，中國的北方極努力的建築石窟。 石窟的建築也可以說是中國宗教建築藝術上的一大發明。 此時代中國南方的寺塔，牠的建築藝術更和印度的藝術發生了密切關係；因爲中國從三國而到兩晉的期間，又通於闐龜茲等西域地方，中國宗教建築藝術，又得了外來的新思潮，而充分發育，遂造成中國建築藝術史上一頁光榮奇蹟。

〔附註〕

（二十）精舍　卽佛舍，係佛所居的地方；據晉書孝武帝紀上面的記載說。 帝初奉佛法立精舍於殿內，引諸沙門以居之。 所以從前之精舍，卽近日之佛寺。

（二十一）伽藍　佛寺的別稱，梵語爲僧伽藍，其意義爲衆比丘之園。

（二十二）　招提〔唐會要〕官賜額爲寺。私造者爲招提蘭若。〔僧輝記〕招提者，梵言拓鬬提奢，唐言四方僧物，但傳筆者訛拓爲提，去鬬奢留提字，故爲招提。 所以招提卽現今之佛寺。 由此說來，精舍，伽藍，和招提，完全係爲現今所謂佛寺，名稱雖三者不同，但實際上牠的意義，是一樣的。

建築的新曙光

（續）

戈畢意氏演講

盧毓駿贈稿

現在概括的做個比較：

碑石造的房子：

蓋房子地面——失去的地面——差不多占全市40％＝損失40％

天井的保留約爲30％

交通的保留約爲30％

鋼骨水造或鐵造的房屋：——

爲城市和房屋交通的地面100％

平屋面所得的地40％

共得地面＝140％

代數差：180％

都是交通所得的地面了。

我們於大城市的裏面若是碰着交通和衞生問題難解決的時候，你不要忘記剛纔的算盤。

我現在研究磚石造房屋的平面，和鐵或鐵骨水泥造的平面，二者的好壞：

磚牆的房屋——地下室：厚牆的礎，祇得有限的用地，和薄弱的光線，花費了貴的建築費。

地平層與地下層的牆同厚，在同一地位，按有限的開進門口，客廳，飯廳，廚房等都設在這裏。

第一層——與下層同厚之牆在同一的地位。

第二層第三層——和地平層的臥室和客廳食堂廚房差不多大小相同，這是一點也不合理。

屋根室——僕役住在這裏，夏天非常熱，而冬天非常冷，未免刻薄待人。

讓我細看我的平面圖，我自己覺得這樣建築配置，實在可憐的很，爲什麼浴室和廚房一樣大，主人的房間和會客廳一樣大？一個食堂和一個臥室，他的形狀配置光線大小等等問題，應該有什麼同一的要素？可說到現在止，都是隨便的，都是暴殄的，而沒有標準的；結果費了所應有的造價，而建築家往往塞責而言曰：『我是沒有辦法的，我的窗要開，我的牆要載重等等……』。我要大聲疾呼，這是浪費，這是不經濟，這是畸形。

鐵造或鋼骨水泥造：

地下室完全取消了，只有時於房子的小面積，按照老法，開掘個煤窟與個鍋爐間。暖房設備我研究得個非常滿意的解決。

地平室——改換爲樁架式，高出地面約四或五公尺，房子的進門就在這裏，一個樓梯，（有時安電梯）一個進門，還有汽車間，並且顧及汽車間的前面留有適宜的地位，風雨不侵，安放汽車，便於洗滌和檢驗，至於這廣闊乾潔雨蓋的樁架式的場所，不消說是小孩遊憩的最好地方呢！

這種列架式的房子架空，陽光和空氣充布於房子的下層，多少難得的好處！前者有前園後園的分別，現在變做了整個的花園，增加了許多遊憩的地方，增加了許多好處！像這種的建築藝術多麽純潔多麽高尚呵！

第一層在我們的眼前，只有二十至二十五公分徑的圓形或方形的列柱，四週的光線用之不竭，叫吾人發生住機的感想，就是云供居住的機器。所有的房子隔法，可以隨我們所好做去，因爲我們已經不用牆，只用隔堵壁，用板條或用草泥或用木花，或用其他的新材料做的，這種隔堵牆沒有什麽重量，直起於鋼骨水泥樓板上，可以做一半的高；或直或曲，隨心所欲；還有我們可以看房間的性質，來定大小和形狀。

第二層樓——吾們現在將會客廳食堂等都做在這裏，避開所有塵囂；至於廚房就放在上面，避免臭氣的侵入，並使這種臭氣由屋面而去。

用精敏的配置，我們可以設法把客廳與屋頂花園相聯通。佳菓滿園，奇卉遮徑；鋪水泥的板塊，以備草生長於其縫隙。或則以美麗的卵石做地面，更有雨蓋的地方，給我們午睡；浴日的地方，增進我們的健康。夜間用無線電留聲片，來跳舞。空氣新鮮，樂音抑揚，景色幽遠，市聲隔離，仰矚霄漢，豁然開胸，是多麽合理化的建築。這不是啻反前者屋面只給貓和麻雀言情的處所麽！

於這房屋圖上我可寫，解放的平面，解放的面樣，這可算是建築的大改革，磚石造時代而進入於鋼骨水泥和鐵造的時代，這可算新時代的收穫。

但於未講他事之前，我再來述一下：

我晝迄今城市的地面

我開掘四尺深的地，而搬運這土到城外，這種浪費金錢，實在可憐。

次則屋面蓋瓦我們當記得這個數目：

建蓋的地面積（可算損失的地面）　40%

保留爲天井的地面　30%

保留爲交通的地面約占　30%

但是我現在新式城市的地面

一條線：所有地面，除少許的樹木外，一點也沒有損失。

城市架空建于列柱的上面。

於城市被建築之面積的地面，尙可做屋頂花園。

100%的面積供給行人和重載輕載的交通；40%的面積，多出來可以供給遊憩的花園，這樣纔是新式的城市計劃。

不要忘記！這樁架式的房屋建築，可講是現代科學的大成功。但是守舊的頭腦，甚爲可怕，國際聯會主席對我說，因爲我這樁架式的房屋建築的圖案，弄到失助了國聯會議廳的競選。但俄國國民政府圖案，經勞農政府的研究，決定採取我的圖案，以表示新俄工程的新生命。

在勞農政府民食委員會的圖案。須設計能容二千五百職員同時進出，並須預備有大場，所以容這般民衆冬天來的時候，混身都是雪。進口亦極便利。但是所有汽車，只能停留于某狹小的街道。設計一樁架式的建築，于全地面上。所有辦公廳由第一層樓起架空而建，在下面則交通便利，由多處小地方匯通于一大地方。供給由兩進口成個大場所，在這個大場所設升降機或捲鏈式升降機，或立較大螺綫式的扶梯，以增加散人的速度。我們于房子底下開應開的門，太陽光可以隨我們的喜歡。這種房子實際上含有兩個時間。第一個時間在地平面時，人羣的肩摩踵接，彷彿一個湖子。第二個時間，大家應用最新的交通法，都到了辦公的地方，又彷彿江河之流。

交通二字，我在這裏常常提到，我的心目中以爲房屋建築的第二原則；應當以解決交通爲原則。請稍稍沉思，便明白老式的建築法，已宣告破產，只讓樁架應運而生了。

我前面已經講過：建築是要以樓板光線充足爲原則。

現在我畫窗的沿革，就拿這個東西，來表建築史。在前面我已經說過，既以牆來負樓板的重量，又于牆面開窗，來供給樓板的陽光，這是不便宜不合理的事。就這一端可以看出過去建築者的所有能力和本領，與夫建築的藝術的地位。

這裏是古昔的小窗。其次就是崩沛的大孔窗，尙沒有窗框的。羅芒式美窗。又還有峨特式的窗（卵形式）算向光明之路走。精明力學的原理，應用斜拱。Flamunde de Gand, de Lourain, de la Grande Place de Bruxelles等。泥于古法，造其玻璃色片窗，裝于石造的框上。吾人至今尙在賞識他。再後就是復興時代，用石造十字格于窗上，盡量的放大窗的尺寸。次則魯易十四，可稱日王，要讓他的老板太陽進其屋內，以照他們的隆盛。由是石造建築的藝術，可說是定局。在魯易十五魯易十六時代，趨于苟安，建築沒有什麼變化。窗樣當然是抱殘守缺。但在 Haussmann 的時代，可說是登峯了，不能再開多開大了，不然，房子要塌呢！所以要盡大量的開窗來充足樓的光線，這個問題只待科學新進步的今日。

請注意路易與效時猛時代石造房屋的外觀，可說是不許再有奢望了。牆面開了有規則的窗孔，而牠的距離是盡量的接緊；圖案好像是庸笨，但要知道石造的本領只能如此。

各位女士各位先生，我現在稍爲講快些。請你回頭看先前鐵或鋼骨水泥造的縱面和平面圖。我現在畫橫窗，沒有限制的，可長到十公尺百公尺千公尺而沒有間斷的。所有柱子則向裏距離屋面約一・二五或二・五〇或三公尺。而于這樣的窗做可以滑動的。

至于分別上下層樓橫窗長條的牆面，他的重量還是樓板去負荷，我已經講過了。

這樣的改革，甚合于經濟的原則。而且盡變從前因襲老舊的美術眼光。打倒了古典的主義，達到了屋內光線十二分充足，而可以隨便隔開房間。

我研究前面的剖面圖，我叫做革新建築的剖面圖。又發生許多的意見，我造了不少的橫長窗。對于窗盤和窗蓋，我尙嫌他不澈底。尙覺得浪費，雖然同樣的用處我式的房子比舊式的房子已經便宜多了，但是我還嫌他不便宜。我的朋友 Pierre Jeuneret 比我還要講經濟，既要經濟還要舒適。有一天發現這個眞理：『窗的作用是在透光而不在通風』要通風還是用電扇。再則：窗算是房子中最貴的東西，于木料之外，須配五金，須有好工手我們可以乾脆一點，提倡廣窗，而把窗來專爲透光。

細看吾所例的剖面圖，發見還有幾條三十公分高的水泥，若是再進步一點做法，我們用鐵造懸梁，懸着直鐵線網，距水泥條前面二十五公分遠，而鐵線網內外而配商業尺寸之玻璃，造成了整個玻璃幅牆。但是一個房子沒有必要四面都是玻璃，我們可以一兩面是玻璃幅墻，而一兩面爲磚石造，或其他人造石的幅墻。就混合來用也可以的。

這種思想我在一九二五年萬國展覽會已經發表過，在一九二六——二七年，我設計國際聯盟會祕書廳，用雙行橫長窗於辦公室，單行的橫長窗於走道。至於大廳之墻已經是玻璃幅墻。（厚玻璃）在一九二八年在莫斯科設計房屋的難題，就是：二十四度的冷；二千五百人在於強風呼呼的窗後，又要貫澈廢窗的運動，採用玻璃幅窗，把他封塗甚密，至於通氣的問題，自然另有辦法。

我現在達到了邏輯的途徑，我已經握定緊要的原則；建築家這個名詞變了新的解析，且聽我後面的話，

我不願意你們稍有一點的懷疑，我敢說橫長窗比直立的窗光明的多。我拿照相的道理來講，更容易證明。

於同一的玻璃藥片，在橫窗的房間裏面受光，有兩個的光域；光域(1)是特別的亮。光域(2)也很亮。若是一個房間用兩個直立窗來透光，那片上就有四個光域。光域(1)特別光亮（兩個小扇形）光域(2)也亮得很（一個小扇形）光域(3)不大亮（大扇形）光域(4)就暗了（大扇形）上面的道理就是講在第一個房間裏面拍影受光的時間可減少四倍於第二個房裏頭。

各位女士，各位先生，我請你細觀建築和城市計劃的現狀。我是反古派Vignole之叛徒，離去了 Vignolisés 的岸，古典主義之峯——放夫中流，咱們沒有誕登彼岸，不要分手的。

先講建築：

椿架式的房子架空而建，房子的外觀，不同凡俗。可按建築地面的方數，而定柱子所負的大小比例。建築組成的重心向上提高，不像舊式磚石造的房子，其建築組成的重心在下。

屋頂花園可說是很可愛的新工具，平面內部的各分間，可以翻改新樣，就這兩點已得住者的歡迎，至於橫長窗，玻璃隔墻，完全與前此的窗不同。應用玻璃幅牆而使舊建築藝術都動搖。建築的組合這樣新奇，看來彷彿縮小到沒有建築組合可言，眞是叫人家驚駭歎賞。

科學新進步給吾人以字的新解析，並很自然的，不可避免的會喚起我們的新思潮。

現前的莫斯科應當採取如何的新建築的方針，人家要見現代科學的新勝利，利用一下。房子要做到効用的，最大的，最善的，這就是我們所說建築藝術的新解析。

房 屋 聲 學

(續)

唐璞譯

第四章　會堂之聲學設計

欲詳明會堂聲學分析之步驟,與採定最佳效果之方法,須自簡單情形之會堂始,乃推至較爲複雜者遞述若干.　其討論之點有二種情形:第一,會堂之在建造以前卽設計聲學性質者;第二,會堂之在完成以後發覺劣聲始需要矯正者.

聲學設計之利益——如聲學在設計會堂時已有計劃,則規定之材料及構造,在建造時卽可設施.　按建築師之經驗,此種計劃可免除對於聲學效果上之懷疑及恐懼,而其結果常可避免浪費.　另一利益則爲免除會堂完成後,發覺聲學上之不合.　例如伊里諾大學會堂,如不涉及建築形式,則曲面之牆,勢不能作直.　故在此種情形之下其聲學之矯正不能毅然成功也.

聲學設計中之三要項——會堂聲學設計中有三要項應加考慮.　第一,室之容積須與其中所生聲強成比例.　如爲隊樂合奏,則容積須頗大,使有充足之空間以分佈聲強.　反之,在戲劇方面,其聲強被聲固定,若欲使聽講得最佳效果當以較小之室爲宜.　至於音樂演說兩用之會堂,則當擇一中庸容積,其準確尺度則依特別情形而適合之.　第十三圖卽因此而示.

第二項,在設計時應考慮者,爲牆之位置及形狀須處理得當,使免除或減少回聲之可能.　設計者當作一室總切面之幾何的研究,給其由各牆反射之聲跡,而特記其聲波之集中點.　此卽判斷牆之效力之一輔助也.　平面牆及矩形者較佳,因曲面牆及圓頂已證明其不合.　至於求形狀最優之另一輔助,則爲在會堂模型內取波之照像,如第四圖所示.

屋之大小及形狀規定以後第三重要問題,則爲循環回聲,卽吸聲於短時間內所需之材料種類及數量.　此項察所示各情卽明瞭也.

其他事物應加考慮者如通風,由箱及凹室 (Alcoves) 發生之可能共振,以及台口形狀等.　但與屋之大小,形狀及循環回聲較之常爲次要.　因會堂常依不同之關係而異,各有可考慮之特別問題,但其各種形之解法,則所以必述之原理爲根據.　下節爲若干會堂之記錄,均經設計壇上之研究,內含優聲之構造及設備.

音樂廳之聲學設計——伊里諾大學音樂館內之音樂廳祇作音樂之用．由懷特教授 Professer James M. White 及來特先生 Mr. G E. Wright 協同研究其合於優聲之各項選擇．第十四圖及第十五圖示內部照像(略)

廳之容積——廳之容積因此廳本為音樂之用，故需較大之容積，聽衆之多寡及有用地位之大小，尚另為一事則最後容積之選定為231,000立方呎．

回聲——回聲室內其他形體使之甚需要矩形之音樂廳．又因需要樓廳以容更多座位之故，而回聲之惟一可能來源，即為平頂．可裝置吸聲材料或以深刻之格板（Coffering）破其面以避免之．此法終於決定，並以一部面積開作通風孔．

循環回聲——如此大小之音樂廳其適意之循環回聲時間可由第十一圖中察出．首須計算容積之立方根(等於61.4)而後按三分之一聽衆即350人察出相當之時間為2.4秒，於是由沙賓公式計算吸聲材料之數量為：

$$a=.05\times 231{,}000\div 2.4=4812\text{單位}$$

室內吸聲材料列下：

粉刷……………………23,300平方呎於 .025＝582單位

木材……………………15,448平方呎於 .061＝942單位

通風口……………………455平方呎於1.00 ＝455單位

玻璃……………………616平方呎於 .025＝15 單位

裝被之座位……………………1,042平方呎於1.5 ＝ 1563單位

3557單位

聽衆……………………350人[2]於(4.7－1.5＝3.2)＝ 1120單位

4677單位

聽衆……………………1.042人於3.2＝3340＋3557＝6897單位

循環回聲時間為：

t（無 聽 衆）＝.05×231,000÷3557＝3.25秒

t（$\frac{1}{3}$ 聽 衆）＝.05×231,000÷4677＝2.47秒

t（最多聽衆）＝.05×231,000÷6897＝1.67秒

欲得佳果，須加以等於4812與4677之較或135單位之吸聲材料數量．為補足此數起見，原擬在甬道及台上鋪設地氈，並在兩側牆上嵌置大塊之毛氈，惟此種材料尚未設置，而廳內乃時生循環回聲頗甚．提琴與獨唱尚佳，但聲強較大之音樂則頗有影響，而演說亦呈不利，故增加所計算之吸聲材料，當作未雨綢繆也．

基波恩（Kilbourn）廳——與前述情形稍有不同之另一音樂廳為基波恩廳．此廳為伊斯特曼音樂學校(Eastman School of Music)之一部為伊氏（George Eastman）捐於紐約羅徹斯特城（City of Rochester）者．建築師為戈登氏（Gordon）及蓋伯氏（Kalber）而馬啓謨（Mckim）米德（Mead）及懷特（White）三氏為聯

（註）1. 用公尺制之計算列於附錄

2. 以3.2代4.7者因座位1.5已算在內

合建築師，經室內音樂獨唱及授課等一年之用．　據報告『聲學上甚佳』廳之形狀爲矩形，其地板向後高起甚劇，平頂上之可能回聲已用天格井（Coffering）及通風花柵（Ventilation Grills）減微矣．

玆得其聲學常數列於下表：

廳之容積＝140,000立方呎

木	9533平方呎於 .061	＝582單位
人造石	3365平方呎於 .02	＝67單位
地氈	2546平方呎於 .15	＝382單位
帷簾	780平方呎於 .6	＝168單位
玻璃	200平方呎於 .027	＝5單位
通風口	669平方呎於 .5	＝335單位
座位	506平方呎於1.7	＝860單位
無聽衆時之總吸聲		2699單位
聽衆	170人於3.0	＝510單位
		3209單位

參閱第十一圖，三分之一聽衆（170人）之時間（容積之立方根＝52）爲2.2秒，所要之吸聲單位，其計算爲：

$$a=.05\times 140,000\div 2.2=3180\text{單位}$$

此數堪與3209單位相合，無須再加調理矣，卽無聽衆時，循環回聲亦不太過．　且當有少數人時，對於講述亦有佳效．　人數最多時尤佳，其容積之小正適合輕樂如獨唱獨奏，亦宜於室樂但不合於重樂隊．　室內木作之面積甚多，頗能感應到樂質而加強各調．

衛斯力（Wesley）會堂——此會堂在伊里諾大學之 Wesley Foundation Social Building 內，爲豪萊伯氏（Holabird）與羅士氏設計．　原擬作演說之用，惟亦不免口唱及鋼琴樂，但無重樂．　後數經研究，乃知平頂上爲吸聲木髓版（Wood-pulp board）其計算如下：

粉刷	3260平方呎於.025	＝82單位
木材	10000平方呎於.061	＝647單位
混凝土	3790平方呎於.019	＝72單位
髓板	3000平方呎於.4	＝1200單位
帷簾	200平方呎於.1	＝20單位
座位	500平方呎於.1	＝50單位
		2071單位
聽衆	170平方呎於4.6	＝782單位
		2853單位
聽衆	500於4.6＝2300＋2071＝4371	

隔熱用之鋁箔

John Hancock Callender 著

夏行時譯

（原文載 The Architectural Forum. January 1934號）

鋁之用以隔熱，其原理卽在鋁能反射幅射之熱（Radiation heat）。空氣對于阻止藉傳導（Conduction）而輸佈之熱，較任何隔絕物爲強。但除非特別審愼處理，大量之熱仍可藉幅射（Radiation）與對流（Convection）穿過空氣。故在隔熱之設備中，除與以空氣之間隔而外，另須加一種能阻抗幅射熱與對流熱之特殊設備，此項特殊設備，平常通稱曰隔絕物（Insulating material）將空氣間隔爲若干窩室，可使對流熱減少。將空周圍用一種熱放射率（Thermal emissivity）較低——卽不易吸收及發放熱——之材料包裹之，可使幅射熱大致消滅。

高度磨光之金屬物，能反射最大部分之幅射熱，爲隔熱之最適用之材料。但同時金屬物之熱傳導率（Thermal conductivity）甚高，故用作隔熱之金屬物，其厚度必須減至極薄，使傳導輸佈之熱得以阻免。

高度磨光之鋁片爲反射力最強之一種材料，且與大部分之磨光金屬物不同，能在靜大氣情狀下保持其反射力而不致挫減。其厚度可展至0.00023吋，成薄箔，適于隔熱之用。

此項鋁箔（Aluminum foil）可塗貼于建築材料上以阻熱，或夾釘于隔板間以間隔空氣。鋁箔之塗貼于建築紙板，隔絕板及鋼絲網紙板上者，市上已可購得。若用以間隔空氣，則可將數層鋁箔用木製骨架或縐紋紙板或石棉或卽摺縐鋁箔之一部分，使鋁箔分層間隔之。若僅須將空氣隔爲二層或三層，則將鋁箔黏于厚紙板上，釘于灰板牆夾檔柱子，擱柵或椽子間卽可。各種方法之性質及比較，另詳于后。

隔熱性——鋁之傳導率甚高，靜空氣在通常温度下之傳導率爲0.175B.t.u./hr./Sq.ft./°F（註一）（華氏每度每平方呎面積每小時之熱單位）較任何隔絕物爲低。以用鋁箔間隔之空氣之傳導係數（Conductance）與用其他材料間隔之空氣之傳導係數相比較，卽可鑑別鋁箔對于隔熱之性能。

但在獲得此項比較之先，鋁箔間最適當之間隔距離，必須先爲決定。梅孫氏（Mason）（註二）求得通過兩鋁箔間單空氣室之最小傳導係數，產生于當兩鋁箔相距0.6吋許時。（Dickenson 及 Van Dusen 兩氏定爲0.63

吋，見 Am. Soc. Ref. Engrs. Jan. 1916 號)。 在固定寬度之空間欲得最大之隔絕——此爲工程上常遇到之問題——則可藉鋁箔層數之增加，而減低其傳導係數。 但層數增加至距離減小至 0.3吋以下時，則傳導係數之減低，不甚顯著。 故專家大都規定 0.3 吋爲最小間距。 Gregg (註三) 氏定平箔之間距爲 0.5 吋，縐箔之間距爲 0.33吋。

熱之放射率係數係依照理論的 "黑" 爲標準而言，(因 "黑"能吸收及放射全部所射着之熱)大多數建築材料之放射率約爲 0.95，但高度磨光之鋁之放射率爲 0.04－0.06，卽有百分之 94—96之輻射熱不能吸收放射而反射。（參第一表）

鋁面對于熱流之阻力較大都數建築材料爲大，此卽謂鋁與周圍之空氣及物件之溫度差較其他材料爲大。普通建築材料之熱之移轉 (Transfer of heat) 係數平均爲 1.34—1.65 B.t.u./hr./Sq.ft./°F ，而鋁則平均祇有 0.7 或以下。

鋁箔藉木架或堅牢之隔絕板分隔者爲最有效之隔絕方法。 特殊之設計，可使對流之熱消滅，輻射之熱減少至極小數量，傳導率減至幾與空氣之傳導率相等。（參第二三兩表），比較其傳導係數，可知此類有空氣間隔之鋁箔較其他之隔絕材料爲佳。 箔之厚度以 0.005－0.00023 吋爲適當。 更薄者雖可略減低傳導係數，但應用不甚方便。 爲攜取安全起見，外層之箔可貼于厚地板上，此僅略微損減些隔絕效力。 分隔鋁箔，可用縐紋紙代木架；因木質較紙易脆碎，故在某種情況下，紙板較木適用；但其傳導係數則較高。 縐紋石棉亦可應用爲分隔物，且能防火，但對于熱之阻力則更較弱。

漢諾佛 Dr. E. Dyckerhoff 博士發明一種鋁箔摺釘方法，將鋁箔摺縐而留一部分摺轉伸出，使次層鋁箔不藉木架分隔而能自留適當之距離。 此種因兩層接觸所致之傳導損失，據說甚微。 且空氣已隔爲小間，對流熱亦可忽略不計。 縐箔之傳導係數較用堅架分隔者略高，但猶較其他隔絕物爲低。 此法用于彎曲及不規則之面上，如管，水塔及運輸舟車上最爲適宜。

摺縐之工作，在裝用時爲之。 摺縐後長度約減少十分之一。 工作時應注意勿使縐摺過甚，致效率降低。 柏林德國國家材料試驗所試驗謂平置之縐箔，雖輕劇烈之震盪亦不致平伏(註四)。

另一種木架屋用裝置簡易之隔絕鋁箔爲在克拉夫紙 (Kraftpaper) 之兩面塗鋁箔，捲筒裝起，寬17吋，兩邊挖有線痕，使易彎摺釘于夾檔柱子，擱柵或椽子上。 但此法欲在 2″×4″ 之柱上分隔成兩個以上之空氣間隔則不甚適用。

應用——鋁箔之貼于建築紙板，灰泥板及鋼絲網上者，市上可購得。 應用此種材料時，切記鋁箔之後若無空氣間隔，則鋁箔全無隔熱之價值。 雖箔在防止透風上較紙板爲佳，但在隔熱之目的下則爲浪費。 惟用于望板或外牆之雨踏板 (Siding) 下者，因已有充分之空間，足令其隔熱之作用仍復有效。 鋁箔用于蓋板 (Sheathing) 或灰板條之裏面時，其一層之隔熱價值可當于半吋厚之隔絕板 (Insulating board) 鋁箔可用于其他隔絕物上，例如貼于用作蓋板之隔絕板上或隔絕毛氈之兩面等。 鋁箔非惟可增牆壁之抗熱能力，且可防止隔絕物之被潮溼腐爛及火(註五)之侵害。（參第三表），但應切記者，當鋁箔塗貼于另一材料上時，僅使利用箔之一半之反射力而已。

空氣透入普通之木石磚牆爲失熱之最大源由。 普通之隔絕材料無止風之價值；在每平方呎40磅之壓力下，空氣透過1½吋軟木板，每小時可423立方呎；透過½吋隔絕板，可174立方呎；透過克拉夫紙，鋁箔，及瀝青爲0.00。 故鋁箔施用于較劣之建築紙上，釘于蓋板之內面，可增防風之力量（註一）。

利——如上所示，特殊設計之隔熱鋁箔，在隔熱材料中佔效率最高之地位。 其價格亦比較的最適合。 而尤其顯著之利點爲重量之異常輕微。 一磅鋁箔 0.003吋厚）可蓋2.25平方呎。 縐紋鋁箔每吋厚三層者，每立方呎重¼磅。 故在運輸上或重量爲重要條件之情形下，鋁箔之應用爲必需之事。 某商船報告曾移去380噸之軟木及鎂之隔熱物而代以4噸之鋁箔。 每輛冷藏車上，用鋁箔可省去1—2噸之載重（註六）。

鋁箔受熱至其溶點1220°F時，亦可毫無損失。 其摺縐成各種式樣之便利，使蒸氣管，牛乳箱，軍艦上之炮塔，柴油機之排洩門等，俱得普遍之應用。

弊——有數專家懷疑鋁箔反射力之永久性。 關于此層，因尚無可靠之實證，頗難下一斷語。 但據幾個此方面之工程專家宣稱，反射力之消失，在普通情形下，不致逾百分之二至三，故可忽略不計。 當鋁養化時，面上結成一層透明之薄膜，此機阻止更甚之養化。 在惡劣之腐蝕情形下，若施塗一層薄漆于鋁箔上，則腐蝕可免。 梅孫氏（註二）曾作此項塗漆鋁箔之試驗，謂塗漆鋁箔之傳導率僅較未塗漆者略增稍些。（參第三表）

鋁箔有一顯然之弊點爲箔張之過薄，難于攜取。 欲免撕碎，大張之摺縐，拉伸，剪釘，均須特別審愼。 但此層困難，若在鋁後襯以克拉夫紙或其他堅靭之材料，則自可避免。

其他式樣——鋁漆之放射率爲.30—.40，故亦有隔熱之價值。 此項鋁漆，可用以塗蓋空心牆中空氣四周之邊緣，及粉刷內外牆之表面等。（參第三表）熔化之鋁亦可用作噴漆，成薄層無光之鋁衣。 若需要高度之光澤，則以用鋁箔爲適當。 熔鋁之放射率與鋁漆之放射率約相同，但傳導率較高，因其厚度較大故也。 熔鋁亦曾被施于烘前之陶器 Terra Cotta 上，當烘時鋁質鎔化，卽現極度之光彩。

薄張（24號，或0.025吋）之鋁箔黏于膠木及標準隔熱板上者，市上可購得。"磨光"鋁面之放射率爲0.20—0.25，此項材料施于外露之牆面上者，應使其厚度能保護自身不致碎裂及風蝕火灼爲要。 鋁施塗于金屬材料上則無甚效力，因金屬材料自身之傳導率甚高也。

（註一） American Society of Refrigerating Engineers, Refrigerating Data Book, 1922/23。

（註二） Mason, Ralph B., Industrial & Engineering Chemistry, March, 1933, page 245。

（註三） Gregg, J. L., Product Engineering, May, 1932。

（註四） American Society of Heating & Ventilating Engineers' Guide, 1933. Chapter III。

（註五） Chemical Age (London), August 27,1932—"Aluminumas Heat Insulation Material"。

（註六） Breitung, Max, Refrigerating Engineer, July 1933 及 January, 1932。

（註七） Svenson, E. B., Amercian Builder—September 1932。

第二表　一吋厚之各式材料之熱傳導率。

材　　　　料	B.t.u./hr./sq.ft./°F.
空氣	0.175
高度眞空	0.004
混凝土	8.0
玻璃	5.0
磚	4.0～5.0
黃松 (Yellow Pine)	1.0
灰泥	2.32～8.8
石 — 平均值	12.50
石棉板 (Asbestos board)	0.48
Cabot's quilt	0.25
甘蔗板 (Celotex)	0.32
軟木板 (Cork board)	0.27
Dry zero	0.23
Flaxlinum	0.30
Masonite	0.33
Thermax	0.46
Torfoleum	0.26
Mineral wool	0.26
鋁箔——每吋二張——骨架釘法	0.20～0.22
鋁箔——每吋三張——夾在縐紋紙間	0.254～0.275
鋁箔——每吋三張——夾在石棉間	0.298～0.443
鋁箔——每吋三張——骨架釘法——箔面塗層薄漆	0.227
鋁漆於紙——每吋三張——骨架釘法	0.270
摺縐鋁箔——每吋三張	0.289～0.311

（鋁之傳導率數值，大部分取自 Gordon B. Wilkes 教授之試驗結果）

第一表　各種面上之熱放射率係數——以"黑"之熱放射率爲 1.0

"黑"	1.0
混凝土	0.97
磚	0.935
屋頂紙 (Rooting Paper)	0.975
灰泥 (Plaster)	0.93
玻璃	0.95
鋁漆 (Aluminum Paint)	0.30～0.40
鋁——市上出售之"磨光"	0.20～0.25
黃銅 (Brass)	0.24
銅——略微磨光	0.17
鋁——高度磨光	0.04～0.06
銅——高度磨光	0.06
銀——高度磨光	0.06

第三表　各類牆壁用各式材料隔絕之傳導係數差別

材　　料	B.t.u./hr./sq.ft./°F.
雨踏板，紙，1"蓋板，2"×4"夾檔柱子，木灰板條及灰泥	0.25
½"隔絕板 (Insulating Board)	0.19
1"隔絕板	0.15
1½"軟木板 (Cork board)	0.11
2" 軟木板	0.095
Flake Gypsum Fill	0.093
Rock Wool Fill	0.066
½"氈	0.17
鋁箔，裏面單面	0.193
鋁箔，夾檔柱子間釘一張	0.134
鋁箔，夾檔柱子間釘二張	0.103
鋁箔，夾檔柱子間釘三張	0.077
鋁箔，夾檔柱子間釘四張	0.074
鋁箔，在½"氈之兩面	0.108
鋁箔，摺縐——每吋三張	0.067

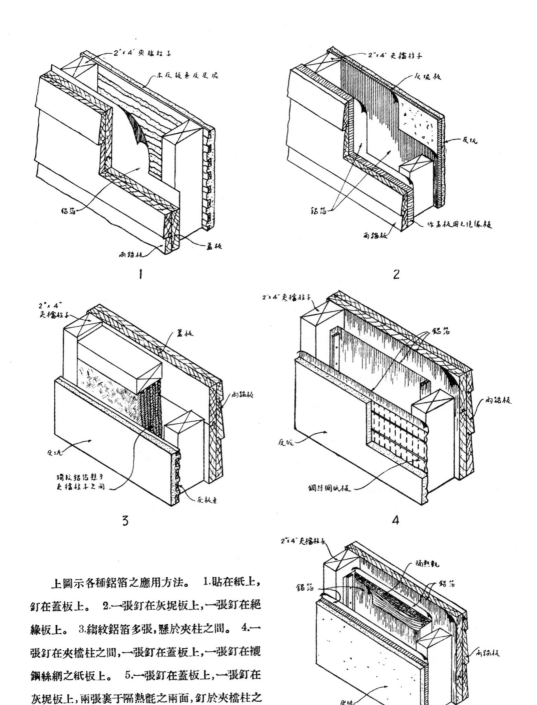

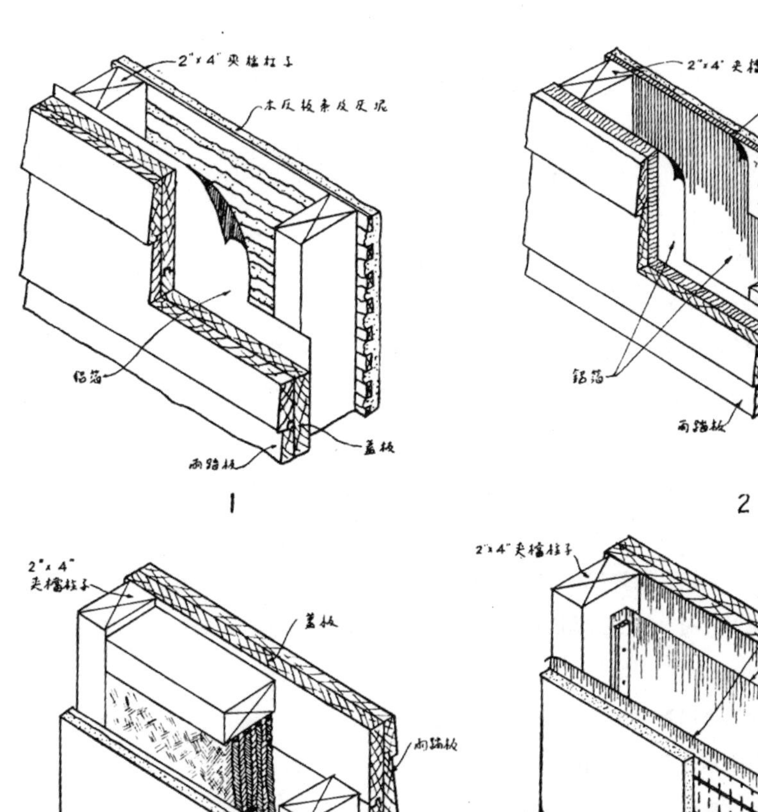

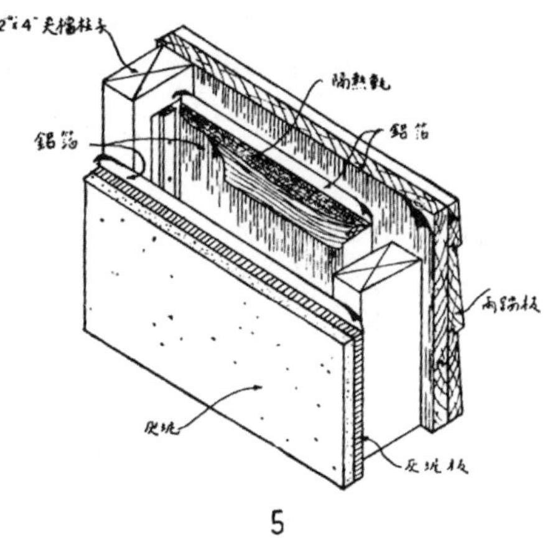

上圖示各種鋁箔之應用方法。 1.貼在紙上，釘在蓋板上。 2.一張釘在灰泥板上，一張釘在絕緣板上。 3.縐紋鋁箔多張，懸於夾柱之間。 4.一張釘在夾檔柱之間，一張釘在蓋板上，一張釘在襯鋼絲網之紙板上。 5.一張釘在蓋板上，一張釘在灰泥板上，兩張裹于隔熱氈之兩面，釘於夾檔柱之間。

〇〇八二九

鋼骨水泥房屋設計

（續）

王　　進

第三節　　四邊支持之平板

平板四周或支持於大料之上，或安置於磚牆之內，若其長度（l）與寬度（b）之比，在一倍半以上，則該平板上之載重卽沿 b 之方向散佈，而止於與 l 方向並行之大料，或牆垣上是之謂二邊支持之平板，或單向平板，其計算之方法上節已詳述之矣。　但若 l 與 b 之比在一倍半以下，則載重將沿 l 與 b 兩方向同時分佈，而止於四邊之大料，或牆垣上矣，是之謂四邊支持之平板，或雙向平板。

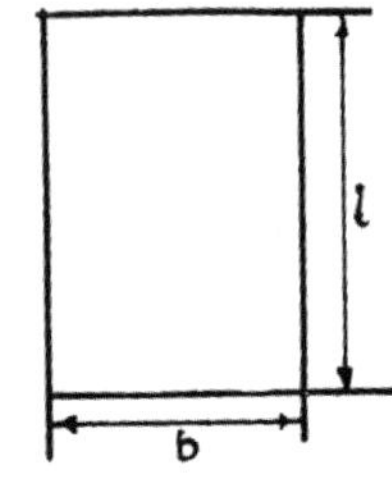

雙向平板上載重，其向 l 方向分佈與其向 b 方向分佈之多寡，全恃 l 與 b 之比例爲定，l 之長度較 b 之長度爲愈大時則沿 b 方向分佈之載重愈大，而沿 l 方向分佈之載重則愈小，換言之，卽 l 與 b 之比例愈大，則沿 l 方向之大料（或牆垣）上所受之應力愈大，而沿 b 方向大料（或牆垣）上所受之應力 (Reaction) 則愈小，假若 l 與 b 之值相等，則兩向分佈之載重，各爲平板總載重之半。

設 w＝平板上每方尺之均佈載重

wb＝w 中由與 b 並行之鋼條所任之部份

wl＝w 中由與 l 並行之鋼條所任之部份

則　$\dfrac{wb}{w} = \dfrac{l^4}{b^4+l^4}$　　　$\dfrac{wl}{w} = \dfrac{b^4}{b^4+l^4}$

第　十　五　表

l/b	1	1.1	1.2	1.3	1.4	1.5	2.0
w_1/w	0.50	0.59	0.67	0.75	0.80	0 83	0.80

上列公式最爲普通上海工部局所規定者亦卽依此但亦有用下列公式者

$$\frac{w_1}{w} = \frac{l}{b} - 0.5$$

例：

l ＝12′－0″　　　　L L＝ 70

b ＝10′－0″　　　　D. L.＝ 56

　　　　　　　　　w ＝ 126

$\dfrac{l}{b}=\dfrac{12}{10}=1.2$　　　　wb＝126×.67＝84.5

　　　　　　　　　wl＝126×.33＝41.5

$Mb=\frac{1}{8}\times 84.5\times \overline{10}^2=1.060'$#

b＝12　　　K＝87

d＝3½　　　P＝0.54　　　$A_s=0.226\square''$

　　　　　　　　　用 $\frac{5}{16}''\phi$ @4″ ∅∅

$Ml=\frac{1}{8}\times 41.5\times \overline{12}^2=750$

$b=12$　　　$K=61$

$d=3\frac{1}{2}$　　　$P=0.3$[illegible]2%　　　$A_3=0.16$□''

用$\frac{5}{16}''\phi$@$5\frac{1}{2}''$∅∅

第二章　鋼骨水泥大料

第一節　公式

欲明計算鋼骨水泥大料或樓板之原理，非先解普通等質（Homogeneous）梁之內部應力不可。

一梁內部之應力（Internal Stress）可分三種，一曰拉力，（或引力）（Tensile Stress）一曰擠力（或壓力）（Compressive Stress）一曰剪力（Shearing Stress），其各個應力之性質擷述如下：

（一）梁上任何縱斷面上之應力，可分垂直的（Perpendicular）與正切的（Tangential）二種分力，垂直分力，與該縱斷面相垂直是為拉力或擠力，正切分力與該縱斷面相平行是為抵剪力。

（二）任何縱斷面上之剪力由正切分力而由，任何縱斷面上之轉灣量由垂直分力而生。

（三）經過任何縱斷面之重心者謂為中和軸（Neutral Axis）

（四）縱斷面上任何一點上垂直分力之大小，與其離中和軸之遠近成比例，凡一點，其離中和軸愈遠則該點上之垂直分力亦愈大，至該斷面之極外線（Extreme Fibre）而為最大，其相互間之關係可用公式表出之如下：

$$f=\frac{My}{I}$$

式中　f = y 點之纖維應力（Fibre Stress）單位為磅/□''

M = 轉灣量

y = y 點離中和軸之距離

I = 惰性率（Moment of Inertia）

（五）縱斷面上任何一點之單位剪力（Unit Shear）（v）可用公式表出之如下：

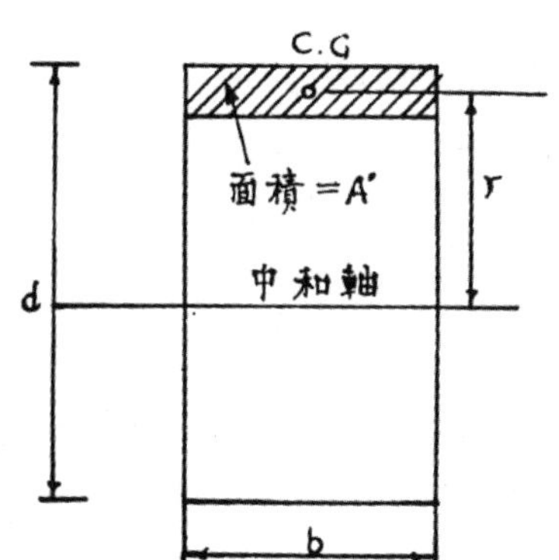

$$v=\frac{VQ}{IbE}$$

式中　V = 縱斷面上之總剪力單位為磅

Q = A' 面積對於中和軸之轉灣量

I = 惰性率（Moment of Inertia）

b' = 梁之寬度（單位為吋）

上式中　　$Q=A'r$

$$\therefore\quad v=\frac{VA'r}{Ib}$$

式中 b 為一定數（Constant）而 Q 之最大值為當 $A=\frac{bd}{2}$ 故 v 之最大值當在中和軸上。

（六）f 之值為最大當 M 之值為最大，v 之值為最大當 V 之值為最大。

任何斷面上之橫剪力（Longitudinal Shear）與縱剪力（Vertical Shear）皆相等。

任何斷面極外層之剪力爲零，而中和軸上之單位剪力則爲 $\frac{3}{2}\cdot\frac{V}{bd}$，其分佈之情形，可以下圖示之。

（七）在中和軸上，拉力與擠力並存，其量皆與剪力相等，而二者之方向，皆與水平綫成四十五度角。

（八）轉灣量最大之處，剪力爲零而拉力與擠力，皆與水平綫平行。

（九）縱斷面上，斜力 (Inclined Shear) 之值爲。

$$t=\frac{1}{2}f\pm\sqrt{\frac{1}{4}f^2+v^2}$$

式中　　f ＝纖維層應力 (Fibre Stress)

v ＝橫剪力或縱剪力

該項斜力與中和軸所成之角度可以下式表之：

$$\tan 2K=\frac{2v}{f}$$

式中K爲斜力與中和軸所成之角度。

（十）單梁 (Simple Supported beam) 中最大應力之方向如下圖所示。

（圖　Hool Johuson P. 274）

（十一）普通 (Flexure Formula) 所示之單位應力，只在轉灣量最大之處及梁斷面上之極外線，最爲正確，蓋該二處之剪力皆爲零故也，倘任何一處上之剪力並不等於零，則斜力立生故 Flexure Formula 所示者只其水平分力 (Horizontal Components) 耳——按卽纖維層應力。

普通大料公式之原理之論據：

（一）梁中任何縱斷面，在未承載重之前爲一平行，在已承載重而生轉灣量之後仍爲一平面（納復氏原理 Navier's Hypothesis)

（二）Stress 與Deformation 成比例（霍氏律 Hook's Law）由第一律而演繹之，則知梁中任何斷面上纖維層之單位變位 (Deformation) 與該纖維層距中和軸之距離成正比。 由第二律而演繹之，則知纖維層之單位應力亦與該纖維距中和軸之距離成正比。（按卽公式 $f=\frac{My}{I}$）

在鋼骨水泥大料之中，水泥與鋼條緊相凝固，鋼條任拉力，水泥任擠力。 但以鋼條之應力發揮，至其極限爲度，過此則水泥與鋼骨間卽行滑脫，而水泥皆龜裂。 大料大小或以地位之限制不能太大，而擠力面極外層之應力超過水泥之所能勝任，乃不得加置鋼條於擠力面以對抗此過大之應力，故鋼骨水泥大料中，亦有以鋼條任擠力者。 但殊不經濟蓋擠力面鋼骨，尙未發揮至其極限，而水泥已不復能勝任矣。 水泥應力與鋼條應力之比例爲 n，n 之值普通爲十二與十五，上海工務局與工部局之規定，皆爲十五。

長方形大料 (RECTANGULAR BEAM)

符號：　　fs ＝鋼條之單位纖維應力#/□"

fc ＝水泥之單位纖維應力#/□"

Is ＝鋼條單位纖維應力爲 fs 時大料之單位引伸

Ic ＝水泥單位纖維應力爲 fs 時大料之單位引伸

Es＝鋼條之彈性率 (MODULUS OF ELASTICITY)

Ec＝水泥彈性率 (MODULUS OF ELASTICITY)

n ＝Es/Ec

T ＝某斷面上鋼條之總拉力

C ＝某斷面上水泥之總擠力

Ms＝由鋼條應力而定之大料抵灣冪

Mc＝由水泥應力而定之大料抵灣冪

b ＝大料寬度

d ＝大料之深度

p ＝某斷面上鋼條面積與該斷面總面積之百分比率

A ＝某種面之總面積

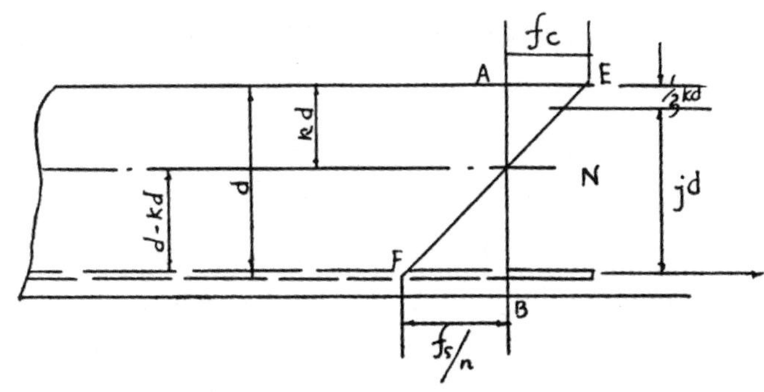

論據 (GENERAL ASSUMPTION)

上圖爲大料某縱斷面上因轉灣量而發生之應力之分佈情形，N爲中和軸，N以上之部份受擠力，N以下之部份受拉力，擠力之最大值爲 fc，N以上部份擠力之平均值爲 $\frac{1}{2}$fc，而N以上部份之擠力總值爲 $\frac{1}{2}$fcbkd＝C，鋼條之單位拉力爲 fs 而其總拉力則爲 fs As＝T，T既必等於C則該斷面上之抵灣冪卽爲 Tjd ＝ Cjd 無疑，式中 j 之值，視NEN面積之重心爲定，而該重心之地位，又轉視N之地位爲轉移，中心軸之所在全恃鋼條之比例與夫鋼條及混凝土間彈性率 Modulus of Elasticityp 相互之關係而決，故旣得N之所在，又知 j 之值幾何，則大料之抵灣冪可立得矣。

公式求得 (Derivation of Formula)——中心軸及 Arm of Resisting Couple 之決定：——

力學定理纖維層之單位 Deformation (變位)之變化與其離中心軸之距離成比例，(卽霍氏律)故 Is/Ic＝(d－kd)/kd

但　　　Is＝fs/Ec，　　　Ic＝fc/Ec　　所以

$$\frac{fs}{nfc}=\frac{d-dk}{kd}=\frac{1-k}{k} \qquad (a)$$

但 $T=C$

故 $fsAs=\frac{1}{2}fc\ bkd \qquad (b)$

解(a)(b)兩聯立方程式而代$\frac{A}{bd}$以p即得

$$k=\sqrt{2pn+(pn)^2}\quad -pn \qquad (1)$$

從(1)式可知中心軸之定,只須預知鋼條之百分率及$n-Es/Ec$之值即可一計而得,再Es爲一常數,故n之值胥視混凝土之性質如何而定奪。

N以上部份總擠力之施力點(POINT OF APPLICATION)在AEN面積之重心上,故其離擠力面之距離爲$\frac{1}{3}kd$因之抵抗灣羃之臂長arm of resisting moment $jd=d-\frac{1}{3}kd$

或 $j=1-\frac{1}{3}k \qquad (2)$

fs與fc及其與抵轉灣量之關係

安全抵轉灣量(Safe Resisting Moment)之或以fs爲定,或以fc爲定,胥賴所用鋼條面積之多少,而定取捨故欲得知一大料之安全抵轉灣量,應由鋼條及混凝土之安全,單位應力上分別求得其各個之抵轉灣量,而後兩者相較孰者爲小,即爲該大料之安全抵轉灣量。

$$Ms=Tjd=fs\ Asjd=fspjbd^2 \qquad (3)$$

$$Mc=Cjd=\frac{1}{2}fcbkdjd=\frac{1}{2}fcjkbd^2 \qquad (4)$$

式中j之平均值爲$\frac{8}{8}$,k之平均值爲$\frac{7}{8}$故約計之。

$$Ms=fs\ As\frac{7}{8}d \qquad (5)$$

$$Mc=fc\ \frac{1}{6}bd^2 \qquad (6)$$

轉灣量與其相當之單位纖維應力之關係

由上列(3)(4)兩式可脫化而出下列二公式:

$$fs=\frac{M}{Ajd}=\frac{M}{pjbd^2} \qquad (7)$$

$$fc=\frac{M}{\frac{1}{2}jkbd^2} \qquad (8)$$

并可從而求知fs與fc間相互之關係如下:

$$fc=\frac{2fsp}{k} \qquad (9)$$

代入$j=\frac{7}{8},k=\frac{3}{8}$

則 $fs=\frac{M}{\frac{7}{8}Asd}$

$$fc=\frac{M}{\frac{1}{6}bd^2}=\frac{16}{3}\ fsp \qquad (10)$$

大料斷面大小及鋼條百分率之決定:——

大料除丁－形大料外,可約分為下列四種:

(甲)BALANCED

(乙)UNDER-REINFORCED

(丙)OVER-REINFORCED

(丁)DOUBLE-REINFORCED

倘大料之大小與所用鋼條之面積,並無如何之限制,則以採用甲種大料為佳,蓋鋼條與混凝土之承力,已皆發揮至其極限。(按照上海通用慣例)卽混凝土之應力為600#/□",鋼條之應力為18 00#/□")故最為經濟,但若大料之大小或以地位之關係,或因他種之限度,不能自由選擇,則不得不採用乙丙二種甚則丁種之大料。

在乙種大料中混凝土之面積大而所用之鋼條面積則小,換言之,卽鋼條之應力高至18000#/□"而混凝土之應在600#/□"之下。

在丙種大料中其斷面較甲種為小而鋼條面積則較大,故混凝土之應力高至600#/□"而鋼條之應力則在18000#/□"以下玆舉例以明之:

(甲)BALANCED BEAMS

今有單梁一根,其跨度為20′—0″上承均佈載重每尺1000#,欲求其相當之斷面大小及鋼條面積幾何?

假定　　$f_s = 18000$#/□"　　　　$f_c = 600$#/□"

$u = 100$　　　　$v = 60$(無Web Reinforcement)

$v = 120$(with Wed Reinforcement)

解:

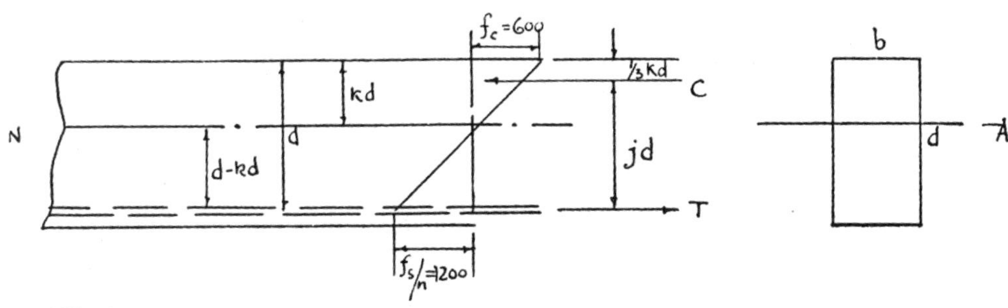

圖中N－A為中和軸

(a)轉灣量:

均佈載重＝ 1000
本重　＝ 400
w ＝ 1400

設　　Mb＝因載重所生之轉灣量

Mc＝混凝土之抵轉灣量

Ms＝鋼條之抵轉灣量

則 $M_B=\frac{wl^2}{8}=840,000''$#

(b)定大料斷面之大小

圖中 $\frac{kd}{fc}=\frac{d-kd}{fs/n}$

∴ $k=\frac{fc}{fc+fs/n}=\frac{1}{1+\frac{fs}{nfc}}$

∵ $fc=600$#/□″ $fs=18000$#/□″

∴ $k=\frac{1}{3}$

$jd=d-\frac{1}{3}kd=8/9$

$Mc=cjd=\frac{1}{2}fc\ kdbjd$ (1)

或 $Mc=\frac{800}{9}bd^2$

∵ $Mc=M_B$

∴ $840000=\frac{800}{9}bd^2$

設 $b=12''$ 則 $d=28''$

大料之總高爲$28''+2''=30''$故大料本重爲$\frac{30\times12}{144}\times150=375$#/″此值較400#/″爲小，故無須更改，但若大料之實際本重較所假定爲大，則所有轉灣量等值皆應加以修改。

(c)求鋼條之面積

第一法——

$T=C=\frac{1}{2}fckbd=100bd$

∵ $fsAs=T$

∴ $As=\frac{T}{fs}=\frac{\frac{1}{2}fckbd}{fs}=\frac{100bd}{18000}=1.866$□″

第二法：——

∵ $Ms=Mb$

∴ $fsAsjd=Ms=Mb$

$As=\frac{Mb}{fsjd}=1875$□″

第三法：——先求p之值而後再定As之值

∵ $p=\frac{As}{bd}$

∴ $As=pbd$

但 $C=T$

即 $\frac{1}{2}fckbd=Asfs=pbdfs$

$$\therefore \quad p=\frac{\frac{1}{2}fck}{fs}$$

或以 k 之值代入得

$$p=\frac{\frac{1}{2}}{\frac{fs}{fc}\left(\frac{fs}{nfc}+1\right)}$$

$$\therefore \quad p=\frac{1}{180}=1.866□''$$

(乙)UNDER-REINFORCED 大料

照上面所求得之鋼條面積應爲 As＝1.875□'' 假若所用之鋼條爲四根 $\frac{3}{8}''\phi$ 則As之值只 1.77□''該項大料勢不能勝任此1000#/'之載重矣，故非加大料之斷面不可。

今設　　Mb仍爲 840.000''#

而　　b＝12''　　d＝30''

欲求其相當之鋼條面積As之值

解:

照 BALANCED 大料計算 $k=\frac{1}{3}$，　$j=\frac{8}{9}$　$p=\frac{1}{180}$

而　　$Mc=Rbd^2=\frac{800}{9}bd^2$

假若　　Mc 大於 Mb 則該項大料卽爲 UNDER-REINFORCED 反之若 Mc＜Mb 則該項大料卽爲 OVER-REINFORCED

今　　$Mc=\frac{800}{9}\times 12\times \overline{30}^2=960.000''\#$

卽　　Mc＞Mb 故此項大料乃爲 UNDER-REINFORCED

而非 OVER-REINFORCED 是以 fs＝18000#/□''而 fc 則較 600#/□''爲小

$$\frac{fc}{kd}=\frac{\frac{fs}{n}}{d-kd}$$

或

$$fc=\frac{\frac{fs}{n}k}{1-k}=\frac{1200k}{1-k}$$

$$Mc=cjd=\frac{1}{2}fckdbjd$$

$$\because \quad Mc=Mb$$

$$\therefore \quad Mb=\frac{1}{2}\left(\frac{\frac{fs}{n}k}{1-k}\right)kbd^2\left(1-\frac{k}{3}\right)$$

卽

$$840.000=\frac{1}{2}\times\frac{1200k}{1-k}\times k\times\overline{30}^2\times 12\times\left(1-\frac{k}{3}\right)$$

因之而得　　k＝0.315　　kd＝4.45

$$fc=\frac{1200\times 0.315}{1-0.315}\doteq 552\#/□''$$

$$C=\frac{1}{2}fckbd=31.298.4^{\#}$$

$$\because \quad fsAs=T$$

$$T=C$$

$$\therefore \quad As=\frac{c}{fs}=\frac{31298.4}{18000}=1.74\square''$$

（丙）OVER-REINFORCED大料

上題中假若大料之大小改爲12″×27″則

$$Mc=\frac{800}{9}\times 12\times\overline{27}^{2}=777.600''^{\#}$$

此處　Mc＜Mb故非有較多之鋼條之足以禦此強大之轉灣量Mb故fc＝600#/□″而fs則爲未知數

（a）求k之值

$$\because \quad Mc=cjd=\frac{1}{2}fckjbd^{2}$$

$$Mc=Mb$$

$$\therefore \quad \frac{1}{2}fckbd^{2}\left(1-\frac{k}{3}\right)=Mb$$

$$或 \quad \frac{1}{2}fck\left(1-\frac{k}{3}=\frac{Mb}{bd^{2}}\right)=K$$

$$\therefore \quad k=\frac{3}{2}\pm\frac{1}{20}\sqrt{900-4k}$$

$$=0.364$$

$$kd=9.83 \qquad jd=27-3.28=23.72$$

（d）求fs之值

$$\because \quad \frac{fc}{kd}=\frac{\frac{fs}{n}}{d(1-k)} \qquad 即 \quad fs=\frac{nfc(1-k)}{k}$$

$$\therefore \quad fs=\frac{15\times 600(1-0.364)}{0.364}=15.725\#/\square''$$

（c）求As之值

$$\because \quad T=Asfs=c=\frac{1}{2}fckbd$$

$$\therefore \quad As=\frac{fckbd}{2fs}=2.25\square''$$

$$p=\frac{As}{bd}=\frac{\frac{fckbd}{2fs}}{bd}=\frac{fck}{2fs}$$

—待續—

第 三 表

L. L.=70#/□'

SPAN	d	TOTAL d	D.L.	M	K	p	As
4'——0"	2"	3"	38#/□'	173'#	43.3	0.270%	0.065□"
5'——0"	2"	3"	38	270	67.5	0.422%	0.102
5'——3"	2"	3"	38	298	74.5	0.465%	0.112
5'——6"	2"	3"	38	326	81.5	0.510%	0.122
5'——9"	2½"	3½"	44	377	60.4	0.378%	0.113
6'——0"	2½"	3½"	44	410	65.6	0.410%	0.123
6'——3"	2½"	3½"	44	445	71.2	0.445%	0.134
6'——6"	2½"	3½"	44	481	77.0	0.480%	0.144
6'——9"	2½"	3½"	44	520	83.6	0.523%	0.157
7'——0"	3"	4"	50	588	65.5	0.410%	0.148
7'——3"	3"	4"	50	632	70.3	0.440%	0.159
7'——6"	3"	4"	50	675	75.0	0.470%	0.169
7'——9"	3"	4"	50	720	80.0	0.500%	0.180
8'——0"	3"	4"	50	768	85.4	0.533%	0.192
8'——3"	3½"	4½"	56	860	70.3	0.440%	0.185
8'——6"	3½"	4½"	56	910	74.4	0.465%	0.195
8'——9"	3½"	4½"	56	965	79.0	0.494%	0.208
9'——0"	3½"	4½"	56	1020	83.3	0.520%	0.218
9'——3"	3½"	4½"	56	1080	88.0	0.544%	0.261
9'——6"	4"	5"	63	1200	75.0	0.470%	0.226
9'——9"	4"	5"	63	1265	79.0	0.494%	0.237
10'——0"	4"	5"	63	1330	83.0	0.520%	0.250
10'——3"	4"	5"	63	1400	87.5	0.547%	0.262
10'——6"	4½"	5½"	69	1530	75.5	0.472%	0.255
10'——9"	4½"	5½"	69	1605	79.2	0.495%	0.267
11'——0"	4½"	5½"	69	1680	83.0	0.520%	0.281
11'——3"	5"	6"	75	1835	73.5	0.460%	0.276
11'——6"	5"	6"	75	1920	77.0	0.480%	0.288
11'——9"	5"	6"	75	2000	80.0	0.500%	0.300
12'——0"	5"	6"	75	2090	83.6	0.524%	0.315
12'——3"	5"	6"	75	2175	87.0	0.544%	0.326
12'——6"	5½"	6½"	81	2360	78.0	0.488%	0.322
12'——9"	5½"	6½"	81	2460	81.4	0.508%	0.335
13'——0"	5½"	6½"	81	2550	84.3	0.527%	0.348

第 四 表

L. L.=75#/□'

SPAN	d	TOTAL d	D. L.	M	K	p	As
4'—0"	2"	3"	38#/□'	181'#	45.3	.283%	.068□"
5'—0"	2"	3"	38	282	70.5	.440%	.106
5'—3"	2"	3"	38	311	78	.487%	.117
5'—6"	2"	3"	38	341	85.5	.535%	.128
5'—9"	2½"	3½"	44	391	63	.391%	.118
6'—0"	2½"	3½"	44	428	68.5	.428%	.129
6'—3"	2½"	3½"	44	465	74.5	.465%	.140
6'—6"	2½"	3½"	44	503	80.5	.503%	.151
6.—9"	2½"	3½"	44	543	87	.543%	.163
7'—0"	3"	4"	50	612	68	.425%	.153
7'—3"	3"	4"	50	656	73	.456%	.165
7'—6"	3"	4"	50	703	78	.487%	.176
7'—9"	3"	4"	50	750	83.5	.520%	.187
8'—0"	3"	4"	50	800	89.0	.556%	.200
8'—3"	3½"	4½"	56	890	73	.455%	.191
8'—6"	3½"	4½"	56	945	77.3	.483%	.203
8'—9"	3½"	4½"	56	1005	82	.512%	.215
9'—0"	3½"	4½"	56	1060	86.5	.540%	.227
9'—3"	4"	5"	63	1180	74	.462%	.222
9'—6"	4"	5"	63	1245	78	.487%	.234
9'—9"	4"	5"	63	1310	82	.512%	.246
10'—0"	4"	5"	63	1380	86.2	.540%	.259
10'—3"	4½"	5½"	69	1510	74.6	.466%	.252
10'—6"	4½"	5½"	69	1590	78.5	.490%	.265
10'—9"	4½"	5½"	69	1665	82.3	.514%	.277
11'—0"	4½"	5½"	69	1740	86	.537%	.290
11'—3"	5"	6"	75	1895	76	.475%	.285
11'—6"	5"	6"	75	1985	79.5	.497%	.298
11'—9"	5"	6"	75	2070	83	.518%	.311
12'—0"	5"	6"	75	2160	86.5	.540%	.324
12'—3"	5½"	6½"	81	2340	77.5	.485%	.320
12'—6"	2½"	6½"	81	2440	80.5	.503%	.332
12'—9"	5½"	6½"	81	2540	84	.525%	.346
13'—0"	5½"	6½"	81	2635	87	.543%	.360

建築用石概論

朱枕木

第一節　緒言

石之爲用甚廣,然用於建築者不外下列三者。(一)建築大廈,水閘,乾塢,牆脚等所用之大形石塊。(二)房屋裝飾用之美觀石皮;及(三)屋頂用之石版。故本篇範圍以上述三者爲限,它若板石及碎石非所及焉。

建築用石岩之類別——凡爲礦石,無不可用作建築材料者,卽如水成岩石,亦以其產源之普遍,採取之便利,因之價格極廉,採用較廣。價值較高之石類,則首推火成各種花岡石類;其次則變質岩中亦間用之者、無論其石之類別何屬,其選用作建築材料也,必以質重而堅韌者爲可貴,間或有脆而鬆者,則採用之時不可不究,務須細心挑剔,免致肇禍。故本篇於各種石料之性質,無不詳加列述,庶採擇者知所取舍也。

建築用石岩之選擇標準——選擇建築用之石類,其所作爲標準之要素者有三:曰成本價格。曰顏色花紋。曰堅固耐用是也,玆分別概述之如下;

成本價格　建築用石成本價格之昂賤,一視(一)出產豐富與否;(二)開採之容易與否;(三)運輸之簡捷與否;(四)質料之純潔與否;(五)體積之龐大與否;(六)石坑之工作效率如何;(七)石坑之地位如何……等項而后方能估定之。

顏色花紋　是項標準,建築師最爲重視,良以其有關於建築之美觀者至重且大,普通則以淡色石較深色者爲受人歡迎,蓋以其外觀上比較鮮明潔淨之故;至花紋美麗之石類,則有大理石,蛇紋石及縞瑪瑙等。

堅固耐用　夫石類之用於建築,除純作爲裝飾品若大理石外,類皆欲求建築物之耐用堅固爲鵠的,故取石亦必以堅固耐用爲前提,惟是平常取用往往斤斤於美觀與價格,而獨忽於此,實爲大謬,願今後之用之者,有以注意及之。凡通常之石類,以能經應二十五年而不受損壞者,方稱合格。

綜上三項,第三項爲首要,第一項次之,第二項則徒作美術之上賞鑒而已,工程上之價値極微。

建築用石岩之石理結構——建築用石之結構,其石理上所應加注意之點:曰節理,曰層次,曰剖開。諸三者,卽所以推得一石之性質,開採難易,及耐用與否之南針也。玆分別概述之如下:

節理　凡石岩必有節理之存在,水成之岩層,節理多豎直;火成之花岡,則節理之縱橫豎直,頗不一致;花岡岩之橫舖節理;可分石爲無數厚薄不勻之層次,其豎者則與水成岩埒。節理之存在,有利亦有弊,利則因節理而開採便利;弊則因節理而給與空氣以風化之隙,因節理而使大形石塊,分成小形,減低價値不少。若有上下左右前後之節理相距極遠者,則可採得大石,頗爲有用。

層次　石岩之有層次者,多屬水成,其有關於開採之便利也,正與節理有異曲同工之妙,其層次之高下,愈深則愈爲耐用,而各層之厚薄,亦以厚者較薄者爲有用。

剖開　石塊一經剖開，即可得其可含質料之梗概，故為明瞭石質起見，必須將石剖開，方能知悉一切。

第二節　建築用石之壽命與風化

關於建築用石之堅固耐用，前節中已一再提其重要，惟其壽命之短長，有繫於石岩所受之風化程度，而後決焉。

風化之機能有三：（一）由於石岩所受熱度之變化，如（a）石中礦物之不規則的漲縮，（b）石中水分之突然的冰凝或溶解；（二）由於風力及水力之衝擊剝落；（三）由於有機之樹木草根伸長分裂。

風化之方式有二：（一）分化（Decomposition）（二）曰分裂（Disintegration）前者屬於化學變化，後者則屬於物理變化。

風化之地位：凡石岩必有所謂節理，岩床，斷層，複摺及其他無一定規則之裂縫，此種裂縫兩旁之面積，即為感受風化之地位，稍經風霜雨雪之侵淩，即形腐蝕。

風化與石之結構。石類有粗有細，有輕有重，於是風化之程度，亦以異矣。其風化之由於熱度之變動者，則粗而重者較易於輕而細者，其風化而由於風吹水盪者，則細者較粗者更易剝落。

風化與礦物質：石類中含有不同種之礦物質無數。各有其抵抗風化之程度，是故含抵抗風化之礦物質少者，則較易於感受風化，是亦勢所然也。白克門氏 Buckman 曾本其試驗得結論六條：（一）石類之含鹼性礦物者較含酸性礦物者，為易受風化；（二）含鉀與鈉者易受風化，而尤以鈉為最；（三）含鈣與鎂者，亦易風化，而鈣多則更易；（四）鐵屬易受風化；（五）加鋁可保無虞，而多矽則風化較難。

建築用石壽命之短長，實與其抵抗風化之能力有關，此外則天然與人力之摧殘：天然者如石坑中之瀆水與有害之礦物等；人力者如開採不得其法等情，亦足減短其壽命不少。普通石類之生命壽數，紐約有瞿麟氏 A.A. Julien 者，積數十年之經驗，曾發表公布一表，茲抄譯如下：

石類	壽命
粗蛇紋石	二年—三年
粗黃石	五年—十五年
細條黃石	二〇年—二五年
塊頭黃石	一〇〇年—二〇〇年
藍沙石	百年以上
石灰岩	二〇年—四〇年
大理石	四〇年—一〇〇年
花岡石	七五年—二〇〇年

第三節　幾種有害之礦物質

有許多礦物質，其存在於石中，足以損害該石之價值而有餘，故對於有害之礦物質，吾人有加以認識之必要，且有時如雲母石本為佳品，而在大理石及沙岩中，則反為厲階。

打火石 Flint——是係一種半固體非結晶之矽，多雜處於沙岩中，其為害也有三：（一）因質地之較四週他石為硬，剖切時極感困難；（二）打火石富於抵抗風化，當四週鬆質剝蝕後，發生突出尖端，頗不美觀；（三）當四週風化不久，此種硬石，因不勝支持，容易鬆落，更不耐用。 沙石橋墩因此而生坍圮者，往往有之，可不注意哉！

雲母石——是一種石質，舉凡花岡石，片磨石，沙岩石，大理石中均有之，其在花岡石中，無甚大害，惟間或使石分裂成條塊耳；其在片磨石中亦無大害，惟含量過多，亦易於分裂，不能採得大形好石；其在沙岩中分若量極少，而散均勻者，亦可無害，設若含量極多，而偏布層次間者，則將使石面，更易風化；其在大理石中，稍經時日亦將使光澤之平面，失其美觀矣。 雖然雲母石功能避火，但功不抵過，故祗能目為有害之物質。

硫化鐵——凡是建築用之石類，泰半均含有硫化鐵少許，稍經風化卽易變成黃鐵，若分量不多，尚可不以為意，而分量一多，則斑斑點點，有損外觀，且黃鐵極易剝落，堅度乃以銳減；再者硫化鐵分解之後，自成硫酸液質。影響石質不小。一經雨洗風吹，更易浮落，故硫化鐵對於石類裝飾，頗為不宜。

建築用石壽命之延長——石類所含礦物質，其有害者尚不止此，且其他折減之原因尚多，為延長其壽命起見，吾人當設法注意下列各點：

（一）開採時不可多用過量之炸藥，以免震傷。

（二）開採時鑽眼必須位置適宜，不可亂鑿，否則影響石塊之抵抗力非小。

（三）當細心檢視石中細微裂縫，不可大意取用，否則易受風化。

（四）放置石塊時，必須照山岩中原定位置，上下正放，不可橫豎倒立。

（五）富於吸水之石類，須安放乾燥之處，或外蓋防水物質。

（六）鬆質石類，祗可用於氣候較冷乾燥之處。

（七）該石所能承受之壓力，必須預先測驗，應用時不可擔負過重。

第四節 建築用石之物理性質

建築用石其有關於物理作用之變態感應，如石之空隙密度，吸水性，抵抗水火，耐壓能力，伸縮程度，延長性等均須一一加以研究試驗，方克得石之眞性，而應用裕如：

吸水程度——石類之吸水程度，其表現之法，卽權其石之乾重，及經吸水後之總重，而所得之百分比，各石各有不同，以花岡石吸水最少，而灰石沙岩為最多；再者石之吸水程度於眞空中或高壓之下，更為劇烈，黑許渥氏 Hirschwald 曾作試驗，報告如下表：

石類	與乾石原重之百分比				佔水容積與空隙之百分比			飽和系數
	（一）	（二）	（三）	（四）	（甲）	（乙）	（丙）	
沙岩	四，八九	五，六六	七，八九	九，二三	五二，九七	六一，三〇	八五，四六	〇，六一三
石灰岩	七，五一	七，八八	一九，〇八	二一，一九	三五，四六	三七，二〇	九〇，〇四	〇，三七二

大理石	○,三五	○,四九	○,五五	○,五九	五九,四七	八四,二七	九四,六七	○,八三一
石版岩	○,五一	○,五五	○,七○	○,七○	七二,九二	七九,一六	一○○○○	○,七八六
花岡石	○,五一	○,九一	一,○七	一,二五	四一,二○	七七,七一	八五,五四	○,七二八

〔註〕 與乾石原重之百分比項中：（一）稍入水後即稱之重，（二）出水較遲之石樣，（三）於眞空中浸透，（四）浸之於五○或一五○倍大氣之高壓下者如橋墩等。

空隙密度與吸水之關係——吸水程度與石之空隙密度有固定之關係，在空隙密度，即爲石中之空隙體積與全石體積之比；凡空隙多而密度淺者，吸水之程度亦高，而各個空隙之體積大者，則出水亦易，故吸水之程度並不較小者爲高。是種空隙密度，除與吸水有關外，若遇冰凍時，突然澎漲，損傷石壽，是亦大害。福斯德氏 Foerster 及白克萊氏 Buckley 兩人，亦曾試驗得表如左：

石類	空隙密度百分比	石類	空隙密度百分比
花岡石	○,○二九——○,六二	石灰岩	○,五五——一三,三五
正長石	一,三八	沙岩	四,八一——二八,二八
玄武石	一,二八	大理石	○,二二
蛇紋石	○,五六	石版	○,四五——○,一一五

上表數字可用公式：$P=100\frac{W-D}{W-S}$計算之：式中W爲飽和水分之重量，D爲乾石之原重，S爲浮於水上所權得之重量，於是代入公式中，可得P爲空隙密度之百分比數。頗爲吸水程度除與空隙密度有關外，其他如石外與空氣接觸之面積，石面所受之壓力，石位地點空氣之溼度，以及石坑水位之高下等均有所輕重，而務須一一研究之。

耐壓能力——石之耐壓能力，即爲其所能力負之載重，在建築用石設計中，爲一極重要之條件，有時耐壓能力薄弱之石類，砌於窗檻下或牆壁中，亦極易壓碎破裂，普通較佳之石，大都具有每方吋六千磅之耐壓能力，較之一比三之混凝土之僅二三千磅者，大至一倍以上。他若花岡石類，可有二萬至三萬磅甚至四萬磅之耐壓力。則可以無虞矣。通常石基石柱，其所受壓力非輕，凡取用石類時，不可超過其耐壓能力，亦不可太爲精確，剛能勝任上壓，必須稍留餘重，防意外震動焉。白克萊氏曾將美國華盛頓紀念柱下之基石試驗，得知其最高耐壓力爲每方呎二二·六五八噸，或每方吋三一四·六磅，則其所能支持之重量，可達二十倍或每方吋六二九二磅而猶能安全無虞。但普通其重壓數字極少超過每方吋一六○磅者。石類耐壓能力之試驗，慣常取其二吋見方之石樣，入衝擊重壓機內試驗之，試驗時對於石樣體積之大小，六平面之光度，綠角之正確等，均須於未試之前一一校正定當，不可彷彿，而比較多種石樣時，更須於同一之氣候地點試驗爲要。試驗所得之結果，可得概數如左：

——待續——

（定閱雜誌）

玆定閱貴社出版之中國建築自第……卷第……期起至第……卷第……期止計大洋……元……角……分按數匯上請將

貴雜誌按期寄下爲荷此致

中國建築雜誌社發行部

……………………啟……年……月……日

地址……………………………………

（更改地址）

逕啓者前於……年……月……日在

貴社訂閱中國建築一份執有……字第……號定單原寄……………

……………………收現因地址遷移請卽改寄……………

……………………收爲荷此致

中國建築雜誌社發行部

……………………啓……年……月……日

（查詢雜誌）

逕啓者前於……年……月……日在

貴社訂閱中國建築一份執有……字第……號定單寄……………

……………………收查第……卷第……期尙未收到祈卽

查復爲荷此致

中國建築雜誌社發行部

……………………啓……年……月……日

中 國 建 築

THE CHINESE ARCHITECT

OFFICE:

ROOM NO. 405, THE SHANGHAI COMMERCIAL AND SAVINGS BANK BUILDING, NINGPO ROAD, SHANGHAI.

中國建築第二卷第三期

編輯及出版　中國建築雜誌社

發行人　楊錫鏐

地址　上海寧波路上海銀行大樓四百零五號

印刷者　美華書館　上海愛而近路二七八號　電話四二七二六號

中華民國二十三年三月出版

中國建築定價

零售	每册大洋七角	
預定	半年	六册大洋四元
	全年	十二册大洋七元
郵費	國外每册加一角六分 國內預定者不加郵費	

廣告索引

近來建築事業採取美化大廈高廳莫不尙以裝飾以壯觀瞻欲得美雅宜人之鋪設惟有**海京純毛地毯**蓋**海京地毯**係選用上等國產羊毛用最新式機器製造不論大小尺寸以及各色新穎花樣均能承織定價低廉交貨迅速如蒙賜購或承繪圖定織無任歡迎

天津海京毛織廠

總廠 天津英租界十一號路四十三號

上海辦事處 北京路一五六號 電話一一二五五二

VITREA
Vitrea
WINDOW
GLASS
欲求室內光
線充足請用
壁光牌玻璃
價廉而質美
各玻璃號
均有發售

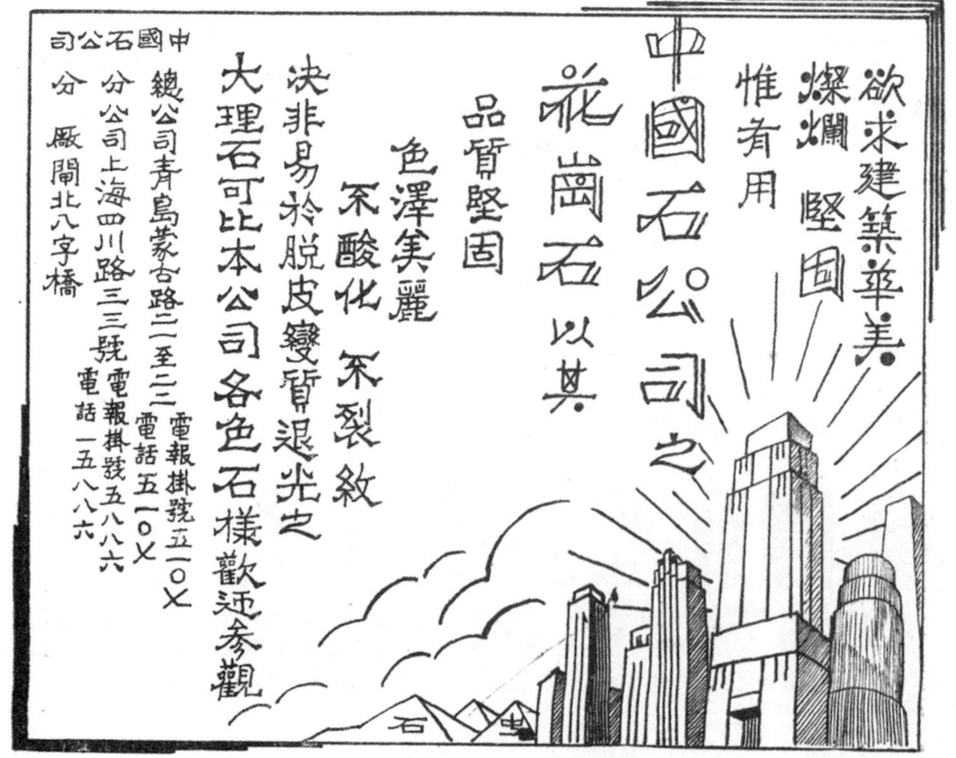
欲求建築華美
燦爛堅固
惟有用
中國石公司之
花崗石以其
品質堅固
色澤美麗
不酸化 不裂紋
決非易於脫皮變質退光之
大理石可比本公司各色石樣歡迎參觀
中國石公司
總公司青島蒙古路二一至二三 電報掛號五一〇七 電話五一〇七
分公司上海四川路三三號電報掛號五八八六
分廠閘北八字橋 電話一五八八六

永亨營造廠

WINGHELM CONSTRUCTION CO.

General Building Contractor

17 PASSAGE No. 425 AVENUE JOFFRE

TELEPHONE 82307

本廠專門承造中西房屋學校醫院市房住宅崇樓大廈鋼骨水泥及鋼鐵建築廠房橋樑碼頭等工程無不經驗宏富如蒙委託無任歡迎

事務所
上海霞飛路四明里十七號
電話八二三〇七號

SUN KEE

GENERAL BUILDING CONTRACTOR

OFFICE: NO. 6 NORTH SZECHUEN ROAD

TEL : 40401

FACTORY: NO. 8 WUKAWAN, KIANGWAN

森記營造廠

本廠專門承造各種中西房屋碼頭橋梁及其他一切鋼骨水泥工程兼理代客設計如蒙委辦無任歡迎

事務所 北四川路六號
電話 四〇四〇一號
工廠 江灣吳家灣八號

桂正昌鋼鐵廠

本廠專製建築五金鋼鐵出品堅固耐久且價格低廉交貨迅速素為各大建築公司營造廠家所讚許推為鋼鐵界上乘如蒙賜顧竭承歡迎

註冊商標

廠址 盧家灣南魯班路中
電話 南市電話二三一六三

王開

地址 南京路三〇八號
電話 第九一二四五號

美術照相
建築拍照
外景內部
一經拍攝
經驗豐富
價格公道

技術優良
特別擅長
設計圖樣
永留榮光
設備麗煌
藝術高尚

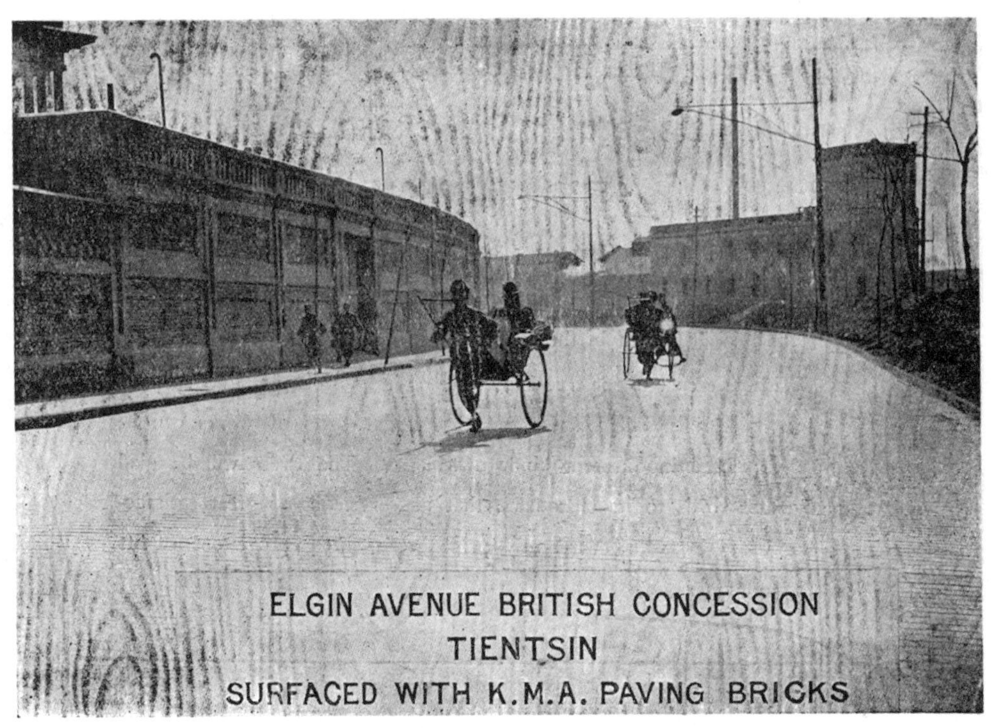
ELGIN AVENUE BRITISH CONCESSION
TIENTSIN
SURFACED WITH K.M.A. PAVING BRICKS

欲求街道整潔美觀惟有用

開灤路磚

價廉物美，經久耐用，平滑乾燥。

A MODERN CITY NEEDS

K. M. A. PAVING BRICK

RIGIDITY & FLEXIBILITY

DENSE, TOUGH, DURABLE, LOW MAINTENANCE

中國近代建築史料匯編・中國建築

中國建築

第二卷 第四期

THE CHINESE ARCHITECT

內政部登記證警字第二九五五號
中華郵政特准掛號認爲新聞紙類

民國二十三年四月份
中國建築師學會出版

第二卷 第四期

沈德泰營造石廠

廠址　虹橋路萬國公墓對過

事務所　甘肅路一四一弄一六號

電話　四〇六六九號

本廠承造之

上海市

歷屆殉職警察紀念碑

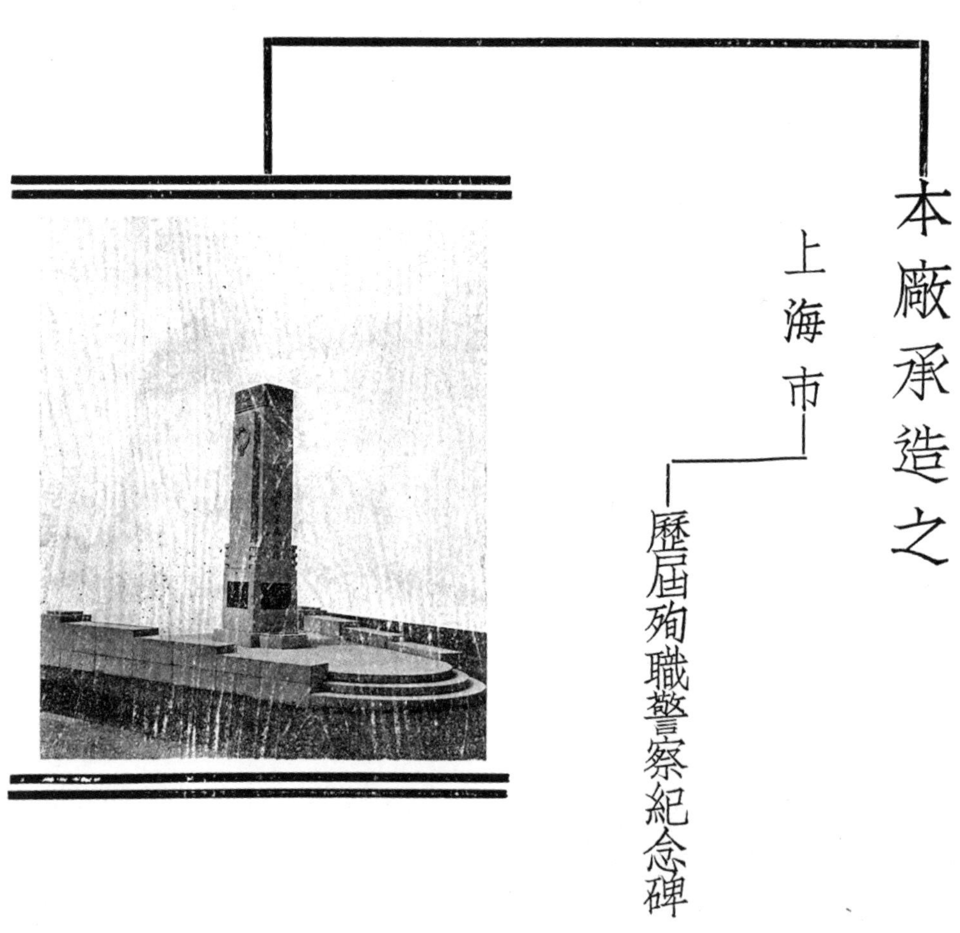

中國建築師學會啟事

本會所業於六月六日由大陸商場四樓遷至香港路銀行公會一百另八號此啓

中國建築師學會啟

瑞昌銅鉄五金工廠
承辦建築一切銅鉄工程
常備大批新式異樣堅固門鎖
漢口路四二一號 電話九四四六〇
靜安寺路六六七號 電話三一九六七號
工廠 同孚路二四三號

中國建築

第二卷　　第四期

民國二十三年四月出版

目次

著述

插圖

卷頭弁語

社會上的建築事業，一天一天的猛進着，花樣也就日新而月異，在外國關於建築的描寫，可說是汗牛充棟。在中國因爲社會人士，對於學術觀念太漠視了，以致歷史上的建築，大都淪沒失傳。晚近的建築，又無人搜集成册，致欲參考而無由，殊屬一大遺憾。近來同人等以破釜沉舟之力，商請全國建築師，供給圖樣，按月在本刊披露，以期鼓勵社會人士對於建築文化加以注意。惟同人等才力薄弱，掛漏萬難幸免，尚望建築界同志，協力襄助，共成善舉，無任感幸。

醫院建築，關係民衆的生死，故設計者不得不殫思竭慮以求適當。地域的選擇，病房的佈置，均與病者發生密切的關係，故設計者應預先顧及。今特請諸關頌聲建築師將南京中央醫院全部設計，貽於本刊，以供參閱。

上海市歷屆警察殉職紀念碑，爲范文照建築師設計，已於最近期內舉行揭幕典禮。採取立體式，雜以中國雕琢，頗顯雄偉。玆搜集其平立斷面，大樣詳圖，及各部結構圖樣，均在本期發表。

聚興誠銀行南京分行，爲李錦沛李揚安二建築師設計。正面幾處小小點綴，增加許多的美感。門窗上幾處一樣的鐵花柵，形勢是十分簡單，實在也很有意思，是值得介紹的。

唐璞君的普通醫院設計，供獻於敝社數越月矣，祇以苦無相當醫院刊登，故於今日始克與中央醫院同時發表，十分表示遺憾，尚祈見原。特申卷頭，以表歉意。

編者謹識民國廿三年四月

中國建築

民國廿三年四月　　第二卷第四期

普通醫院設計

唐　璞

創設醫院之職責,在能濟世活人. 當此文化日進之際,建設醫院,實爲要務。 惟醫院建築爲科學及應用技術之實施地,一切計劃較其他建築尤爲複雜,故設計者應先有醫院設備之智識,臨時又須與富有經驗之醫院主持者,作詳細之討論,方可從事進行,否則盲人瞎馬,無以着手也. 以下數項,皆係醫院設計中之要點,兹略述之.

1. 牀位之規定　牀位爲應病人之需要而設,欲建醫院者,須預定牀位之數目;然各地之情形不同,需要因之亦異,苟就繁華都市之統計而言,每2000戶口,應設內外科牀位一個,傳染病牀位一個,兒童牀位一個,產科牀位一個,但此種比例,每有變化. 其原因有四:(1)瘟疫流行,(2)社會情形不同,(3)人口增加率之不同,(4)醫院之多寡. 故欲精確統計,當先作詳細之調查焉.

2. 地址之選擇　最要一項爲地址之選擇,地址適當,則一切易於解決,故選擇時,當注意數項:

(1)安靜——要離開鐵路,工廠,繁盛街道,及公共集會處所,如教堂,學校,運動場,市場等.

(2)鮮潔空氣——要避煙塵惡味之處,如製造廠,車站及未修之大道.

(3)昆蟲稀少——要離開馬廐,屯貨廠,池沼及濕汚之地.

(4)外景適當——外景須靜而不囂,雅而適意,使病人得以暢其胸懷,故以田林遠山等天然風景爲宜.

(5)方位向陽——須選一地址,能使病室之佈置,每日至少得有一部日光.

(6)保持永久——避免將來能變爲工商業中心之地.

(7)將來擴充——將來發展之速率,不可測料,須預備二倍大之擴充地皮.

(8)交通便利——以上雖言及離開工商業中心，但亦不可偏僻，否則病人及供給品之運輸，將感困難.

3. 各部分的處置:——

a. 行政部　此爲全部計劃之魁首，計劃須包含一種熱烈的歡迎，親密的情誼，誠懇的招待表示，使能增加發展力.

(1)進門廳——須設問訊處，公共電話，招待室公共廁所等.

(2)辦公室——普通辦公室個人辦公室會議室等.

(3)業務辦公室——病况登記室，看婦監督室，醫藥指導室等.

(4)社會服務部——職員辦公室，圖書室，急病室，病人運送門，診查室.

b. 公用部　公用之廊梯等，須設於房屋中心，使出入方便.

走廊　去公共病室及私人病室之走廊至少要寬8呎，因此種寬度可容兩牀併排經過.　如走廊較長，則寬度亦應增加，因病人，探病人，醫士及看護婦等均須經過走廊.　在每層走廊中，應設一小室6呎×$7\frac{1}{2}$呎，以備病牀之推入.　天然光線及通風爲走廊中之要件，亦應注意及之.

樓梯　須位於中央部分，易於上下，至少兩個，始能足用，梯之寬，不應小吋於4呎並應裝置牆上扶手.　每級之高度應小於$7\frac{1}{2}$吋，寬度不可小於10吋.

電梯　用以載病人由病室至手術室者，其大小應以能容病牀看護婦及司梯等人爲準.　故6呎×8呎爲合宜.　電梯之前，須有一廳，牆以木條及石灰粉刷造之.　使機械聲音不致傳於走廊，而入病室，且可作候梯之用，以免走廊之擁擠.

c. 病人部

病室　分男，女，兒童，產婦及新產小兒等室.　此外又有公共病室及個人病室之分.

公共病室——近代病室已小於昔日，每室約置牀位八個至十二個，今更有減少至四個或二個牀位之趨勢.容八個牀位者，可取22呎×42呎，容二牀位者，可取16呎×16呎.　皆因病室之大小，依每人應佔之空間體積而定.　卽每人至少應佔1000立方呎，以每牀中心到中心8呎爲宜，牀之間，可以屏隔之.　平頂高度以10呎6吋爲宜.　窗最好1呎寬，窗台離地板2呎6吋，上緣距平頂半呎，走廊寬度可用8呎至10呎.

病室內射進之光線，勿使直對病人之目.　最好之方向，爲頭與兩窗所夾之牆能成垂直.

公共病室之外，尙須有小病室，以備有傳染病者住之.　又設安靜室於其旁，以備怕人擾亂或具有能擾及其他病人之病者住之，其位置應近看護站.

個人病室——個人病室之大小形狀，須使病人睹之不厭，可爲牀位之外，留餘地以置桌椅.　故以10呎×16呎;14呎×16呎或12呎×18呎爲宜，旁邊須設盥洗處及廁所.

兒童病室——兒童病室之隔牆上部須裝玻璃，以便易於照護，卽走廊之內亦須裝以玻璃.　室內須漆以圖畫，以作裝飾，使兒童可有安慰.

產婦病室——須有進門廳，而入接生室(至少12呎×16呎)須連以消毒室及應用室.　育嬰室之毗連，每日至少須有太陽一部，並須良好之自然通風.　依面積言之，如產婦牀位爲30，而每個小兒需要空間200至300立方呎時，則面積應以12′×23′爲宜.　溫度須保持80°F，如爲防音起見以穿堂與走廊相隔爲佳，其附近須設膳室，以備產婦及小兒飲食. 又須設小育嬰室,以備遇有傳染病之小兒用之.

d. 手術部 常位於高層,因其光線充足也. 但亦有位於第一層者,則應用大窗,手術部最要部分爲主要手術室約18′呎×24呎′,與次要手術室約14′呎×16呎′,平頂不可低於12呎,以求空間之適合,窗之寬度以8呎爲宜. 窗台高2呎6吋直抵平頂,窗上須有蔽光設備,因有時不准陽光射入也. 手術桌上設強電燈,其光線之配置,須使無影之拋蔽,內部顏色最好用灰綠色之磁磚護牆,以上再以淡灰綠色漆之,地板則用深灰綠色之磁磚鋪之. 但磚面不可太滑,近代手術室多設有學生參觀處,其處在手術室之上層距地板面僅七呎高,上有鞍坐一周,學生可由玻璃屏伏望手術桌上,其視線正由身前之短牆緣入射,使下面人不致覺察.

每一手術室之旁,當有消毒室,醫生洗濯室. 此外附屬部分,尙有麻醉室,看護婦工作室,小試驗室,醫生休息室.更衣室,廁所等. 麻醉室約12呎×16呎,牆面應飾以暖和之色.

e. ×一光線部 地位須乾燥不潮,並須擇病人出入方便之處,其規模小者有:

(1)螢光鏡檢查室,放射線照相室及治療室合而爲一. (2)診斷及辦公室. (3)洗相室. (4)候診室. 規模大者有:(1)一個或多個放射線照相室. (2)一個或多個螢光鏡檢查室. (3)診斷及辦公室. (4)治療室. (5)洗相室 (6)候診室. (7)更衣室. 大致如此,惟須視經濟及需要而定其室之多寡.

平頂不可低於10×(由地板面至梁底)內部牆面須蓋於鉛,(就螢光檢查室及放射線照相室而言)入此二室之門,亦應以鉛包之. 如其上下層均有病室,則此二室之地板及平頂亦須以鉛蓋之,以備防光.

f. 解剖部 須設於地下層,與電梯接近而出入不使病人望見之地方.

g. 藥材部 藥局,藥材室,及試驗室,均應有北方光線.

h. 職員宿舍 無論醫院大小,職員居住問題,爲必待解決者,因辦公以後,精神疲勞,當有相當休息,故宿舍位置,一則須與醫院接近,一則須得享受公餘之樂,故網球場及戶外運動等設備,均不可少. 醫生之有家屬者,需要住宅式之房屋,故設計亦當顧及此種問題.

看護婦宿舍及學校 看護婦宿舍以獨立爲佳,然亦須以廊與醫院聯絡之,普通房間,以容二人爲準.浴室及廁所宜另闢一室. 但須由臥室可通,並須可作四五人之用,每層備有小廚房及縫級室,公用之起居室,接待室,體育館,雨浴室等亦應盡量設置. 近街道處應有大門,而入院時不必經過之,看護婦學校可設於宿舍內,但亦可獨立.設計者當就其需要,臨時佈置之.

i. 炊食部 炊食部分須設於出入方便並易於供給物品之地方,另設一門以使不與醫院之業務上發生阻礙. 但須接近電梯,內有總廚房,規定飲食的廚房,看護婦,監督員,工人及職員等餐室,炊食管理室.

j. 鍋爐房 鍋爐房有附於醫院內部者,有獨立者,附於內部者,須靠近物品供給之出入口,如經費充足,能設於獨立之位置更佳,蓋可使各事便捷也.

k. 洗衣房 宜設於地下層,最好位置在兒童病室下,因兒童之精神,不致被洗濯工作擾亂也. 然平頂亦須以防音方法構造之,如取獨立位置時,則以設於鍋爐房上層爲佳.

以上各項,僅述其概要,然一院有一院之條件及需要,設計者當於臨時視察情形酌定計劃,固非上述各點所能一一解決也.

中央醫院設計經過

基泰工程司設計

(一)位置　南京中山路黃浦路轉角

(二)式樣　簡樸實用式略帶中國色彩

(三)造價　國幣六十萬元

(四)建築時間　民國二十一年至二十二年

(五)承造　建華建築公司

(六)暖氣衛生　炳耀工程司

(七)材料　鋼骨水泥架子配合其他防火建築材料宜於隔潮隔音及便於清潔者

中央醫院

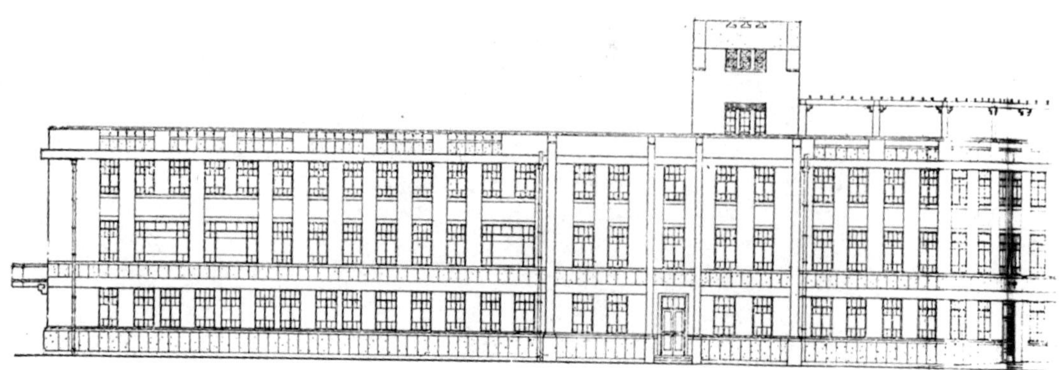

中央醫院正面圖

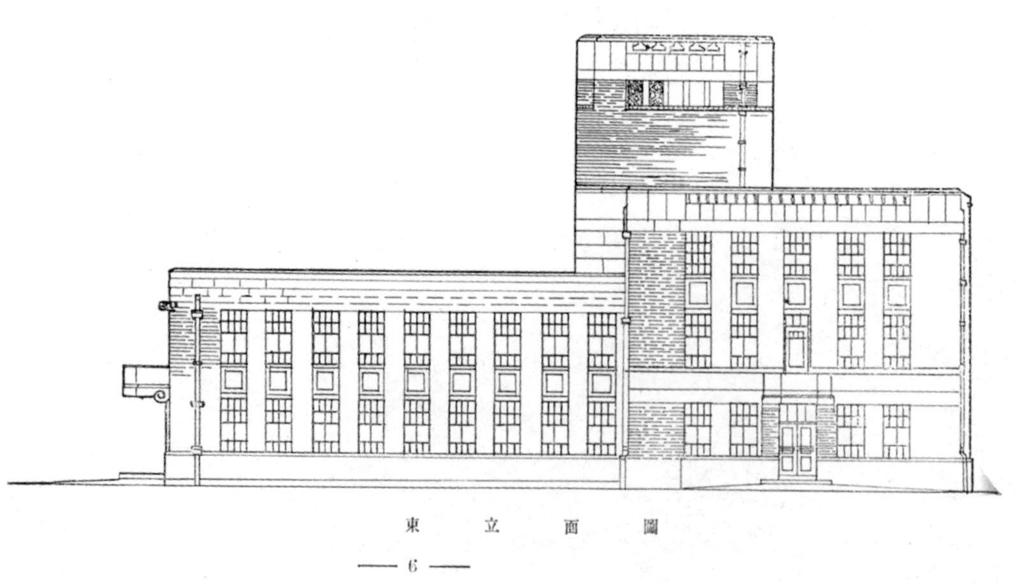

東立面圖

基泰工程司設計

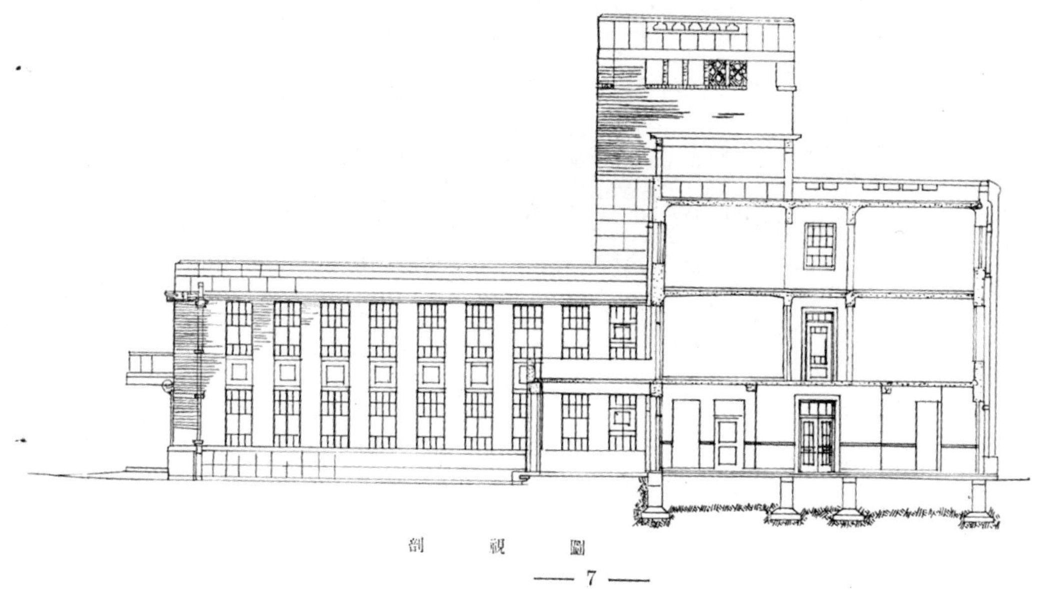

剖視圖

中央醫院院門

中央醫院正門

中央醫院正面圖

中央醫院之一部

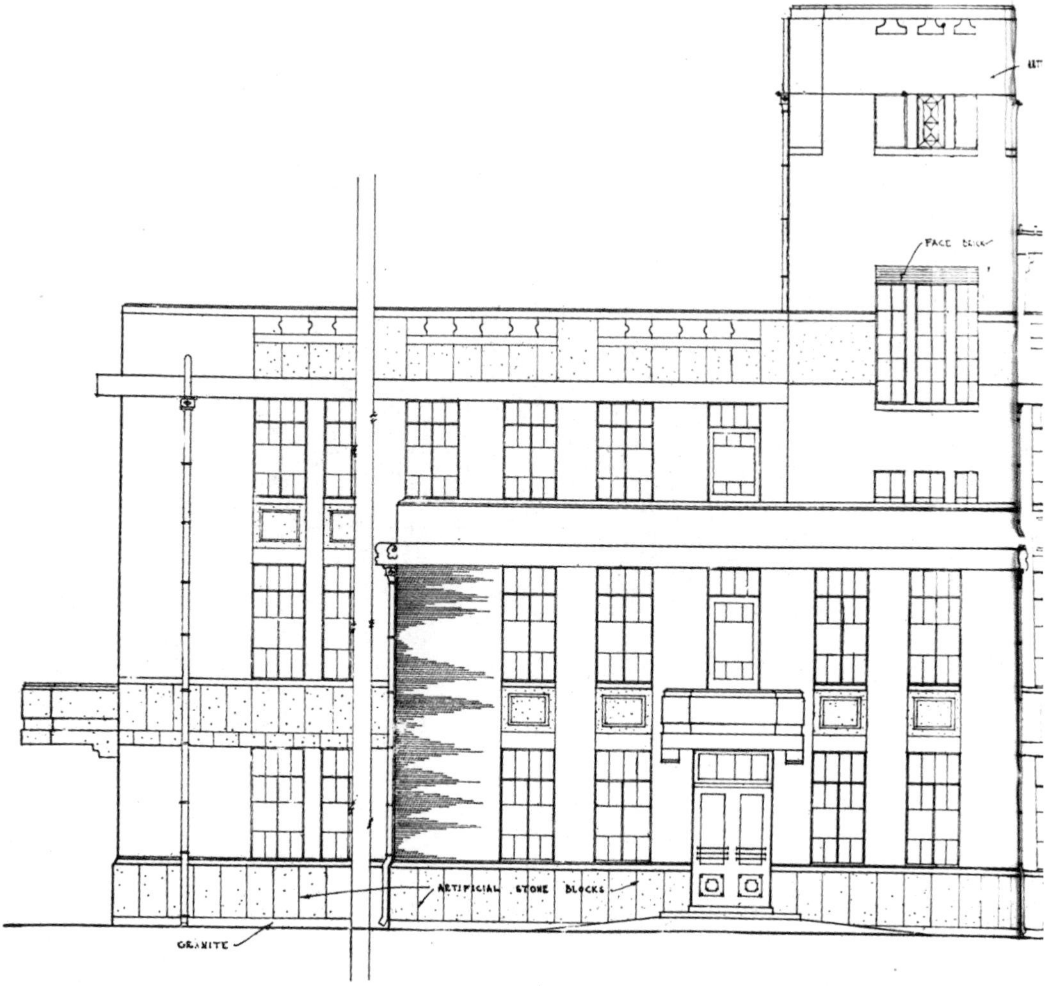

FACE BRICK
ARTIFICIAL STONE BLOCKS
GRANITE

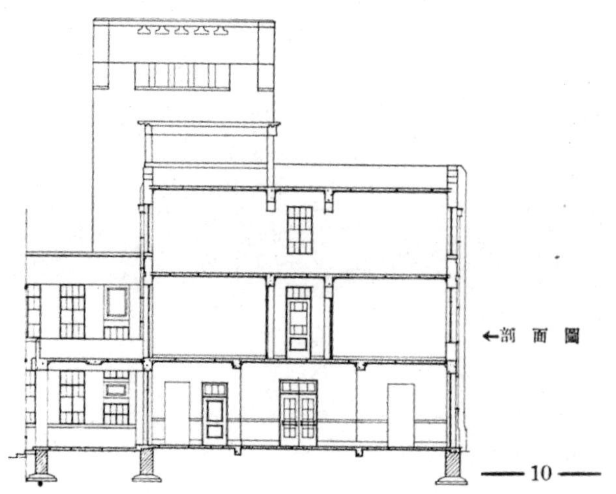

←剖面圖

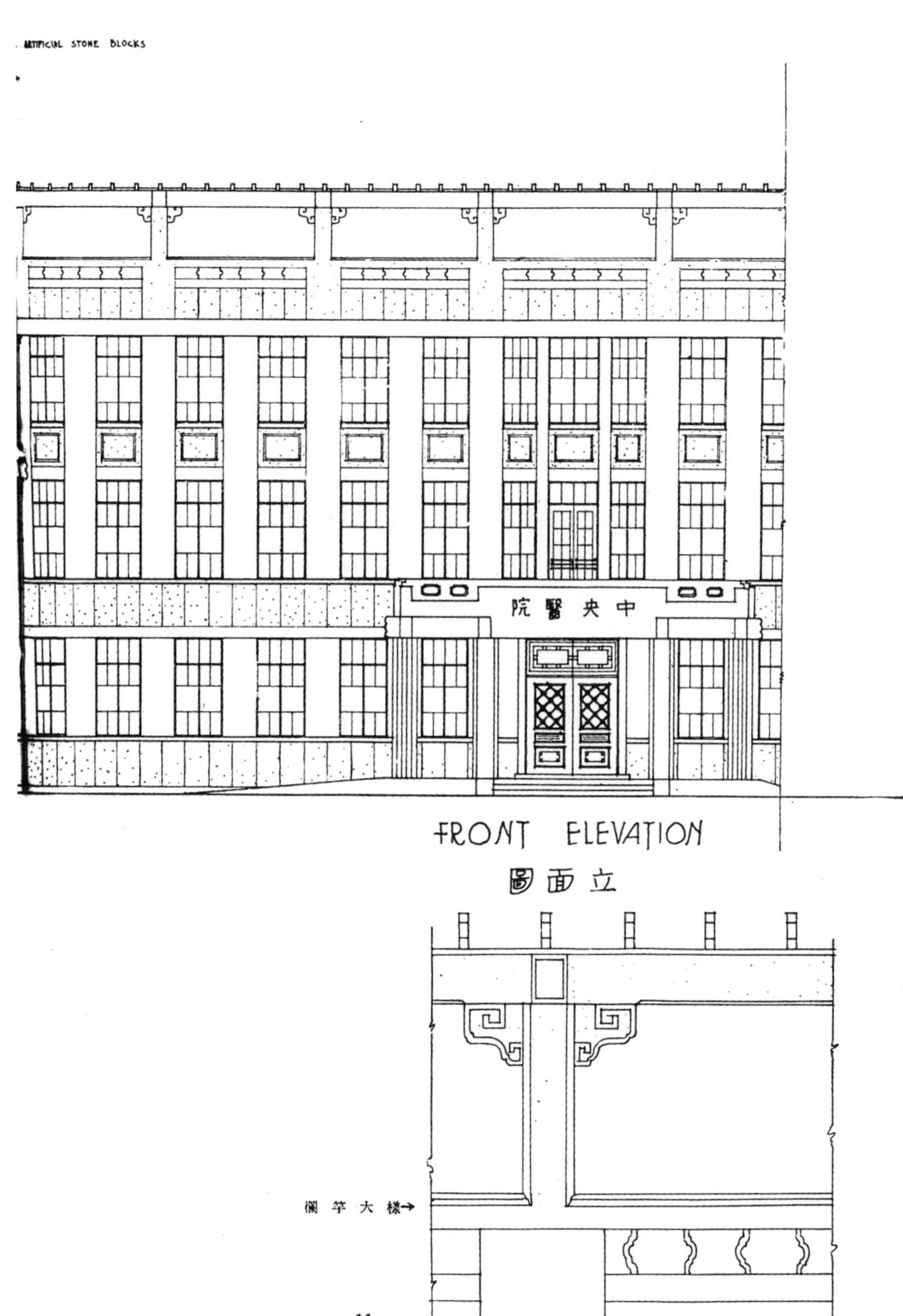
ARTIFICIAL STONE BLOCKS
中央醫院
FRONT ELEVATION
立面圖
欄杆大樣→

正門詳圖

—12—

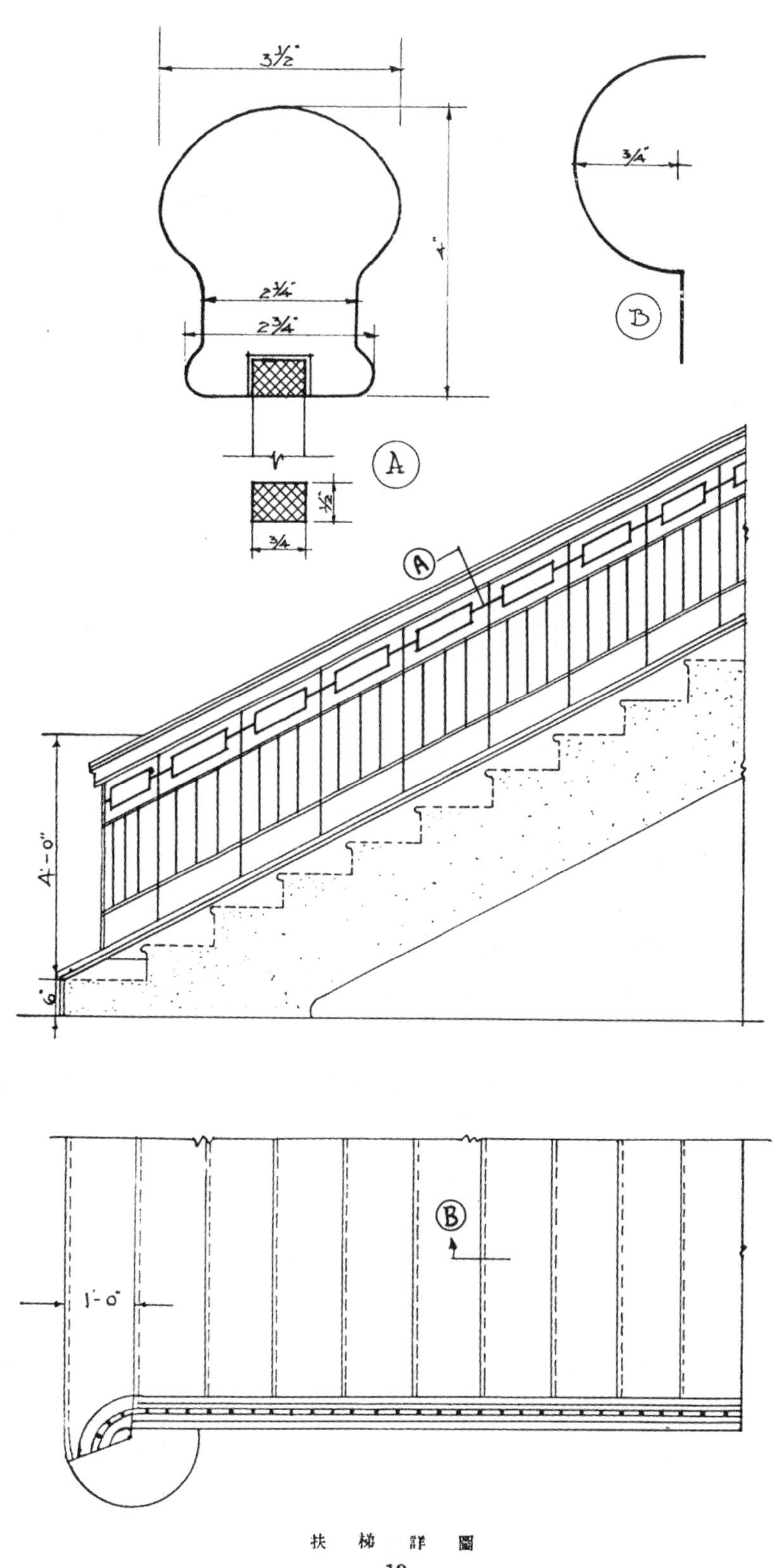

扶梯詳圖

上海市歷屆殉職警察紀念碑

范文照建築師設計

(一)位置　　寶山路鴻興路口

(二)式樣　　立體式雜以中國式

(三)造價　　壹萬貳仟伍百元

(四)建築時間　　民國二十三年一月開工五月工竣

(五)承造　　沈德泰營造廠

(六)材料　　全部碑石踏步皆採用蘇州花岡石碑池則用黑色大理石

上海市歷屆殉職警察紀念碑

上海市歷屆殉職警察紀念碑

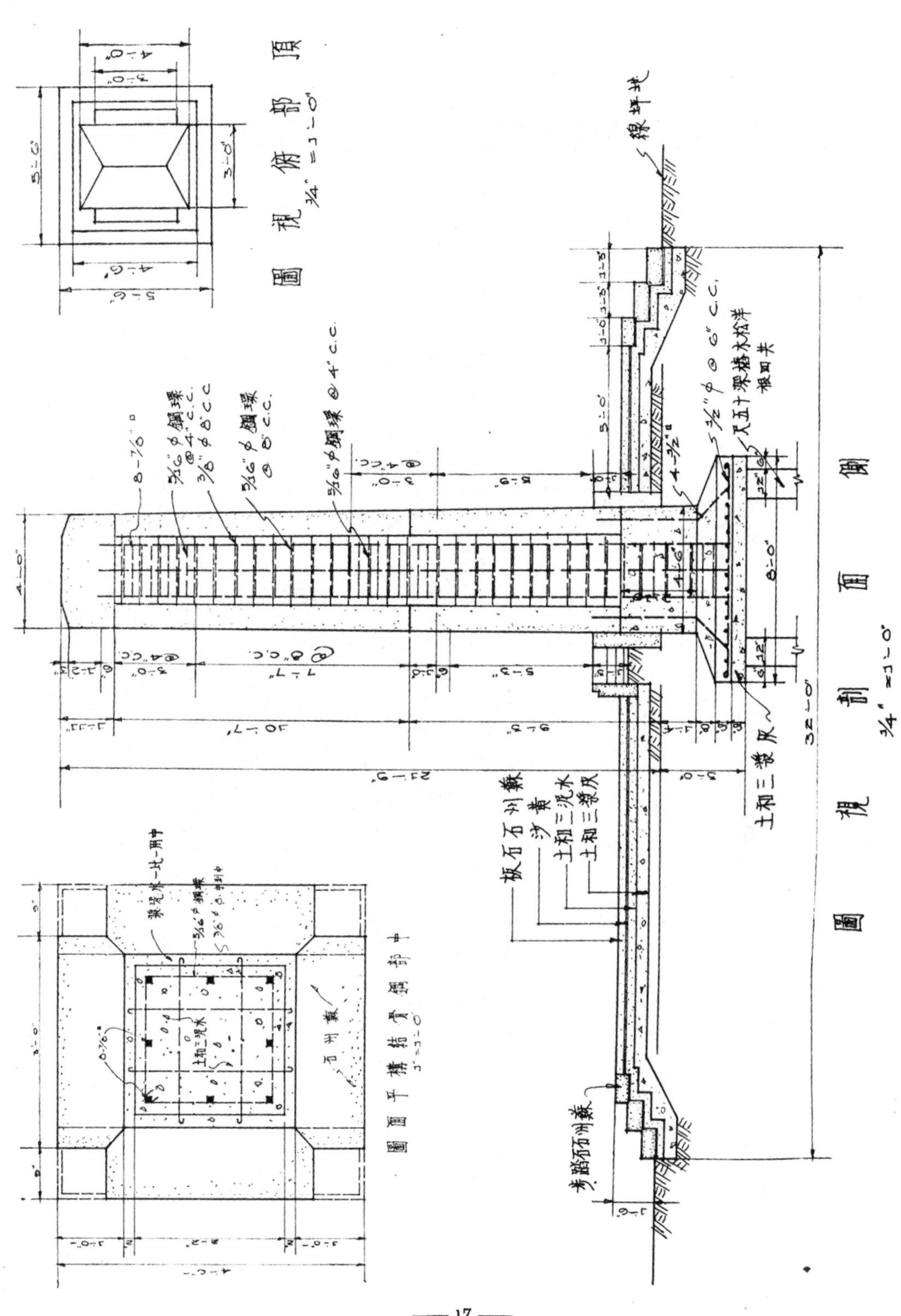
頂部俯視圖
3/4" = 1'-0"
側面剖視圖
3/4" = 1'-0"
中部鋼骨結構平面圖
板石石州蘇
沙黃
土和三泥水
土和三漿灰
線坪地

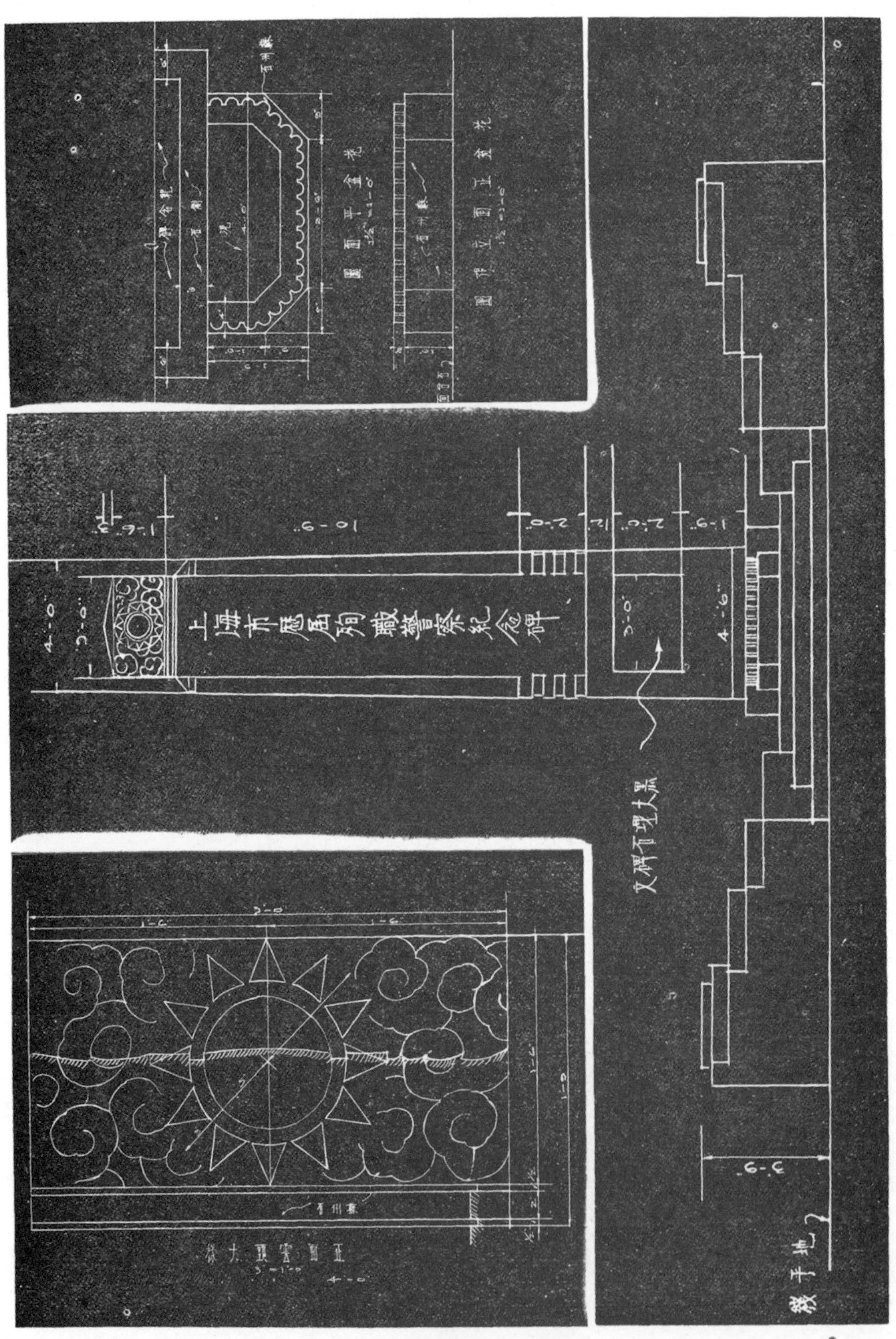
上海市歷屆殉職警察紀念碑
黑大理石碑文

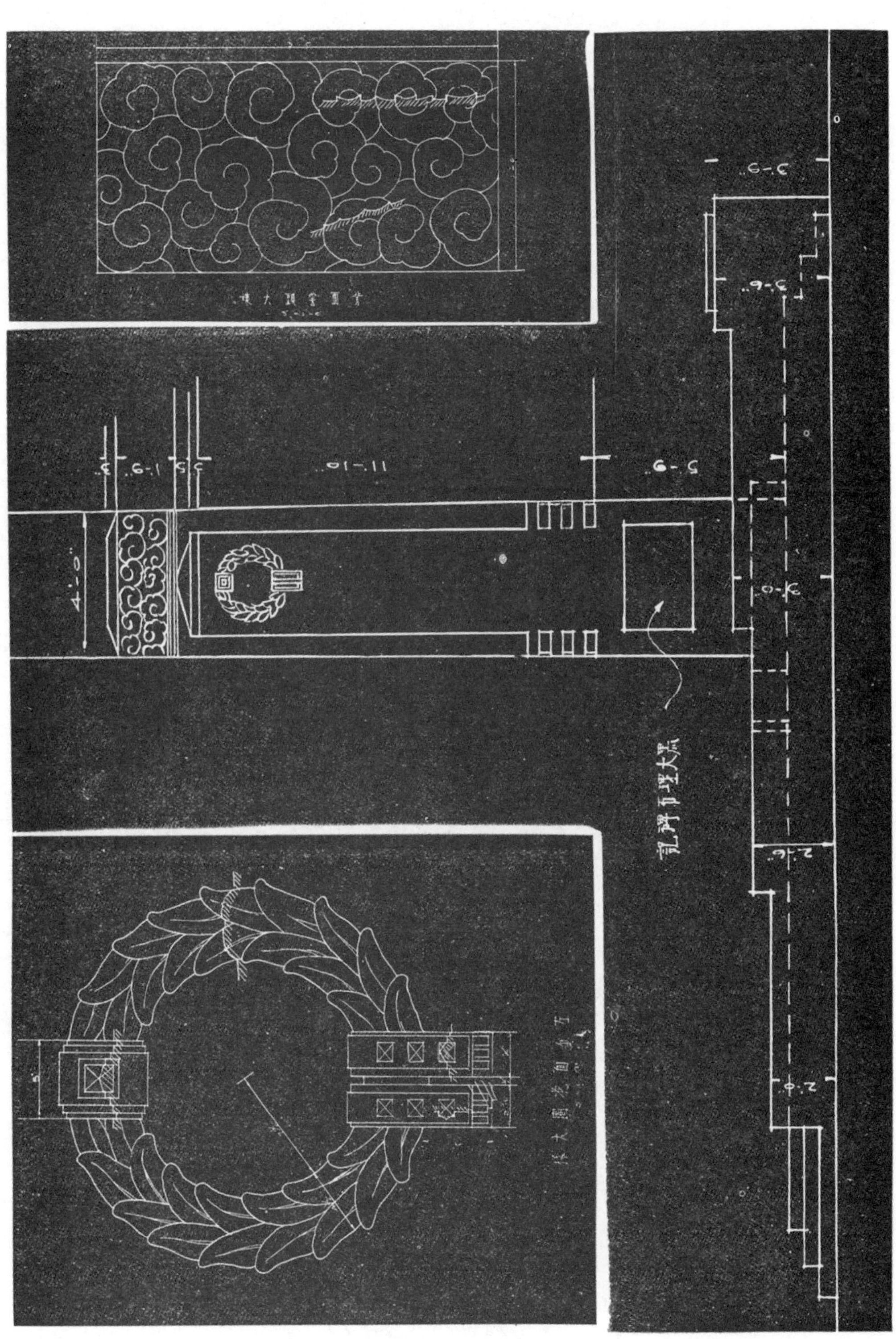

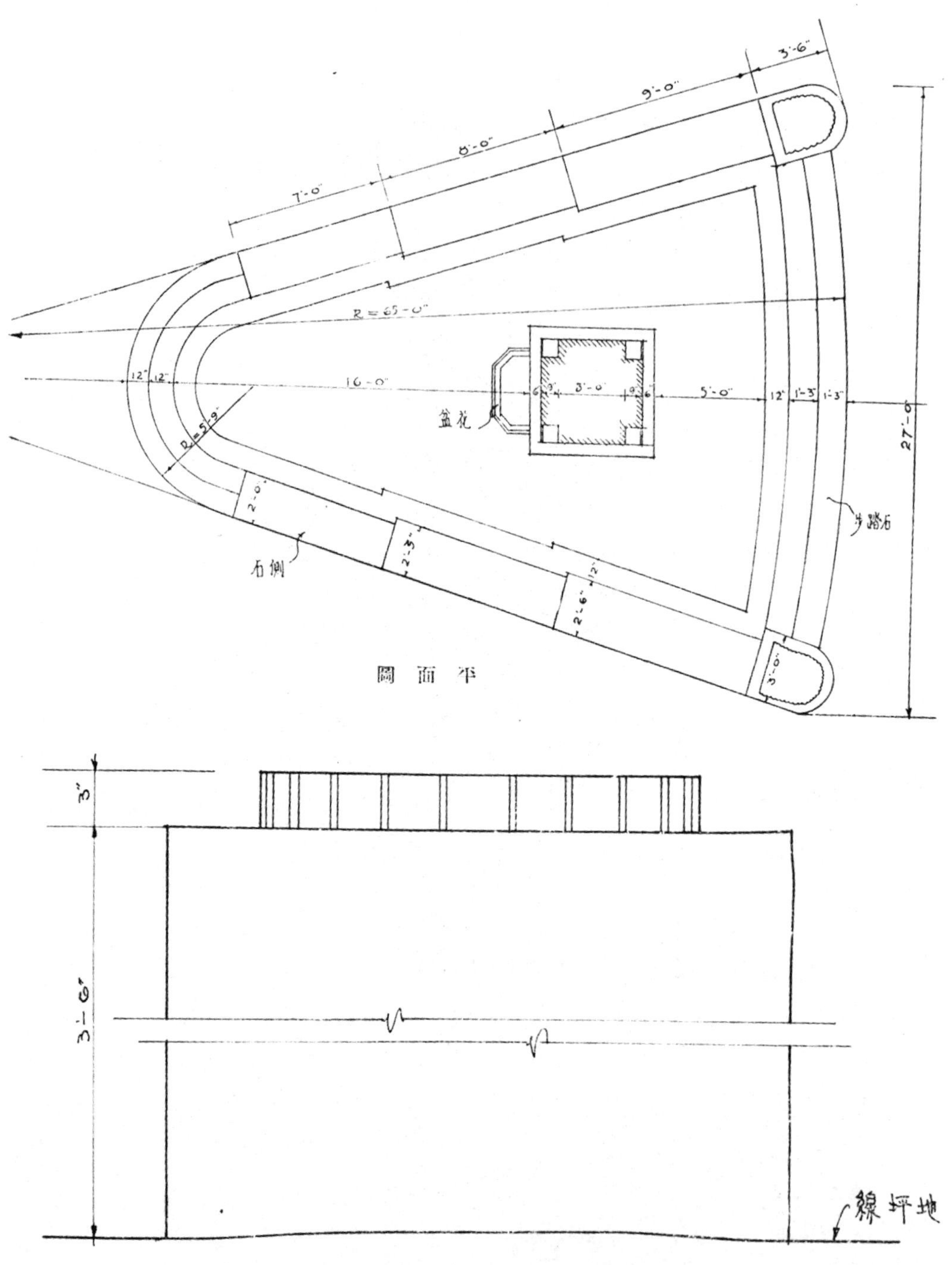

平面圖

正面立視圖 （視平面丙一丙）

1½" = 1'-0"

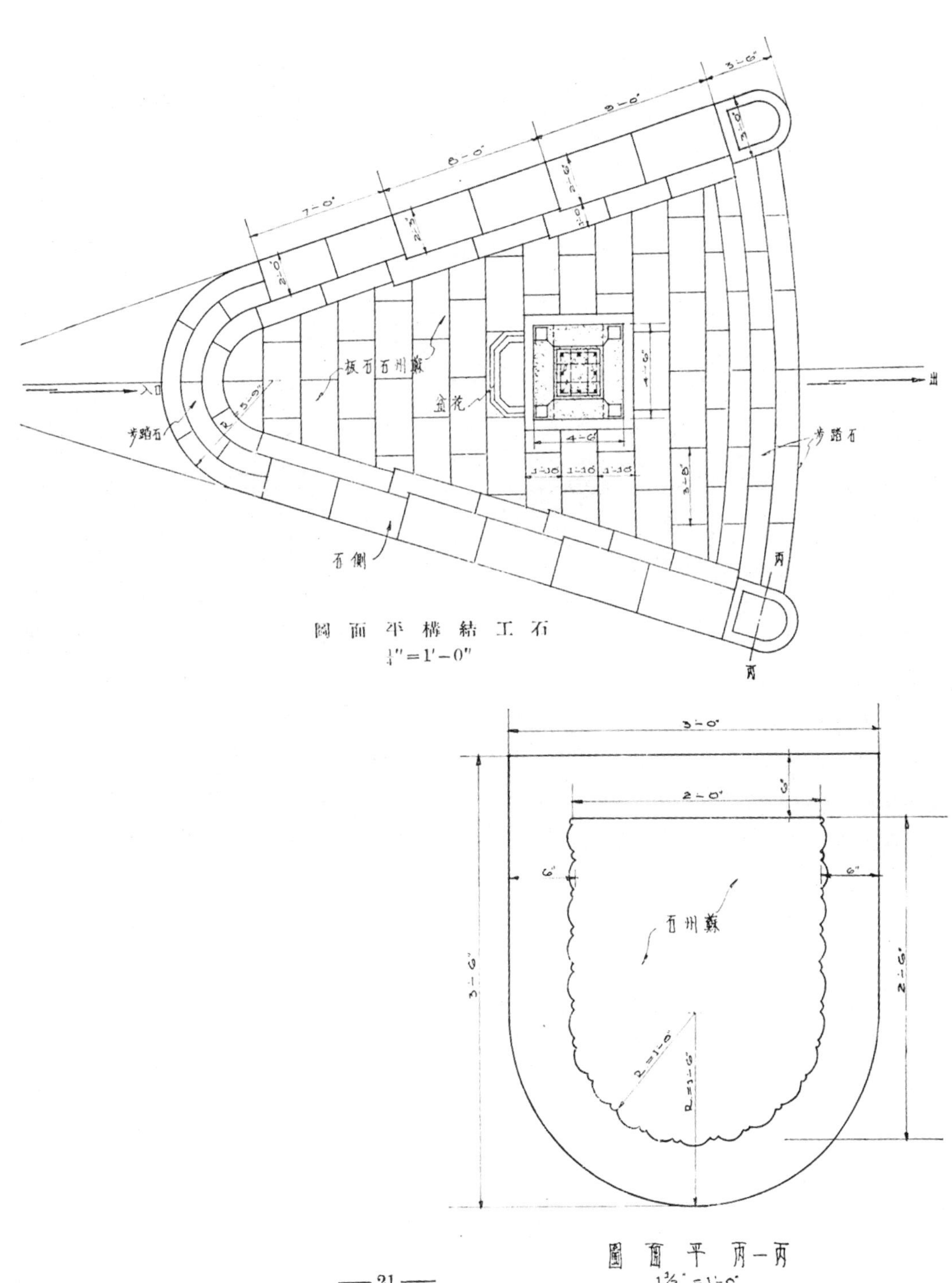

石工結構平面圖
$\frac{1}{4}''=1'-0''$

丙一丙平面圖
$1\frac{1}{2}''=1'-0''$

聚興誠銀行南京分行建築概觀

位置	南京新街口
式樣及材料	三層樓房採用蘇州石下面用黑色青島石
建築師	李錦沛　李揚安
營造廠	慶記
衛生部分	英惠衛生工程所
電燈	南京東方電氣公司
鋼窗	大東鋼窗公司
外部電燈	明益電氣公司

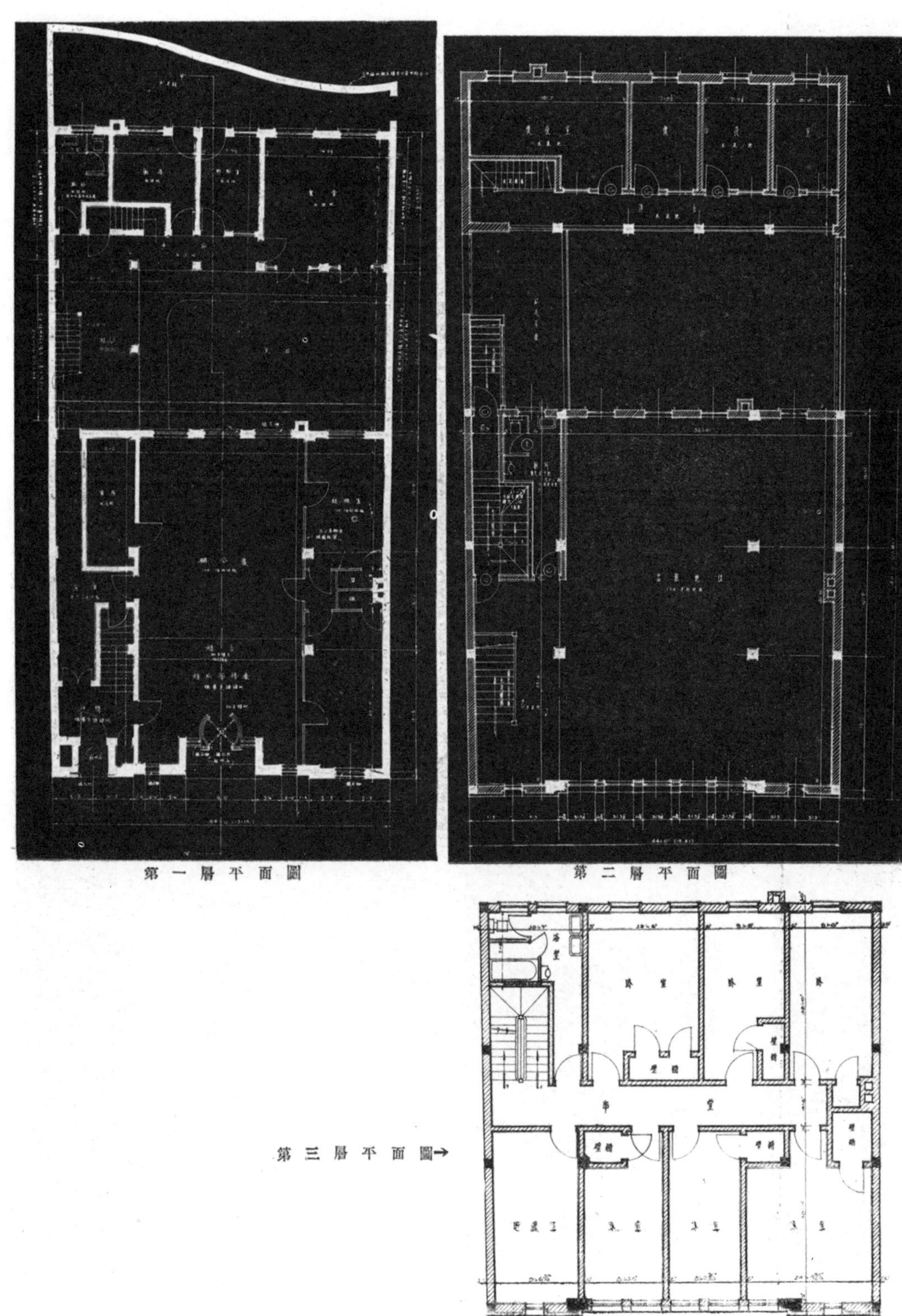

第一層平面圖

第二層平面圖

第三層平面圖→

南京聚興誠銀行正面圖

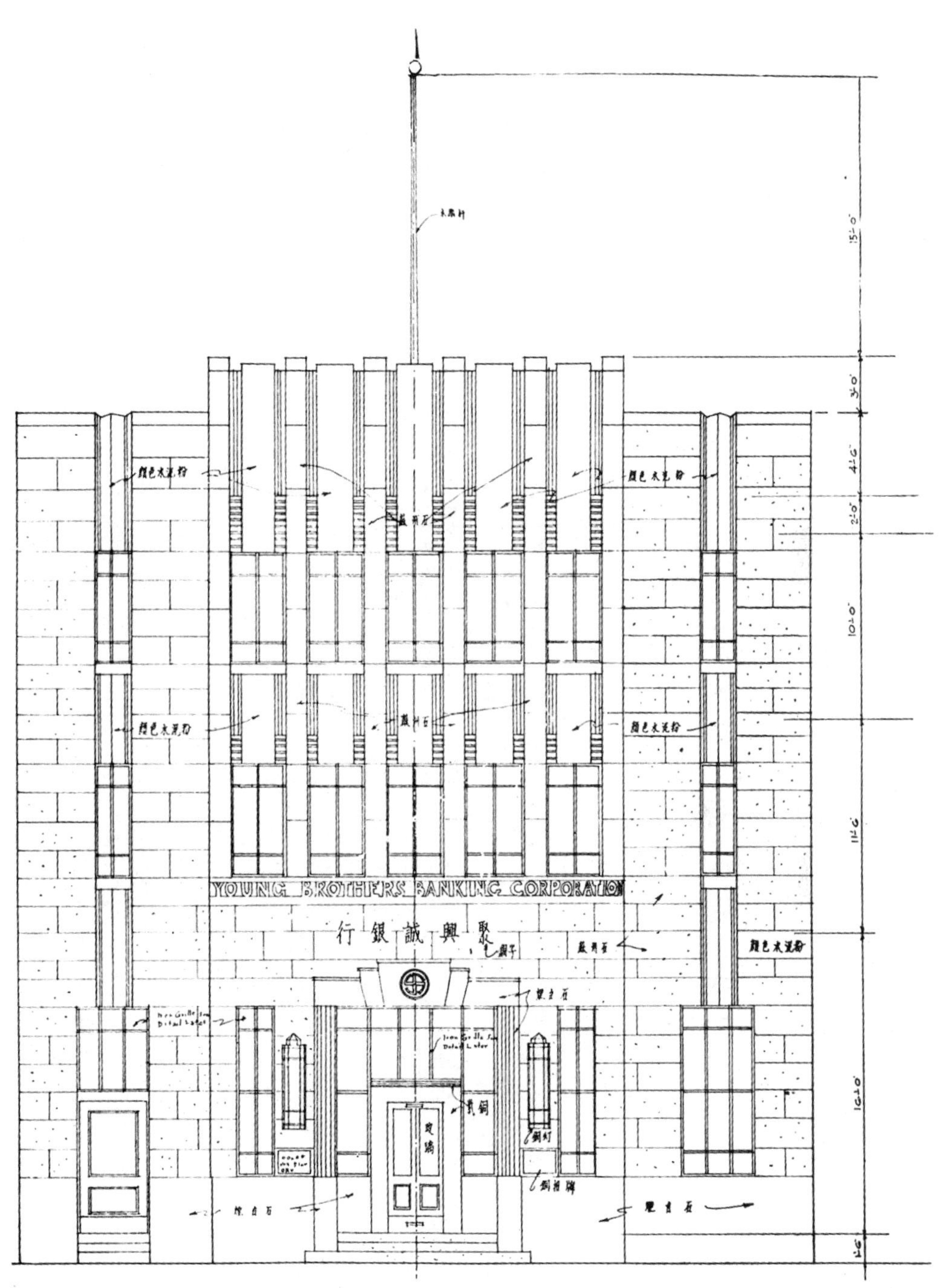

南京聚興誠銀行立面詳圖

南京聚興誠銀行正門詳圖

中央大學建築系學生圖案習題

稅務稽征所 (A TOLL HOUSE)

某地橋頭將建一稅務稽征所，該橋橫過二省交界之河流；兩岸形勢頗呈險峻之象。

要件：——

(一)稅收辦公室一，門迎橋頭

(二)救護室一，可容一舁牀

(三)膳堂廚房各一，供給十二守兵用膳

(四)隊長室一；電話間，廁所等。

(五)樓上為臥室。

(六)崗亭一，立於路之對面。

中央大學建築系王同章繪稅務稽征所

中央大學建築系王憲英繪稅務稽征所

中央大學建築系徐中繪稅務稽征所

華蓋建築事務所黃志劭繪湖心亭

湖心亭

某林園勝處有池塘數畝茲擬在水上築一亭備遊賞及息足用式樣不拘惟所佔面積最寬不得超過二十五尺

正面立面圖　　二分之一吋作一呎

斷面及平面　　十六分之一吋作一呎

華蓋建築事務所毛梓堯繪湖心亭

百樂門大飯店之新式器皿陳設

建築正軌

（續）

石麟炳

第五章　題目之探討

學生每當草圖繳卷後，隔日就要研求正式圖案如何進行，這種進行步驟，在英文稱爲"STUDY"，我們叫他題目之探討。　在探討題目之時，高年級的同學，應當拿他們較多的經驗，啓發低年級的智力，應當舉有意味的歷史先例，開導他們的進取心，使其不致畏難退縮。　至於如何使其畫線之手術正確，如何增益其建築上條款之認識，這都是高年級應盡的職責，不可退避的。但學生自己應當有他的主見，以外力來發展他的主見，是極有効率的。

學生要知道建築圖案，是和幾何圖形一樣的；圖線一定要準確，呎吋也要當心去量，至於配法(Proportion)之設施，更要細心竭慮，不容頑忽視之。

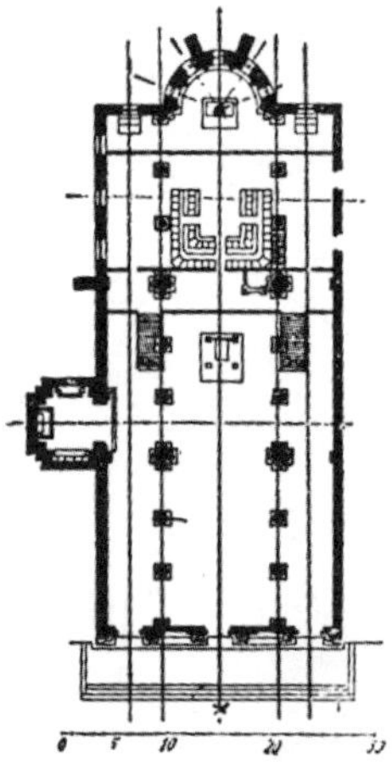

圖十六

一個題目的探討，不外以下三種圖形。

（一）平面圖　PLANS,

（二）剖面圖　SECTIONS

（三）立面圖　ELEVATIONS。

繪圖者須按圖的大小，作一種合度的比例，此種比例要與最後圖形所需要的比例有關係，則一個題目進行的程序，由始至終，可以迎刃而解。　放大的時節，用兩角規將原圖按線段量準，就可不費事的放大一倍二倍而至數倍，這是很簡單的辦法。

繪圖時最好是把要計劃的圖形，先作一軸線(AXIS)然後賴此軸線擴張起來。

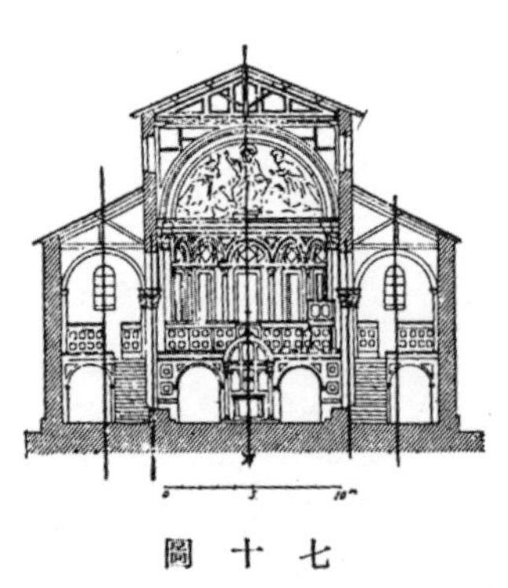

圖十七

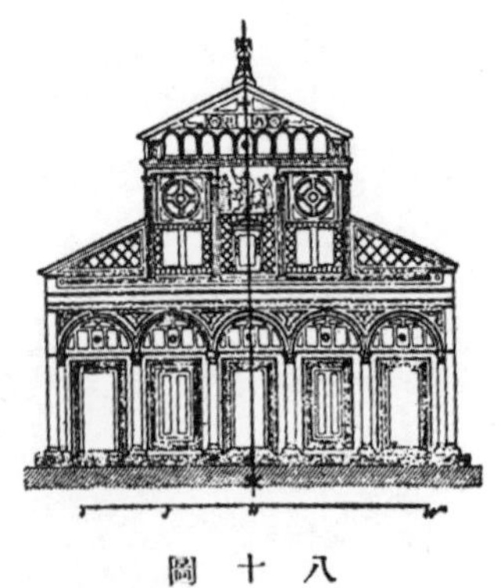

圖十八

圖之完成，差不多都要靠此軸線的。 法國建築家高代（GUADET）曾著「建築原理」（ELEMENTS ET THÉORIE DE L'ARCHITECTURE）一書，對於軸線表示十分重要頗可藉助。

在幾何形上面軸線是狹意的，不過是等分一個面，或一個對襯的圖而已。 在建築繪圖上，軸線是廣義的，是立體的；牠能把一個整個的結構圖形劃分爲二。 高代曾舉某禮拜堂爲例，此禮拜堂平面（圖十六）剖面，（圖十七）立面，（圖十八）都是用一個軸線，分成整個的二個部分。 這種軸線我在繪圖上佔很重要位置是值得注意的。

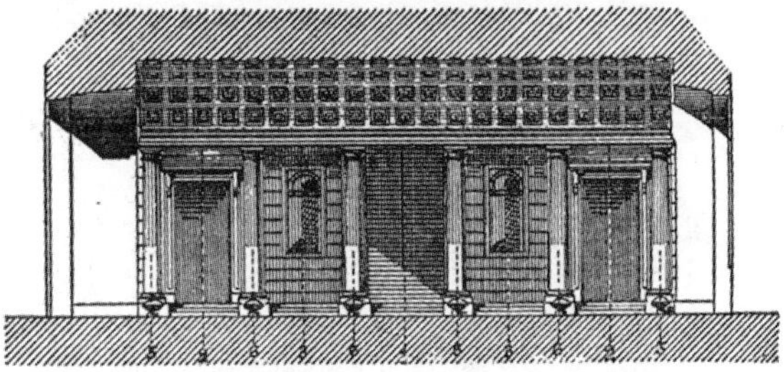

圖 十 九

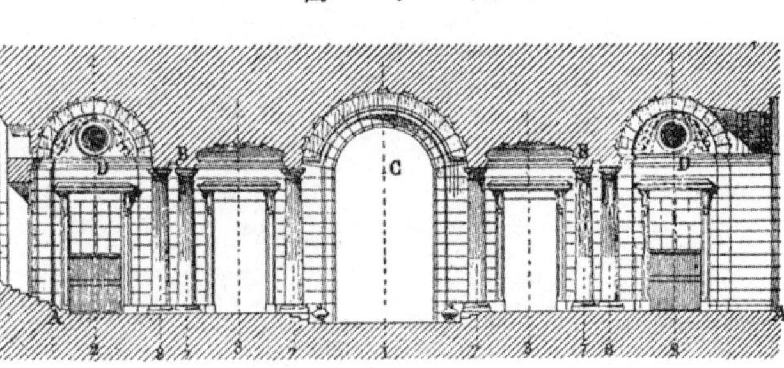

圖 二 十

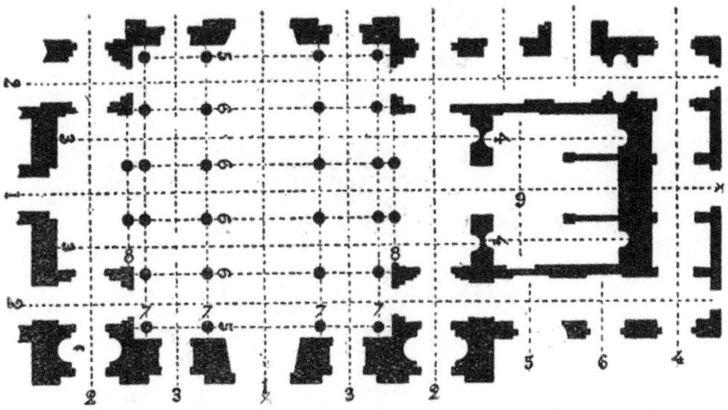

圖 二 十 一

進一步來講，軸線不僅有一個，中間者爲主軸，兩旁有兩廊軸，又有夾柱軸；橫穿諸軸者，稱爲橫貫軸。 欲完成一個整個圖形，必須先佈置這些軸線，然後圖形的結構，始不致紊亂。 高代又舉一例爲孟來旅館之一平面圖及縱橫剖面圖（圖十九，圖二十，圖二十一）都是先作軸線而順序繪成功的。

圖樣放大時，例如自 $\frac{1}{16}''=1'-0''$ 放至 $\frac{1}{8}''=1'—0''$ 仍然第一筆就要畫軸線。

題目之探討比較繪圖還要費事，門窗之比例配合及形狀，層牀，簷板，立柱，柱壓，穹窿，屋頂樓梯等設計，都要有相當的照顧。 平面的布置更要配合適當，要緊的房間，光線要好，空氣要好，這都是設計者應當注意的。

配合的適當與否在小的比例呎作圖時，就應當弄清楚，然後按呎吋放大起來，就不會再有不合適。 不然放大一次配合法改造一次。 是極麻煩而又易錯，故繪圖時當於第一步最小比例處注意。 至於裝飾之點綴，嵌線之形狀，圖案在紙上之佈置，着色之步驟等，則爲最後之探討耳。

今舉出兩個現成的圖形（圖二十二圖二十三）作爲製圖者之參考。

圖二十二

圖二十三

建築的新曙光

（續）

戈畢意氏演講

盧毓駿贈稿

我現在畫總辦公廳之中部：這座房子有公共的總辦公廳，兩面樣是玻璃幅壁。 兩側是不透光的墻，用火山石薄片做成雙重的。 這種墻的中間，可以通空氣，我以後再譚這個問題。

兩邊座的辦公廳，一邊是玻璃幅墻。 走道則用混合的墻。（石和玻璃） 末端就用完全不透明的石。

這三個立方都就是主要的建築美術組合：一橫列二直列，佈置自成了姿態。 中座比旁座低一層，這是很要緊的。 整個的房屋是架空的。

注意這個有價值的新建築：全部房屋彷彿玻璃箱一樣，陳列於列柱上面。

我現在講城市計劃：

到今天止我們的『牛棚樣』的街道。 你們的住宅都是鍊固在地上。

若談到今代的交通，要叫你們驚慌失措。

但是我有辦法，這裏鐵造或鋼骨水泥造的新式房子架空而建着。 五，十，二十，五十層的樓板，望上面建着，在上面是遊憩花園，在下面是列柱。 100%的地面都是空出來的。 還有就是在每屋的前面，在列柱的上方，露出陽台。 這陽台前面，互相連通，這種陽台變了第二個的街道嗎？可以作步行道和輕載。 至於重載則在下面。 所有城市溝管，自來水管，電話，電線，煤氣等管道，都是可以看得見，容易修理。

還有旁的東西，就是這種二百公尺高的冲霄廈，在他的下面空地，便利於交通。 爲齊整，爲實用，爲建築美術起見，冲霄廈是相距每四百公尺造一個。 若理想到那街道呢？街道完全變了像交通的河流一般樣子。 流通到我們所認爲應流通的方向。 他有他的支流。 他有他的碼頭，在於冲霄廈的底下，汽車就停放在這裏。 到處都是種樹木。

我追求我的思想，更叫我近於眞理。 假設這裏一隻輪船的剖面。

在這輪船有二千至二千五百載客，可說是彷彿一座大廈，不特一點秩序也不混亂，並且很有規矩。 食於斯，睡於斯，跳舞於斯，沉思於斯，和陸上的生活沒有兩樣。 引起我們對於房子新尺寸的研討。

現在我們得到應取的方針。

我前面講過把我所有窗的罅隙都封滿，還有談其他的問題，例如改良僕役的生活，減少我們的痛苦。 我的見解在這機器發達的時代，我們的休息的日子和工作的日子不相配。

我的三個碟子，貯滿了科學，（材料力學：我們已進了新的途徑。物理和化學：我可以給你講新的希望。社會學我要改革，經濟學我要講便宜）。因爲有許多的資料，可以於最近的將來，把建築趨於工業化。這種房屋尺寸的變更，就是大工程的開始。到今天止，十公尺，二十公尺，三十公尺的房子，某某爲業主，將來將有一公里，二公里，五公里長的房屋。若有人講怎麽這樣長，可說要解決城市計劃的問題，實驅使之。需要一種計劃以適應於公共的用途，就一切的問題都可以解決順利。例如交通，造價，僕役，美術，舒適等等。要真理的發現，須要能答應『若何』和『何爲』的問題，我已經講過。

光線充足的樓板。

爲何用處？所以生活的。

什麽是生命之源？呼吸。

呼吸什麽？熱，冷，乾或溼的空氣？

呼吸潔淨的空氣有一定溫度和一定的溼度。

但是時令有冷，熱，溼，乾。地方有熱帶，溫帶，寒帶。同一時候，這裏寒帶地方的先民，獸皮蔽體，而那個地方熱帶先民跣足而行。

再講切題一點，合理化的原則，所以維持生產率的穩定。經驗告訴我們工作場所若是太冷或是太熱，都會直接影響於工作。

每個地方按地的氣候而起房子，但照我的意思以現代科學的猛進，趨向大同，吾們可以建議只有一式的房子，可以通用於無論那一個地方，那一種氣候：就是溫溼度一定的房屋。

我畫縱斷面橫斷面我裝置個溫溼度一定的機間。我這十八度的空氣，其溫度合於時令的需要。利用電扇吹送空氣於房子裏面，同時還有阻止空氣交流的設備。空氣流出都是十八度的溫度。再應用第二個的電扇吸收這種同量的濁空氣。再回於 Usine à air exacte。通過於鉀劑，將炭氣吸收，又通過於 Ozonification 若是太熱，更可用風吹冷牠。

這樣來吾們用不着什麽安火爐，安水汀，或是電爐，並且有十八度溫度的清潔空氣，流通不巳。每人每分鐘可有八十升的空氣。

再講第二步：

你要問我十八度空氣，不要因屋內四十度的熱度或冷度而生變化麽？

那麽這是不導體的墻，來負這個責任。這種墻是玻璃質的，或則混合質的，爲雙重的。中間留有幾公分的空隙。

在這雙重玻璃的空間，我們放入熱空氣，若是在莫斯科放入冷空氣。若是在 Dakar，結果做到，可以維持到十八度的溫度。

沒有什麽俄國式，巴黎式，或其他的房子，所有房子，冬天則溫和，夏天則涼爽，就是講永遠都能維持十八度。

這樣房屋完善的很！塵埃不能夠進去，沒有蒼蠅，沒有蚊蟲，沒有一點聲音。

各位女士，各位先生，這是受科學進步的賜。

不要看我的粉筆所畫的一切一切，等於寓言的，等於說夢。甚爲新時代的新意境嗎！

中國歷代宗教建築藝術的鳥瞰

（續）

孫 宗 文

五 佛教建築的黃金時代

中國的宗教建築藝術，在魏，晉，南北朝時，因被外來的思想引誘後，中國建築的本身，就得了一種極健全，極充實的發展能力，而漸漸發揚光大起來，遂造成一種獨特的中國建築藝術。 關於塔寺的建築，晉代的代表作，南方有瓦官寺，北方有開業寺。 瓦官寺在金陵鳳凰臺，又名瓦棺寺，爲晉哀帝所敕建的；據金陵志上面的記載說： 瓦棺寺卽爲梁昇元閣的古址。 古碑云： 新有僧誦法華經，以瓦棺葬於此，在棺上生有蓮花的奇蹟。 又云： 晉武時，建以陶官地，在秦淮之北，故名瓦官。 久之誤官爲棺；在寺內並建有瓦官閣，高達三十五丈。 李白詩中：『一風三日吹倒山，白浪高如瓦官閣』。 瓦官寺中有一幅壁畫，名維摩詰像，爲名畫家顧愷之（註廿三）所畫，極哄動一時，當開戶的一日，光照一寺，於是徵施於觀者，俄而得百萬錢（略見歷代名畫記）。 溯自三代秦漢以來，壁畫皆施之宮殿，祠堂，而多作聖賢忠孝諸圖像，至於壁畫之施於佛教建築物上，則實於顧氏之維摩詰像爲始。 自此以後，寺壁的佛畫，也漸漸地興盛起來。 至於北方則以北齊曹仲達之畫開業寺，較爲著名，故開業寺亦爲當時重要作品之一。

由晉而到南北朝，佛教的信仰程度增高，偉大的寺塔建築亦增多，代表作當推北魏時胡太后所建立的永甯寺和寺中的九級浮圖。 原來安興於熙平元年，奉靈太后胡氏之命，就在洛陽城內起建永甯寺及寺中的九級浮圖一座，雕梁藻柱，青鎖金鋪，莊嚴炳煥，稱爲閻浮之所無，極建築之奇巧，可稱希世佳作。 現在根據洛陽伽藍記中所記載節錄如下：

『永甯寺，熙平元年，靈太后胡氏所立也。 寺中有九層浮圖一所，架木爲之；舉高九十丈，有剎復高十丈，合去地一千尺，去京師（洛陽）百里，已遙見之。 初掘基至黃泉下，得金像三十軀，太后以爲信法之徵，是以營建過度也。 剎上有金寶瓶容二十五石。 寶瓶有承露金盤三十重，周匝皆垂金鐸，復有鐵鏁四，道引剎向；浮圖四角鏁上亦有金鐸，鐸大小如一石甕子。 浮圖有九級，角角皆懸金鐸，合上下有一百二十鐸。 浮圖有四面，面有三戶六窗，戶皆朱漆；扉上有五行金釘，合有五千四百枚，復有金環鋪首。 殫土木之功，窮造形之巧，佛事精妙不可思義；繡柱金鋪，駭人心目，至於高風永夜，寶鐸和鳴，鏗鏘之聲，聞及十餘里。 浮圖北，有佛殿一所，形如太極殿，殿中有丈八金像一軀，中長金像十軀，繡珠像三軀，織成像五軀，作功奇巧，冠於當世；僧房樓觀一千餘間，雕梁粉壁，青鏁綺疏，難得而言。……時有西域沙門菩提達摩者，波斯國胡人也，自云一百五十歲，歷涉諸國，靡不周遍，而此寺精麗，閻浮所無也，極物境界，亦未有此』。寺在永熙三年二月中罹於火災，後遂無可稽考。

當時南朝的代表作要推一柱觀，建築地點在松滋縣東丘家湖中，現據諸宮故事的記載說：『劉宋臨川王義慶在鎮，於羅公洲立觀甚大，而惟一柱，號一柱觀。此外寺院建築，則有江陵之天皇寺，金陵之安樂寺，以及光宅寺，大愛敬寺，同泰寺等，當時一般寺塔的建築上面，多有石刻佛像，如北魏皆公寺彌勒臺下一碑刻有二個比丘(註廿四)像禿了頭，盤膝而坐；一個在合掌誦經，一個左手執住圓盒，右手取香燃於爐中，爐的雕刻很是精緻，狀如荷花，下有圓盤承着，置於二比丘之中間，二比丘背後各有一獅，吐舌而蹲，鬃毛蓬亂，狀極兇猛；這是魏孝昌三年時的作品。其他寺院中類此的作品很多。我們在這些石刻的遺蹟上面看來，就覺得此時建築物上面所受印度式的色彩甚濃厚。這種中國建築與印度建築之形式或內容上的結合，到此時代，可說已集其大成；對於此後中國宗教建築藝術上的影響頗大。是値得我們注意的』。

〔附註〕

（二十三）顧愷之〔晉書本傳〕愷之字長康，晉陵無錫人也，博學有才氣，尤善丹青，圖寫特妙，謝安深重之，以爲蒼生以來，未之有也，愷之每畫人，成或數年不點睛，人問其故，答云：四體姸蚩，本無關於妙處，傳神寫照正在阿堵中。

（二十四）比丘　釋氏謂行乞爲比丘；〔見魏書〕即現今所謂僧之募化。故比丘二字係指僧人而言。

六　石窟建築藝術的奇蹟

石窟建築的出現，不但爲中國民族美術史上的巨製，且是世界建築藝術上的奇蹟，尤爲佛教傳入中國後，對於建築藝術上面的一大貢獻。中國石窟建築的始祖，首推晉代的燉煌石窟，燉煌石窟，又名莫高窟。同莫高窟建築工程同樣偉大的則推千佛巖，二者具爲晉代的作品，今分述於下：

燉煌石窟（莫高窟）——

莫高窟建於前秦苻堅之建元二年，地點係在甘肅燉煌縣東南之鳴沙山。其建築動機，係當時有一樂尊沙門，行經此山，忽見此山有金光出現，狀有千佛，於是就在此山造窟一龕，石室共有千餘，在其旁則建有三界寺。次有法良禪師從東屆此，又建了好多的石窟(註廿五)後到清代光緒庚子有道士掃除積沙，突於複壁破處，發見一石室，內藏書極富，皆爲唐代及五代人所手寫，並有雕本，佛經尤多，這些，多是在西夏兵革時保存在此的，後被英人史泰因法人伯希和，先後至其地，皆擇完好的捆載而去，陳列於彼國之博物院中。在石窟中央鑿有佛塔，純爲中國式，以三重五重之塔爲多。現今燉煌石窟的遺蹟尙存在，足供後人之參考。

千佛巖——

千佛巖係由燉煌石窟於後代推廣而鑿的。至唐聖曆時，西自九隴坂，東至三危峯，其間成窟約有千餘龕，卽俗名千佛巖，係形容其窟所鑿佛像之多故名。』

晉代的石窟建築，已很盛行，南北朝時，則更有偉大的石窟建築，在中國內地最著名的石窟，爲山西大同的雲岡石窟，和河南的龍門石窟，最爲偉大。在這二個石窟上面的諸造像，頗堪瞻仰。在歷史上的位置，也很重要，今將二石窟的建築藝術述之於下：

雲岡石窟——

雲岡石窟，在山西大同三十里，武周山的雲岡村中，下臨武周川創鑿者爲曇曜，其工程始和瑞（西紀元前四

圖二　雲岡石窟之一部

百十四年）終正光。（西紀元前五十二年）。開掘在山岩的崖上，大的約有二十餘所，（圖二）小的不下數百餘所，大都爲北魏時的作品，在起初祇鑿成五所。據魏書釋老書說：『曇曜白帝於京城西武周山鑿山石壁開窟五所，鐫建佛像各一，高者七十尺，雕飾奇偉，冠於一世』。（圖三）此五所在雲岡，卽 Chavannes (註廿六)所假定的第十三，十四，十五，十六，十九諸窟，規模宏大，雕工精巧。雲岡第七窟題識中說：『邑中信士女等五十

四人，……共相勸合爲國興福，敬造石盧那像九十五區及諸菩薩……』。所以類乎第七窟的作品，當也是信士女等發願造的。這五所的石窟，初名靈巖，據史籍所載，開鑿此五所的事業，在北魏大安和平年間，（西元前四五五年時）其後續有興造，其舊者雖已破壞不少，但至今尚存有大窟——三丈見方以上的——十餘所，中窟——二丈見方左右——及小窟——一丈見方以下的——共有數十所，內中佛像極多，有被毀佛頭九十一個，今爲人竊取售給外人不少。石窟的內部，統作有大小佛像及佛塔，在壁的上面，亦有雄壯富麗的雕刻，和裝飾，最大的石窟，東西廣約七十餘尺，南北約六十尺，在內部有高約五十五尺的佛像，其規模的雄大，和裝飾的華美，與印度之亞迦坦（Ajanta）石窟相比較，有過之而無不及，由這裏，我們當可以看出當時建築藝術的偉大。

圖三　雲岡石窟中之大石佛

雲岡諸窟的開鑿，很受些外來的影響。魏書釋老志說：『大安初有師子國，（Ceylon）胡沙門，邪奢，遺多，浮陁，難提等五人，奉佛像三，到京師，皆云備歷西域諸國，見佛影迹及肉髻，外國諸王，相承咸遣工匠摹寫其像，莫能及，難提所造者，去十餘步，視之炳然，轉近轉微。又沙勒（Kashgar），胡沙門赴京師，致佛鉢及畫像迹。……這都是助開鑿石窟的動機。至於印度之早已有亞迦坦納西克，（Nask）開里（Karli）等石窟的建造，更足影響北魏時的模倣性，而雲岡沙岩石的崖壁，恰是開掘石窟適當的地點，故北魏石窟僅在崖壁開鑿石窟，這一點是與印度相類似的。

雲岡的石刻，在藝術上的評價，可分做裝飾的與造像的，其間中央諸窟，開鑿的意境，收自身統一的效果，當是裝飾的成功。西部外崖露出的大佛一帶，以尊嚴的佛像爲主體，當是造像藝術的收穫，其他裝飾，造像二種意境，錯綜諧調，在藝術上尤堪玩味。

雲岡石窟一帶的寺院，原來本有多處，但是現在僅存石佛古寺一所了，寺中遺有方塔一座，寺壁上浮雕之佛傳圖，全係倣效阿張他阿（印度之佛像）而作。

雲岡石窟的開鑿，係在北魏大安和平年間，及後到了魏孝文帝十七年，遷都洛陽，石窟開鑿的事業，"由大同雲岡而移至河南龍門，雲岡山形均整，故大的作品多；龍門山形峻險，故小的作品多。玆將龍門石窟分述如下：

龍門石窟——

北魏北齊及隋代的石窟，最重要的在河南洛陽之龍門，（即伊闕）稱爲龍門石窟。據河南府志，洛陽縣志上面的記載說：北魏宣武帝時，太監白整鑿其二，太監劉騰鑿其一。在魏書釋老志上面亦記載說：景明（宣武帝年號）初，大長秋卿白整營石窟二所於洛陽南面之伊闕山，石窟高約三百餘尺，在永平（亦爲宣武帝年號）中，中尹劉騰復造石窟一，共有三所，前後雇工約八十萬人。

北魏孝文帝太和十七年，由恆安遷都洛陽，同時在洛陽城南三十里之伊闕龍門山之崖，又鑿造石窟寺；此係承帝之意，爲其再從兄弟宗室之比丘慧成所經營的，後名古陽洞，今尙存在。 此古陽洞，是龍門諸石窟中最古的，且洞內的造像銘最多，所謂龍門二十品皆在此窟內。 古陽洞又名老君洞，雖不足觀，然壁上滿面造龕，雕像幾無立錐之地，由太和至東魏，武定五十年間之製作，幾乎完全齊集在此洞中，所以古陽洞是爲龍門有石刻之始，並且洞中造像銘之拓本，流傳遍海內。 其佛像最古的，姿態與雲岡所刻的相同。 次爲賓陽洞，此洞工程係由宣武帝之景明元年起，至孝明帝之正光四年止，二十四年間，共用人工八十萬二千三百六十六人。 洞有北，中，南，三窟，（卽今之潛溪寺）中洞正面，佛及菩薩聲聞之夾侍計五尊，左右鑿佛及大小菩薩之夾侍各計五尊，在洞壁上則有佛傳圖，及皇帝皇后供養圖等之浮雕。 南北二洞各於正面鑿佛菩薩聲聞之五尊像，又南洞之壁上，有隋唐等之龕像，總其三窟之建築藝術而論，則較古陽洞更爲精巧了。 作風亦有種種之變化。 除以上所與四窟以外，至東魏之間，所鑿造者則尙有蓮花洞及其他二三窟。 再在洛陽不遠之鞏縣，亦有石窟四五處，窟的中央，造塔象，極似雲洞之作風，或較龍門早鑿亦未可知。 至高齊之世，於龍門武平六年新造治疾方洞，山西太原西南之天龍山石窟，亦先後落成了。 而天龍山之石窟，其建築藝術較之龍門更爲美觀。 其他的如山東青州的雲門山和駝山等石窟，南京的棲霞山石窟（係南齊及梁朝的作品），以及涼州石窟等等。 我們從這等石窟內外部所刻出的佛像及裝飾上，更可明瞭當時佛教藝術是怎樣一個式樣了。

龍門的石窟寺，現存有北魏，齊，隋，唐，宋所刻的石像，據民國五年春，洛陽知事的調查報告說，今存者尙有九萬七千三百零六尊之多，但是近年以來，被奸人偸賣於外洋的，已不可勝記，比之大同雲岡之石窟，因交通之便利，故其破壞之程度亦較雲岡爲甚。 常此以往，國粹淪亡，殊堪痛惜也。

〔附註〕

（二十五） 見（李懷讓大周李君修功德記）

（二十六） E. Chavannes: Mission Archeolobigue daus la Chines Septentrionale 關於大同石刻，很可參考。

房屋聲學

（續）

唐璞譯

室之容積爲101,000立方呎，而容積之立方根爲46.5. 由十二圖中循環回聲時間爲1.8秒，此數乃對於演說及音樂之平均值. 由以上基底（Data），時間之計算爲：

t =.05×101,000÷2071=2.44秒（無聽衆）

t =.05×101,000÷2853=1.77秒（170聽衆）

t =.05×101,000÷4371=1.15秒（500聽衆）

則見三分之一聽衆，時間爲1.77秒頗與由十二圖所得之1.8秒相符. 卽空室時，循環回聲亦不太過，並對於500人之最多聽衆其演說情形仍佳.

此室內循環回聲之可能性不大，哥德式平頂（Gothic Ceiling）不易給劣反射之機會. 任何聲達平頂卽觸吸聲髓板向對方反射而再經吸收，蓋用髓板有數種利益；較原定之鋼板網與粉刷均廉，吸聲優良，並爲良隔熱體，室內需要少量之輻射.

結果與預料完全相合，僅有少數在室內談話時，卽可由堂之此端達彼端. 聽衆多時演說之聲能使每人俱聽之清晰，據樂師言對於音樂亦佳.

阿波羅（Apollo）戲院——此戲院，在支加哥，爲演說及輕樂之用建築師爲豪萊伯及羅士. 下列聲學設計之步驟與其他情形大同小異，室之形狀似矩形，而稍作曲線，以天格井控制回聲，天格井之尺度甚劇，以其作用聲波也.（見第十七圖）

室內有裝被雄厚之座位供廣大之吸聲，平頂之次，有吸聲之壁緣，以減少循環回聲之可能性. 更進而研究防止街市聲音之傳入. 進門廳乃用吸聲並特制之門，以助防聲之用. 防火門之裝置俱以橡皮條塞廳各縫.

第十七圖　平頂天格井之圖示

其聲學基底如下：

板條上粉刷……8,900平方呎於 .033=294

磚上粉刷……5,300平方呎於 .025=133

橡皮磚（Rubbertile）……10,355平方呎於 .03 =310

壁緣（Frieze）……1,130平方呎於 .15 =170

絨帷 (Velour Curtains)……………………………………………………475平方呎於 .25 =119

台口…………………………………………………………………………1,232平方呎於 .25 =308

其他開口[1]…………………………………………………………………1,200平方呎於 .25 =300

裝被之座位[1]………………………………………………………………1,117平方呎於2.0 =2234

3868

無聽衆……………………………………………………………3868,或取整數 3870

聽衆………………………………………………………375於(4.7－2＝2.7)＝1010＋3870＝4880

聽衆…………………………………………………… 1117於(4.7－2＝2.7)＝3000＋

增開口[1] (Plus openings)……………………………… 1200於 .75 ＝900＋3870＝7770

以沙賓氏公式計算之，t＝.05×208,000÷a

t (無 聽 衆)＝.05×208,000÷3870＝2.69秒

t ($\frac{1}{3}$ 聽 衆)＝.05×208,000÷4880＝2.13秒

t (最多聽衆)＝.05×208,000÷7770＝1.34秒

戲院之容積爲208,000立方呎，其立方根爲59.2，則三分之一聽衆(卽375人時)之循環回聲時間在十二圖中爲2.2秒，因由基底算出之三分之一聽衆時之循環回聲時間爲2.13秒，頗與2.2相合故不須再加調理矣.

伊斯特曼(Eastman)戲院——此戲院較以前各情問題稍大，因其形狀非矩形，並原擬用於70樂器之大樂隊．如此則欲求適當之聲強及循環回聲時間，容積須大． 職是之故，平頂升高九呎以增加原定容積，又穹窿式之頂，原爲建築上之效力而用，因此種形狀易生回聲，亦更改之． 故使其平頂之曲度甚淺，並用圓形之天格． 更爲減輕回聲可能起見，每格中心有相當大之薔薇花飾，並有若干格擇置毛氈． 此戲院模型內之聲波，已經照像，第四圖卽其一種也．

此院非常用之長方形，而周墻後方展寬使反射聲不生回聲，但加強聲強，尤在第一層樓廳爲顯．

循環回聲之基底列次:

戲院容積＝790,000立方呎

粉刷……………………………………………………………35,000平方呎於 .025＝875 單位

木材……………………………………………………………1,227平方呎於 .061＝ 75 單位

地氈(Heavily Lined)…………………………………………11,000平方呎於 .20 ＝2200單位

台幕……………………………………………………………960平方呎於 .50 ＝ 480單位

台口……………………………………………………………3,090平方呎於 .25 ＝ 773單位

開口[1]…………………………………………………………2,590平方呎於 .25 ＝ 648單位

平頂通風孔[2]……………………………………………………728平方呎於 .5 ＝ 364單位

1. 凡此包含第一層樓廳與第二層樓廳間之開口，並正廳與第一層樓廳間之開口． 以之作窗論，無聽衆時，其保數爲.25，而聽衆佔滿座位至開口以後時，係數爲1.00(全吸聲)想較精確． 因此種估計之關係，樓廳與正廳中之人數，只以1117計算，然總數則爲1670． 假定台中有常備之傢俱及設置，則台口亦可以係數25之開窗視之．

平頂方格內之毛氈……………………………………628平方呎於 .6 ＝ 377單位

裝被座位[3] ……………………………………2,400平方呎於1.7 ＝4080單位

無聽衆 9872 9,872

1000聽衆於(4.7－1.7)＝3000＋9872……………………………… 12,872

2000聽衆於(4.7－1.7)＝6000＋9872……………………………… 15,872

2400聽衆於(4.7－1 7)＝7200＋9872……………………………… 17,072

3340[4] 聽衆於2590×.75＝1940＋17,072……………………………19,012

t＝.05×790,000÷a＝39,500÷a

0聽衆	＝39,500÷9,870＝4秒
1000聽衆	＝39,500÷12,870＝3.07秒
2000聽衆	＝39,500÷15,870＝2.49秒
2400聽衆	＝39,500÷17,070＝2.31秒
3340聽衆	＝39,500÷19,010＝2.08秒

參照十二圖知容積790,000立方呎（立方根＝92.5）而到三分之一聽衆時，其適意之循環回聲時間爲3.1 秒頗與計算中之值3.07相符． 伊斯特先生言，其聲學上甚佳，與基波恩廳之情形相同．

小音樂室(Small Music Studio)——當分析伊里諾大學斯密音樂館之二小音樂室時，得一循環回聲之理論的證實． 此二室容積相等，爲3360立方呎．

其聲學基底列之於下：

粉刷……………………………………1000平方呎於 .027＝ 27 單位

木材(漆亮)……………………………… 100平方呎於 .03 ＝ 3 單位

玻璃 ……………………………………96平方呎於 .027＝ 2.6單位

漆布(Linoleum)…………………………… 204平方呎於 .03 ＝ 6.1單位

椅……………………………………… 4平方呎於 .1 ＝ .4單位

鋼琴……………………………………… 1平方呎於 .6 ＝ .6單位

桌……………………………………… 1平方呎於 .2 ＝ .2單位

桌……………………………………… 1平方呎於 .1 ＝ .1單位

聽衆……………………………………… 3平方呎於4.7 ＝14.1單位

架上二大衣 ＝ 5 單位

59.1單位

1. 在第二層樓廳與第一層樓廳之間，並在第一層樓廳與正廳之間。
2. 假定50%開工 (Open work)
3. 絨背皮墊
4. 開口以1代.25計算之（見阿波羅戲院之計算）

由十二圖估計之循環回聲時間當爲1秒,而吸聲材料數量之計算爲:

$$a=.05\times 3360\div 1=168\text{單位}$$

減去已有之59.1則餘109單位需要裝設。今擬裝設係數.31之音疏穎(Insulite)則其所需之量爲109÷.31=351平方呎,或約十張材料每張面積36平方呎,確言之,或爲351÷36=9.75張.

下述一法爲指導員在室內奏鋼琴時,材料繼續攜入室內,並不聞其發表任何意見.直至8張鋪於壁上,則曰『樂音較佳』,9張『更佳』10張則『甚好』然11張則室內太沉寂矣.復以十張試之,繼以9張,乃知9張或10張均有最佳效力.在其他音樂室10張似已使室內太沉寂.而9張則聲頗完滿.

聲學設計之總論——本章所述聲學設計之各情已告結束應加以評論.如會堂聲學之普通理論一定時,則每一會堂卽發生關於大小形狀及吸聲各問題,需要特別考慮,惟其答數殊不能一舉可得也.凡此問題包含台及台口之適當形狀及尺度,風琴管之最好位置,平頂之高度,吸聲材料之選擇及其他事項.總言之,在任何情形中之聲學設計,常包含新特點之研究.

第二重要之結論,卽關於計算之細節,在循環回聲之公式內 $t=.05V/a$,時間 t 可以二數估計之,而在第二數許有百分之五的變化,卽如2.3秒,如得2.2或2.4於聲學結果無甚影響.卽謂容積V與吸聲a,與之有相同之精度.例如,一室之容積約爲230,000立方呎,其估計可有220,000至240,000立方呎之變化.故一小室10呎×10呎=1000立方呎卽可省略其容積之估計而於其結果無妨也.然此種辦法,不可太甚,因太多之省略或粗草之估計,將發生重大關係也.至於估計面積以求吸聲面積亦同此理,爲實用起見,室之容積超過75,000立方呎時,容積之估計精確到100立方呎而面積到25立方呎卽足矣.但較小之室則須留心.

在求室內總吸聲單位時,其吸聲強大之材料,如地氈聽衆等之估計,須較吸聲小之玻璃,金屬,混凝土等材料更加細心,參看第三表之值卽知其概.金屬與玻璃之面積於最後之解算無甚補助,若不以之列禮拜堂之計算中則其最後結果,亦不致改變.反之,聽衆之效力大於其他各項,當細心估計之.又空心磚上粉刷之係數爲.025,而玻璃爲.027,若會堂之邊墻爲空心磚上粉刷與玻璃窗合成且二者等分時則以之爲均匀之面係數.026卽甚精確.若台樓(Stage house)有傢俱佈景等之設備時則台口之係數可當作.25欲達近似之一步,最好計算若干會堂並記其聲學結果而由經驗得之.

鋼骨水泥房屋設計

（續）

王　進

（丁）DOUBLY REINFORCED大料

假若大料之寬度與深度，因某種之關係，不能超過一定大小，而該大料上因載重而生之灣羃又為值甚大，使大料擠力面之纖維應力，超過混凝土之所能勝任，則擠力面非亦加鋼條不可，因大料上下面皆有鋼條之安置，故亦名之曰兩面鋼骨大料。

今設大料上　　$M_b=1,080,000''\#$

$d=12''$　　$d=27''$　　$l=20'-0''$

欲求拉力面鋼條面積 As 及擠力面鋼條面積 As 之值各為幾何？

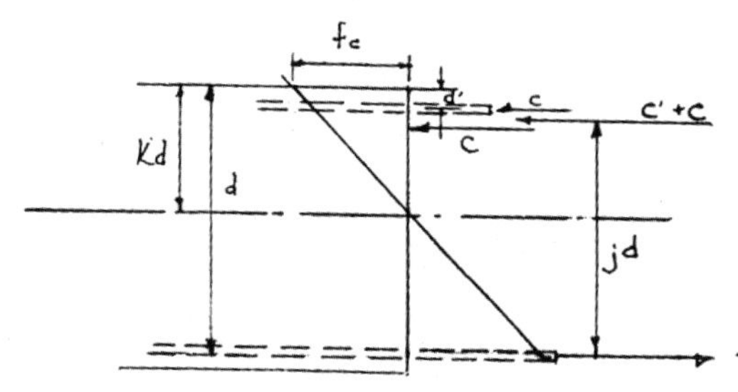

圖中　$C'+C=T$

$\because$　$C'=fs'\,As'$

$C=\frac{1}{2}fckbd$

$T=As\,fs$

$\therefore$　$fs'\,As'+\frac{1}{2}fckbd=As\,fs$　　（a）

但　$\frac{fs'}{kd-d'}=\frac{fs}{d-kd}$

$$\therefore\quad fs'=\frac{fs}{d(1-k)}(kd-d')=\frac{fs\left(k-\frac{d'}{d}\right)}{1-k}\qquad(1)$$

以（1）式代入（a）式得

$$\frac{fs\left(k-\frac{d'}{d}\right)}{1-k}As'+\frac{1}{2}fc\,kbd=As\,fs$$

但　$$fc=\frac{\frac{fs}{n}k}{1-k}\qquad(2)$$

$As'=p'bd$　　$As=pbd$

$$\therefore\quad \frac{fs\left(k-\frac{d'}{d}\right)}{1-k}p'bd+\frac{1}{2}\left(\frac{\frac{fs}{n}k}{1-k}\right)kbd=pbdfs$$

$$k=\sqrt{2n\left(p+\frac{d}{d}p'\right)+n^2(p+p')^2}-n(p+p')\qquad(3)$$

$$j=\frac{k^2\left(1-\frac{1}{3}k\right)+2p'n\left(k-\frac{d'}{d}\right)\left(1-\frac{d'}{d}\right)}{k^2+2p'n\left(k-\frac{d'}{d}\right)} \qquad (4)$$

圖中 $(C'+C)jd=C(d-\frac{1}{3}kd)+C'(d-d')=Tjd$

令 $T=T_1+T_2$

$T_1=C$

則 $T_2=C'$

令 $T_1=p_1fsbd \qquad T_2=p_2fsbd$

則 $T_1=p_1fsbd=C=\frac{1}{2}fckbd$

或 $p_1=\frac{\frac{1}{2}fck}{fs}=\frac{fck}{2fs}$

今 $fc=600$#/□″ $\qquad fs=18,000$#/□″ $\qquad \therefore\ k=\frac{1}{3}$

故 $p_1=\frac{fc}{6fs}=\frac{1}{180}$

$T_2=p_2fsbd=C'=fs'As'=p'bdfs'$

$$\therefore \quad p'=\frac{p_2fs}{fs'}=p_2\frac{(1-k)}{\left(k-\frac{d'}{d}\right)}$$

上式中 p_2 之求法如下:

$Tjd=(T_1+T_2)jd=p_1fsbd(d-\frac{1}{3}kd)+p_2fsbd(d-d')=M_B$

$\because \quad p_1=\frac{1}{180} \qquad fs=18000$#/□″

$\therefore \quad p_2fs'd(d-d')=M_B-p_1fs(1-\frac{1}{3}k)bd^2=M_B-100\times\frac{8}{9}bd^2$

$=M_B-\frac{800}{9}bd^2=M_B-88.9bd^2$

$$p_2=\frac{M_B-88.9bd^2}{fsbd(d-d')}=\frac{M_B-88.9bd^2}{fsbd(d-d')}$$

設 $K=\frac{M_B}{bd^2}$

則 $p_2=\frac{K-88.9}{fs\left(1-\frac{d'}{d}\right)}$

以上數式乃計算 DOUBLY REINFORCED 大料之基本公式故上設例題可解之如下:

$$K=\frac{1,080,000}{12\times\overline{27}^2}=123.5$$

$123.5-88.9=34.6$

$$p_1=\frac{1}{180}=0.556\%$$

$$p_2=\frac{34.6}{18000\left(1-\frac{1}{9}\right)}=0.216\%$$

$$p=p_1+p_2=0.772\%$$

$$As=0.772\times12\times27=2.5\square''$$

$$p'=p_2\frac{1-k}{k-\frac{d'}{d}}=0.00216\times\frac{1-\frac{1}{3}}{\frac{1}{3}-\frac{1}{9}}=.00648$$

$$As'=p'bd=0.646\%\times12\times27=2.1\square''$$

第二節　丁－形大料

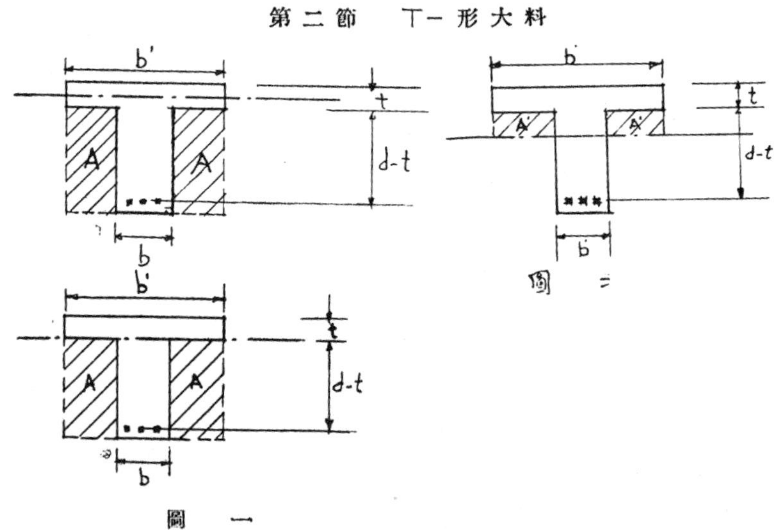

圖　一

水泥樓板之一部，常可作爲大料之一部份計，其寬度 b 之值乃視樓板之厚度爲定，照上海通用慣例 b 之寬度不得超過。（一）樓板厚（t）之十二倍或（二）大料跨度之三分之一，上圖（一）（a）大料之中和軸在梁頂板（FLANGE）之底面，（t）大料之中和軸在梁頂板內，皆知中和軸之上爲擠力由混凝土任之，中和軸之下爲拉力由鋼條任之，故中和軸以下之混凝土除固着鋼條及能分任一部份之剪力外，實無甚用處，故該項大料之抵灣羃實與一寬度爲 b 深度爲 d 之大料相同，蓋中和軸下A，A二面積之有與無何異。是以遇丁－形大料之中和軸，在梁頂板底面或底面之上，其計算算方法儘可依上章所述之長方形大料公式而無誤，但若中和軸之位置在梁頂板底面之下（即在梁莖內）則其計算方法當另照丁－形大料公式計算，長方形大料之公式巳不能應用蓋中和軸上之擠力面較之圖（一）所示，尙少去A'，A'兩面積故也。

丁－形大料公式：

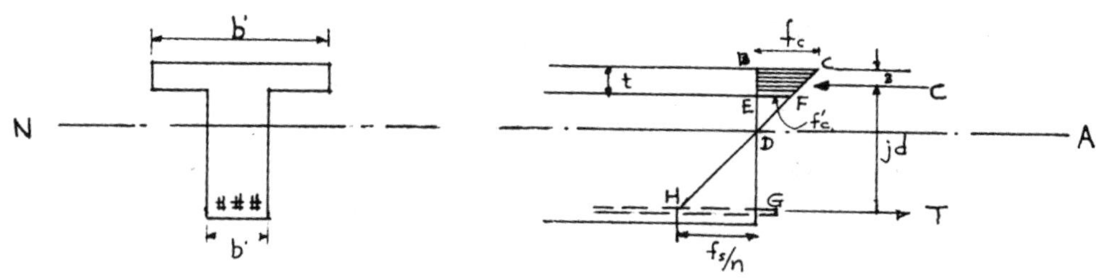

設　　　b＝梁頂板（FLANGE）之寬度

b＝梁莖（WEB）之寬度

d＝大料之有效深度（EFFECTIVE DEPTH）

t＝梁頂板之厚度

z＝總擠力（COMPRESSIVE RESUL TANT）離梁頂板上面之距離

$p=\ As/bd$　（非 As/b^1d）

（甲）中和軸以上梁頂板下面以T－形梁莖面上之擠力不計：——

中和軸與梁頂板底面間之梁莖部份，所受擠力較之梁頂板上之擠力，爲量甚小故往往略而不計，而公式之求得亦因之簡捷不少，故多有採之者，蓋因之而得之結果較之以梁莖上擠力一併計入相差極小而反安全也。

（a）中和軸及 RESISTING COUPLE：——

$$\because \qquad \frac{fs}{nfc}=\frac{1-k}{k} \qquad \text{(a)}$$

$$\therefore \qquad k=\frac{1}{1+\frac{fs}{nfc}} \qquad \text{(1)}$$

其値與長方形大料相若

梁頂板上面之擠力旣爲 fc 則梁頂板底面之擠力 fc_1 當爲

$$\frac{fc_1}{fc}=\frac{kd-t}{kd}$$

卽

$$fc_1=\frac{fc(kd-t)}{kd}$$

fc 與 fc_1 之平均値（卽擠力面上之平均擠力）爲

$$\frac{fc+fc_1}{2}=\frac{fc+\frac{fc(kd-t)}{kd}}{2}$$

$$=\ fc\left(1-\frac{t}{2kd}\right)$$

擠力面上之總擠力 $C=fc\left(1-\frac{t}{2kd}\right)bt$

但大料縱斷面上之總擠力應與總拉力相等

故 $$f_s A_s = f_c \left(1-\frac{t}{2kd}\right) bt \qquad (b)$$

解(a)(b)兩聯立方程式得

$$k=\frac{nA_s+\frac{1}{2}bt\frac{t}{d}}{nA_s+bt}$$

∵ $$A_s = pbd$$

∴ $$k=\frac{pn+\frac{1}{2}\left(\frac{t}{d}\right)^2}{pn+\frac{t}{d}} \qquad (3)$$

總擠力 C 距梁頂板上面之距離 z 則爲 B C F E 面積之重心 (CENTROID)

故 $$z=\frac{f_c+2f_{c_1}}{f_c+f_{c_1}} \times \frac{t}{3}$$

$$=\frac{3k-2\frac{t}{d}}{2k-\frac{t}{d}} \times \frac{t}{3} \qquad (4)$$

$$jd = d - z \qquad (5)$$

以(3)(4)兩式代入(5)式則得

$$j=\frac{6-6\frac{t}{d}+2\left(\frac{t}{d}\right)^2+\frac{\left(\frac{t}{d}\right)^3}{2pn}}{6-3\frac{t}{d}} \qquad (6)$$

當中和軸在梁頂板之底面卽 $\frac{t}{d}=k$ 則

$$j=1-\tfrac{1}{3}k$$

與長方形大料之 j 之值相同故假若丁－形大料之中和軸在梁頂板底面之上則無論丁－形大料之公式或長方形大料之公式皆可應用而其所得之結果亦相吻合

(b)抵潤冪：——

總擠力 $= f_c\left(1-\frac{t}{2kd}\right)bt$

總拉力 $= f_s A_s$

故 $$\left.\begin{aligned} M_s &= f_s A_s jd \\ M_c &= f_c\left(1-\frac{t}{2kd}\right) tb-jd \end{aligned}\right\} \qquad (7)$$

反之倘 M 之值爲已知之數而欲求 f_c 及 f_s 之值，則

$$\because \qquad C = T = \frac{M}{jd} \quad ; \quad fs = \frac{T}{As}$$

$$\therefore \qquad fc = \frac{fs}{n} \cdot \left(\frac{k}{1-k}\right) = \frac{fsp}{\left(1-\frac{t}{2kd}\right)\frac{t}{d}} \qquad (8)$$

自上圖觀之 jd 之值，決不小至 $d-\frac{1}{2}t$，而擠力面上之平均擠力，亦決不少至 $\frac{1}{2}fc$。（中和軸在梁莖之頂者例外）故假若以 $jd=d-\frac{1}{2}t$ 及擠力之平均值 $=\frac{1}{2}fc$ 代入（7）（8）兩式可得丁一形大料之約數公式（APPROXIMATE FORMULA）如下：——

$$\left.\begin{aligned} Ms &= As\,fs\left(d-\tfrac{1}{2}t\right) \\ Mc &= \tfrac{1}{2}fcbt\left(d-\tfrac{1}{2}t\right) \end{aligned}\right\} \qquad (9)$$

$$C=T=\frac{M}{d-\frac{1}{2}t} \quad ; \quad fs=\frac{T}{As} \qquad fc=\frac{2C}{bt} \qquad (10)$$

依第（9）式計算而得之M之值比由第（7）式而求得者爲小故可安全應用而無虞

（乙）中和軸梁莖之擠力一併計入：——

$$\because \qquad fc_1=fc\left(1-\frac{t}{kd}\right)$$

故梁頂板斷面上之平均擠力 $=\frac{fc+fc_1}{2}=fc\left(1-\frac{t}{2kd}\right)$

梁頂板斷面上之總擠力 $=C_1=fc\left(1-\frac{t}{2kd}\right)bt$

梁莖擠力面上之平均擠力 $=\frac{fc_1}{2}=\frac{1}{2}fc\left(1-\frac{t}{kd}\right)$

梁莖擠力面上之總擠力 $C_2=\frac{1}{2}fc\left(1-\frac{t}{kd}\right)b'(kd-t)$

$$\therefore \qquad C=C_1+C_2$$

$$= fc\left[t(b-b')-\frac{t^2(b-b')}{2kd}+\frac{b'kd}{2}\right]$$

$$\because \qquad fc=\frac{kfs}{n(1-k)}$$

$$\therefore \qquad C=\frac{kfs}{n(1-k)}\left[t(b-b')-\frac{t^2(b-b')}{2kd}+\frac{b'kd}{2}\right]$$

但 $\qquad C=T$

$$\therefore \qquad fs\,As=\frac{fsk}{n(1-k)}\left[t(b-b')-\frac{t^2(b-b')}{2kd}+\frac{b'kd}{2}\right]$$

$$\because \qquad kd=\sqrt{\frac{2ndAs+(b-b')t^2}{b'}+\left(\frac{nAs+(b-b')t}{b'}\right)^2}-\frac{nAs+(b-b')t}{b'} \qquad (11)$$

$$z=kd-\frac{2b(kd)^3-(b-b')(kd-t)^3}{3b(kd)^2-(b-b')(kd-t)^2} \quad (12)$$

$$jd=d-z \quad (13)$$

$$\left.\begin{aligned}Ms&=fs\ As\ jd\\ Mc&=\frac{fc}{2kd}[b(kd)^2-(b-b')(kd-t)^2]\ jd\end{aligned}\right\} \quad (14)$$

(丙)兩面鋼骨T－形大料：——

T－形大料之擠力面雖較長方形大料爲大但遇過大之灣冪時，其擠力部份之總擠力又感不足，故亦有加置鋼條於擠力面之必要，T－形兩面鋼骨大料之計算，其演澤之方法與兩面鋼骨長方形大料無異，所差者擠力面上總擠力 C 之值耳今擷述之如下：——

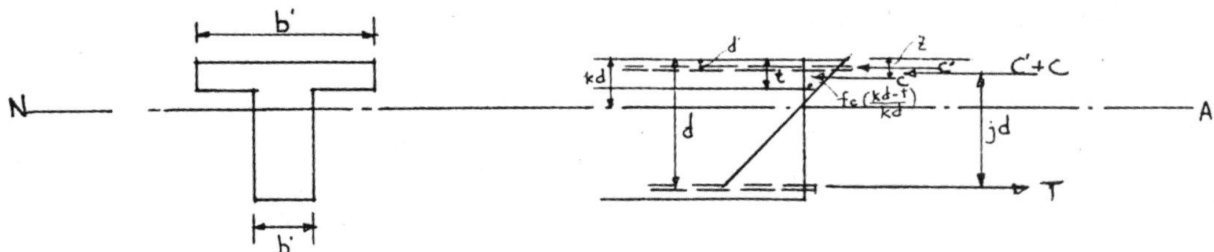

按照兩面鋼骨長方形大料之計算：

$$C'+C=T$$

$$C'=fs'\ As'$$

$$C=fc\left(1-\frac{t}{2kd}\right)bt$$

$$T=As\ fs$$

$$\therefore \quad fs'\ As'\ fc\left(1-\frac{t}{2kd}\right)dt=As\ fs \quad (a)$$

但

$$fs'=\frac{fs\left(k-\frac{d'}{d}\right)}{1-k} \quad (1)$$

$$\therefore \quad \frac{fs\left(k-\frac{d'}{d}\right)}{1-k}As'+fc\left(1-\frac{t}{2kd}\right)bt=As\ fs$$

$$\because \quad fc=\frac{\frac{fs}{n}k}{1-k} \quad (2)$$

$$As'=p'bd \qquad As'=pbd$$

$$\therefore \qquad k=\frac{p+p'\left(\frac{d'}{d}\right)+\frac{\triangle^2}{2n}}{p+p'+\frac{\triangle}{n}}$$

式中$\triangle=\frac{t}{d}$

$$j=\frac{\triangle(2k-\triangle)-\frac{\triangle^2}{3}(2k-2\triangle)+2p'n\left(k-\frac{d'}{d}\right)\left(1-\frac{d'}{d}\right)}{\triangle(2k-\triangle)+2p'n\left(k-\frac{d'}{d}\right)}$$

圖中 $(C'+C)jd=C'(d-d')+C(d-z)$

$$=C'(d-d')+C\left(d-\frac{3k-2\frac{t}{d}}{2k-\frac{t}{d}}\cdot\frac{t}{3}\right)$$

$$=Tjd$$

令 $T=T_1+T_2$

$T_1=C$

則 $T_2=C'$

令 $T_1=p_1fsbd \qquad T_2=p_2fsbd$

則 $T_1=p_1fsbd=C=fc\left(1-\frac{t}{2kd}\right)bt$

$$p_1=\frac{fc\left(1-\frac{t}{2kd}\right)bt}{fsbd}=\frac{fc\left(1-\frac{t}{2kd}\right)}{fs}\cdot\frac{t}{d}$$

$\because \quad fc=600 \qquad fs=18.000 \qquad k=\frac{1}{3}$

$$\therefore \quad p_1=\left(\frac{1-1.5\triangle}{30}\right)\triangle$$

$T_2=p_2fsbd=C^1=fs^1As^1=p^1bdfs^1$

$$\therefore \quad p_1=p_2\left(\frac{1-k}{k-\frac{d'}{d}}\right)$$

上式中p_2之求法如下：——

$Tjd=p_1fs_1bd(d-z)+d_2fsbd(d'-d)$

$\therefore \quad p_2fsbd(d-d')=M_B-p_1fs(d-z)bd$

$=M_B-600(1-\triangle)^2\triangle bd^2$

$$\because \quad p_2=\frac{M_B-600(1-\triangle)^2\triangle bd^2}{fsbd^2\left(1-\frac{d'}{d}\right)}=\frac{k-600(1-\triangle)^2\triangle}{fs\left(1-\frac{d'}{d}\right)}$$

——待續——

第　五　表

L. L.=70#/□'

SPAN	d	TOTAL d	D. L.	M	K	p	As
4'—0"	2"	3"	38#/□'	189'#	47.2	.295%	.071□"
5'—0"	2"	3"	38	295	74	.46%	.111
5'—3"	2"	3"	38	325	81.2	.507%	.122
5'—6"	2½"	3½"	44	375	60	.375%	.113
5'—9"	2½"	3½"	44	410	65.6	.41%	.123
6'—0"	2½"	3½"	44	446	71.5	.446%	.134
6'—3"	2½"	3½"	44	484	77.5	.484%	.145
6'—6"	2½"	3½"	44	524	84	.524%	.157
6'—9"	3"	4"	50	592	66	.411%	.148
7'—0"	3"	4"	50	637	70.8	.442%	.160
7'—3"	3"	4"	50	683	76	.475%	.171
7'—6"	3"	4"	50	730	81.2	.507%	.183
7'—9"	3"	4"	50	780	87	.542%	.195
8'—0"	3½"	4½"	56	870	71	.444%	.187
8'—3"	3½"	4½"	56	925	75.6	.473%	.198
8'—6"	3½"	4½"	56	1,000	81.5	.51%	.214
8'—9"	3½"	4½"	56	1,060	86.5	.54%	.227
9'—0"	4"	5"	63	1,160	72.5	.453%	.218
9'—3"	4"	5"	63	1,225	76.5	.48%	.230
9'—6"	4"	5"	63	1,290	81	.505%	.242
9'—9"	4"	5"	63	1,360	85	.531%	.255
10'—0"	4½"	5½"	69	1,490	73.5	.46%	.248
10'—3"	4½"	5½"	69	1,565	77.3	.483%	.261
10'—6"	4½"	5½"	69	1,645	81.3	.508%	.274
10'—9"	4½"	5½"	69	1,725	85	.532%	.288
11'—0"	5"	6"	75	1,875	75	.47%	.282
11'—3"	5"	6"	75	1,960	78.5	.49%	.294
11'—6"	5"	6"	75	2,050	82	.513%	.308
11'—9"	5"	6"	75	2,140	85.6	.535%	.321
12'—0"	5½"	6½"	81	2,320	77	.48%	.317
12'—3"	5½"	6½"	81	2,420	80	.500%	.330
12'—6"	5½"	6½"	81	2,520	83.5	.52%	.344
12'—9"	5½"	6½"	81	5,620	87	.54%	.357
13'—0"	6"	7"	88	2,840	79	.494%	.355

第 六 表

L. L.=75#/□'

SPAN	d	TOTAL d	D.L.	M	K	p	As
4'—0"	2"	3"	38#/□'	221'#	55.3	.345%	.083□"
5'—0"	2"	3"	38	345	86.3	.54%	.13
5'—3"	2½"	3½"	44	397	63.6	.397%	.12
5'—6"	2½"	3½"	44	435	69.6	.435%	.131
5'—9"	2½"	3½"	44	476	76	.475%	.143
6'—0"	2½"	3½"	44	519	83	.519%	.156
6'—3"	3"	4"	50	585	65	.406%	.146
6'—6"	3"	4"	50	633	70.5	.44%	.159
6.—9"	3"	4"	50	684	76	.475%	.171
7'—0"	3"	4"	50	735	81.7	.51%	.184
7'—3"	3"	4"	50	790	88	.55%	.198
7'—6"	3½"	4½"	56	877	71.6	.448%	.188
7'—9"	3½"	4½"	56	935	76.4	.478%	.201
8'—0"	3½"	4½"	56	1,000	81.6	.51%	.214
8'—3"	3½"	4½"	56	1,062	86.8	.542%	.227
8'—6"	4"	5"	63	1,180	73.7	.46%	.221
8'—9"	4"	5"	63	1,250	78	.487%	.234
9'—0"	4"	5"	63	1,320	82.5	.515%	.247
9'—3"	4"	5"	63	1,395	87	.544%	.261
9'—6"	4½"	5½"	69	1,525	75.3	.47%	.252
9'—9"	4½"	5½"	69	1,605	79.3	.495%	.267
10'—0"	4½"	5½"	69	1,690	83.5	.522%	.282
10'—3"	4½"	5½"	69	1,775	87.6	.547%	.295
10'—6"	5"	6"	75	1,930	77	.482%	.289
10'—9"	5"	6"	75	2,020	81	.506%	.304
11'—0"	5"	6"	75	2,120	85	.53%	.318
11'—3"	5"	6"	75	2,220	88.5	.554%	.332
11'—6"	5½"	6½"	81	2,395	79	.494%	.326
11'—9"	2½"	6½"	81	2,500	83	.517%	.341
12'—0"	5½"	6½"	81	2,610	86.3	.54%	.356
12'—3"	6"	7"	88	2,8`0	78.4	.49%	.253
12'—6"	6"	7"	88	2,940	81.7	.51%	.367
12'—9"	6"	7"	88	3,055	85	.53%	.382
13'—0"	6"	7"	88	3,180	88.4	.552%	.398

建築用石概論

（續）

朱枕木

石類	正面耐壓能力 on bed	側面耐壓能力 on edge	附註
石灰岩	五.七〇〇——二七.六〇〇	五.〇〇〇——二五.〇〇〇	單位每
沙岩	四.九〇〇——三一.〇〇〇	二.五〇〇——一三.〇〇〇	方吋所
花岡石	二三.三〇〇—三三.五〇〇	二〇.〇〇〇—三五.〇〇〇	受磅數

此外石之耐壓能力，尙有乾溼之程度，石內漲力，冰凍漲力等與之相關列論如下：

耐壓能力與溼度之關係——平常潮溼之石，較乾燥者更爲易於破碎，故試驗時亦以乾石爲佳。此項試驗，有 Wafson. Ladey. Merrill. 等三人用沙岩試驗合作之報告如下：

吸水之百分比	乾或溼	每方吋所能受之壓力（單位磅）
四.二%	乾	一〇.三二二——一一.一五〇
四.二%	溼	五.八三七—— 六.九六二
三.七一%	乾	一一.二三二——一二.二五〇
三.七一%	溼	五.六三七—— 六.七一二

由此可知石類浸水，將減低其耐壓能力不少。

耐壓能力與石內漲力——石之耐壓能力，其與內部之漲力，亦極有關，而且影響頗鉅，往往能折減其壓力一千磅至五千磅者。

耐壓能力與冰凍關係——當石之飽吸水分，而經過冰凍達二十餘次後，其耐壓能力卽形大減，平常卽經一次之後，亦已有少損，白克萊氏作試驗得結果如下：

石類	空隙密度之百分比	新鮮石之耐壓能力	冰凍後之耐壓能力	附註
石灰岩	一〇.六二	八.八八一.六〇	一一.〇七四.〇〇	單位每方
仝上	七.九二	六.九四四.〇〇	八.一六三.〇〇	吋所受之
仝上	一.三四	一四.二七〇.六〇	一三.三八二.七〇	磅數
仝上	三.一〇	九.八二八.五〇	九.七三八.〇〇	
仝上	五.〇三	九.二八六.三〇	八.九七五.〇〇	

石灰岩	一.一三	一一.八七〇.〇〇	八.一一一.〇〇
仝上	一三.〇〇	八.四八六.七〇	九.三二三.三〇
仝上	七.三〇	一七.〇九五.〇〇	一六.二四六.〇〇
沙岩	二二.九五	四.九四二.〇〇	五.七四二.〇〇
仝上	一四.三一	七.四七七.六〇	八.六七〇.五〇
仝上	一六.七七	五.九一〇.六〇	五.〇九七.〇〇
花岡石	未檢定	一九.九八八.〇〇	一〇.六一九.〇〇
仝上	未檢定	三八.二四四.〇〇	三五.〇四五.〇〇
沙岩	未檢定	五.三二九.〇〇	四.三九九.〇〇
石灰岩	未檢定	三五.九七〇.〇〇	二〇.七七七.〇〇
仝上	未檢定	一二.八二七.〇〇	七.五五四.〇〇

黑許渥亦曰凡試驗冰凍之耐壓折減，新鮮石必須浸水試驗之，方能得更準之結果。

破折抵抗能力——破折抵抗能力，卽係石條之灣折程度．若以數字表明，卽爲一一吋見方之石條，支於一吋距離之兩端，所能承受至折斷之壓力磅數，通常以破折系數 Modulus of Rapture 顯示該石之破折抵抗能力，其計算之公式爲： $R=\frac{3wl}{2bd^2}$，式中 w 爲試石樣之淨重；l 爲石樣兩支點之距離，以一吋爲最宜；b 爲石樣之闊度；d 爲石樣之厚度；則可算得破折系數 R 之值。 此項試驗，執行之頗難準確，故試者尠。 有時窗下石檻或石拱，往往會生裂痕，卽係其破折系數過低之故。 破折抵抗能力，可不論面之正側，惟溼石亦較乾者爲易壞。

派克斯 Parks 所得之概數如下表。

石類	破折系數（每方吋所受之磅數）之範圍	平均抵抗能力
石灰岩	八一八.〇〇——四.二九〇.〇〇	二,二二四,〇〇
沙岩	四一七.〇〇——二.一八六.〇〇	一,二八三,〇〇
花岡石	二.四八〇.〇〇——三.三八二.〇〇	....

又石類經冷熱水交互浸透後，必有損於其抵抗能力，爰錄一八九五年，美國戰爭局之材料，試驗結果報告如下：

石類	新鮮原石之破折系數	經冷熱水交互浸透後之破折系數		
	（單位每方吋之磅數）	總磅數	損失磅數	與原系數之百分比
花岡石	一.七二一.〇〇	一.四四〇.〇〇	二八一.〇〇	八三.七%
大理石	一.七七九.〇〇	八二二.〇〇	九五七.〇〇	四六.二%
石灰岩	一.九九四.〇〇	一.一七三.〇〇	八二一.〇〇	五八.八%
沙岩	一.六八三.〇〇	一.一二五.〇〇	五五八.〇〇	六六.九%
總數				六五.一%

耐火能力——建築用石以能具有耐火之能力者爲佳，否則稍經火炙，卽將片片分裂，其分裂之原因，由於外層受熱，而內心仍冷，各自漲縮不同，於是片片分裂，大概高溫達攝氏八五〇度或華氏一五六二度，則鮮有不受損者，若至華氏一七五〇度而突然冷却，則一定粉碎無疑；而受炙熱度僅攝氏五五〇度或在其下者，則仍可保持石之原質，無甚大變，據試驗結果，耐火能力最高者，首推沙岩其餘則細花岡石，石灰岩，粗花岡石，閃長石，大理石等，依序遞減。 火之損害除石片分裂外如石灰岩則或將燒成熟石灰，而花岡石有時經火後而擊之聲成金玉，而建築用石之耐火能力，與熄火之方法，亦大有關係，若大熱時突然澆冷者，則更較漸漸冷却者爲薄弱。

澎漲與收縮——石與其他物質同，亦具熱漲冷縮之能力，惟是一經漲縮，極難恢復原狀，故其所增之體積，卽係永久性之增加，美國戰爭局，曾於一八九五年，以二十英吋見長之石條，自華氏三十二度，（冰凝點）加熱至二一二度，（水沸點）所得之結果如下：

石類	漲長吋數	原長吋數
花岡石	〇.〇〇四〇	二〇.〇〇
大理石	〇.〇〇九〇	二〇.〇〇
石灰岩	〇.〇〇七〇	二〇.〇〇
沙岩	〇.〇〇四七	二〇.〇〇

如石與石間，位置過密，或山中節理之處，常有互相刻劃之痕，卽爲漲伸之象徵，至各石所有澎漲系數，亦各不同，美國戰爭局於一八九〇年，試驗所得之結果云。

石類	原長吋數	最低熱度	最高熱度	相差熱度	漲長吋數	澎漲系數(每度爲單位)
花岡石	一九.九九五一	三三.五〇度	一九九.〇〇度	一六五.五〇度	〇.〇一二六	〇.〇〇〇〇〇三八一
藍石	二〇.〇〇五二	三三.五〇	一九二.〇〇	一五八.五〇	〇.〇一八九	〇.〇〇〇〇〇五九六
石版岩	一九.九九五四	三四.〇〇	一九四.〇〇	一六〇.〇〇	〇.〇一五八	〇.〇〇〇〇〇五〇〇
沙岩	二〇.〇〇一九	三三.五〇	一八三.〇〇	一四九.五〇	〇.〇一八六	〇.〇〇〇〇〇六二二
大理石	二〇.〇〇六一	三三.五〇	一八九.五〇	一五六.〇〇	〇.〇一七五	〇.〇〇〇〇〇五六二
石灰岩	二〇.〇〇八四	三三.五〇	一七七.〇〇	一四三.五〇	〇.〇一〇三	〇.〇〇〇〇〇三七六

彈性系數——彈性系數爲普遍之通性，石類當亦不能例外，其表示法爲一吋見方，二吋長短之石樣所受外力之最大系數，由此系數，吾人可決定其石與石間，或石與灰泥或水泥間所能伸縮程度，故彈性系數之試驗亦極需要，試驗方法，以二吋之方石塊加上五百至一千磅之重壓，而量出其內凹外凸之短長，一經計算，卽可求得，白克萊氏亦曾試驗報告如下：

石類	正面或側面	每方吋所有之彈性系數
花岡石		二〇一.〇〇〇磅——一.六五三.〇〇〇磅
石灰岩	正面	三一.〇〇〇磅—— 一七一.〇〇〇磅
石灰岩	側面	五〇〇.〇〇〇磅
沙岩	正面	七六.三〇〇磅—— 一七〇.六〇〇磅
沙岩	側面	六四.九〇〇磅—— 一五一.三〇〇磅

（定閱雜誌）

茲定閱貴社出版之中國建築自第……卷第……期起至第……卷第……期止計大洋……元……角……分按數匯上請將

貴雜誌按期寄下爲荷此致

中國建築雜誌社發行部

……………………啟……年……月……日

地址…………………………………………

（更改地址）

逕啓者前於……年……月……日在

貴社訂閱中國建築一份執有……字第……號定單原寄……………………

……………………收現因地址遷移請卽改寄……………………

……………………收爲荷此致

中國建築雜誌社發行部

……………………啓……年……月……日

（查詢雜誌）

逕啓者前於……年……月……日在

貴社訂閱中國建築一份執有……字第……號定單寄……………………

……………………收查第……卷第……期尚未收到祈卽

査復爲荷此致

中國建築雜誌社發行部

……………………啓……年……月……日

中國建築

THE CHINESE ARCHITECT

OFFICE:

ROOM NO. 405, THE SHANGHAI COMMERCIAL AND SAVINGS BANK BUILDING, NINGPO ROAD, SHANGHAI.

中國建築第二卷第四期

出版	中國建築師學會
編輯	中國建築雜誌社
發行人	楊錫鏐
地址	上海寧波路上海銀行大樓四百零五號
印刷者	美華書館 上海愛而近路二七八號 電話四二七二六號

中華民國二十三年四月出版

中國建築定價

零售		每冊大洋七角
預定	半年	六冊大洋四元
	全年	十二冊大洋七元
郵費		國外每冊加一角六分 國內預定者不加郵費

廣告索引

中國建築材料公司

經營各種　建築材料

獨家經理

標準鋼窗公司　鋼窗鋼門

蘇州磚瓦廠　紅瓦面磚紅磚空心磚

中華汽爐行　水汀鍋爐

鋁業製造公司　鋼精紗各式鋼精器皿

北平中華汽爐行　獨家經理

左列各處裝用本公司出品後均極滿意

清華大學
協和醫院
世界學院
燕京大學
同仁醫院
滙文中學
美國聖經會
銘賢學校
首善醫院
救世軍
辣斐花園跳舞廳
吳淞醫院
閘北胡公館
蘇州眞光影戲院
乍浦俱樂部

未完工程

中山路大夏新邨
北四川路八層公寓

出品

各種鍋爐暖汽水汀及一切另件式樣新穎美觀質地精良價格尤爲低廉較之舶來品有過之無不及無論私人住宅公共場所如裝置水汀請認明"STAR"商標定能使君滿意

工程部

承辦鋼架建築及設計包裝冷熱汽及各種水電工程其他避水材料瑪賽克瓷磚缸磚電器用品及衛生器具等無不應有盡有定價特廉如蒙賜顧無不竭誠歡迎也

事務所：上海四川路四一六號

電　話：一二二二○

電報掛號：六三一一○

DEMAG

DUISBURG

台麥格電吊車
用于起重機上

各種裝貨運貨設備
及鍋爐進煤設備

台麥格

最經濟最迅速電力吊重及運送機器
吊重能力自半噸至十噸可裝置于起重機作起重機關

獨家經理 謙信機器有限公司

上海江西路一三八號 電話一三五九七號

Sole Agents in China:

CHIEN HSIN ENGINEERING CO. G. M. B. H. LTD.

138 Kiangse Road, Shanghai Telephone: 13597

Hong Name  "Mei Woo"

BRUNSWICK-BALKE-COLLENDER CO.,
Bowling Alleys & Billiard Tables

CERTAINTEED PRODUCTS CORPORATION
Roofing & Wallboard

THE CELOTEX COMPANY
Insulating & Accoustic Board

CALIFORNIA STUCCO PRODUCTS COMPANY
Interior and Exterior Stuccos

INSULITE PRODUCTS COMPANY
Insulite Mastic Flooring

MUNDET & COMPANY, LTD.
Cork Insulation & Cork Tile

NEWALLS INSULATION COMPANY
Industrial & Domestic Insulation
Specialties for Boilers, Steam &
Hot Water Pipes, etc.

RICHARDS TILES LTD.
Floor, Wall & Coloured Tiles

SCHLAGE LOCK COMPANY
Locks & Hardware

SIMPLEX GYPSUM PRODUCTS COMPANY
Plaster of Paris & Fibrous Plaster

TOCH BROTHERS INC.
Industrial Paint & Waterproofing Compound

WHEELING STEEL CORPORATION
Expanded Metal Lath

ARISTON
Steel Casement & Factory Sash
Manufactured by
MICHEL & PFEFFER IRON WORKS
San Francisco

Large stocks carried locally.
Agents for Central China

FAGAN & COMPANY, LTD.
261 Kiangse Road

Telephone
18020 & 18029

Cable Address
KASFAG

美商

美和洋行

承辦屋頂及地板
工程并經理石膏
粉石膏板甘蔗板
避水漿鋼絲網鋼
窗磁磚牆粉門鎖
等各種建築材料
備有大宗現貨如
蒙垂詢請接電話
一八〇二〇或駕
臨江西路二六一
號接洽為荷

沈金記營造廠

Sung King Kee

Contractor

本廠承造鋼骨水泥房屋堆棧以及橋梁道路涵洞等

事務所

上海法租界貝禘鏖路鉅興里七號

電話 八三四八八號

褚掄記營造廠

廠址 上海臨平路二一號 電話 五〇四四四號

本廠專門承造一切大小建築鋼骨水泥工程工場廠房以及碼頭橋樑等迅速經濟堅固如蒙委託無任歡迎

THU LUAN KEE

CONTRACTOR

21 LINGPING ROAD. TEL 50444

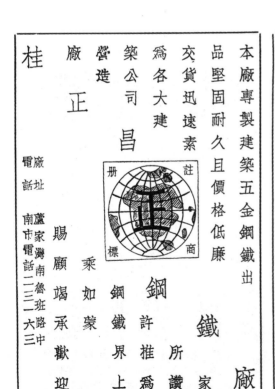

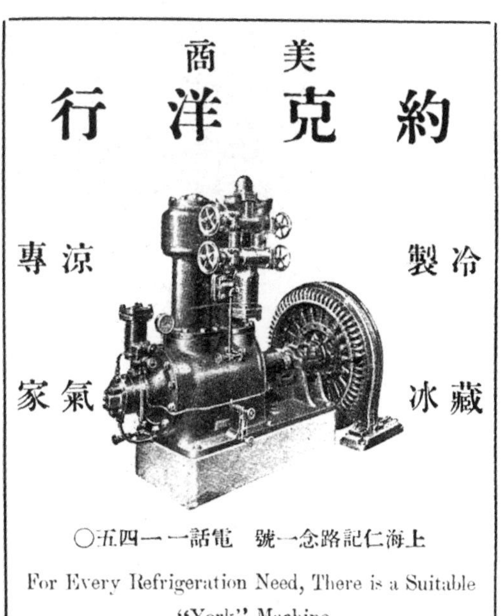

美商
約克洋行
冷藏
製冰
涼氣
專家
上海仁記路念一號　電話一一四五〇
For Every Refrigeration Need, There is a Suitable
"York" Machine
YORK SHIPLEY, INC.,
21 JINKEE ROAD
Shanghai.

開灤礦務局

地址上海外灘十二號　　電話一一〇七〇號

本局製造之面磚色彩鮮明五光十色深淺咸備尺寸大小應有盡有用以鋪砌各種建築物既美觀又堅固洵建築之現代化也

THE CHARM OF FACE-BRICKS

Adds little to the Cost, but greatly to the value

MAKES OLD BUILDINGS LOOK NEW

SUPPLIED IN A LARGE VARIETY OF COLOURS

THE KAILAN MINING ADMINISTRATION

12 THE BUND　　TELEPHONE 11070

A new Beauty comes to the Bath

"Standard" NEO-ANGLE BATH

It's the newest . . . smartest . . . most distinctive bath ever-designed . . . this "STANDARD" Neo-Angle Bath . . . but, oh so roomy, safe and comfortable! It's almost square, with the tub running diagonally, to give you convenient seats in opposite corners. And no matter what kind of bath you prefer—shower, tub, foot or sitz—you can have it in this single one-piece bath.

If you want your bath really modern, in white or any of ten attractive colors, you'll drop by our "STANDARD" showrooms and see the "STANDARD" Neo-Angle Bath.

AMERICAN RADIATOR & STANDARD SANITARY CORPORATION

Sole Agent in China

ANDERSEN, MEYER & CO., LTD.

中國近代建築史料匯編（第一輯）

中國建築

第二卷　第五期

THE CHINESE ARCHITECT

內政部登記證警字第二九五五號
中華郵政特准掛號認為新聞紙類

民國二十三年五月份
中國建築師學會出版

第 二 卷 第 五 期

興業瓷磚股份有限公司

The National Tile Co., Ltd.

Manufacturers of Floor & Wall Tiles

興業毛踏步磚之五大特點

安全 耐用 寧靜 應用 特色

其他各式釉光無光地牆瓷磚瑪瓌克瓷磚無不俱備詳情請向

本事務所河南路五〇五號 電話九五六六六號接洽

營造廠業主及建築師應請儘量

採用興業出品國貨瓷磚

上圖係用本公司出品之四寸方美術牆磚毛踏步磚及瑪瓌克瓷磚舖成扶梯踏步之一角

Dial for Information 95666
505 HONAN ROAD, SHANGHAI
Code Address 7451
Factory: Chung Shan Road,

本社啟事

敬啓者本社廣告部經理劉安曾君另有高就已於六月底辭去所任職務除本社另聘經理外特此聲明

中國建築雜誌社啓

中國建築師學會啟事

鴻生先生台鑒夙仰

雅望久欽

宏猷招商改組以還振衰舉廢節流開源凡在關心莫不額手復以擴充業務聞有籌建大廈之議惟道途傳言建築設計似已屬意西人在

先生海襟闊署交遊廣遐國籍界限或未容心但際此世界競存之際凡事莫不以本國爲先若謂建築之學西人擅長則恐來華客寓者未必盡然也十餘年來中國建築人才實已日增而月進所有成績亦多能獻之社會而無慚

先生提倡國產允推巨擘手創各業由於經營之得宜及國人之覺悟蒸蒸發達前途無量若有人焉崇尚外貨敝屣國產則非特愛國之士所不齒抑亦

先生所不甘心實業如此他事亦然

先生名流領袖企業中堅易俗移風非他人任若保持成見遷異喜奇聲氣所通影響滋巨高明如

先生諒必以爲然也書不盡意唯祈

見原專頌

大安至希

垂鑒

中國建築師學會謹啓　二十三年七月十日

中 國 建 築

第 二 卷　　　第 五 期

民國二十三年五月出版

目　次

著　述

插　圖

卷頭弁語

本刊前一期已經登過一次醫院，在本期不該再連篇累牘的刊登醫院建築；可是建築師的思想，各有不同；設計的方式，當然也互相迥異。前期的中央醫院，是帶有中國色彩的簡樸式設計；本期的式樣，則純採取國際實用式：二者顯有不同的計劃，故結果亦懸殊。

在刊登中央醫院的時候，因爲該院座落南京。攝取內外部照像，是十分困難，故僅有基泰工程司供給一小部份照片。內部裝飾，及各部大樣詳圖多有遺漏，致未能將該院全豹供獻讀者！後來雖經基泰工程司拍一部，奈以時間關係，未能刊入，殊屬一大遺憾！本社鑑於前車，故本期材料，提前盡力搜羅，蒙啓明建築事務所奚福泉君將內外主要部份，儘都拍照貽於本刊，銘感之餘，特誌卷頭，以伸謝意！

本期刊登之虹橋療養院，療養室全部向南，每室均得有充份光線及空氣。實用方面，堪稱符合。人立陽台之上，視綫不能達於下層陽台上人之行動，（參閱陽光綫之剖面圖）亦是設計之精心竭慮處。深望讀者注意及之。

編者謹識民國廿三年五月

中國建築

民國廿三年五月　　第二卷第五期

虹橋療養院設計經過

(一)地位　虹橋療養院,位於上海西區之虹橋路,距靜安寺約四公里不足。 地位雅靜而交通便利。 蓋市井叫囂之區,旣不利於病者之環境,偏塞山林之勝,於病人及應用品上之運輸,却感不便。 故經數番斟酌,始決意擇該地基而興建焉。

(二)設計　地位旣定,遂聘啓明建築事務所奚福泉建築師擔任設計,幾經研討,歷時半載餘,乃得按部解決;而由安記營造廠承造。

(三)式樣　外表式樣呈堆叠式,療養室部分完全向南作階梯形。 在每室內均得受有充分之陽光。 外部十分簡潔醒目,足爲滬上醫院建築闢一新紀元。

(四)構造　院舍分大小二座:大者四層;小者一層,互相隔離。　全部均以鋼骨混凝土建造,以期堅固耐久而無火患。 牆壁建築,對於隔音,亦曾加以注意,故結果良好。

(五)內部佈置　內部佈置,多尙實用,就其特點而言,可分下列四項:

(甲)各室地位　按日光對於病人最爲有益,對患肺病者尤感重要;故將病房部份均位於南部,並每室

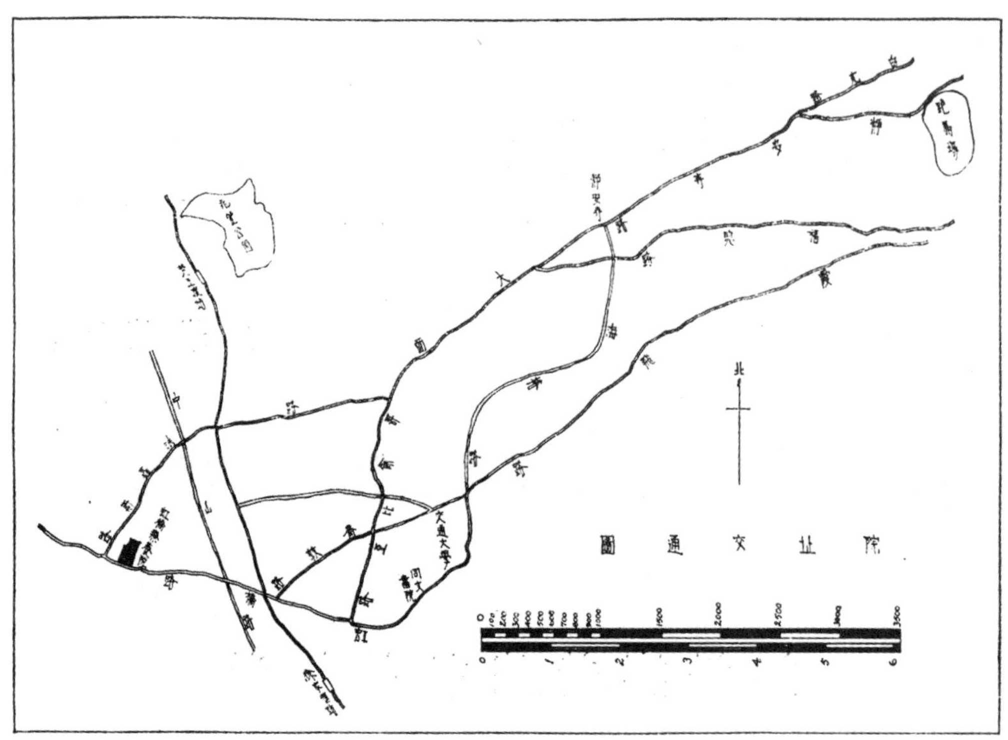

前均設陽台，以使各個病人隨時吸收陽光。　至於手術室、X光室、太陽燈室、診察室等，凡無日光關係者，則均位於北部。

（乙）避聲佈置　病人最忌叫囂，聲浪足增病人之煩悶，故在病房左近，一舉一動，宜力持鎮靜。　該院病房診察室、穿堂以及其他重要各室，均鋪橡皮地板，既免履聲擾害病者心思；更可減少積垢之患。

（丙）收光設備　按紫光療病，最爲靈效，故在特等病房中，各門窗均配以紫光玻璃，俾日光中之紫光射及病人，收效宏大。

（丁）美化家具　全部家具，均採美術化；但力求經濟，不尚奢侈。

（六）病人消遣設備　該院爲病人娛樂計，於屋頂平臺之東首設音樂室一間，備有無線電、鋼琴等，以備病人之消遣。　並設圖書館，備有各種書籍及雜誌，以供病者瀏覽。

（七）結論　虹橋療養院之設計，不特經過建築家之窮思極慮；抑且經醫師之詳細考察：故於實用方面、衛生方面、堅固方面、美觀方面，均可使人滿意。　誠國人自建療養院之嚆矢也。

全景鳥瞰圖

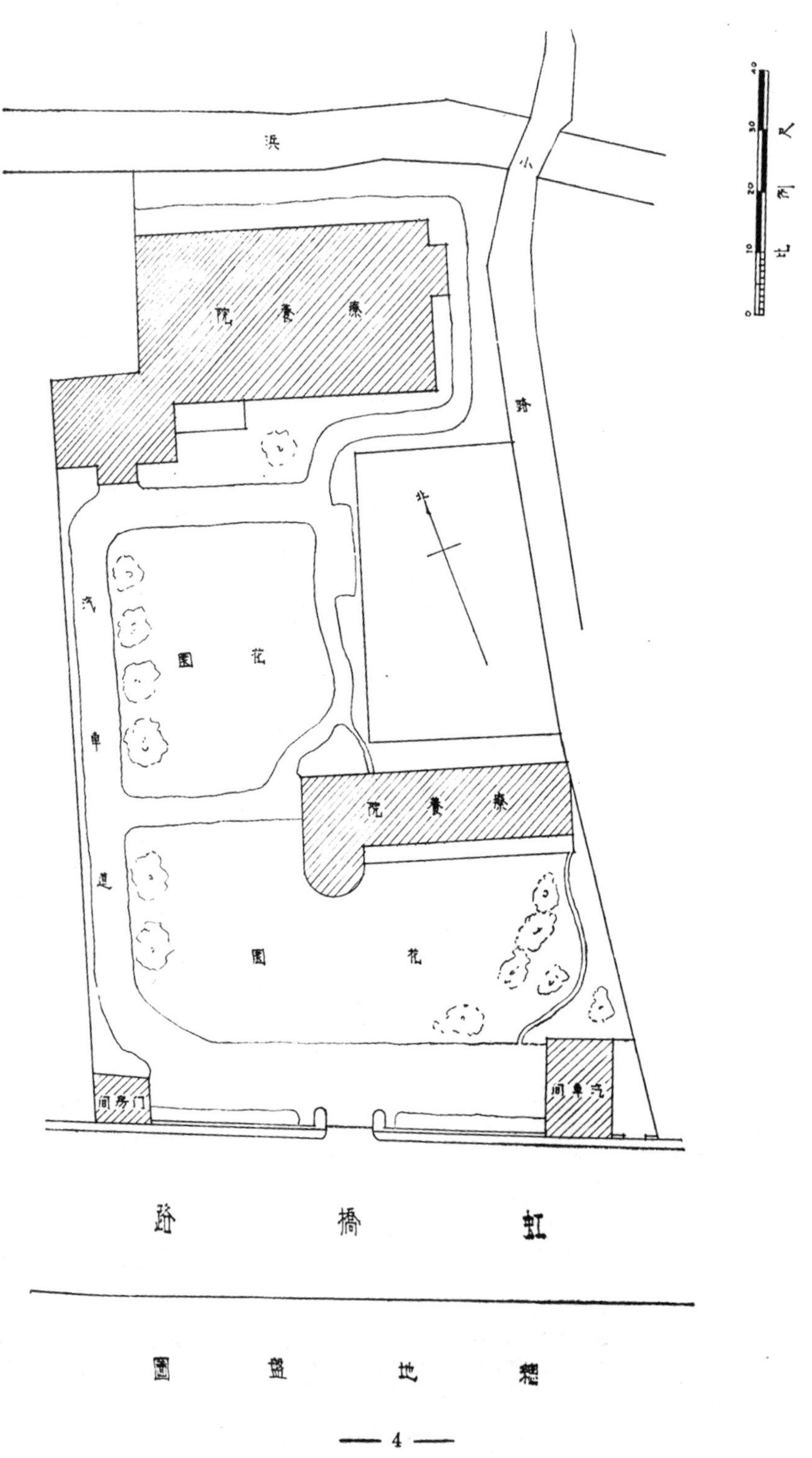

總地盤圖

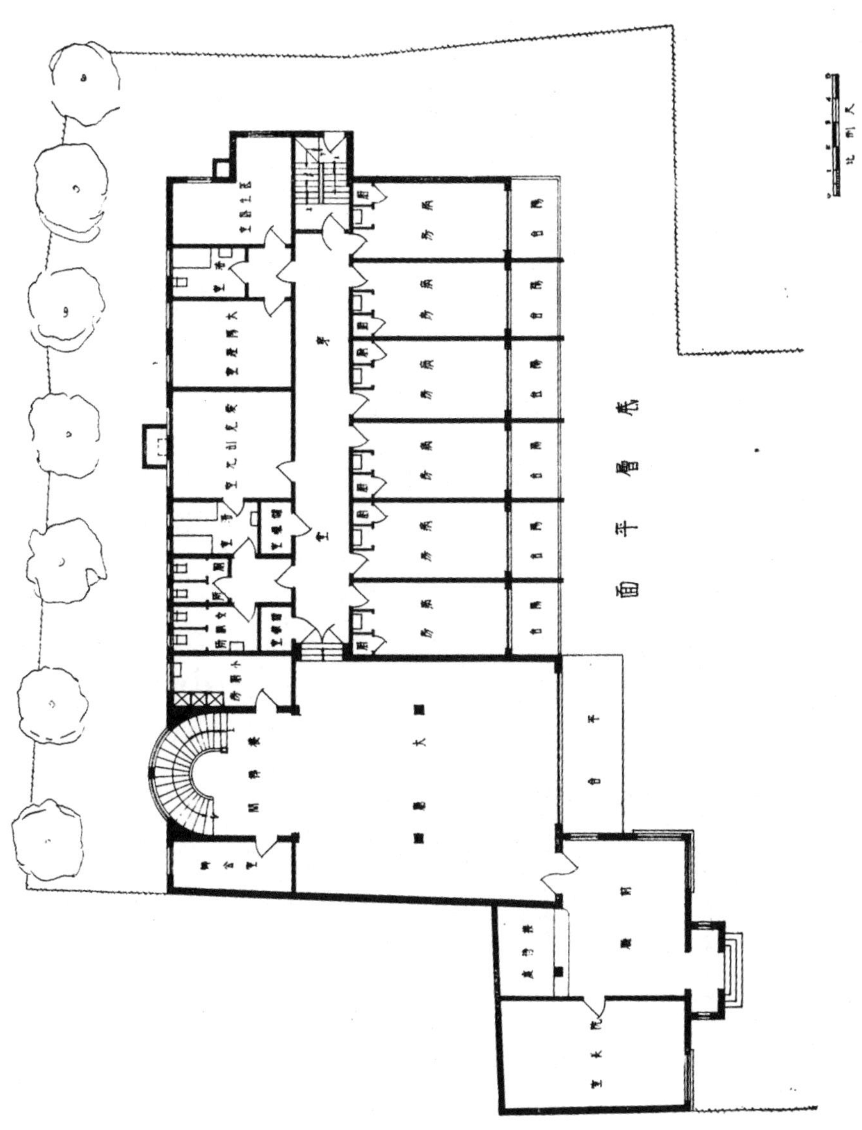
底層平面

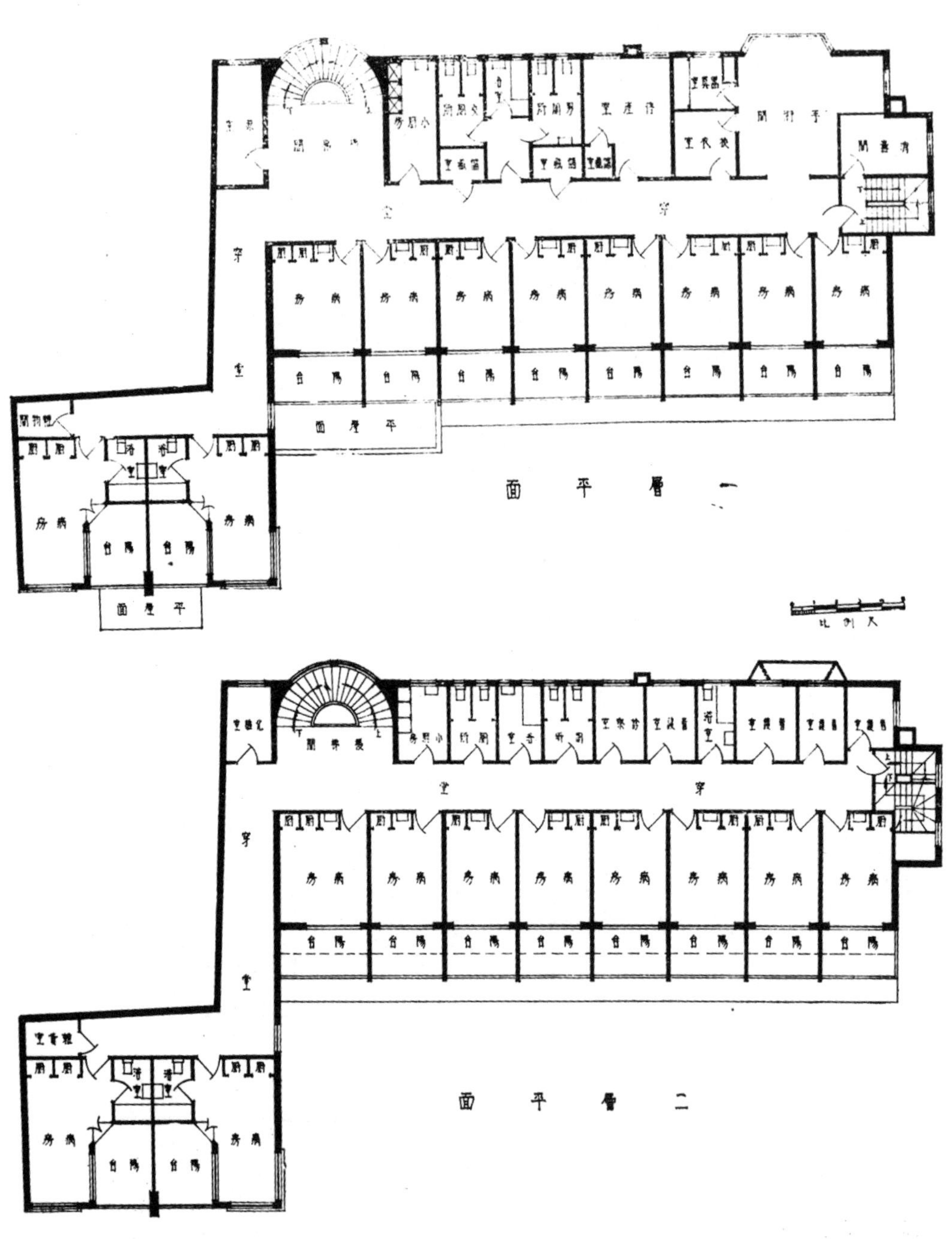
穿堂
病房
陽台
平屋面
比例尺
一層平面
二層平面

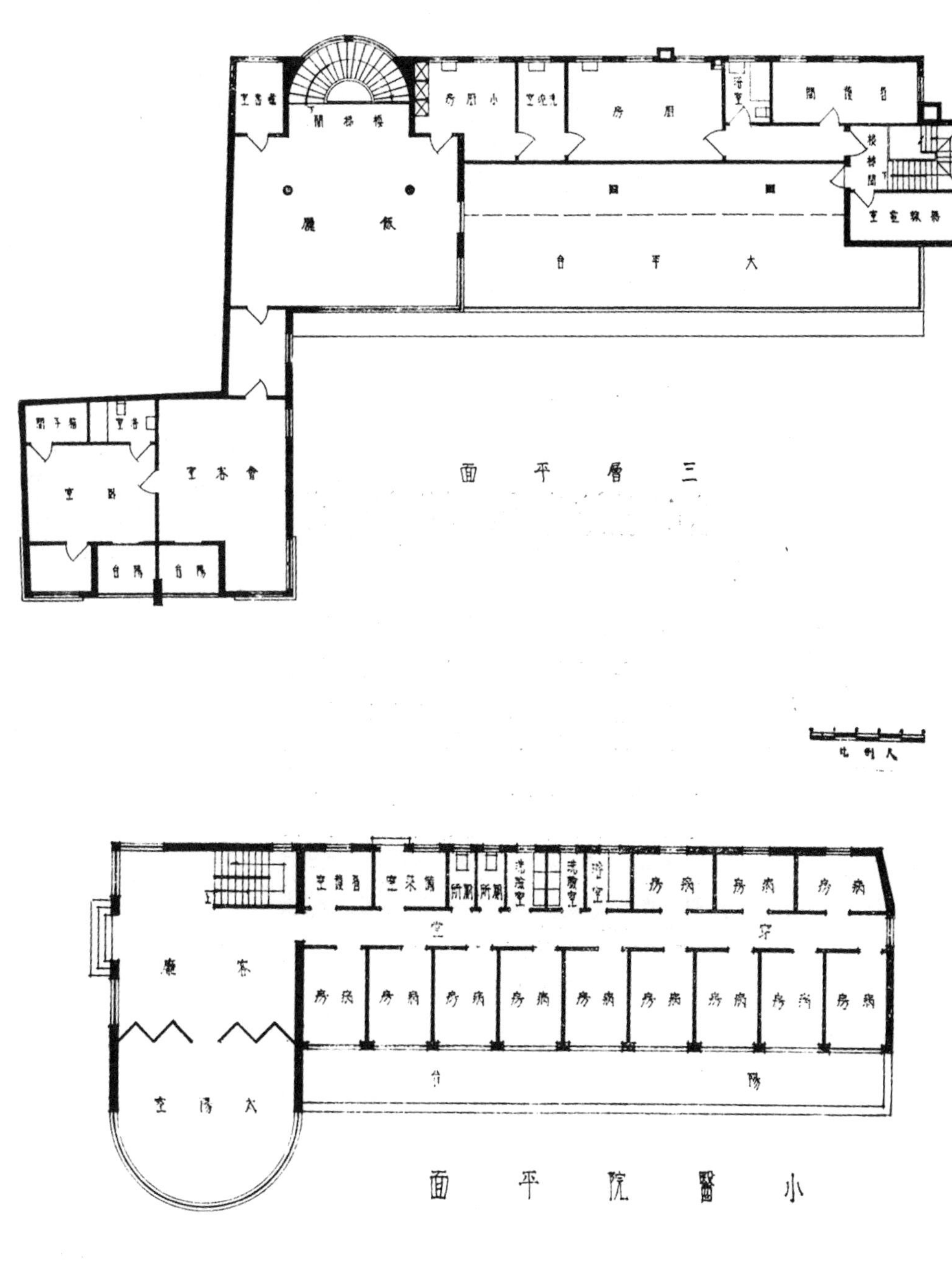

小醫院平面

虹橋療養院之橡皮地板

在中國境內，施用橡皮作地板者，在香港巳多採用。上海方面則一見之於大上海戲院，再見之於百樂門舞廳。又見之於工部局監獄醫院，虹橋療養院，乃第四次採用也。在醫院內病房左近，用橡皮地板十分相宜。蓋病人最忌聲浪，兼喜清潔。用橡皮地板，旣可免除履聲噪雜之患，且便於刷洗。全部橡皮地板，由荷蘭國橡皮公司承造。

透視圖

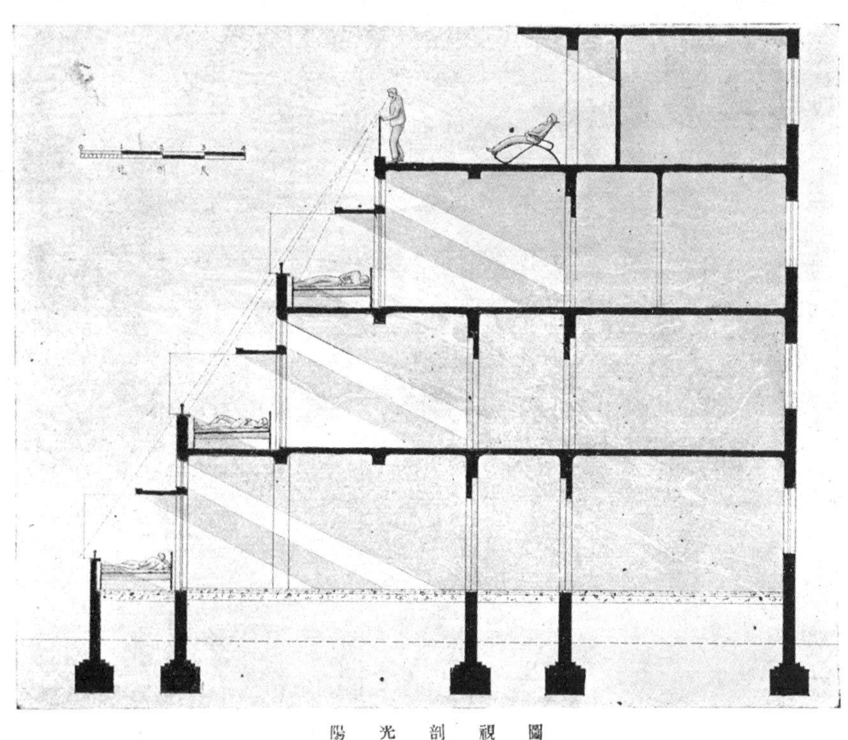

陽光剖視圖

沿虹橋路大門

由花園西南角北望

小醫院透視圖

由醫院台階上南望

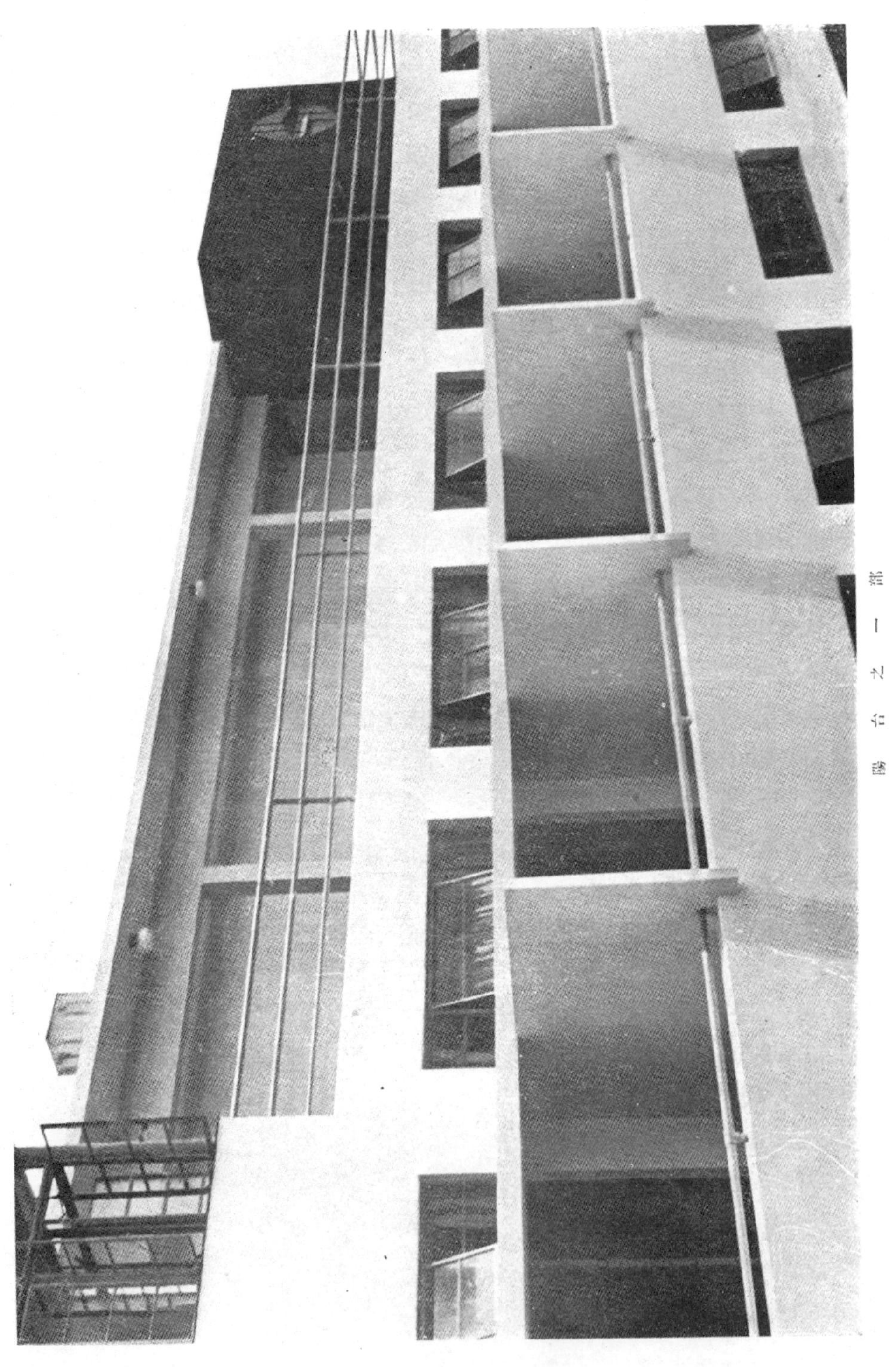

陽台之一部

陽台下視圖

〇〇九六五

階梯形之病房

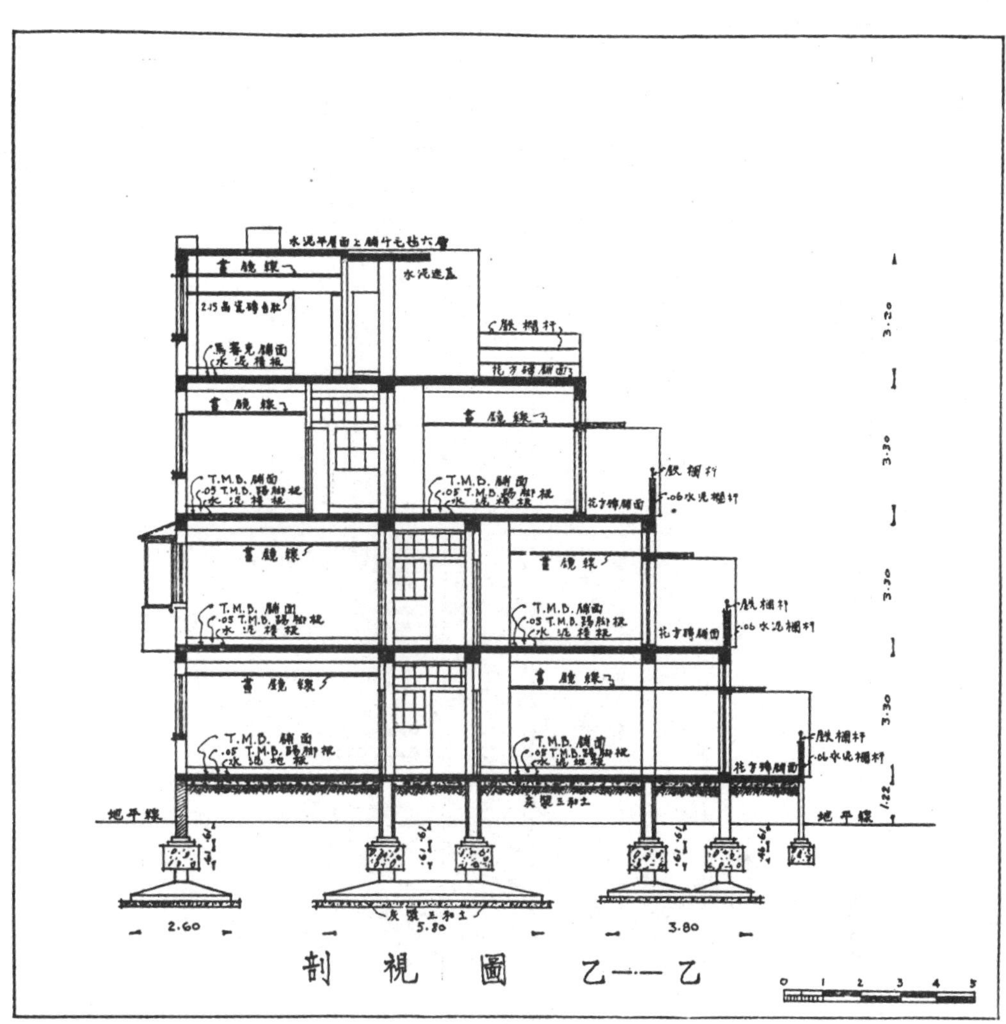

乙—乙剖視圖

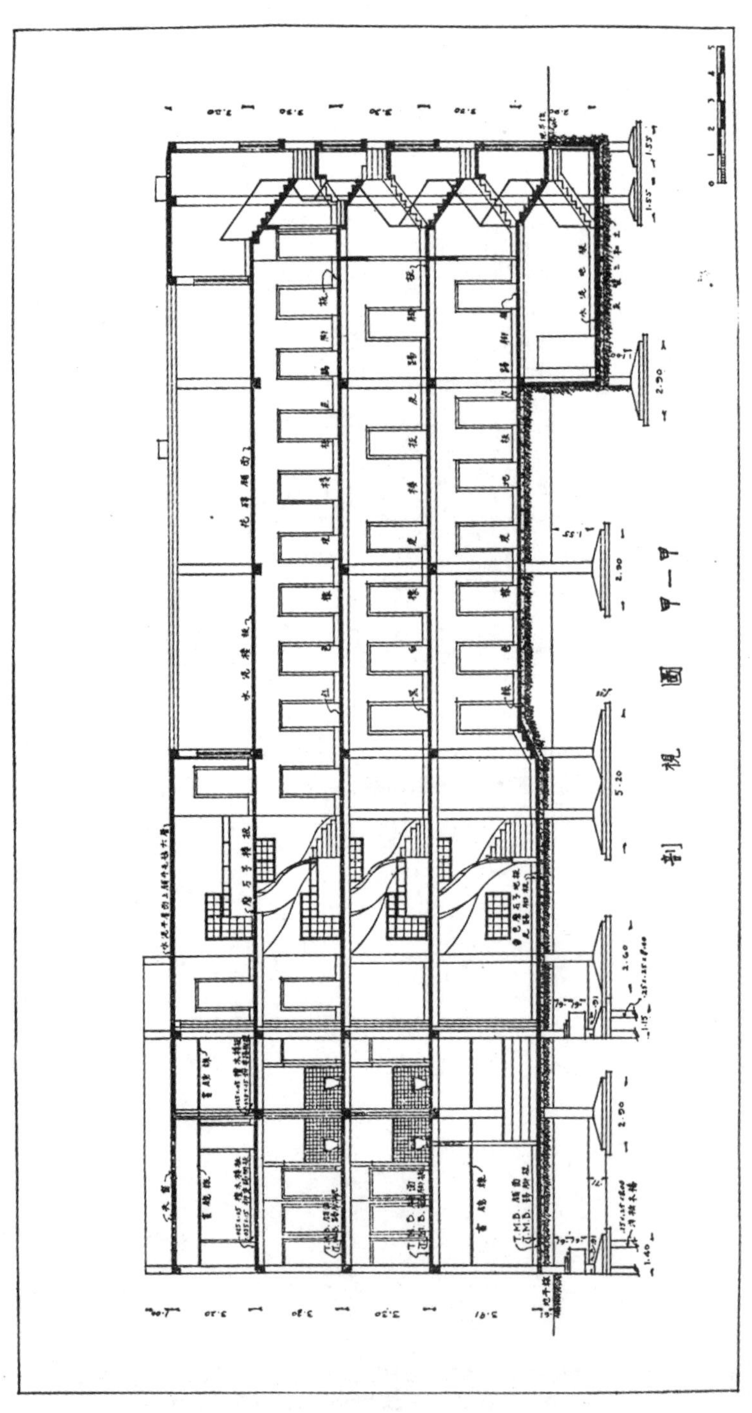
剖視圖甲一甲

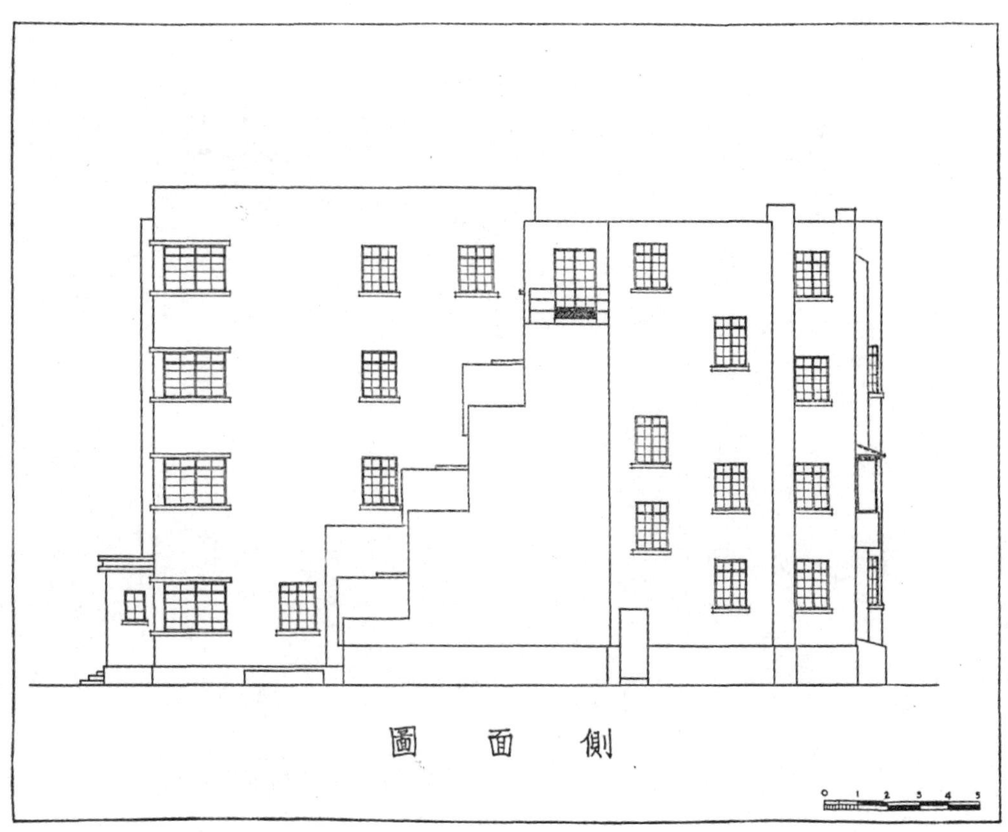

側面圖

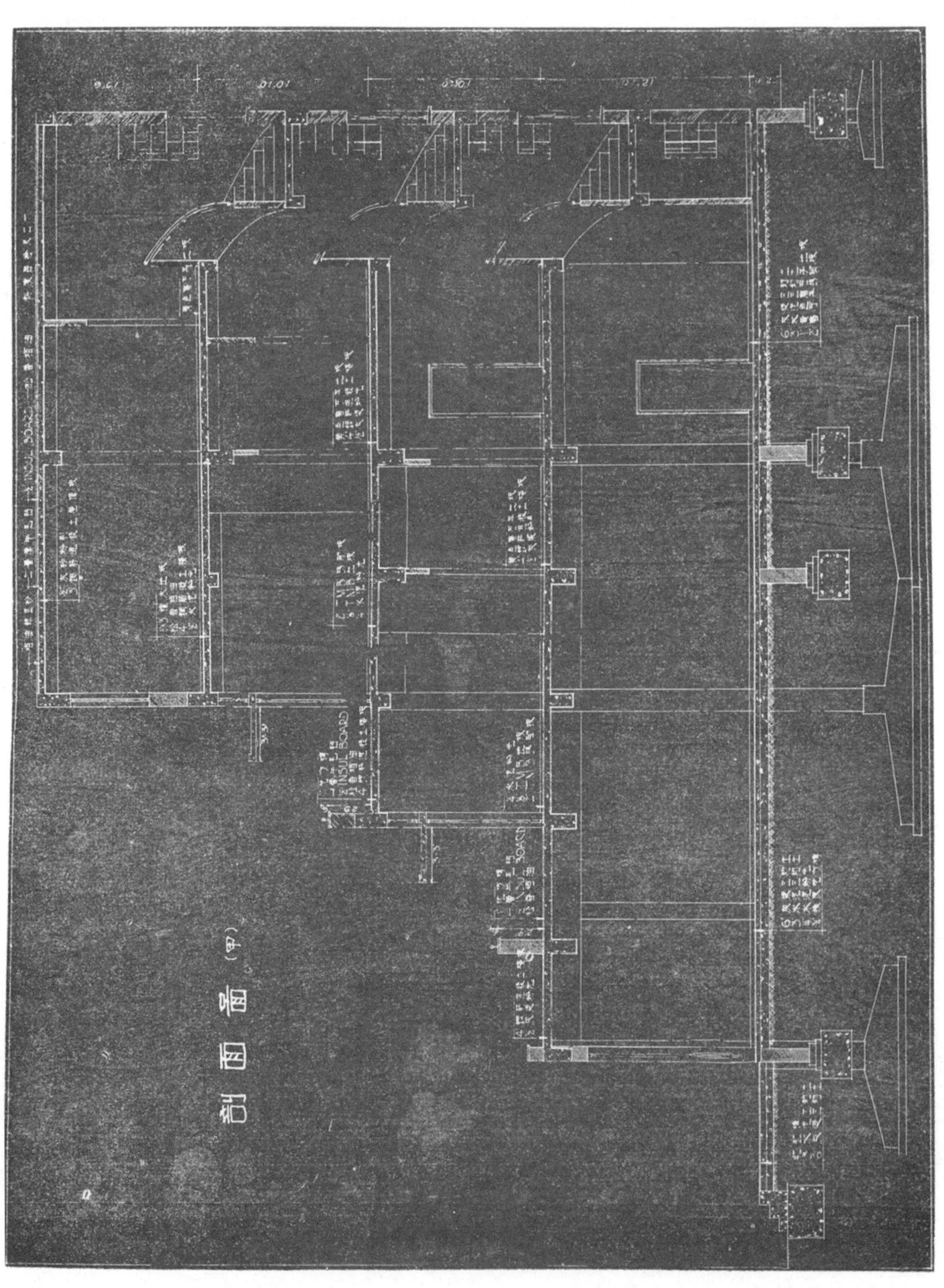

剖面圖（甲）

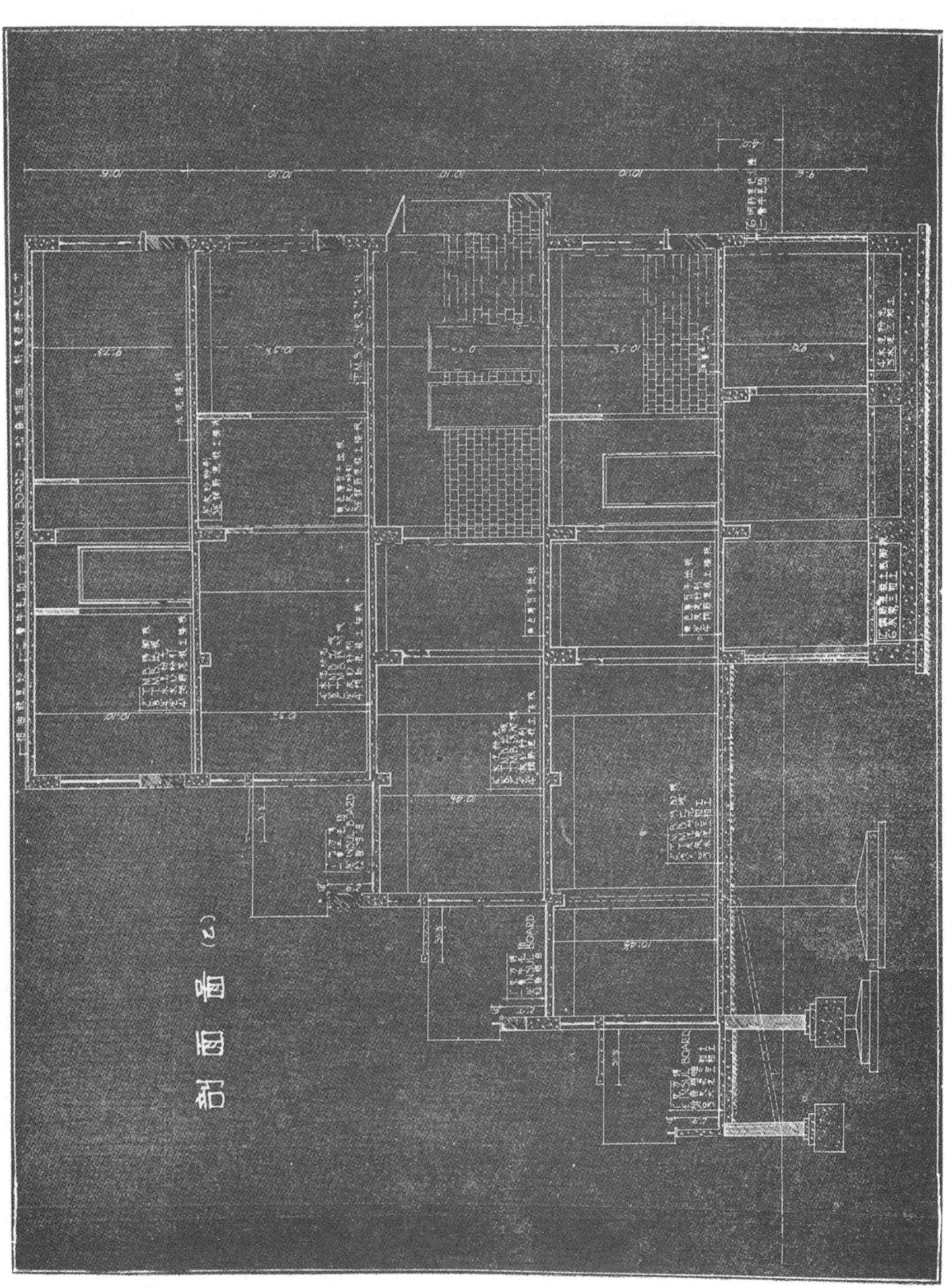
剖面圖（乙）

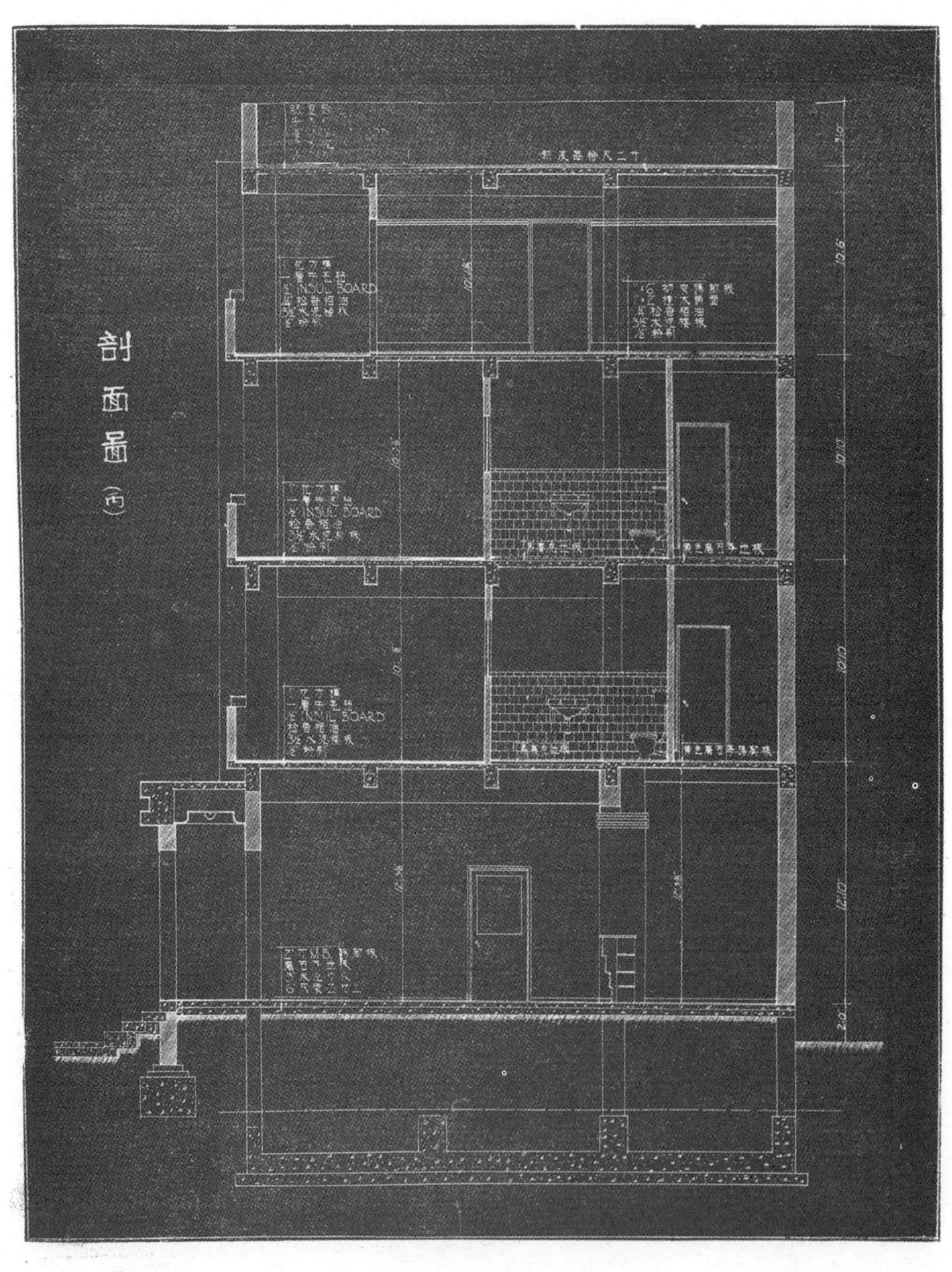
剖面圖 (丙)
INSUL. BOARD
INSUL. BOARD
INSUL. BOARD
2" T.M.B.

虹橋療養院大廳設計

大廳內部，裝設華美；牆呈淡綠色，藹雅宜人。 內部可容百餘人，宴會談歓，均感舒適。南面裝置落地長窗，益顯光潔。 北面為半月形大樓梯，即由此登樓。

大廳一角及穿堂

大廳上樓之一部

大廳平頂一角

大廳內之裝璜

樓梯之一部

建築設計以解決扶梯爲最難，蓋設於偏閉之地，初臨者即有無從登樓之煩，設於交通要道，又嫌太不經濟，且與觀瞻有礙。本樓梯面向大廳，作半月形。交通上，美觀上，均告圓滿，允稱佳構。

編者識

二層之穿堂

穿堂左部面北，光線方面，對於病者勢不相宜，故多爲儲藏室，廁所，及無需光線之手術室等。至於病房，則均向南，以得收充分之光線。穿堂鋪橡皮地板，以避聲浪。

編者識

前廳之一角

前廳接待室

虹橋療養院餐廳設計

餐廳位於三樓之平台西首，於夏季備有冷氣裝置，光線空氣均充足，牆壁作金黃色，美麗悅目。 飯後散步於大平台，既可助消化，又可憑欄遠眺，近郊景色，悉收眼底。

餐廳裝飾之一

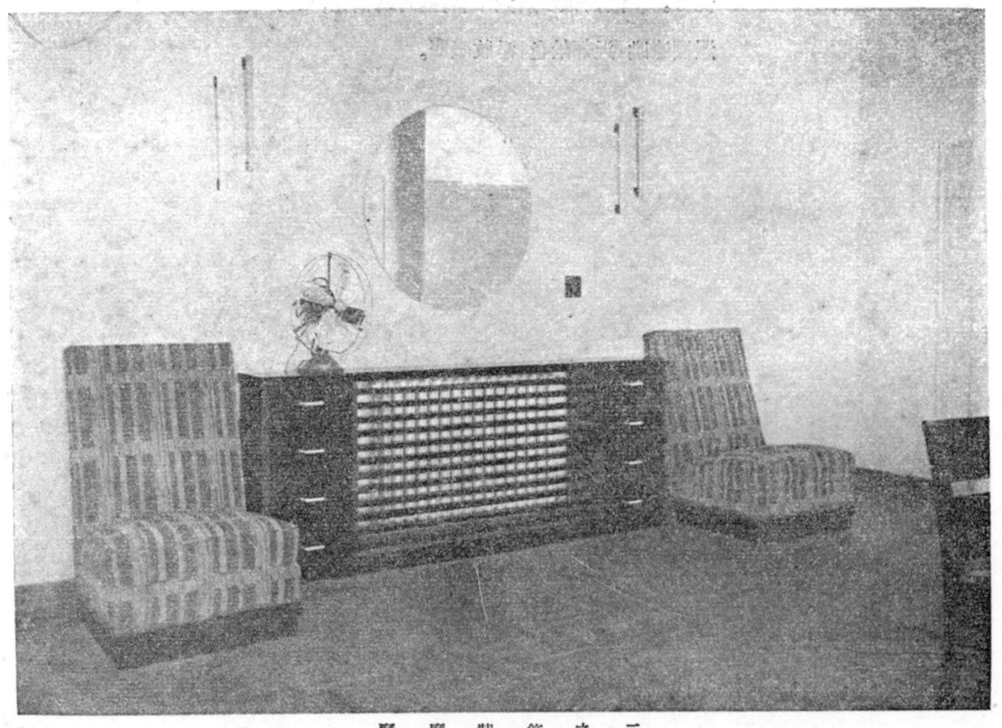

餐廳裝飾之二

餐廳裝飾之三

餐廳裝飾之四

虹橋療養院病室設備

凡院內之臥室，俱有電流設備，冷熱水管及各種管子電線等，均暗藏於牆壁之內，而牆角等處俱作半圓形，俾不至堆積塵垢又可便利消毒。

病房內景

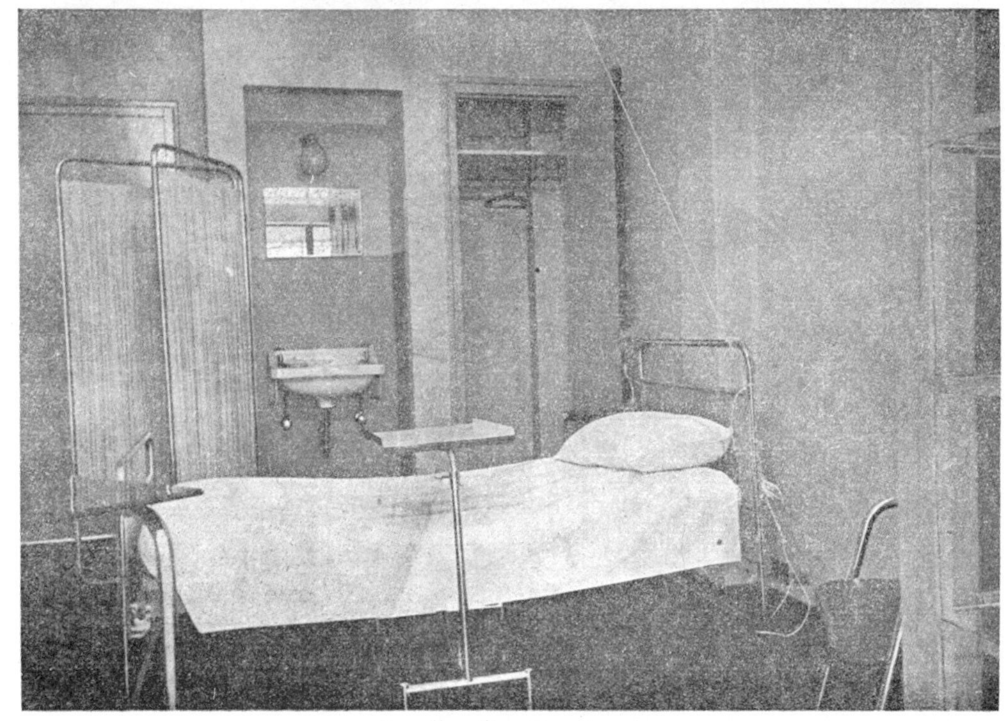

特別病房內景

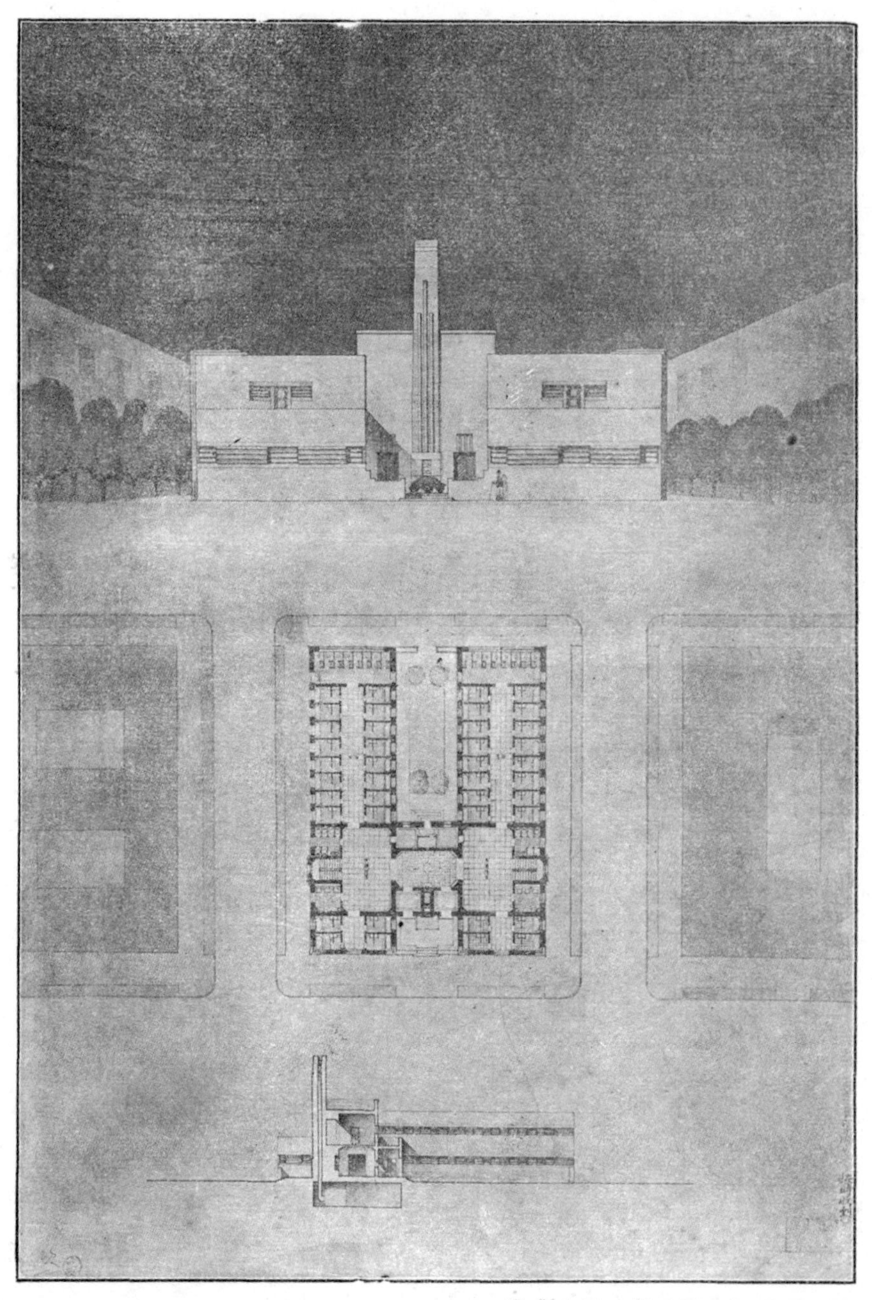

東北大學建築系丁鳳翎繪醫院

東北大學建築系鐵廣濤繪名人墓

中央大學建築系學生成績

都市住宅設計 (A TOWN HOUSE)

某富商博學能文，其夫人雅善交際，子女三人，咸在學齡，渠以業務關係，欲在城內建其新居。在彼住宅區內有地一方，長128呎，闊32呎，兩面皆有界牆，不能開窗。新建之屋頂後讓16呎，並有32呎深之後院；故淨餘之面積爲80′×32′（階沿窗戶在外）。32呎闊之一面迎街南向，除正面外不得有其他入口。高度則以四層爲限。閣樓與地下層不計。自第一層至頂須有樓梯二部，外有自動電梯一具，以便上下；又汽車房不附於宅內；又須有女傭五人之臥室。一切設計，由作者斟酌；但以適合其家庭需要爲尙。

圖樣：——　　正面圖一；剖面圖一；平面圖每層各一。

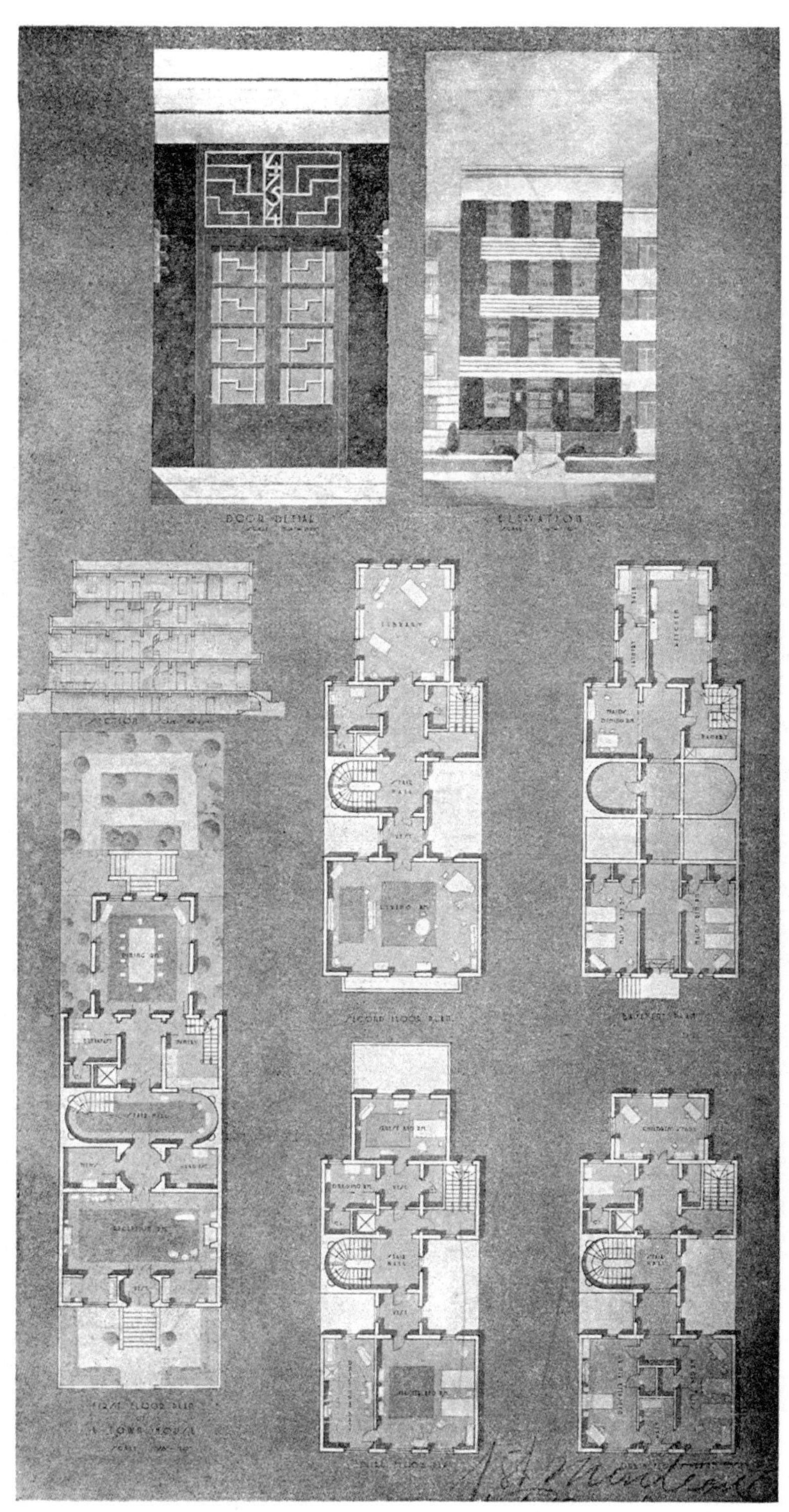

中央大學徐中繪都市住宅

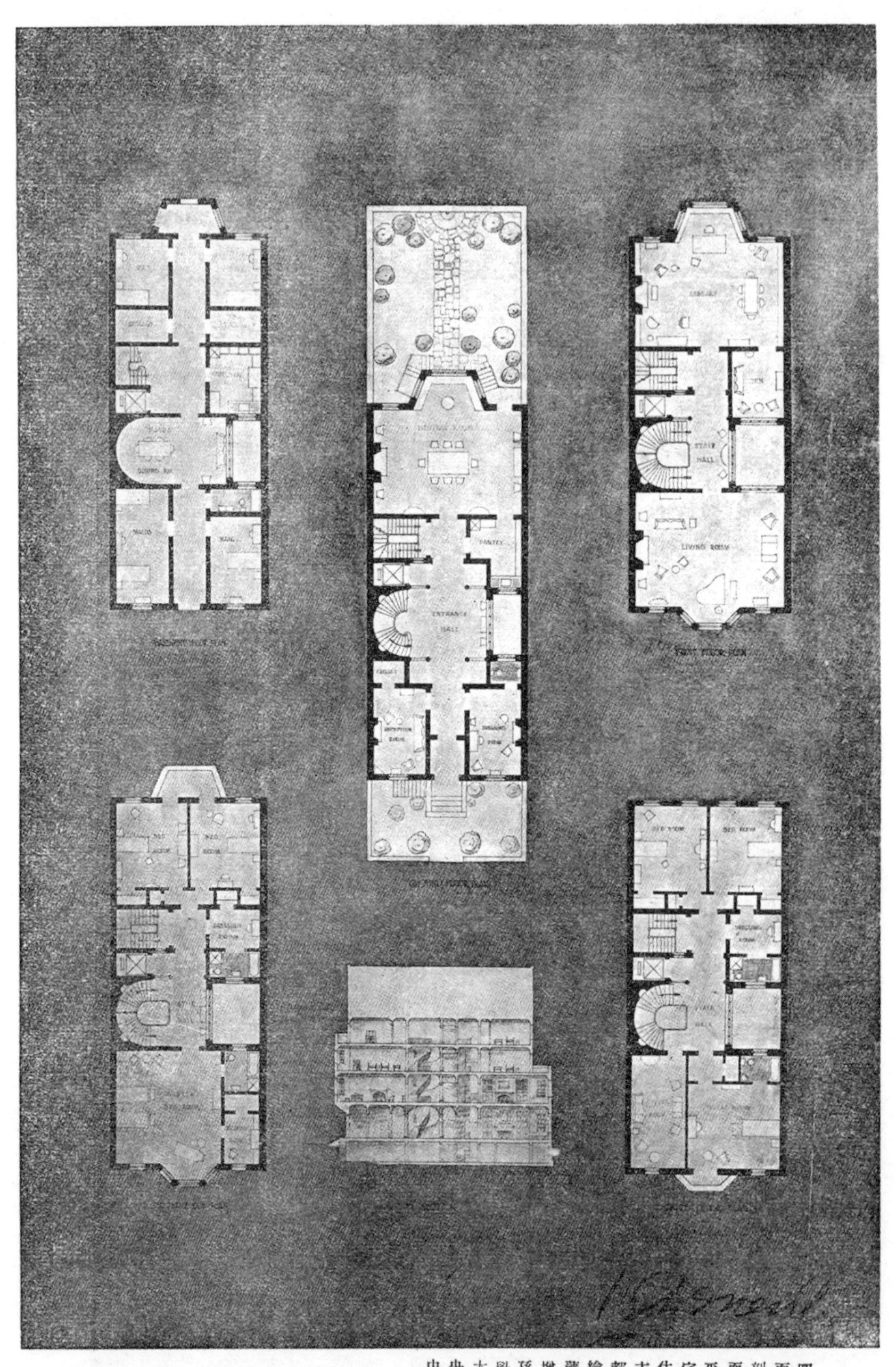

中央大學孫增藩繪都市住宅平面剖面圖

建築正軌

（續）

石麟炳

第六章　上墨綫

當圖案探討完成以後，有兩種方法，可將設計施於最後繪圖紙 (Final Sheet) 上。一種是量線法，是將探討成功之圖樣，重新畫過一遍；其作法是將圖中所有的線條長短，用紙頭刻劃其距離，按距離繪於新的紙上，這種辦法，是較用呎或用兩角規去量，省了許多時間。另一種是摩印法 (Rubbing Study) 此種辦法則較量線法更為簡便。用一張透明繪圖紙，鋪於原圖上描畫，然後將畫成之透明紙，鋪於最後繪圖紙上，用製圖布一小片墊於紙上，用圓滑之器擦之，務使各部份均印於最後繪圖紙上然後上墨線。

兩種方法，各有其便；量線法畫出來的圖樣是精緻的，是準確的，故施之於圖案競賽上最為相宜。有些人遇着簡單的圖案，因要使時間經濟，起始即畫於最後繪圖紙上，這是需要量線畫法的。

摩印法是很經濟時間的一種辦法，因為鉛筆在透明紙上畫線，是快馬輕車，速率極大。呎吋在探討時已覺量準，無須再耗費時間於量線段上，所以是最簡便的辦法。

畫墨線和畫鉛筆線是一樣的道理，宜求堅實有力不宜顯出細如蛛絲的部份。橫豎兩線相交務求兩端對齊（圖二十四）有時急於成功兩端稍露線頭（圖二十五）雖與大局無礙，但在精細着色之圖案上，頗感心理上之不愉快，宜設法避免之。

圖二十四

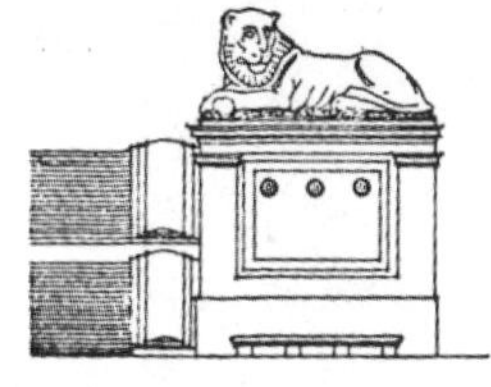

圖二十五

學生應特別注意於徒手線，應當作徒手線的地方，萬不可仰藉機械之力，因為手愈用則愈靈。而且有的地方，機械之助是不成功的，必須用徒手作線。一個繪圖者，要沒有徒手畫的訓練他的成績是不會好的，甚致一個很簡單的圖案，也難達到圓滿目的。

要想畫一個像，使全部比例異常準確，是較難能辦到，我們可以用『方格法』繪製。先將原圖作成若干方格，大小隨意（圖二十六之一）然後再將自己之繪圖紙分成等數目之方格，大小亦酌量圖之需要而定（圖二十七）按格將全像畫完，比例定可準確。（圖二十八）是一批小比例呎之各種形像。（圖二十九）是各種噴水池等圖形，很可供繪圖者之參考。

上墨線時設有一線畫錯，或某徒手線不滿意時，可用稍硬橡皮和擦板輕輕擦去，雖將紙面擦壞感覺不快，但比錯誤之線顯露圖中，尚為適意也。

全圖上墨完竣，可用軟橡皮輕輕擦過一遍，以不損害紙而為度。然後用海綿蘸水輕輕浸濕，候全部乾後用

圖二十六

圖二十七

尖銳之鉛筆投影，並輕輕畫出石縫，此時務須十二分注意，保持繪圖紙之清潔，最忌油類着紙，足使着色時發現不良現象也。

建築圖案正面多有佈置透視形者，其畫法是在中心軸線上截取自地面一人高之距離作爲滅點（Vanishing Point）（圖三十）如圖之前面位置廣闊可選二滅點，此二滅點與中心軸線之距離務必相等（圖三十一）。至於風景之佈置，無須太多，以無味之山林點綴，徒增圖案上之醜陋耳。圖三十二爲合度之樹木，特誌之以供參考。

圖二十八

圖二十九

圖三十

圖三十一

圖三十二

中國歷代宗教建築藝術的鳥瞰

（續）

孫宗文

七　道教建築之勃興

佛教建築傳至唐朝漸見衰退，道教建築却漸漸的勃興起來。　唐高祖武德三年五月，晉州人吉善行自稱在羊角山見老子；高祖信其言，於是立詔子孫，不得違祖宗的成例，世世宜立廟祀老君。　因此唐代崇奉道教的風氣，乃得興盛。　統計李唐一代，天下道觀竟達一千六百八十七所之多。　其式樣可惜都是沿襲佛寺，沒有一種特異的精神。　那末在中國宗教建築藝術史上面講，牠的意義也很微末了。

道觀壁畫當時雖頗注重；但終不及佛寺壁畫的盛行。　據西京耆舊傳上面的記載說：『寺觀之中，圖畫牆壁，凡三百餘間，變相人物奇蹤異狀無有同者；上都興唐寺，御注金剛經院妙迹爲多；又慈恩寺塔前，文殊普賢西面廡下降魔盤龍等壁，及諸道觀寺院，不可勝記，皆妙絕一時。……』及後到了宋代，計有唐時之道觀壁畫八千五百二十四間；佛一千二百十五；菩薩一萬零四百八十八；梵釋六十八；羅漢祖僧一千七百八十五；天王、明王、神將等二百六十三尊；佛會、經驗、變相一百五十八圖：其流行之盛，可炫耀一時。

唐代道觀建築，有玄都觀。　全唐詩話上面記載：『劉禹錫元和十年』，自朗州召至京，戲贈看花君子云，『玄都觀裏桃千樹，盡是劉郎去後栽』。　就是講玄都觀的一段故事。　除此以外，尙有廟祠及道教種種淫祠亦先後建築了不少！　而到唐代更爲流行，到處建立淫祠：　如某某將軍，太尉、相公、夫人、娘娘；或郎老、姨姑等種種之名皆風行一時。　唐代所以極信仰道教的原因，不外乎因道教之祖師與唐代帝室爲同姓，故依附之而能大興，高宗時，常召道士名葉法善的，於宮內建立功德道場。　武后又命匠人廖元立鑄天眞像。　玄宗時，又追尊老子爲太上玄元皇帝。　在天寶三年，又詔兩京及天下州郡，各建開元觀。……這都是開發道教之左證。

八　佛教建築的衰落

歷史上一盛一衰的循環律不斷地演進着，建築作風也按時代性而變幻。　中國的宗教建築藝術在晉及南北朝時代，可稱爲最盛的一個時期。　此後，歷隋而到唐、宋、則由於沒有充分外來思潮的營養和刺激，故此後漸漸地陷於佛教建築的衰退時期了。　我們如果將五代及宋的佛教建築來引證，則可明瞭一切。

李唐亡後，五代十國之亂，致中原文化，盡委戎馬；故當時雖有作佛教像的雕刻，也不過是唐代的餘波而已。如四川之廣元，富順、資州、簡州、大足、樂至以及南甕堂山、宣霧山等處之磨崖龕像，仍在繼續興造。 而沒有驚人的出品，故也無關重要。 不過，當在此時代，佛寺的建築，却又一度復興；但大多轉向於浙江方面來了。 卽當初所謂吳越之廣建寺塔。 錢武肅王所造的浮屠，倍於燕蜀荆南諸國；（見金石索）。 計杭州　隅，已有八十八所，如合吳越一十四州以統計之，爲數當更可觀了。 其原因由於吳越王錢弘俶的崇奉佛教，因此在錢武肅王宮中，嘗以烏金爲瓦，繪梵文故事，用金塗其上，合而成爲塔。（見咸淳臨安寺）如現在西湖所存之昭慶律寺、保叔寺塔、靈隱禪寺、上天竺寺、烟霞寺；以及六和塔（圖四）雷峯塔（圖五）等皆創建於五代宋初之間。 至於塔的形態，和塔上裝飾，雖屢遭兵燹，迭經重修，但武肅王當時的影子，仍舊是存在着。

雷峯塔係當年重要建築之一。 其作風及形態之偉大，確令人生仰慕之感，不幸於民國十三年突然傾倒。 據說牠所以傾倒的原因，是由於鄉下人迷信那塔磚放在自己的家中，凡事都必平安如意，逢凶化吉。 於是這個也挖；那個也挖，終於挖倒了。 這也是中國人的迷信，對於文化的影響。 關於此塔的建築，據武林梵志的上面記載說：

圖　四

圖　五

『塔在淨慈寺前，宋郡人雷氏居焉。 錢氏妃於此建塔，故又名黃妃塔；俗以其地嘗植黃皮，故又名黃皮塔。

又據吳越王錢俶黃妃記上面的記載說：

………諸宮監尊禮螺佛髻（註廿七）髮，猶佛生存不敢私秘宮禁中，恭率瑤具創窣波（卽塔）於西湖之滸，以奉安之。 規模宏麗，極所未聞。 宮興宏願之始，以千尺十三層爲率，爰以事力未充，姑從七級梯旻。 初志未滿爲歉，計甎灰土水油錢瓦石與夫工藝像設金碧之嚴，通緡錢六百萬云云』。

當時除寺院佛塔之建築外，又努力造像作品。 如錢塘的烟霞、石屋、諸洞，可當爲代表作。 以後，臨朐的仰天山和嘉祥的七日山上的造像，都可代表北宋時的作品。 而此時靈巖的羅漢像，尤爲一代奇特的作品，把因習的作風，一轉而漸入自由的境地了。

在五代時，中國曾一度滅法，其時間係在後周顯德（西歷九百五十五年）年間，因此，當時天下寺院，只存二千六百九十六所了。 折毁者竟達三萬零三百三十六所。 由此，可見當時中國寺塔建築的衰退了。

宋一統中國後，建都長安，於是京洛一帶的宗教建築，又漸漸地復興起來。 尤其是道觀建築上的壁畫，很是盛行。 其原因係自唐代尊重道教以來，寺觀的建築到此時代亦漸與佛寺比美；並且宋代又極尊崇道教，如當初的帝王，徽宗自稱爲道君皇帝，故而寺觀的建築，竟也風行一時了。 不過，佛寺的衰退，一方面是此原因，而另一方面則因宋代仁宗以後，孔教復興的關係，佛教就爲人所擯棄了。 而道學家尤攻擊之不遺餘力。 且當時印度佛教也已絕滅，梵僧全不來朝。 也是佛教衰退原因之一。

宋太祖建隆元年，下詔後周顯德之滅法，幷許存置佛像，於是佛教又一度復興了。 跟着佛教的建築，又出現了不少。 工程浩大者爲開寶寺中八隅十一層的浮圖。 此塔爲杭州塔工喻浩，費時八年而完成的。 在塔的上面，安置三千佛像，下造阿育王分舍利之像，同時又修飾了峨嵋山的普賢像，均在此塔上。 又太宗於五台山造金銅文殊像一萬軀。 真宗又於景德四年，修飾泰山佛像三十二尊。 大中祥符八年又詔沙門栖演修飾龍門的石像，共有一萬七千三百三十九尊。 但是當時的佛教建築，終不及過去的晉代，南北朝時代。 一個時期了啊！不過，當時關於中國建築史上有一件事是最足令人紀念不能忘的。 就是一部營造法式的出現。 這一部書，是中國建築學的專書；宋通直郎試將作少監李誡奉敕撰。 此書由熙甯元年至元祐六年第一次成書，後到紹聖四年，李誡復考研羣書，並實地調查建築狀況，分門別類，元符三年，復修一次；崇寧二年，始以小字鏤板頒行，天下稱便。 這一部中國營造法式編輯的體裁，是記載文。 內容分壕塞制度；大木作制度，磚作制度，窰作制度，泥作制度，旋作制度，雕作制度，竹作制度，鋸作制度，瓦作制度，石作制度，小木作制度，采畫作制度，以及各作制度的功限，料例，圖樣，規矩尺度，均詳細精確。 故此書實爲中國建築史料的唯一的專書。 對於後代的功績，却是不小。

宋代以後，則中國宗教建築的藝術，却發生了一大變化。 所以在我們的宗教建築史上而講，的確好似儵然換了一副面目一般的；而對於元代以前的中國宗教建築，好似沒有關係了。 所以在中國的建築史上，此後至少也應得劃一時期了。

〔附註〕

（二十七） 螺髻〔山堂肆考〕世尊於內髻中出百寶光，肉髻如青螺，故名螺髻。

房屋聲學

（續）

唐 璞譯

第五章　用以矯正聲的吸聲材料

第三章內之第二表，曾給一各種不同材料之吸聲係數表．　其中如粉刷，木材，玻璃，及金屬等皆為會堂內部表面常用之材料，但其吸聲力甚微，故在許多廳內，常顯不利之循環回聲．　開窗之處及聽衆均具大的吸聲係數，對於優聲亦極有效力，但非固定之率．　蓋聽衆之多寡常變，窗則寒天常關，故對於聲之控制，尚需要一長久而可靠之方法．　在此種材料中，具吸聲效力，並可用於會堂者，為地毯，重幔，雄厚裝璜，毛毡，蔴，毛，棉，等類，總為多孔而可壓縮之材料．

毛毡對於室內聲之整理，用之甚廣，以牛毛為之，但須小心使用，以去其汚灰油漬及隱藏之小物，否則易生蝕蟲而不衞生，並有時為鼠嚙穿，至於避火則須加合宜之品質．　蔴織品亦用於聲之矯正，蔴之作成軟層者內用粗布，棉紗或紙為之，或有作硬層者．　凡此材料，多為一吋厚，緊裝於牆面上．　並為裝飾計，可蒙一層薄而多孔之布以蔽之，離開吸聲材料約一吋，惟歷時經久，布上集塵卽多，自不雅觀．　如加以普通油漆，面上雖光澤，然將布孔塡塞，則又阻礙聲之達於吸聲材料，故發明一種粗刷之法，可留出布孔，以容聲之經過，同時成光滑之面，亦可略免集塵，此種困難之近代解法，包括利用特製多孔之油布層，聲之經過甚易，故可加以普通油漆或以常用之法清潔之．

帷幔及呢絨材料對於吸聲頗利，且可供裝飾．　但在聲學觀點上，想在一大會堂內，使吸聲有效，則此種材料之用供裝飾效力者，必甚奢侈．　裝被之椅頗合用，因其可使聲學上獨立而不因聽衆去留，影響及之．　聽衆少時，其空位可供吸聲材料．　如座滿時，椅之吸聲力雖全被遮避，但有大量吸聲之聽衆以代之也，地毯亦有同樣之用處．

更近以來，多用木髓板如『甘蔗板』（Celotex）及『普偏音疏穎』（Universal Insulite）吸聲，因其有使人注意之外觀而無裝飾之蓋面，並易於裝貼，故價廉於毛毡，此種材料在壁之鑲板（Panel）內者，以一窄木線脚（Wooden Molding）構之，若在小室內可由畫鏡線掛之，誠為減少循環回聲之一簡法，惟關於甘蔗板及音疏穎之主要阻礙，尚在其吸聲係數之小．

磚石工材料具有吸聲力者，頗宜於用，因其有避火避蟲之質也．　準此要求，人造石（Akoustolith）乃被發現，該石包含沙粒，合以波德蘭水門汀（Portland Cement）成一多孔之磚約一吋厚．　此磚卽施用於會堂牆面，Akoustolith 人造石具，吸聲係數 .36，而無漆之一吋厚毛毡則為 .55．　Amremoc 為另一特製之品乃以軟木及石膏作成之多孔材料．　凡任何材料欲有吸聲之效力，必須多孔，方能接受來聲使聲能由摩擦變熱面消失．　此等材料較毛毡貴大而效力不及之，但具有避火之優點．　沾汚時則須特別注意其清潔，惟加以油漆足塞其孔而致失效率．

聲之矯正，有時嘗於選擇相當之面上裝置花柵 (Grill) 以使聲經過此柵而被其後之空間吸收，此種佈置適用於有回聲之牆上． 花柵之設計須重美觀，並須於花柵之後作一箱，以阻止不適意之通風氣流，箱上裝以毛毡或同類之材料，當可使吸聲更有效力．

如此，一種適意而避火的材料，具有強的吸聲，不較其他建建材料耗費大，易於裝置，並可清潔而不影響於聲之效率，實屬難得．

第六章　聲之矯正的示例

有許多會堂在完成以後，發覺聲之性質上的缺點，於是需要改正錯誤以使之適用，其改正方法仍用聲學設計中之原理，玆將幾種聲之矯正情形述之於本章，以示其理論之實用．

小禮拜堂——玆就伊里諾大學之禮拜堂而言，室爲長方形，76.5呎長，59.5呎寬，17.75呎高，其容積爲80800立方呎，地板，座位及講台均爲木造． 而牆及平頂則爲粉刷，內容550座，無聽衆時吸聲材料爲740單位，由下表列出：

材料	面積	係數	吸聲
木材	6928平方呎於	.061	= 423
粉刷	7440平方呎於	.033	= 246
金屬	628平方呎於	.01	= 6.3
玻璃	408平方呎於	.025	= 10.2
座位	550 個 於	.1	= 55
			740
聽衆	185於(4.7－.1＝4.6)		= 851
			1591

依沙賓氏公式，其循環回聲之時間爲：

$$t=.05\times80800\div740=5.46秒$$

如平均聽衆到185人，其吸聲增加185×4.6＝851單位，得總數爲740＋851或1591單位，循環回聲時間可減至

$$t=.05\times80800\div1591=2.54秒$$

參照第十二圖，三分之一聽衆，廳之容積爲80800(立方根＝43.3)時，其循環回聲時間爲1.7秒，故此室回聲頗劇，須加以吸聲材料，以減時間至1.7秒，其需要之數可由沙賓公式計算之如下：

$$1.7秒=(.05\times80800)\div a$$

由此可得a＝2380單位，再減去1591單位，卽185聽衆之吸聲，而得789單位，亦卽應添之單位． 若用一吋厚之無漆毛毡，其係數爲0.55，則須789÷.55＝1430平方呎，此可裝於平頂之裝飾格井內． 若毡上加以裝飾之表層，則係數減爲0.45，卽須789÷.45＝1750平方呎之毡． 如此則此堂將不受聽衆有無之影響，卽無聽衆時，其吸聲亦爲740＋789＝1529單位，而其循環回聲之時間：

$$t=05\times80800\div1529=2.64單位$$

是此堂可用於到少數人時之講誦矣，如到最多聽衆550人時則亦甚好．

鋼骨水泥房屋設計

(續)

王　進

轉灣量計算方法

欲計算大料或樓板之大小厚薄及應用鋼條面積之多少，其先決條件，為應知該項大料（或樓板）因載重而生之轉灣量，故計算大料之初步，為依據所承載重之大小及分佈之情而計，其因之而生之最大轉灣量，大料上載重，或為集中載重，或為均佈載重，或兼而有之集中載重，或在跨度之中央，或在跨度上之任何一點，故情形非常複雜，有非簡式之公式所能代表者，故本書中除將普通常遇之載重情形，及其所生之轉灣量撮列如下外，並略述其通用之計算方法使讀者能據此演繹也。

第一節　單樑 (SIMPLE SUPPORTED BEAM, ONE SPAN)

單樑轉灣量之算法，極為簡單，讀者知之綦詳可無需贅述，玆只列表如下，俾資查考。

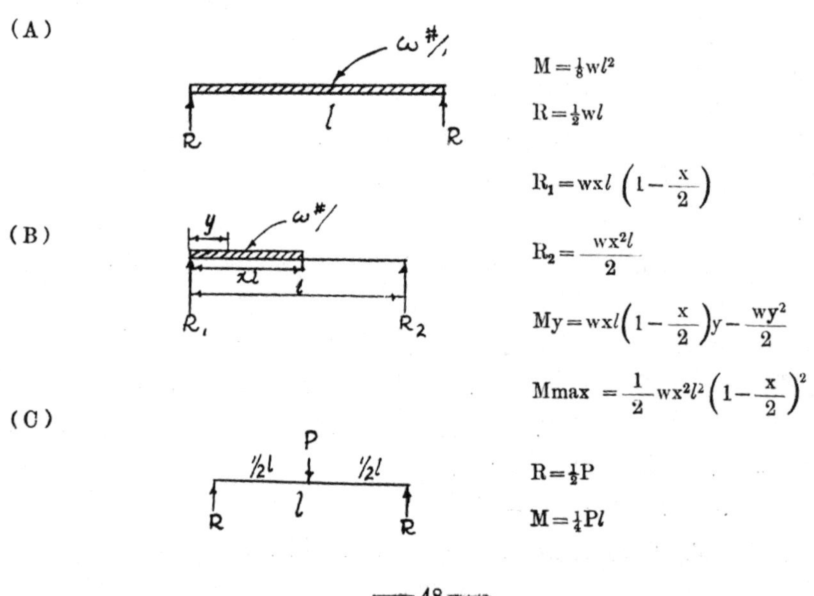

(A)
ω#/
l
R
R
$M=\frac{1}{8}wl^2$
$R=\frac{1}{2}wl$
(B)
y
ω#/
xl
l
R_1
R_2
$R_1=wxl\left(1-\frac{x}{2}\right)$
$R_2=\frac{wx^2l}{2}$
$My=wxl\left(1-\frac{x}{2}\right)y-\frac{wy^2}{2}$
$Mmax=\frac{1}{2}wx^2l^2\left(1-\frac{x}{2}\right)^2$
(C)
P
½l
½l
l
R
R
$R=\frac{1}{2}P$
$M=\frac{1}{4}Pl$

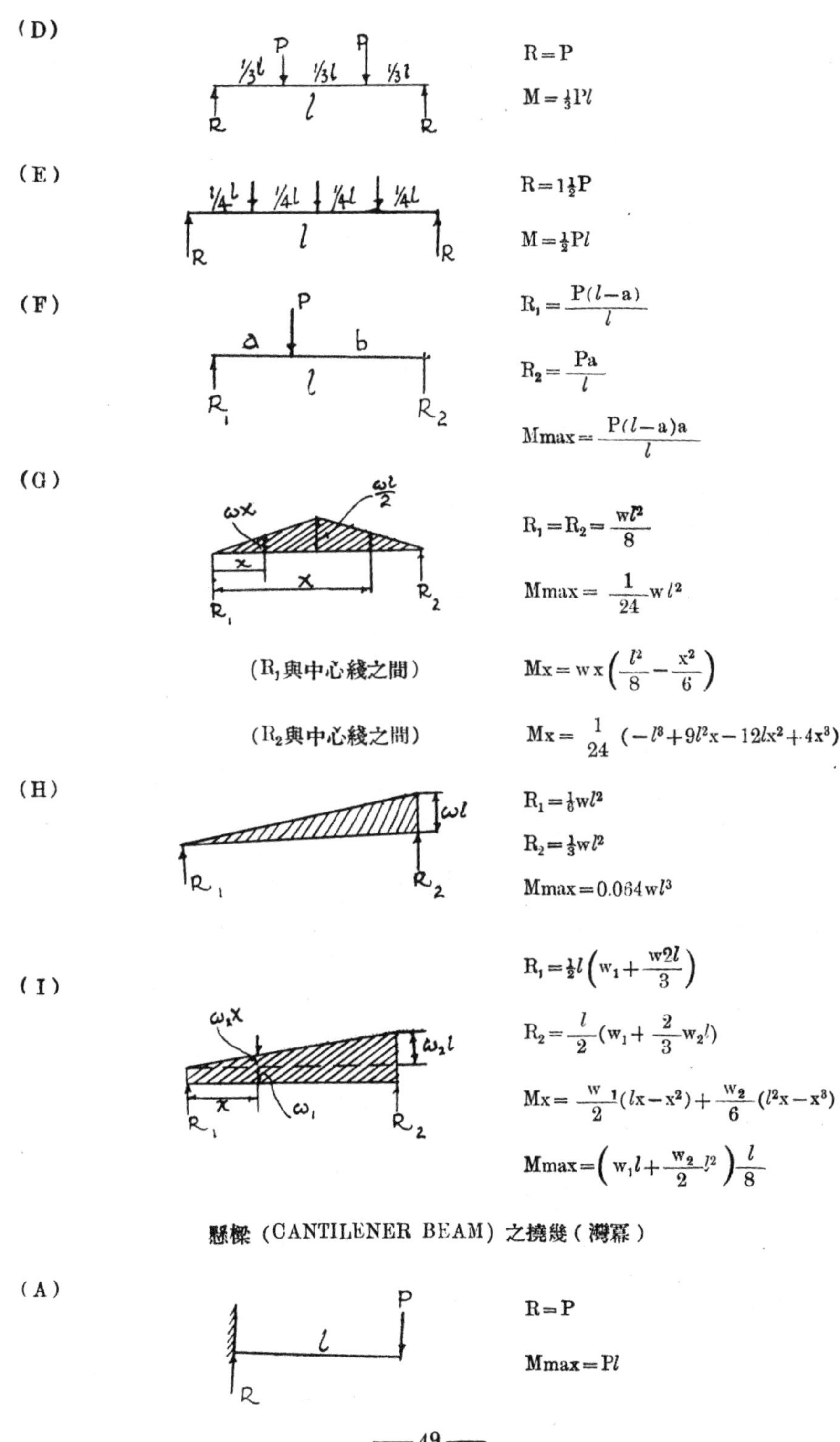

(D)

$R = P$

$M = \frac{1}{3}Pl$

(E)

$R = 1\frac{1}{2}P$

$M = \frac{1}{2}Pl$

(F)

$R_1 = \frac{P(l-a)}{l}$

$R_2 = \frac{Pa}{l}$

$M_{max} = \frac{P(l-a)a}{l}$

(G)

$R_1 = R_2 = \frac{wl^2}{8}$

$M_{max} = \frac{1}{24}wl^2$

(R_1與中心綫之間) $M_x = wx\left(\frac{l^2}{8} - \frac{x^2}{6}\right)$

(R_2與中心綫之間) $M_x = \frac{1}{24}(-l^3 + 9l^2x - 12lx^2 + 4x^3)$

(H)

$R_1 = \frac{1}{6}wl^2$

$R_2 = \frac{1}{3}wl^2$

$M_{max} = 0.064wl^3$

(I)

$R_1 = \frac{1}{2}l\left(w_1 + \frac{w2l}{3}\right)$

$R_2 = \frac{l}{2}(w_1 + \frac{2}{3}w_2l)$

$M_x = \frac{w_1}{2}(lx - x^2) + \frac{w_2}{6}(l^2x - x^3)$

$M_{max} = \left(w_1l + \frac{w_2}{2}l^2\right)\frac{l}{8}$

懸樑 (CANTILENER BEAM) 之撓幾(彎冪)

(A)

$R = P$

$M_{max} = Pl$

(B)

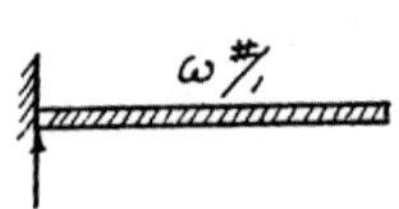

$R = wl$

$M_{max} = \frac{wl^2}{2}$

(C)

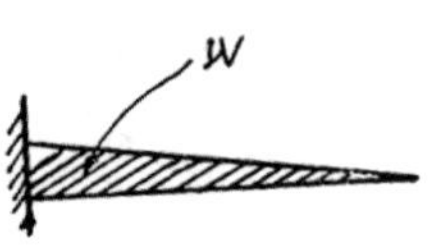

$R = W$

$M = \frac{Wl}{3}$

——待續——

第　七　表

L. L.=112#/□'

SPAN	d	TOTAL d	D.L.	M	K	p	As
4'—0"	2"	3"	38#/□'	240'#	60	.375%	.09□"
5'—0"	2½"	3½"	44	390	62.5	.39%	.117
5'—3"	2½"	3½"	44	430	69	.43%	.129
5'—6"	2½"	3½"	44	472	75.5	.472%	.142
5'—9"	2½"	3½"	44	515	82.5	.515%	.155
6'—0"	3"	4"	50	583	65	.405%	.146
6'—3"	3"	4"	50	632	70.5	.44%	.159
6'—6"	3"	4"	50	685	76	.475%	.171
6'—9"	3"	4"	50	740	82.5	.515%	.186
7'—0"	3"	4"	50	794	88	.55%	.198
7'—3"	3½"	4½"	56	883	72	.45%	.189
7'—6"	3½"	4½"	56	945	77.5	.485%	.204
7'—9"	3½"	4½"	56	1,010	82.5	.515%	.216
8'—0"	3½"	4½"	56	1,075	88	.55%	.231
8'—3"	4"	5"	63	1,190	74.5	.465%	.223
8'—6"	4"	5"	63	1,265	79	.495%	.238
8'—9"	4"	5"	63	1,340	84	.525%	.252
9'—0"	4"	5"	63	1,420	88.7	.556%	.267
9'—3"	4½"	5½"	69	1,550	76.5	.478%	.258
9'—6"	4½"	5½"	69	1,635	81	.505%	.273
9'—9"	4½"	5½"	69	1,720	85	.53%	.286
10'—0"	5"	6"	75	1,870	75	.468%	.281
10'—3"	5"	6"	75	1,965	78.5	.49%	.295
10'—6"	5"	6"	75	2,060	83	.518%	.31
10'—9"	5"	6"	75	2,160	86.5	.54%	.324
11'—0"	5½"	6½"	81	2,340	77.5	.485%	.32
11'—3"	5½"	6½"	81	2,440	81	.505%	.334
11'—6"	5½"	6½"	81	2,550	84.5	.528%	.349
11'—9"	5½"	6½"	81	2,670	88.3	.552%	.364
12'—0"	6"	7"	88	2,880	80	.500%	.360
12'—3"	6"	7"	88	3,000	83.3	.52%	.374
12'—6"	6"	7"	88	3,125	87	.544%	.391
12'—9"	6½"	7½"	94	3,350	79.4	.495%	.386
13'—0"	6½"	7½"	94	3,480	82.5	.515%	.402

第　八　表

L. L.=120#/□'

SPAN	d	TOTAL d	D.L.	M	K	p	As
4'—0"	2"	3"	38#/□'	253'#	63.3	.395%	.095□"
5'—0"	2½"	3½"	44	410	65.7	.410%	.123
5'—3"	2½"	3½"	44	425	68	.425%	.128
5'—6"	2½"	3½"	44	496	79.5	.496%	.149
5'—9"	2½"	3½"	44	542	87	.542%	.163
6'—0"	3"	4"	50	612	68	.425%	.153
6'—3"	3"	4"	50	664	74	.462%	.166
6'—6"	3"	4"	50	718	80	.500%	.180
6'—9"	3"	4"	50	775	86.2	.54%	.194
7'—0"	3½"	4½"	56	862	70.5	.44%	.185
7'—3"	3½"	4½"	56	925	76	.473%	.199
7'—6"	3½"	4½"	56	990	81	.505%	.212
7'—9"	3½"	4½"	56	1,060	86.3	.54%	.226
8'—0"	4"	5"	63	1,170	73.2	.457%	.220
8'—3"	4"	5"	63	1,245	78	.486%	.234
8'—6"	4"	5"	63	1,325	83	.518%	.249
8'—9"	4"	5"	63	1,400	87.5	.547%	.263
9'—0"	4½"	5½"	69	1,530	75.6	.472%	.255
9'—3"	4½"	5½"	69	1,620	80	.500%	.270
9'—6"	4½"	5½"	69	1,705	84.2	.526%	.284
9'—9"	4½"	5½"	69	1,795	88.5	.554%	.299
10'—0"	5"	6"	75	1,950	78	.487%	.293
10'—3"	5"	6"	75	2,050	82	.512%	.307
10'—6"	5"	6"	75	2,150	86	.537%	.322
10'—9"	5½"	6½"	81	2,325	77	.48%	.317
11'—0"	2½"	6½"	81	2,430	80.4	.502%	.331
11'—3"	5½"	6½"	81	2,545	84	.526%	.347
11'—6"	5½"	6½"	81	2,660	88	.55%	.363
11'—9"	6"	7"	88	2,870	80	.50%	.360
12'—0"	6"	7"	88	3,000	83.5	.52%	.374
12'—3"	6"	7"	88	3,120	86.7	.542%	.390
12'—6"	6½"	7½"	94	3,340	79	.494%	.385
12'—9"	6½"	7½"	94	3,480	82.4	.515%	.402
13'—0"	6½"	7½"	94	3,620	86	.535%	.418

建築用石概論

（續）

朱 枕 木

磨擦之抵抗——石類表面，稍經沙擊風吹，其石與石之移動，均可磨擦而成粉末，故影響亦大，如河底隧道等之石面，能爲水中石所磨損，或乾燥之處，爲飛沙走石所擦壞，在在均有紀載，於平面變成粗糙，齊整改爲無序，減少美術之價值不小。 試驗之法通常以樣石量準五○方公分，上壓三○公斤之重，置之旋轉平面桌上，位於離中心三二分之處，轉動每分鐘一一○轉，不必加水可得幾多粉屑，卽能算出其抵抗能力。 或用噴沙法，以直徑六公分之吹管，將標準細沙以三倍氣壓吹上石面，歷二分鐘後，權其粉末。亦可測算。 軋來氏（Gary）所得試驗之結果如下：

石類	試驗面積	轉檯試驗法			噴沙試驗法（與石面成直角）		
	單位方公分	粉屑體積	與面積之比	平均損失	粉屑與面積之比		平均損失
花岡石	四九.○○	五.一○	○.一○	二.六四	○.○九	○.一三	三.七八
片麻石	四八.○○	九.六○	○.二○	四.○一	○.一四	○.一二	三.二六
雲斑石	四九.○○	八.五○	○.一七	三.二九	○.一二	○.○九	二.五八
沙岩	五○.○○	一八.四○	○.三七	一一.一五	○.三九	○.三○	八.四二
玄武岩	五○.○○	五.四○	○.一一	一.七○	○.○六	○.○六	一.八一

冰凍抵抗能力——凡上品建築用石，必須耐忍冰凍，蓋當石內空隙之蓄水冰凍時，內部體積澎漲，大概較原蓄水體積增十一分之一，因而發生壓力，卒致爆碎迸裂等情。 所以石之冰凍蓄水，與空隙程度大有關係，前已詳述之矣。 吸水度高者，抵抗冰凍之能力弱，惟是空隙洞過大者，則出水亦易，反而更能抵抗。 又冰凍時之空氣壓力，亦有關係，下表可見一班：

石類	平常空氣壓力下浸水冰凍	眞空中浸水冰凍
石灰岩	連冰三十一次無影響	連冰五次裂爲分二
大理石	連冰二十五次無影響	連冰三次卽將粉碎
沙岩	連冰二十五次無影響	連冰八次自動散開
花岡石	永無影響	連冰八次雲母脫落

連續經過冰凍，石之堅固全失，故取用石類，必須注意：（一）不用冬季開採之石類；（二）須知該石之最高冰凍抵抗能力；及（三）弗以鬆質而富於吸水之石類與潮溼之處；等三項，亦可保護少許。

冰凍抵抗能力之試驗，常用者有凝冰法及硫酸鈉法，玆分述如下：

(甲)凝冰法——凝冰法爲試驗之合理方法，以浸透之石樣，置入冰點下之温度使凝，如是冰過二十餘次，各權其冰前冰後之重量，可以略得梗概。 石之經過連續冰凍者有下列三害：（一）自動分裂；（二）面部剝落；（三）抵抗之能力減低。 白克萊氏曾於威斯康新作戶外試驗，每石冰三十五次之後，得知花岡石落去原重之〇.〇五%，石灰岩〇.〇三%，沙岩〇。六二%。 又密沙里石樣之結果爲：石灰岩〇.〇〇六%至〇.九〇九%，沙岩〇.一一一%至〇.五九一%。

(乙)硫酸鈉法——甲法可由天然冰凝，是法則係人工方法，石樣先於硫酸鈉溶液中浸透，然後取出陰乾，則沉滯於空隙中之硫鈉將自動結晶，澎漲體積，亦能生同樣之壓力，足以使石分裂。

羅寬氏試驗所得之結果表：

石類	每萬分中所損失之重量分數	
	硫酸鈉法	凝冰法
大理石	一七.〇一	二.三〇
石灰岩	二五.九九	二.〇七
粗紅花崗石	一五.五一	一.三八
細黑花岡石	五.一六	一.五〇強
花岡石	三.八四	一.五〇強
變質沙岩	四八二.一二	六八.七四
細沙岩	四七.六五	一〇.六三
沙岩	一四五.一八	一四.二一
變質沙岩	一六二一.三一	二五.三一

空氣影響——建築用石．與空氣時常接觸，而所受空氣之影響積漸爲厲，亦宜注意。 空氣中多硫酸及碳酸，足以酸化石質，是種酸素，泰半出自烟突之中，或石內之硫化礦物質，空氣中之水分則其害前已有論，不必多贅。而石類之如石灰岩及大理石，則經碳酸感化後，更將變鬆。

化學成份——建築用石之化學成份，亦須加以分析化驗，雖其商業上無大價值，但對工事上則亦極重要，其所以如此之原因，不外乎(一)懂化學與冶礦之人不多，(二)化驗結果，很少完美，而有害成份常祕而不宣，(三)有時用放大顯微鏡，亦可檢視一斑， 至各石之主要成份，可列如下：

石類	組合之礦物質
花岡石	石英，鋁沙，氧化鐵，閃石，雲母，鈣，鎂，及鉀等
石灰岩	純粹者僅爲碳酸鈣及碳酸鎂此外或有石英氧化鐵水素等雜質
沙岩	純粹者僅石英一項；否則如鋁，氧化鐵，石灰等容或有之

顯微鏡檢驗——建築用石之物理性質，除上開各項外，更須作顯微鏡之檢視，則一部份之雜質，及石類之細縫，可以察出。 再者石類所含礦石之成份，亦可以顯微鏡觀察各礦之外表，量算面部交界細網，亦可稍得約數，惟此法僅能施之組織粗糙之石類，細密者則只好用化學分析之方法檢視爲妥。

第五節　建築用石之護養

建築用石之性質，既已概述如上，當石之應用於建築也，吾人必思有以護養之，護養之法，習行者有下列多種：

（一）油漆法——石類欲減低風化程度，以保壽命，則可用油漆漆之，亦能稍增美觀，惟用是法者漆色易被剝落冲淡，三五年後，必須重行漆過。

（二）塗油法——石上塗油僅足抵抗外來侵害，其與原色淡者仍淡，深者仍深，無甚改變。塗油之法，首先洗淨石面積污，待乾後塗以亞麻子油一薄層，待乾，復用溫水冲淡之亞摩尼亞溶液潰洗之，可能均勻之一層油面，能拒絕雨水浸入，如是經四五年後，重行裝新仍然堅牢。

（三）上蠟法——石面保護，亦可用上蠟一法，蠟多用石蠟，製自煤渣樟腦質，上蠟先以石蠟遍黏石面，惟是厚厚薄薄，且未吃入石內，可用發熱熨器，按之石面將石蠟熨溶成液，吸入石內，且能勻流平面，美觀非凡，通常所用熱器之溫度在華氏一五〇左右，蓋石蠟之溶度需一四〇度故也。而石類吸收，深入一英吋者，凡石面方二二〇方碼者，需蠟六七.七五磅，沙岩則四五十磅亦可。

（四）皂水明礬法——薛爾浮士德氏 (Sylvester) 曾發明一法，所用之液質包有輭皂〇.七五磅，明礬〇.五〇磅，淨水五.〇加侖，塗之石上，亦可得同樣効果，然須年塗一次，較爲麻煩。

（五）藍式姆氏法 Ransome's Process ——是法也，先以石浸入水玻璃液質中，使石吸收，迨吸收飽和程度，另放使乾，乾後刷以氯化鈣鹽液，即因化學反應，可於石面生成一堅固之薄衣，抗蝕力甚強。惟此法施行之前，第一須注意，在浸入水玻璃液質之前，石類必須乾而淨，第二石之吸收水玻璃必須達飽和程度，然亦不可過度，第三在未乾之前，不可加氯化鈣，第四大概每石百碼見方，兩液各須四加侖左右已夠，第五兩種液質，均不可沾落窗檻或木質器物，蓋不易於洗掉故也。

（六）柯爾門氏法 Kuhlman's Process——與上法相仿，僅須塗以水玻璃液一種，如是其中之鉀份即吸取空氣中之碳酸，成就爲不被水侵之一層化合物，自動結於石面藉資保護。

（七）許來邁氏法 Szerelmayh Method ——是法則於柯爾門法中混入煙煤少許，塗之乾淨石面，亦可保養防護。

（八）以上所述均係液質之保護，但若磨琢使光亦能生效，蓋石面而凹凸過甚，則與空氣接觸之面增多，易爲侵蝕，故磨琢使光以減少接觸面實亦保養之一法，若大理石等，更宜磨擦光滑，既美觀，又耐用，即如沙岩花岡石等，亦以用斧鑿平爲佳。

第六節　花岡石

普通之建築用石，以花岡石爲最普遍，以其出產之豐富，顏色之合宜，石理之整齊，與夫開採簡便，均較他石爲最，而量大之力強，尤非其他石之所可及也。

花岡石爲火成深層岩石之一，其所含者計有石英，長石，雲母，角閃等石質，間或亦含有少量之鐵礦，但爲數極微，而因其積壓深層地下，故極結牢靠。

花岡石之被人重者，其性質卓絕實有足道者。

(一)比重： 約二.六六二，卽爲每方碼兩噸卽(四.四八〇)磅

(二)耐壓能力： 花岡石之最高耐壓能力，每方英吋約有一五，〇〇〇磅至四三，九七三磅之譜

(三)吸水程度： 花岡石之新出山者吸水程度極低不及全體百分之一，其中空隙之地位極微，故卽在嚴寒季，不妨照常採取也。

(四)彈性： 彈性之試驗，比較爲難，有花岡石長二十英吋，徑五.五英吋之石條，加以每方吋五千磅之壓力，僅壓短〇.〇一〇八——〇.〇二四五吋之程度，而加闊者，亦僅爲〇.〇〇五至〇.〇〇七吋，是卽長闊之變動爲一與八或四七之比，誠無甚大變。

(五)韌度： 花岡石之堅硬，人所盡悉，惟台爾氏(Dale)言，若石之長在五呎以外，而闊不滿半吋者，稍示韌弱，蓋亦吾人之所應知者也。

(六)耐火能力： 花岡石一經火燒而後被水澆，其 弱之程度，因內外部連續感受不平衡之漲縮，剝落極易，再者石中所含之石英，及水份亦足減低其耐火能力。

(七)顏色： 花岡石之顏色，有深有淡，隨其所含石質之多寡而定；普通多係灰色，石英多則色淡，長石多則色深，其他紅紫等色，時亦有之，惟甚少見。

花岡石之性質，旣如上述，而用途方面，因其具有上開性質，而多用之於高房大廈之屋基，礎石，取其耐勞吃重，能抵抗外來侵犯，此外則水閘，橋墩，橋面，渠壩等處，亦多採用；而公墓墳場，亭閣，塔寺之取作碑石者，亦不爲少。

花岡石之產地，除外國者不論，本國出產亦富，如五嶽中之泰山，嵩山，華山，衡山，河北之鹽山，安徽之黃山，江西之廬山，甘肅之賀蘭山，祁連山，山東之嶗山，江蘇之金山焦山均是矣，其他雲，貴，黔，藏，亦富是石，現今採用者，以嶗山金山爲最著。 首都總理陵墓所用者，卽係蘇州之金山石。

第七節 沙岩及石英岩

沙岩及石英岩，均爲水岩之一，故不若花岡石之被壓深層，亦不及花岡石之結實，其所含者，有少數石英及水泥質土，其他如長石，雲母，鐵礦等亦有少許。

沙岩及石英岩之石理，以水成故，均有層次可稽，惟不定平鋪層床之傾側峻峭角度者，時見不尠，節理亦頗不少。 其他各項之性質略述如下：

(一)硬度——沙岩及石英岩，以不及花岡石之被壓極重，其硬度亦較次之，而由其所含之各物亦不同，稍可以較之：(a)含石英多者爲最硬，(b)含氧化鐵多者次之，(c)含碳酸鈣多者，不能放之潮溼地點，(d)含黏土多者比較最下極易自然解體。

(二)顏色——沙岩及石英岩之顏色，種類極多：而以牛肉，火黃之色爲最多，蓋所含多黃鐵礦故也，其次含赤鐵礦者，現紅色及火紅色，含黏土或碳酸鹽者，現深灰及黑色。 然上述顏色，當應用之後，因礦物之感受空氣化學作用，時能變色，此種變色之徵象，卽係石類腐敗之先兆也。 （待續）

（定閱雜誌）

玆定閱貴社出版之中國建築自第……卷第……期起至第……卷第……期止計大洋……元……角……分按數匯上請將

貴雜誌按期寄下爲荷此致

中國建築雜誌社發行部

……啟……年……月……日

地址……

（更改地址）

逕啓者前於……年……月……日在

貴社訂閱中國建築一份執有……字第……號定單原寄……

……收現因地址遷移請即改寄……

……收爲荷此致

中國建築雜誌社發行部

……啓……年……月……日

（查詢雜誌）

逕啓者前於……年……月……日在

貴社訂閱中國建築一份執有……字第……號定單寄……

……收查第……卷第……期尚未收到祈即

查復爲荷此致

中國建築雜誌社發行部

……啓……年……月……日

中國建築

THE CHINESE ARCHITECT

OFFICE:

ROOM NO. 405, THE SHANGHAI COMMERCIAL AND SAVINGS BANK BUILDING, NINGPO ROAD, SHANGHAI.

中國建築第二卷第五期

出版	中國建築師學會
編輯	中國建築雜誌社
發行人	楊錫鏐
地址	上海寧波路上海銀行大樓四百零五號
印刷者	美華書館 上海愛而近路二七八號 電話四二七二六號

中華民國二十三年五月出版

中國建築定價

零售		每册大洋七角
預定	半年	六册大洋四元
	全年	十二册大洋七元
郵費		國外每册加一角六分 國內預定者不加郵費

廣告索引

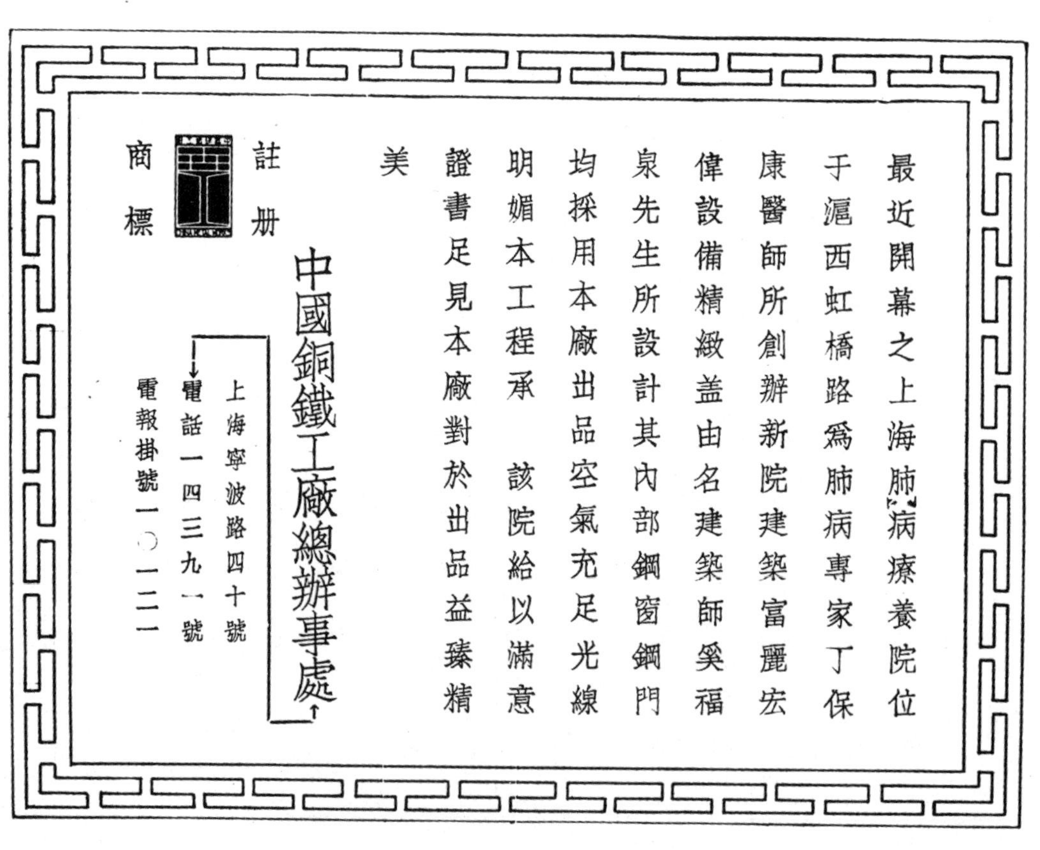
最近開幕之上海肺病療養院位于滬西虹橋路爲肺病專家丁保康醫師所創辦新院建築富麗宏偉設備精緻盖由名建築師奚福泉先生所設計其內部鋼窗鋼門均採用本廠出品空氣充足光線明媚本工程承 該院給以滿意證書足見本廠對於出品益臻精美
註册
商標
中國銅鐵工廠總辦事處
上海寧波路四十號
電話一四三九一號
電報掛號一〇一二一

Hong Name  "Mei Woo"

BRUNSWICK-BALKE-COLLENDER CO.,
Bowling Alleys & Billiard Tables

CERTAINTEED PRODUCTS CORPORATION
Roofing & Wallboard

THE CELOTEX COMPANY
Insulating & Accoustic Board

CALIFORNIA STUCCO PRODUCTS COMPANY
Interior and Exterior Stuccos

INSULITE PRODUCTS COMPANY
Insulite Mastic Flooring

MUNDET & COMPANY, LTD.
Cork Insulation & Cork Tile

NEWALLS INSULATION COMPANY
Industrial & Domestic Insulation
Specialties for Boilers, Steam &
Hot Water Pipes, etc.

RICHARDS TILES LTD.
Floor, Wall & Coloured Tiles

SCHLAGE LOCK COMPANY
Locks & Hardware

SIMPLEX GYPSUM PRODUCTS COMPANY
Plaster of Paris & Fibrous Plaster

TOCH BROTHERS INC.
Industrial Paint & Waterproofing Compound

WHEELING STEEL CORPORATION
Expanded Metal Lath

ARISTON
Steel Casement & Factory Sash
Manufactured by
MICHEL & PFEFFER IRON WORKS
San Francisco

Large stocks carried locally.
Agents for Central China

FAGAN & COMPANY, LTD.

261 Kiangse Road

Telephone
18020 & 18029

Cable Address
KASFAG

美商
美和洋行
承辦屋頂及地板工程并經理石膏粉石膏板甘蔗板避水漿鋼絲網鋼窗磁磚牆粉門鎖等各種建築材料備有大宗現貨如蒙垂詢請接電話一八〇二〇或駕臨江西路二六一號接洽為荷

MEI HUA PRESS, LIMITED

278, ELGIN ROAD, SHANGHAI

42726, TELEPHONE

The Mei Hua Press, Ltd., has come into existence for a period of eighty years; the satisfaction of its service as well as the completion of its equipments is well known in the country.

With reference to the true experience of its glorious past, newspapers, magazines, pictorials, bills, cards, and the similar sorts of works can be beautifully printed in different kinds of colours. The Press will be glad to pledge its words to its customers, that its service is of great satisfaction; the Chinese Architect recently printed can surely prove one of its successful outcomes.

印刷專家

美華書館

印刷股份有限公司

◀此雜誌由本館承印▶

本館精印中西書報圖書雜誌證券單據各種文件銀行簿冊五彩石印中西名片精鑄銅模鉛字銅版鋅版鉛版花邊及鉛字器具等印刷精美出品迅速定期不誤有口皆碑蓋本館由來迄今已有八十餘年之久設備新穎經驗豐富允爲專家洵非自誇如蒙賜顧竭誠歡迎

地址　愛而近路二七八號

電話　四二七二六號

中國建築材料公司

經營各種　建築材料

獨家經理

標準鋼窗公司　鋼窗鋼門
蘇州磚瓦廠　紅瓦面磚紅磚空心磚
中華汽爐行　水汀鍋爐
鋁業製造公司　鋼精紗各式鋼精器皿

獨家經理

北平 中華汽爐行 出品

各種鍋爐暖汽水汀及一切另件式樣新穎美觀貨地精良價格尤爲低廉較之舶來品有過之無不及無論私人住宅公共場所如裝置水汀請認明"STAR"商標定能使君滿意

左列各處裝用本公司出品後均極滿意

清華大學
協和醫院
世界學院
燕京大學
同仁醫院
滬文中學
美國聖經會
銘賢學校
首善醫院
救世軍
辣斐花園跳舞廳
吳淞醫院
閘北胡公館
蘇州眞光影戲院
乍浦俱樂部

未完工程

中山路大夏新邨
北四川路八層公寓

工程部

承辦鋼架建築及設計包裝冷熱汽及各種水電工程其他避水材料瑪賽克瓷磚缸磚電器用品及衛生器具等無不應有盡有定價特廉如蒙賜顧無不竭誠歡迎也

事務所：上海四川路四一六號
電話：一二二二〇
電報掛號：六三一一〇

荷蘭國橡皮公司承裝

虹橋療養院橡皮地板

在中國境內，施用橡皮作地板者，在香港已多採用。上海方面則一見之於大上海戲院，再見之於百樂門舞廳。又見之於工部局監獄醫院，虹橋療養院，乃第四次採用也。在醫院內病房左近，用橡皮地板十分相宜。蓋病人最忌聲浪，兼喜清潔。用橡皮地板，既可免除履聲噪雜之患，且便於刷洗。全部橡皮地板，由荷蘭國橡皮公司承造。

荷蘭國橡皮公司出品『克羅櫻尼』橡皮磚

『克羅櫻尼』橡皮磚發明以後，在建築界又闢一新紀元，此種材料，施用於地板牆壁樓梯，均為至高無上之材料。

『克羅櫻尼』橡皮磚性質柔軟，彈力強大，為聲與熱之最上絕緣體，且能避潮，能直接鋪砌於三合土之上，法至簡便。

『克羅櫻尼』橡皮磚種類繁多，各色俱備。由淺而深，隨心所欲，以之裝飾一切，莫不得心應手。

『克羅櫻尼』橡皮磚，中西人士，已多採用，六年前在馬拉亞，印度，西母等地，已應用於公共建築，圖書館，銀行，公事房，影戲院，禮拜堂，醫院，化驗室，救火會，火車站，發電室及私人住宅等。近來港滬各地影戲院醫院及私人住宅亦多採用之。

欲知詳細節目，請接洽博物院路一〇七號荷蘭國橡皮公司，或叫電話一一八〇八商洽。

事務所 上海博物院路一〇七號 電話 一一八〇八號

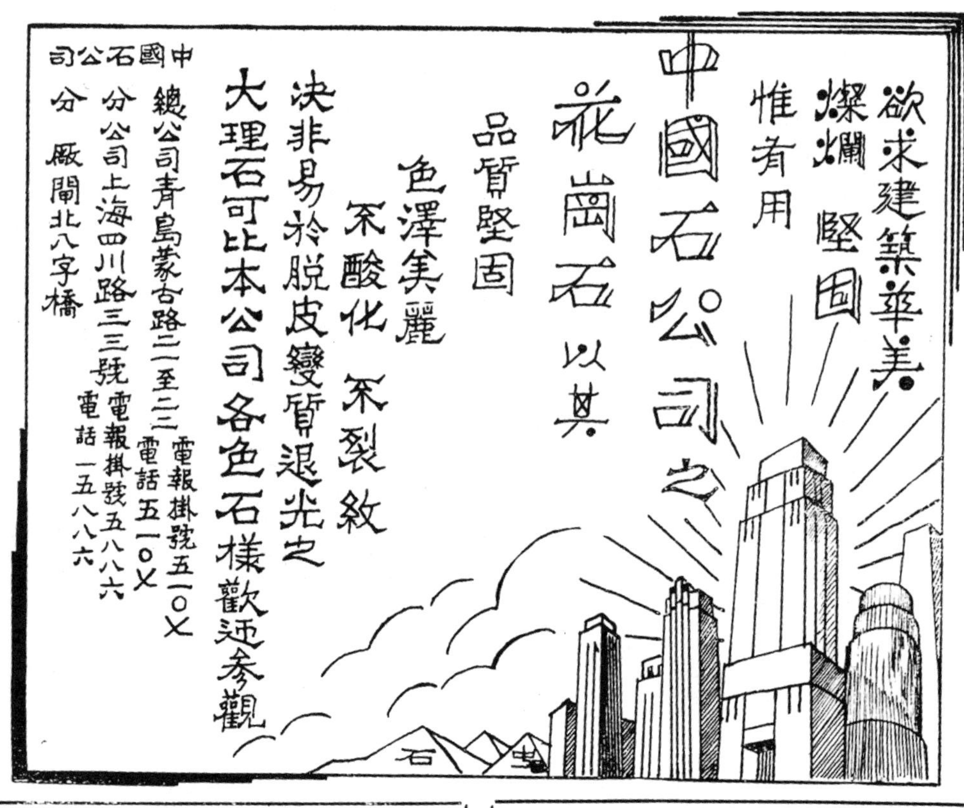

欲求建築華美
燦爛堅固
惟有用
中國石公司之
花崗石以其
品質堅固
色澤美麗
不酸化 不裂紋
決非易於脫皮變質退光之
大理石可比本公司各色石樣歡迎參觀
總公司青島蒙古路二一至二三 電報掛號五一〇七 電話五一〇七
分公司上海四川路三三號電報掛號五八八六 電話一五八八六
分 廠閘北八字橋
中國石公司

永亨營造廠

WINGHELM CONSTRUCTION CO.

General Building Contractor
17 PASSAGE No. 425 AVENUE JOFFRE
TELEPHONE 82307

本廠專門承造中西房屋學校醫院市房住宅祟樓大廈鋼骨水泥及鋼鐵建築廠房橋樑碼頭等工程無不經驗宏富如蒙委託無任歡迎

事務所 上海霞飛路四明里十七號 電話八一二三〇七號

桂正昌鋼鐵廠

本廠專製建築五金鋼鐵出品堅固耐久且價格低廉交貨迅速素爲各大建築公司營造廠所讚許推爲鋼鐵界上家秉如蒙賜顧竭承歡迎

註冊商標 正

廠址 盧家灣南魯班路中
電話 南市電話二二三一六三

"Standard"

ONE-PIECE

CLOSET

The "Standard" ONE-PIECE Closet Combination is so quiet that it cannot be heard outside the bathroom—so compact it can be placed in an alcove or against a sloping wall —so attractive it adds to the beauty of any bathroom.

A Guaranteed Product

of the

AMERICAN RADIATOR & STANDARD SANITARY CORPORATION

Sole Agent in China

ANDERSEN, MEYER & CO., LTD.

SHANGHAI AND OUTPORTS

TRAMWAY TRACKS IN JAPANESE
CONCESSION TIENTSIN
SURFACED WITH K.M.A. PAVING BRICKS